电脑入门

U0117721

知识全面
精通电脑
各种操作

操作详尽
实战提高
应用水平

完全
自学手册

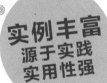

实例丰富
源于实践
实用性强

杰创文化 编著

科学出版社

内 容 简 介

　　本书是新手自学电脑的入门读物，通过简单、详细的语言介绍让新手能快速认识电脑并掌握其基本操作。通过介绍 Windows XP 操作系统的桌面设置、文件和文件夹的操作、输入法设置、上网以及电脑安全与维护方面的知识，以及 Windows Vista 和 Windows 7 操作系统中的新增特点，让读者能够快速掌握使用电脑的基本操作。

　　全书共有 20 章，按照逐层深入的顺序进行编排，包含了电脑基本操作所涉及的各个方面。主要内容包括认识电脑，认识 Windows XP 操作系统的桌面、窗口以及对话框，文件操作及用户管理，使用 Windows XP 系统自带的应用程序，接入网络后使用网络搜索引擎、网络通信工具以及网络交流平台，开展丰富的网络生活，Office 办公软件的基本操作，常用软件的使用方法，电脑的日常维护和故障处理。在本书中特别用两章内容介绍了 Windows Vista 与 Windows 7 操作系统的新增特点，让读者可以根据自己的爱好选择使用不同的操作系统。

　　本书内容详尽、讲解清晰，力求使读者通过本书的学习快速掌握电脑的基本操作。本书既可以作为刚接触电脑的读者的自学参考书，也可以作为学习电脑上网的参考书。

图书在版编目（CIP）数据

电脑入门完全自学手册/杰创文化编著.—北京：
科学出版社，2010
　ISBN 978-7-03-029280-3

　Ⅰ.①电… Ⅱ.①杰… Ⅲ.①电子计算机—手册
Ⅳ.①TP3-62
　中国版本图书馆 CIP 数据核字（2010）第 203140 号

责任编辑：杨 倩 赵丽平 / 责任校对：杨慧芳
责任印刷：新世纪书局 　/ 封面设计：张 竞

科学出版社 出版
北京东黄城根北街 16 号
邮政编码：100717
http://www.sciencep.com

中国科学出版集团新世纪书局策划
北京市艺辉印刷有限公司
中国科学出版集团新世纪书局发行 　各地新华书店经销

*

2011 年 4 月 第 一 版　　　开本：大 16 开
2011 年 4 月第一次印刷　　　印张：26.5
印数：1—4 000　　　　　　　字数：645 000

定价：56.00 元（含 1DVD 价格）
（如有印装质量问题，我社负责调换）

前言 Preface

随着信息社会的不断发展，电脑已经逐渐成为人们生活、工作中不可或缺的一部分，并在工作、娱乐、教育等领域发挥着重要的作用。因此，电脑的操作将会成为一种基本的技能，掌握了电脑的基本操作方法能够使您提高效率、开拓视野。

用户若要正常使用电脑，则需要让电脑同时具备硬件系统和软件系统；用户若要正常工作，则需要在电脑中安装与工作对应的专业软件。本书以初学者为出发点，注重基础操作并逐步深入应用。

本书介绍了目前使用最广泛的Windows XP操作系统，采用了通俗易懂和丰富的语言，以及衔接紧密的操作步骤，详细地介绍了该操作系统中的基本操作、系统自带的应用程序、网络的连接与应用、常用软件的使用、电脑的安全和优化以及常见的电脑故障及排除等知识。除此之外，在本书中特别用两章内容介绍了Windows Vista和Windows 7两款操作系统的新增特点，让用户在选择操作系统时有更多的选择。

全书共有20章，第1章介绍了电脑的基本知识，包括电脑的用途和种类、电脑的组成、常用的电脑外部设备以及设置电脑的状态。第2~4章介绍了Windows XP操作系统的基本操作，包括安装Windows XP操作系统、系统的个性化设置、文件夹操作及用户管理、使用Windows XP操作系统自带的应用程序，让读者对Windows XP操作系统有一个整体的了解。第5~6章介绍了Windows Vista和Windows 7操作系统的新增特点，包括Windows Vista操作系统中的家长控制、Tablet PC输入面板、Windows Defender、Windows边栏和Internet Explorer 7，Windows 7操作系统中的Jump List、Windows Live Essentials、家庭组以及Internet Explorer 8，让读者亲身体验这两款较新的操作系统。第7章介绍了输入法的设置和汉字输入，包括微软拼音输入法、智能ABC输入法、五笔字型输入法和搜狗拼音输入法的输入方法及相关设置，让用户在了解了各种输入法的特点之后选择适合自己的输入法。第8~14章介绍了网络的连接以及接入网络后的基本操作，包括使用搜索引擎、通信工具、网络平台以及通过网上银行进行网上购物等方式丰富网络生活，让读者通过网络享受到更精彩的人生。第15~17章介绍了办公软件的基本操作，包括Word、Excel和PowerPoint的基本操作，提高读者处理文本的能力。第18章介绍了常用软件的使用方法，包括酷狗、暴风影音、压缩解压软件、光影魔术手及刻录软件Nero的使用，提高读者使用电脑的能力。第19~20章介绍了电脑的日常维护与故障处理，包括查杀病毒木马、使用Windows优化大师优化系统、备份与还原系统以及常见的软/硬件故障以及处理方法等，让读者在使用电脑的同时能够更好地维护电脑，延长其使用寿命。

本书配套1张多媒体教学光盘，光盘的内容极其丰富，具有极高的学习价值和使用价值。光盘中有播放时间长达367分钟的332个重点操作的视频教学文件。此外，还超值附赠了《Office 2007从新手到高手》和《系统安装·重装·备份与还原从新手到高手》的多媒体视频教程。丰富的光盘内容，真正做到花一本书的价钱学习三本书的知识，绝对物超所值。具体使用方法请阅读"光盘使用说明"。

本书由杰创文化组织编写。如果读者在使用本书时遇到问题，可以通过电子邮件与我们取得联系，邮箱地址为1149360507@qq.com。此外，也可加本书服务专用QQ：1149360507与我们取得联系。由于作者水平有限，疏漏之处在所难免，恳请广大读者批评指正。

编著者
2011年3月

光盘使用说明　How to use DVD-ROM

▶▶▶ 多媒体光盘的内容

　　本书配套的多媒体教学光盘内容包括实例文件和视频教程，实例文件中包括原始文件和最终文件，视频教程对应书中各章节的内容，共332个，为书中各章节内容的操作步骤视频演示录像，播放时间长达367分钟。读者可以先阅读图书再浏览光盘，也可以直接通过光盘进行学习。

　　另外，为拓展读者的知识面，便于读者学会办公软件以应付日常所需，学习系统安装、重装等相关知识以保障电脑系统的安全，本光盘还贴心赠送了《Office 2007从新手到高手》和《系统安装·重装·备份与还原从新手到高手》的多媒体视频教程。丰富的光盘内容，真正做到花一本书的价钱，学习三本书的内容，绝对物超所值。

▶▶▶ 光盘使用方法

　　1. 将本书的配套光盘放入光驱后会自动运行多媒体程序，并进入光盘的主界面，如图1所示。如果光盘没有自动运行，只需在"我的电脑"中双击DVD光驱的盘符进入配套光盘，然后双击start.exe文件即可。

　　2. 光盘主界面上方的导航菜单中包括"多媒体视频教学"、"实例文件"、"附赠视频"和"浏览光盘"等项目（见图1）。单击"多媒体视频教学"按钮后可显示"目录浏览区"和"视频播放区"，如图2所示。在"目录浏览区"中有以章序号顺序排列的按钮，单击按钮，将在下方显示以小节标题命名的该章所有视频文件的链接。单击链接，对应的视频文件将在"视频播放区"中播放。

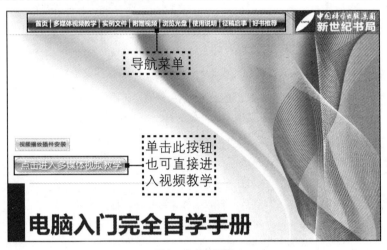

图1　光盘主界面

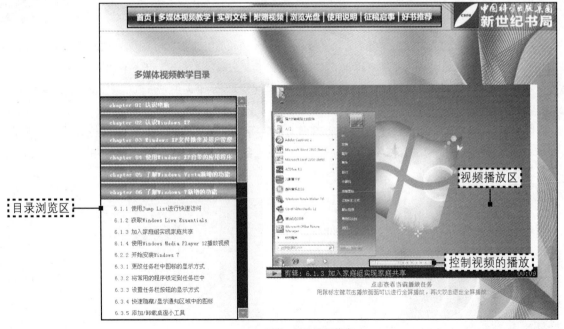

图2　显示视频信息

注意

　　在视频教学目录中，如有个别标题的视频链接以红色文字显示，表示单击这个链接会通过浏览器对视频进行播放。

3.单击"视频播放区"中控制条上的按钮可以控制视频的播放,如暂停、快进;双击播放画面可以全屏幕播放视频,如图3所示,再次双击全屏幕播放的视频可以回到如图2所示的播放模式。

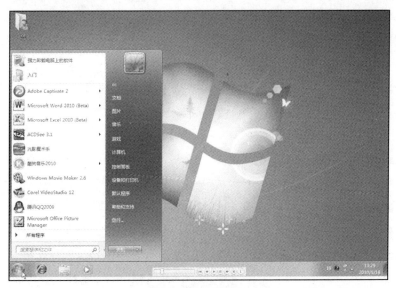

图3 视频全屏播放

4.通过单击导航菜单中的不同项目按钮,可浏览光盘中的其他内容。

● 单击"浏览光盘"按钮,进入光盘根目录,可看到视频教程以及附赠视频,如图4所示。

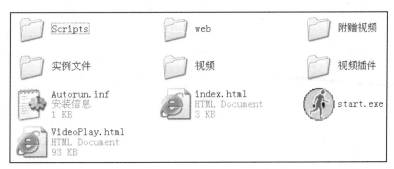

图4 本光盘中所有文件

● 单击"使用说明"按钮,可以查看光盘的使用设备要求及使用方法。
● 单击"征稿启事"按钮,有合作意向的作者可通过页面信息与我社取得联系。
● 单击"好书推荐"按钮,可以看到本社近期出版的畅销书目录,如图5所示,便于读者选购。

图5 好书推荐

电脑入门完全自学手册

Contents 目 录

Contents 目 录

Contents **目 录**

第 1 章

认识电脑

电脑又称为电子计算机或者计算机，它是一种根据一系列指令来对数据进行处理的机器，用户使用最多的就是个人计算机（PC），它属于微型计算机。用户在使用电脑之前需要了解电脑的用途和种类、电脑的组成、常见的电脑外部设备及开启/关闭电脑等知识。

1.1 电脑的用途和种类

随着计算机科学技术的发展，在当今社会的绝大多数领域中都会见到电脑的影子，它常常被应用在金融、电信、科研等领域中。用户常用的电脑可分为台式电脑和便携式电脑两种，用户可根据自身的情况选择不同类型的计算机。

1.1.1 电脑的用途

虽然电脑被广泛应用于各个领域，但是用户都是通过电脑来学习、工作和娱乐，它已经成为当今社会使用最为广泛的工作、娱乐工具。

1 /// 通过浏览器寻找感兴趣的知识

当电脑接入互联网之后，它便成为了学习的最好工具，用户可通过网络寻找感兴趣的知识。例如打开"中国红客"网站浏览相关的知识。

2 /// 下载并安装学习软件

除了在线学习之外，用户还可以通过互联网下载学习软件并将其安装在本地电脑中。例如使用金山词霸软件实现英汉互译。

3 /// 网上购物

网上购物即直接在互联网中购买商品，它为消费者提供了极大的方便，使得用户在家里也能逛商店。

4 /// 通信聊天

使用通信软件既可与远方的朋友保持联系，也可结交新朋友。例如使用QQ聊天软件可实现与好友的通信。

5 /// 收听音乐

用户可使用电脑收听自己喜欢的音乐，也可以登录某些音乐网站进行收听。例如使用酷狗等音乐软件下载并收听自己喜欢的音乐。

6 /// 玩游戏

玩游戏也是娱乐中的一种，用户可使用电脑玩转很多棋牌类、益智类、体育竞技类等游戏。例如QQ游戏中的2D桌球游戏。

1.1.2　电脑的种类

常用的电脑可分为台式电脑和便携式电脑两种，它们各有优缺点。台式电脑价格较低，但是不便于携带；而便携式电脑则便于携带，不过相对台式电脑而言，它的价格就比较昂贵。

1 台式电脑

根据用户的需求不同，台式电脑可分为组装机和品牌机。

1 组装机

用户想要按照自己的意愿来配置的台式电脑就是组装机，组装机价格相对比较便宜，但是由于兼容性的要求，所以需要具有一定电脑专业知识的用户方可自行配置组装机。

2 品牌机

品牌机由于在出厂之前就经过了严格的审查，因此其兼容性和质量均有保障，另外还可享受免费的上门服务，该类台式电脑适合初级用户或对电脑知识了解甚少的用户。

2 便携式电脑

便携式电脑包括笔记本电脑和掌上电脑（PDA），现在一些带有操作系统的智能手机也可以算是一种电脑的移动设备，如NOKIA N97。

1 笔记本电脑

笔记本电脑又称为手提电脑，它是一种小型、便于携带的个人电脑，通常重1~3公斤，当前的发展趋势是体积越来越小、重量越来越轻，功能越来越强大。笔记本电脑从用途上一般可分为商务型、时尚型、多媒体应用、特殊用途4类。

2 掌上电脑

掌上电脑又称为PDA，它比笔记本电脑的体积更小，只有一个手掌大小。虽然它的体积小，但是却同样拥有CPU、存储器、显示芯片及操作系统等。它与笔记本电脑的功能大致相同，都可通过内置或外置无线网卡实现上网。但是掌上电脑的待机时间较短，通常只有5~8小时，并且第三方软件不够稳定。

1.2　电脑的组成

常用的电脑一般由两部分组成，即硬件和软件。硬件是指我们看得见、摸得到的实物，如机箱、电源、主板、CPU等硬件；而软件则是一系列按照特定顺序组织的计算机数据和指令的集合，它包括应用软件和系统软件。

1.2.1　电脑的硬件组成部分

电脑的硬件组成部分包括显示器、机箱、电源、主板、CPU、内存、硬盘、声卡、显卡、光驱和外部设备，其中直接集成在主板上的显卡和声卡则称为集成显卡和集成声卡。

1 /// 显示器

显示器是电脑硬件中最重要的输出设备之一，也是人机交互必不可少的设备，它能将电脑处理的结果以人们能够识别的形式显示出来。

3 /// 电源

电源是向电子设备提供功率的装置，又称电源供应器，它提供电脑中所有部件所需要的电能。

5 /// CPU

CPU即中央处理器，简称为微处理器。CPU是电脑的核心，它负责处理、运算电脑内部的所有数据，主要由运算器、控制器、存储器和内部总线等构成。

7 /// 硬盘

硬盘是电脑中主要的存储媒介之一，它由一个或者多个铝制或者玻璃制的碟片组成。CPU和内存处理的绝大多数指令和数据都来源于硬盘，它是所有软件和数据的载体。

2 /// 机箱

机箱的主要作用是放置并且固定各种电脑配件，起保护的作用。除此之外，它还具有屏蔽电磁辐射的重要作用。

4 /// 主板

主板又叫主机板、系统板或者母板，它安装在机箱内，是电脑最基本、最重要的部件之一。主板一般为矩形电路板，上面安装了组成电脑的主要电路系统，一般有BIOS芯片、I/O控制芯片、键盘和面板控制开关接口、指示灯插接件、扩充插槽、主板及插卡的直流电源供电接插件等元件。

6 /// 内存

电脑中的存储器分为主存储器和辅存储器，内存就是主存储器。它也是电脑中的主要部件，用于暂时存放CPU中的运算数据，以及与硬盘等外部存储器交换的数据。

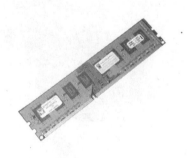

8 /// 声卡

声卡是电脑进行声音处理的适配器，它能够将来自话筒、磁带、光盘等原始声音信号加以转换，输出到耳机、扬声器、扩音机等声响设备，如下图所示为独立声卡。

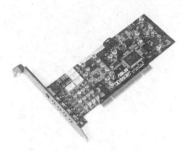

10 /// 光驱

光驱是读取光盘内信息的硬件设备，它是多媒体电脑不可缺少的设备。目前光驱可分为CD—ROM驱动器、DVD光驱、康宝（COMBO）和刻录机等。

9 /// 显卡

显卡全称显示器配置卡，它也是电脑最基本的组成部分之一，它能够将计算机系统所需的显示信息进行转换驱动，并向显示器提供行扫描信息，控制显示器的正确显示。

扩展知识 | 集成显卡和集成声卡

集成显卡是指芯片组中集成了显示芯片，使用这种芯片组的主板是不需要安装独立显卡的，主板的驱动程序中包含了显卡驱动程序。集成显卡能够满足一般的家庭娱乐和商业应用，节约用户购买显卡的开支。集成声卡是指芯片组支持整合的声卡类型，比较常见的是AC'97和HD Audio，使用集成声卡芯片组的主板只需花费较低的成本即可实现声卡的完整功能。

1.2.2 电脑各硬件的连接方法

在1.2.1节所介绍的硬件设备中，主板、CPU、内存、硬盘、声卡、显卡和光驱都是安装在机箱内的，而显示器则是外接的，此时就需要将显示器与主机相连接。除此之外，用户还需要连接电源、键盘、鼠标和耳机等设备。

1 连接主机与显示器

用户在连接显示器之前需要找到连接显示器和主机的连线，并看清连线的接口以及主机上连接显示器的接口。

步骤 1 一般情况下，连接主机与显示器只需两根线：电源线和信号线，信号线通常是蓝色的VGA插头，可以看出插头的形状呈D字形，如下图所示。

步骤 2 在主机机箱的后面找到连接显示器的接口，机箱后面的连接显示器接口也呈D字形，如下图所示。

显示器的接口

3 步骤 显示器的信号线采用了防呆式设计的**D**形插头，用户需在对准后方可插入，然后拧紧两边的螺丝即可。

2 将键盘和鼠标与主机相连接

下面开始将键盘和鼠标与主机相连接，键盘和鼠标的接口有USB和PS/2两种，这里以PS/2接口为例来介绍连接方法。

1 步骤 鼠标的插头是绿色的，并且在插头上有个小鼠标的图案；键盘的插头是紫色的，在插头上有个小键盘的图案。

2 步骤 在主机机箱后面的接口处可以看见鼠标和键盘的插槽，一般情况下左侧为连接键盘的接口，右侧为连接鼠标的接口。

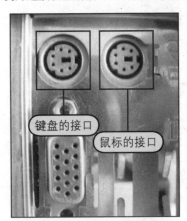

键盘的接口

鼠标的接口

3 步骤 根据接口的颜色分别连接，连接时要注意键盘和鼠标的接口采用的是防呆式设计，位置稍有错误是插不进去的。

3 连接多媒体音箱与主机

用户成功连接了键盘和鼠标之后，接着便可连接多媒体音箱与主机，连接时需要注意主机机箱后面的音频插孔的颜色。

主机机箱后面的I/O接口有3个音频插孔，浅绿色的插孔通常为音箱信号线的插孔，若用户使用带有麦克风的耳机，则浅绿色的插孔连接耳机，粉红色的插孔连接麦克风。

把音箱的一端连接好，将音箱信号线的另一头对准机箱后面的插孔插入即可。

连接多媒体音箱的接口

④ 连接主机的电源线

主机机箱后面的连线接完之后便可将主机接通电源，即连接主机的电源线。连接好主机的电源线之后，就可以启动电脑了。

步骤1 找到主机电源线，金属片裸露在外面的插头是连接在电源插座上的，没有裸露的插头是连接机箱背部的电源接口。

步骤2 主机机箱后面的电源接口一般位于机箱的左上角，裸露的金属片凹在机箱里面，如下图所示。

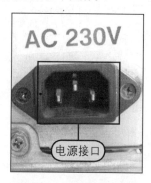

AC 230V

电源接口

步骤3 由于主机的电源线采用的是防呆式设计，方向错误是无法插入的，因此对准方向插入即可连接主机与电源，如右图所示。

AC 230V

1.2.3 电脑的软件组成部分

软件不仅包括可以在计算机上运行的电脑程序，与这些程序相关的文档一般也被认为是软件的一部分。软件是用户与硬件之间的接口界面，用户主要通过软件与计算机进行交流。软件是计算机系统设计的重要依据，电脑的软件组成部分包括系统软件和应用软件。

① 系统软件

系统软件为电脑的使用提供了最基本的功能，它可分为操作系统和支撑软件，其中操作系统是最基本的软件。

操作系统是管理电脑硬件与软件资源的程序，同时也是计算机系统的内核与基石。操作系统身负诸如管理与配置内存、决定系统资源供需的优先次序、控制输入与输出设备、操作网络与管理文件系统等基本事务。

支撑软件是指支撑各种软件开发与维护的软件，又称为软件开发环境。它主要包括环境数据库、各种接口软件和工具组。著名的软件开发环境有IBM公司的Web Sphere，微软公司的Studio.NET等。

② 应用软件

应用软件是为了某种特定的用途而被开发的软件。不同的应用软件根据用户和所服务的领域提供了不同的功能。它可以是一个特定的程序，比如一个图像浏览器；也可以是一组功能联系紧密、可以互相协作的程序集合，如微软的Microsoft Office办公软件；还可以是一个由众多独立程序组成的庞大的软件系统，如数据库管理系统。

1.3 常用的电脑外部设备

常见的电脑外部设备有键盘、鼠标、打印机、U盘和移动硬盘等，由于这些设备的出现，电脑被广泛应用于其他领域。

1.3.1 键盘

键盘是最常用也是最主要的输入设备，通过键盘可以将英文字母、数字、标点符号等输入到计算机中，从而向计算机发出命令、输入数据等。

1 键盘的组成

常用的键盘由功能键区、状态指示灯区、主键盘区、编辑控制区和小键盘区组成。它们分别发挥着不同的功能，主要功能如表1-1所示。

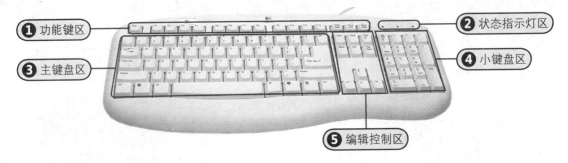

表1-1 键盘的组成区域及功能介绍

编 号	区 域	功 能
❶	功能键区	该区域共有16个键，Esc键用于删除输入的命令或字符或退出某些应用程序，F1~F12键为功能键，不同的应用程序中各个键的功能不同
❷	状态指示灯区	该区域有3个指示灯，分别为Num Lock、Caps Lock和Scroll Lock指示灯
❸	主键盘区	主要功能是输入文字和符号，主键盘区一共有26个英文字母键，10个数字键，专用符号键，标点符号键以及一些特殊键（Shift键、Ctrl键等）
❹	小键盘区	该区域有17个键，用于快速输入数字、编辑和控制光标
❺	编辑控制区	该区域共有13个键，主要用于控制编辑过程中的鼠标光标位置，其中的方向键常用于用户玩游戏时控制方向使用

2 键盘的正确操作指法

用户认识了键盘的组成部分以及各部分的功能后，就可以了解键盘的正确操作指法。

打字时将左手的小指、无名指、中指和食指分别置于A、S、D、F键上，右手的食指、中指、无名指和小指分别置于J、K、L、；键上，左右手的大拇指轻置于空格键上，键盘上的F键和J键上均有凸起，分别是左右手食指的位置，如下图所示为手指的正确放置方法。

掌握了基本的键位指法之后，就可以进一步掌握其他键位的手指分工了，左手食指负责4、5、R、T、F、G、V、B共8个键位，中指负责3、E、D、C共4个键位，无名指负责2、W、S、X 共4个键位，小指负责1、Q、A、Z及其左边所有的键位；右手食指负责6、7、Y、U、H、J、N、M共8个键位，中指负责8、I、K、，共4个键位，无名指负责9、O、L、。共4个键位，小指负责0、P、；、/及其右边所有的键位。

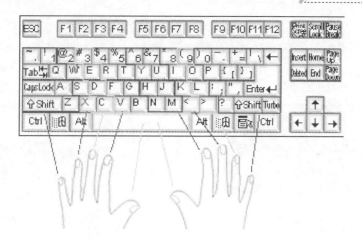

1.3.2 鼠标

鼠标因其形似老鼠而得名"鼠标"，鼠标的出现取代了键盘繁琐的指令，使得用户操作计算机更加简捷。

① 鼠标的正确握法

用右手自然地握住鼠标，把食指和中指分别放在鼠标的左右键上，以方便单击鼠标的左键和右键，拇指放在鼠标的左边，无名指和小指则放在鼠标的右边，中间的第三个键即滑轮，用户可以按照个人习惯用食指或中指操作。如右图所示为手握鼠标的正确姿势。

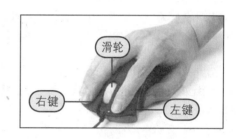

② 鼠标的基本操作

鼠标的基本操作有指向、单击、右击、双击和拖动5种操作，用户可根据当前的要求选择不同的操作。

1 指向

指向操作是指移动鼠标，即用手握住并移动鼠标，则屏幕上的光标随着鼠标的移动而移动，当用户移动至桌面边缘仍未达到预定的位置，则只需拿起鼠标放回桌面中间继续移动鼠标。例如指向"我的电脑"图标。

2 单击

单击操作即将鼠标移动至某个对象，然后用右手食指按下鼠标左键后快速松开。传统方式下，单击图标只能选中该图标并不能打开它，用户也可设置单击打开命令。例如单击"我的电脑"图标。

3 右击

右击操作即用中指按下鼠标右键，右击常用于触发一个与当前鼠标指针所指对象相关的弹出式快捷菜单，便于在弹出的菜单中选择相关命令。例如右击"我的电脑"图标后弹出的快捷菜单。

4 /// 双击

双击即快速地按鼠标左键两次，双击操作常用于启动程序、打开窗口或文件夹等。例如将鼠标移至"我的电脑"，双击"我的电脑"图标即可打开对应的窗口。

5 /// 拖动

拖动即先选定对象，接着按住鼠标左键不放并移动鼠标，将选定对象移至另一个位置后释放鼠标。拖动常用于移动图标或窗口等，例如拖动"我的电脑"图标。

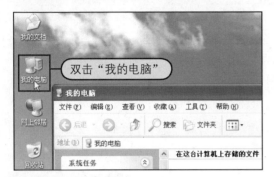

3 指针的基本知识

指针是在计算机开始使用鼠标后为了在图形界面上标识出鼠标位置而产生的。用户启动Windows XP操作系统后移动鼠标，此时会发现显示器上有一个箭头也会随着移动，这就是指针，如右图所示。通常情况下鼠标指针是一个小箭头形状。

鼠标的指针并不是固定不变的，在不同的情况下会变成不同的图标，用户也可根据指针的形状判断当前的操作。指针的各种形状以及含义如表1-2所示。

表1-2 指针的形状以及对应的含义

形 状	含 义	形 状	含 义	形 状	含 义
↖	正常选择	I	选定文本	↘	沿对角线调整1
↖?	帮助选择	✎	手写	↗	沿对角线调整2
↖⧖	后台运行	⊘	不可用	✛	移动
⧖	程序运行	↕	垂直调整	↑	候选
＋	精确定位	↔	水平调整	☝	链接选择

1.3.3 打印机的选购与使用技巧

打印机是电脑常用的外围输出设备，用于将计算机处理结果打印在相关介质上，如打印在A4纸张上，目前最常用的是喷墨打印机和激光打印机。

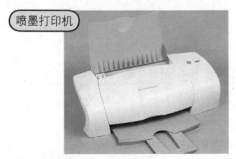

1 购买时应注意的问题

用户在购买打印机时需要注意以下几点。

1 /// **根据自身的需求选择不同的打印机**。喷墨打印机一般是用在打印相片、图片以及小型办公，就是偶尔打印文档之类；激光打印机主要用在大中型办公，主要侧重于文档较为繁多的打印。

2 /// **耗材的费用**。耗材的费用主要是取决于打印量的多少，一般就文档而言，若打印量较大，则建议使用激光打印机，因为使用一次耗材至少可以为用户打印700张A4的文档，而喷墨打印机远远不能打印这么多。

3 /// **维修率**。相对于喷墨打印机和激光打印机而言，喷墨打印机的维修率较高，由于它所使用的耗材是墨水，墨水容易风干且堵塞墨口，导致不能出墨或者是出墨不均匀，因此使用喷墨打印机需要一定的护养常识；其次是激光打印机，由于激光打印机的打印频率很高，所以出现问题的几率也很高，但是一般都是些小问题，如卡纸或不上纸等小问题会多一些。

2 使用时应注意的问题

用户购买了满意的打印机之后，在使用过程中需要注意一些事项。

1 /// **不可使用易燃溶液如酒精、苯或稀释剂清洁打印机**。酒精是易燃溶液，如果在开着打印机的情况下用它来清洁，则容易接触到打印机内部的电子零件，可能造成零件烧坏甚至失火或电击。

2 /// **使用打印机之前需理清电源线**。当电源线被捆扎或打结时使用打印机，电流通过时的阻力会大大增加，从而造成电阻过大，这样可能会因此而导致短路。

3 /// **禁止打印机与其他功率较大的设备共享电源插座**。

4 /// **禁止将打印机放在电磁声较大的设备（如荧光灯等）附近**。如果放置过近，这些设备产生的电磁噪声可能会造成打印机工作不正常，甚至造成打印机失灵。

5 /// **不可将金属物或易燃溶剂放置在打印机的上面**。

6 /// **不用打印机时应该用布将其遮住**。由于打印机的进纸口是敞开的，容易在不知不觉中掉进异物，从而造成在启动打印机时发生故障。

1.3.4 选购与使用U盘的正确方法

U盘是采用flash memory（闪存）存储技术的USB设备。USB指"通用串行接口"，用第一个字母U命名，所以简称"U盘"。它最早来源于朗科公司生产的一种新型存储设备，当U盘接入电脑并被识别之后，U盘里面的资料就可存放在电脑上，电脑上的数据也可以存放到U盘中。U盘小巧便于携带、存储容量大、价格便宜，是常用的移动存储设备之一。

1 选购技巧

U盘由于其存储容量大、存取速度快而取代了软盘，再加上目前的电脑已经不再安装软驱（只有特殊需要才安装）。因此若想将电脑中的文件移动至其他地方就可通过U盘来实现。所以用户在购买U盘时应该注意以下事项。

1 /// **知名品牌**。由于U盘的部件包括闪存芯片、控制芯片和电路设计，而闪存芯片是U盘的核心部件，比较知名的品牌基本上都是靠核心部件的优势打响品牌的。因此选择知名品牌的U盘会有一定的质量保障。

2 /// **容量**。U盘的容量大小应该是用户最为关注的参数。它就像电脑的硬盘一样，决定了用户存储文件的多少。从早期的16MB、32MB和64MB发展到现在的512MB、1GB和2GB，U盘会向着更大的存储容量发展。

3 /// **接口**。目前的U盘都采用的是USB接口，传输速率快且支持热插拔。但需要注意USB接口是USB 1.1的还是USB 2.0的，采用USB 2.0接口的要比USB 1.1接口的U盘快很多。

4 /// **外壳**。当U盘在使用过程中不小心掉到地上时，如果外壳不够坚固，轻则外壳破裂，重则里面保存的资料可能会丢失。所以用户选择U盘时应选择带有坚固防水的外壳，最好是金属外壳。

2 正确地使用和保养U盘

用户选购了一款好的U盘之后，还必须正确地使用并保养U盘，否则会缩短U盘的使用寿命。

1 /// **安全删除**。尽管U盘是一种支持热插拔的设备，不过最好不要直接拔出。正确的操作是首先单击桌面通知区域中的图标，在弹出的菜单中单击"安全删除"命令，等出现"安全地删除移动设备"提示框时即可拔出U盘。

用户若直接拔出U盘，很容易损坏U盘或者其中的数据；另外不要频繁进行插拔，否则易造成USB接口松动，而且在插入U盘过程中一定不要用蛮力，插不进去的时候，不要硬插，可调整一下角度和方位。

2 /// **减少损耗**。用户在U盘中进行删除或者添加文件操作，都会导致U盘中的数据信息刷新一次，由于U盘的刷新次数是有限的，所以在保存或删除U盘中的文件时，最好能一次性完成。

U盘保存数据信息的方式很特别，它不会产生通常所说的文件碎片，所以也不能用常规的碎片整理工具来整理，如果"强行"整理的话，只会影响它的使用寿命。如果存储异常，可使用厂家的格式化工具对其格式化。记住，尽可能不要用其他的格式化工具。

【3】/// **U盘不用时请从电脑中安全拔出。** 用户在不使用U盘时最好将其安全拔出，否则在系统从休眠待机状态下返回正常状态下时，很容易对U盘中的数据造成修改，甚至造成重要数据的丢失；另外如果电脑中存在着未发现的木马，则木马就会悄悄溜进U盘中，对其中的数据造成不可恢复的破坏。因此为了确保U盘数据不遭受损失，最好在添加好数据后将它安全拔下。

【4】/// **U盘落水后使用无水酒精冲洗。** U盘落水或进入液体后不要急于进行烘干处理，有条件的最好用无水酒精冲洗一下，确保U盘内没有污水存留，如果仍有故障，建议送修。

【5】/// **谨慎存放U盘。** U盘里的零件都比较精致小巧，很容易摔坏，尤其是里面的晶振最容易摔坏，所以要小心存放。

【6】/// **让U盘远离电磁波干扰。** 请不要将U盘接近电磁波干扰源，暴露在电磁波下有可能造成产品的故障或资料的错误。

1.3.5 选购移动硬盘的技巧

移动硬盘按不同的连接方式可分为机架内置式移动硬盘和外置式移动硬盘。

机架内置式移动硬盘内置于机箱的5英寸机架上，运转电力由机箱电源提供。硬盘安装在一个可抽取的硬盘盒中，可随意抽出并移动，其传输速度在所有移动存储设备中是最快的。但是该类硬盘采用的是普通硬盘，因此在移动过程中抗震性较差，不适合担当关键数据的转移工作。

外置式移动硬盘外置于机箱之外，由外接直流电源供电通过USB或者IEEE 1394（译名为火线接口）接口与计算机连接。采用USB接口的外置式移动硬盘在数据的转移上可谓非常方便，只需随身带上驱动程序即可。但由于USB接口的传输速率不高（12MB/s），因此该种硬盘的整体性能表现不佳。采用IEEE 1394接口的外置式移动硬盘则克服了这一缺点，IEEE 1394高达400Mb/s的传输速率使外置硬盘的性能得到了充分的发挥。但是，目前IEEE 1394并未普及，在没有该接口的主板上，用户如想使用此类设备，必须购买一块IEEE 1394接口卡。

内置式移动硬盘

外置式移动硬盘

移动硬盘并不像DVD光驱那样有多种光盘格式需要注意。因此用户选择移动硬盘时只需要注意硬盘的容量和连接规格。

容量大固然让人放心，但硬盘迟早都会被装满。因此一般来说，如果是在同一价格的前提下，最好是挑选容量大的，哪怕大1GB也行。

硬盘的连接方法有USB 2.0与IEEE 1394两种，支持规格不同，价格也不一样。由于现在常用的电脑上没有IEEE 1394接口，以后随着机器的更新说不定会有，因此建议用户挑选兼容USB 2.0与IEEE 1394两种规格，也就是双接口型。

硬盘会因盘片旋转与冷却发出噪音，声音大的话会很刺耳，因此最好是参考价格目录与促销人员的建议，检查产品的静音性能。

不同的硬盘，电源开关方式也不同，有的硬盘与个人电脑电源联动，但有的在购买时需要设置电源打开顺序。建议用户仔细阅读操作手册。

 **安全删除移动硬盘**

当用户从正在运行的电脑上拔出移动硬盘时，同样需要进行安全删除该硬件操作之后才能拔出，否则将会损坏移动硬盘，安全删除移动硬盘的方法与安全删除U盘的步骤完全一致。

1.4 设置电脑的状态

用户购买电脑并正确连接了主机机箱后面的连线之后便可开启电脑，初学者一定要学会正确地启动和关闭电脑，否则将会对电脑的硬件造成一定程度的损伤，如果长期错误地关闭电脑，则很有可能造成电脑无法开启。

1.4.1 启动电脑

用户启动电脑时应该首先开启显示器和主机，即分别按下显示器和主机的开关按钮，然后可在显示器中看见启动的画面，请耐心等待。如果在安装操作系统的过程中设置了登录密码，则需要在登录界面中输入正确的密码后方可进入桌面。

按下显示器上的电源开关，开启显示器。

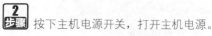 按下主机电源开关，打开主机电源。

 启动一段时间之后，画面自动进入Windows XP的开机启动界面。

若用户设置了密码，则需要在画面中输入密码，然后按下Enter键。

等待系统加载开机启动程序，完成后便进入Windows XP的桌面。

1.4.2 重启电脑

用户若在电脑中安装了新程序，则需要重新启动电脑以便于能够运行安装的程序，如果电脑死机或者出现其他故障，也必须重新启动电脑。用户可通过"开始"菜单重新启动电脑，也可通过"任务管理器"重新启动电脑。

① 通过"开始"菜单重启电脑

用户可在"开始"菜单中单击"关闭计算机"按钮，然后单击"重新启动"按钮即可重新启动电脑。

 单击桌面左下方的"开始"按钮。

在弹出的"开始"菜单中单击"关闭计算机"按钮。

弹出"关闭计算机"对话框，单击"重新启动"按钮即可重新启动电脑。

② 通过"任务管理器"重启电脑

用户也可通过"任务管理器"重新启动电脑。任务管理器提供了有关计算机性能的信息，并显示了计算机上所有运行的程序和进程的详细信息。

1 步骤 **Step①** 在桌面下方的任务栏中任意空白处单击鼠标右键，**Step②** 在弹出的快捷菜单中单击"任务管理器"命令。

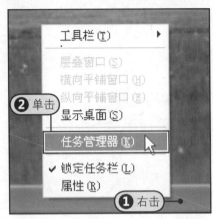

2 步骤 打开"Windows任务管理器"窗口，单击菜单栏中的"关机"选项。

3 步骤 在弹出的下拉菜单中单击"重新启动"命令即可重新启动电脑。

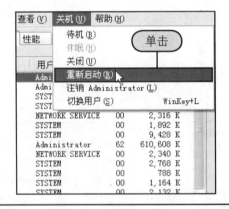

1.4.3 关闭电脑

电脑有时候会由于某些特殊原因突然关闭，如停电、不小心碰到了按钮等，这种突然的关机会对电脑造成伤害，所以用户必须掌握正确的关机方法。常用的关机方法有两种，一种是通过"开始"菜单关闭电脑，另一种是通过"任务管理器"关闭电脑。

① 通过"开始"菜单关闭电脑

用户在关闭电脑之前必须先关闭所有的应用程序，再单击桌面上的"开始"按钮，在弹出的"开始"菜单中选择"关闭计算机"选项，然后在弹出的对话框中单击"关闭"按钮。

1 步骤 单击桌面左下方的"开始"按钮。

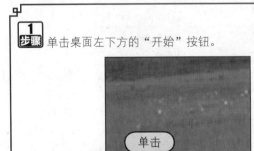

2 步骤 在弹出的"开始"菜单中单击"关闭计算机"按钮。

步骤3 弹出"关闭计算机"对话框，单击"关闭"按钮即可关闭电脑。

---

② 通过"任务管理器"关闭电脑

　　用户也可按照前面的方法打开"任务管理器"窗口，然后依次执行"关机>关闭"命令，同样，在关闭电脑之前必须先关闭所有正在运行的程序。

步骤1 Step❶ 在桌面下方的任务栏中任意空白处单击鼠标右键，Step❷ 在弹出的快捷菜单中单击"任务管理器"命令。

步骤3 在弹出的下拉菜单中单击"关闭"命令即可关闭电脑。

步骤2 打开"Windows任务管理器"窗口，单击菜单栏中的"关机"选项。

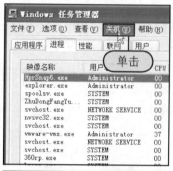

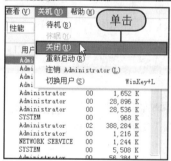

1.4.4　注销电脑

　　注销是向系统发出清除现在登录的用户的请求，清除后即可使用其他用户来登录您的系统，注销不可以替代重新启动，只是清空当前用户的缓存空间和注册表信息。用户同样可通过"开始"菜单和"任务管理器"来注销电脑。

步骤1 单击桌面左下方的"开始"按钮。

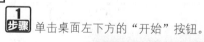

步骤2 在弹出的"开始"菜单中单击"注销"按钮。

3 步骤 弹出"注销Windows"对话框，单击"注销"按钮即可。

1.4.5 开启电脑的休眠功能

Windows XP中的电源功能包括"休眠"和"待机"。当电脑处于休眠模式时，用户可以关闭计算机，当再次打开计算机后所有的工作都会精确地还原到关闭前的状态。启动休眠状态后，内存中的内容会保存在磁盘上，监视器和硬盘也会关闭，既节约了电能，又降低了计算机的损耗。一般来说，计算机解除休眠状态所需的时间要比解除等待状态所需的时间长，但是休眠状态消耗的电能会更少。

1 步骤 (Step①)单击桌面上的"开始"按钮，(Step②)在弹出的"开始"菜单中单击"控制面板"命令。

2 步骤 打开"控制面板"窗口，在窗口中双击"电源选项"图标，打开"电源选项 属性"对话框。

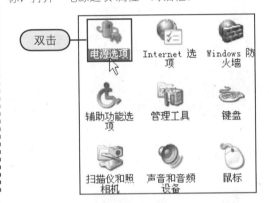

3 步骤 (Step①)单击"休眠"标签，(Step②)在"休眠"选项中勾选"启用休眠"复选框，(Step③)单击"确定"按钮，即可开启休眠功能。

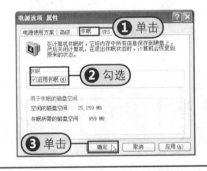

扩展知识 待机

"待机"是指系统将当前状态保存于内存中，然后退出系统，此时电源消耗降低，只维持CPU、内存和硬盘最低限度的运行；一旦移动鼠标或者敲击键盘就可以激活系统，电脑迅速从内存中调入待机前状态进入系统，这是重新开机最快的方式，但是系统并未真正关闭，适用短暂关机。

它与"休眠"的区别在于："待机"是将系统切换至休眠状态后，系统会自动将内存中的数据全部转存到硬盘上一个休眠文件中，然后切断对所有设备的供电，这样在恢复的时候，系统会从硬盘上将休眠文件的内容直接读入内存，并恢复到休眠之前的状态；而"待机"则是将当前状态保存于内存中，因此它会切断除内存外的所有硬件的电源，从而减少计算机的电源消耗。

第 2 章

认识Windows XP

　　Windows XP是微软公司发布的一款视窗操作系统，具有运行可靠、稳定的特点。该系统自带含用户图形的登录界面和全新的亮丽桌面，用户可在桌面上根据自己的需求进行不同的设置，打造一个属于自己的Windows XP环境。

2.1 安装Windows XP操作系统

用户若想要见识Windows XP的桌面和其他选项，则需要在电脑中安装Windows XP操作系统。安装操作系统需要先了解Windows XP所支持的硬件配置，确认硬件配置符合后便可安装Windows XP操作系统。

2.1.1 了解Windows XP的硬件配置

Windows XP相对于以前Windows版本的操作系统而言，对硬件的要求更高，特别是对内存的要求。因此在配置电脑时需要为计算机配置较大的内存，Windows XP操作系统的理想配置要求如表2-1所示。

表2-1 Windows XP的理想配置要求

硬　件	配　　置	硬　件	配　　置
CPU	主频为2.0GHz以上的AMD或者Intel的CPU	显卡	显存为128MB以上的PCI-E接口显卡
内存	1GB以上	声卡	最新的PCI声卡
硬盘	160GB以上	光驱	DVD刻录机

2.1.2 开始安装Windows XP

用户了解了Windows XP的硬件配置要求之后，就可以开始安装Windows XP操作系统了，在安装过程中需要用户手动进行设置。

步骤1 将Windows XP安装光盘放入光驱并设置从光驱启动后重启电脑，当屏幕上出现"Press any key to boot from CD.."时按任意键。

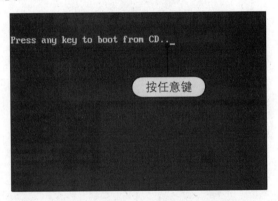

步骤2 打开"Windows XP Professional安装程序"界面，按Enter键选择现在安装Windows XP。

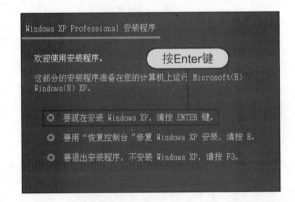

步骤3 打开"Windows XP许可协议"界面，阅读完协议后若同意该协议则按下键盘上的F8键。

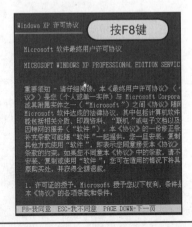

步骤4 打开新界面，此时可在界面中看到"未划分的空间"选项呈高亮度状态，即该选项自动被选中，直接按C键创建磁盘分区。

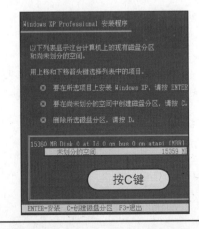

5 步骤 打开创建新磁盘分区的界面，在"创建磁盘分区大小"选项右侧输入磁盘分区的大小，例如输入10000后按Enter键。

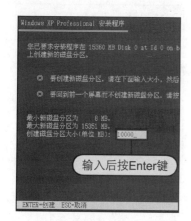

6 步骤 返回上一级界面，使用方向键选中"未划分的空间"选项，接着按照前面的方法创建新的磁盘分区。即按C键，在打开的界面中输入磁盘分区的大小后按Enter键。

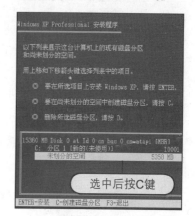

7 步骤 磁盘分区创建完毕后，在界面中使用方向键选择安装操作系统的分区，例如选择"分区1"选项，接着按Enter键确认选择的分区。

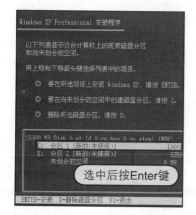

8 步骤 打开格式化磁盘分区的界面，使用方向键选中"用NTFS文件系统格式化磁盘分区（快）"选项，接着按Enter键开始格式化所选择的分区。

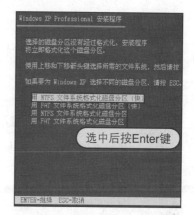

9 步骤 打开安装程序正在格式化界面，此时可在界面中看见安装程序正在使用NTFS文件系统格式化所选择的分区，请耐心等待。

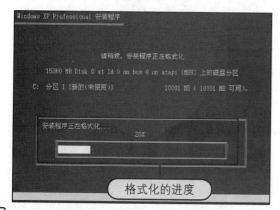

10 步骤 格式化完毕后安装程序开始将安装文件复制到Windows安装文件夹，复制文件需要花费一定的时间，请耐心等待。

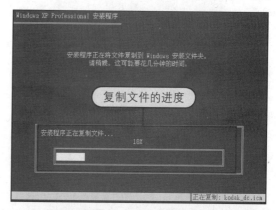

11 步骤 安装文件复制完毕后电脑自动重新启动，启动后安装程序开始准备安装Windows XP操作系统，用户可在显示的界面中看见安装过程大致需要39分钟。

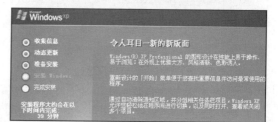

12 步骤 安装一段时间后弹出"区域和语言选项"对话框，保持默认设置直接单击"下一步"按钮。

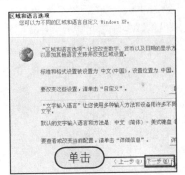

13 步骤 打开"自定义软件"对话框，**Step❶** 分别在"姓名"和"单位"文本框中输入对应的信息，**Step❷** 单击"下一步"按钮。

14 步骤 打开"计算机名和系统管理员密码"对话框，**Step❶** 在下方输入要设置的系统管理员密码。**Step❷** 单击"下一步"按钮。

15 步骤 打开"日期和时间设置"对话框，**Step❶** 分别在"日期和时间"、"时区"选项中设置显示时间与当前时间一致，**Step❷** 设置完成后单击"下一步"按钮。

16 步骤 安装程序继续安装操作系统，此时安装程序大约会在32分钟内完成安装操作，请耐心等待。

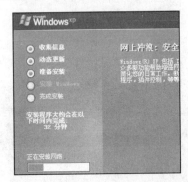

17 步骤 安装一段时间后弹出"网络设置"对话框，**Step❶** 选中"典型设置"单选按钮，**Step❷** 单击"下一步"按钮。

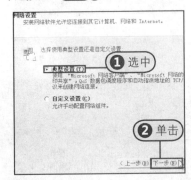

18 步骤 打开"工作组或计算机域"对话框，**Step❶** 设置计算机为非域成员，**Step❷** 单击"下一步"按钮。

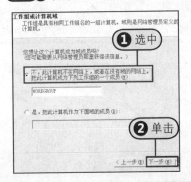

19 步骤 到这里后，安装程序会自动在28分钟内完成安装，完成之后电脑会自动重新启动。

20步骤 电脑重启后进入启动画面，第一次启动需要较长的时间，请耐心等待。

22步骤 进入"帮助保护您的电脑"界面，选中"现在通过启用自动更新帮助保护我的电脑"单选按钮，然后单击"下一步"按钮。

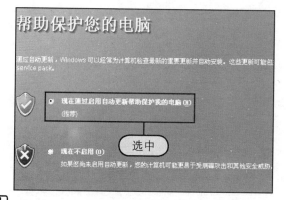

24步骤 打开新的界面，用户可选择现在是否与Microsoft联机注册，此处选中"否，现在不注册"单选按钮，然后单击"下一步"按钮。

26步骤 设置完毕后，单击"完成"按钮即可进入Windows登录界面。

21步骤 打开"欢迎使用Microsoft Windows"界面，直接单击"下一步"按钮打开新的界面。

23步骤 在打开的界面中设置电脑是直接连接Internet还是通过一个网络连接，此处设置为通过一个网络连接，然后单击"下一步"按钮。

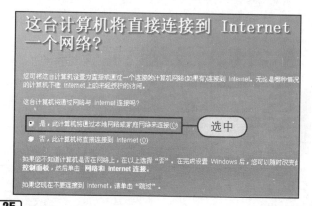

25步骤 进入新的界面，在"您的姓名"文本框中输入新账户的名称，然后单击"下一步"按钮。

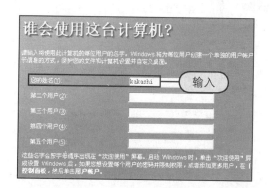

27
步骤 进入Windows XP的欢迎界面后，若在步骤14中设置了密码，则在此界面中需要输入密码后才可进入。

28
步骤 完成前面的操作之后便进入了Windows XP的桌面，此时桌面上只有"回收站"快捷图标。

进入桌面

2.2 设置Windows XP桌面

　　Windows XP操作系统安装完成之后自动进入桌面，但是桌面上只有右下角的"回收站"快捷图标，这时需要用户手动设置Windows XP桌面。

2.2.1 设置桌面图标

　　用户首先需要将"我的电脑"、"网上邻居"等图标设置为桌面上显示，接着可创建常用程序的快捷方式，然后按照自己的爱好排列这些图标。

1 显示桌面上其他常用的图标

　　由于"我的电脑"、"网上邻居"等快捷图标是用户常用的程序，因此可将它们放在桌面上以方便用户使用。

1
步骤 **Step①** 在桌面上任意空白处单击鼠标右键，**Step②** 在弹出的快捷菜单中单击"属性"命令。

2
步骤 打开"显示 属性"对话框，单击"桌面"标签切换至"桌面"选项卡下。

3
步骤 在"桌面"选项卡中单击"自定义桌面"按钮。

4
步骤 打开"桌面项目"对话框，在"常规"选项卡中的"桌面图标"选项组中勾选全部的复选框，然后单击"确定"按钮。

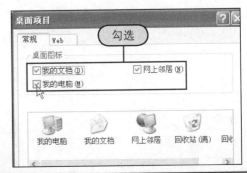

5 步骤 再次单击"确定"按钮返回桌面,此时可在桌面上看到"我的文档"、"我的电脑"和"网上邻居"3个快捷图标。

显示的图标

2 自动排列桌面图标

当桌面上的图标多且杂乱无章时,会给人一种很烦的感觉,此时用户可通过"自动排列"命令设置桌面图标,然后按照自己的爱好选择不同的方式排列图标。

1 步骤 用户在桌面上使用一段时间之后,会发现桌面上的图标排列并不整齐,十分凌乱。

2 步骤 Step**1** 在桌面上右击任意空白处,Step**2** 在弹出的快捷菜单中单击"排列图标>自动排列"命令。

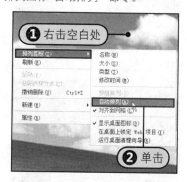

① 右击空白处

② 单击

3 步骤 此时可在桌面上看到之前图标已经整齐地排列在桌面的左侧。

排列后的图标

教你一招 **按照其他方式排列桌面图标**

用户除了自动排列桌面图标之外,还可以按照桌面上图标的名称、大小、类型和修改时间来排列桌面图标,只需在步骤2中任意选择一种排列方式即可。

2.2.2 设置任务栏

在Windows操作系统下,任务栏是指位于桌面最下方的小长条,它主要由"开始"菜单、"快速启动"工具栏、应用程序区域和通知区域组成。

1 **改变任务栏的大小及位置**

　　任务栏在默认情况下是锁定的，用户可通过设置解除任务栏的锁定，改变任务栏的大小，以及将任务栏放置于桌面的其他位置。

步骤1 **Step1** 右击任务栏中的任意空白处，**Step2** 在弹出的快捷菜单中取消勾选"锁定任务栏"选项。

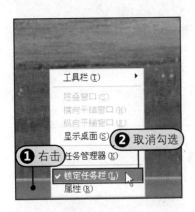

步骤2 此时任务栏处于解锁状态，将鼠标移动至任务栏的上边缘处，当鼠标的形状变成"⇕"时，按住鼠标左键不放并向上拖动鼠标。

步骤3 拖动到一定位置处释放鼠标左键，用户可以看到在拖动过程中鼠标的形状一直保持不变。

步骤4 此时可以看到状态栏的形状已经发生了变化，将鼠标移动至状态栏空白处，按住鼠标左键不放并向右拖动。

步骤5 将鼠标移动至桌面右侧后，会出现一个虚线的边框，释放鼠标左键。

步骤6 此时可在桌面上看到任务栏的位置发生了变化，出现在桌面的右侧。用户可使用相同的方法将任务栏拖动至桌面的上方或者左侧。

2 **隐藏任务栏**

　　用户不仅可以改变任务栏的大小及位置，还可以将任务栏设置为自动隐藏，隐藏之后将鼠标移动至桌面的最下方时任务栏又会显示出来。

1
步骤 **Step1** 右击任务栏的任意空白处，**Step2** 在弹出的快捷菜单中单击"属性"命令。

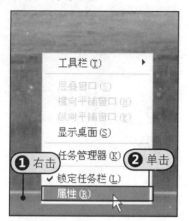

2
步骤 打开"任务栏和「开始」菜单属性"对话框，在"任务栏外观"选项组中勾选"自动隐藏任务栏"复选框。

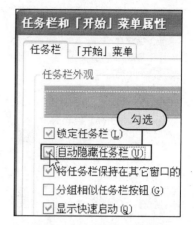

3
步骤 单击"确定"按钮返回桌面，此时可以看到任务栏已经隐藏在桌面的底部。

2.2.3 设置"开始"菜单

"开始"菜单是用来存放操作系统或设置系统指令的，用户还可以通过它来使用安装到当前系统中的所有程序。用户通过单击 **开始** 按钮打开"开始"菜单。

1 认识"开始"菜单

"开始"菜单的最上方标明了当前登录计算机系统的用户，由一个漂亮的小图片和用户名称组成。菜单的左侧是用户常用的应用程序启动项，可快速启动应用程序。菜单的右侧是系统控制工具区域，包括"我的电脑"、"我的文档"、"控制面板"等选项。在"所有程序"菜单项中，显示了计算机系统安装的全部应用程序。菜单的最下方是计算机控制菜单区域，包括"注销"和"关闭计算机"两个按钮。

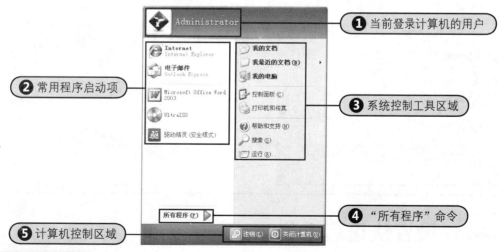

2 自定义"开始"菜单

用户可按照自己的意愿设置"开始"菜单，如选择"开始"菜单的模式，并设置"开始"菜单中的图标大小和常用程序的个数。

步骤1 **Step①** 右击"开始"按钮，**Step②** 在弹出的快捷菜单中单击"属性"命令。打开"任务栏和「开始」菜单属性"对话框。

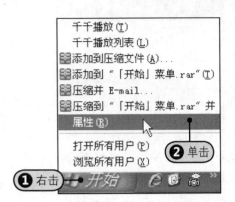

步骤2 **Step①** 在对话框中选择"开始"菜单模式，例如选中"「开始」菜单"单选按钮，**Step②** 单击"自定义"按钮。打开"自定义「开始」菜单"对话框。

步骤3 **Step①** 在"为程序选择一个图标大小"选项组中设置图标的大小，**Step②** 在"程序"选项组中设置"开始"菜单中的程序数目，**Step③** 单击"确定"按钮即可保存设置。

③ 将常用程序添加至"开始"菜单中

由于桌面上放置太多的图标会影响电脑的启动速度，因此用户可将一些常用程序的图标添加至"快捷"菜单中，直接在"开始"菜单中单击图标即可启动对应的程序。

步骤1 **Step①** 右击需要添加的应用程序所对应的快捷图标，**Step②** 在弹出的快捷菜单中单击"附到「开始」菜单"命令。

步骤2 单击"开始"按钮打开"开始"菜单，此时可在"开始"菜单中看见刚才添加的应用程序。

2.2.4 设置快速启动栏

在Windows XP操作系统中，快速启动栏位于"开始"按钮的右侧，主要用来存放用户常用的应用程序快捷图标。用户在快速启动栏中直接单击快捷图标即可启动对应的程序。

① **认识快速启动栏**

　　用户可在"开始"按钮右侧看到快速启动栏，在该栏中放置了一些常用程序的快捷图标，单击快速启动栏右侧的 >> 按钮，在上方弹出的列表中显示了快速启动栏中的隐藏图标。

② **将常用程序添加至快速启动栏**

　　用户可将常用程序的快捷图标添加至快速启动栏，添加完成后，当桌面上布满窗口时，用户可直接从快速启动栏中启动程序。

步骤 1 **Step①** 右击快速启动栏中的空白处，**Step②** 在弹出的快捷菜单中单击"打开文件夹"命令，打开快速启动栏窗口。

步骤 3 单击快速启动栏右侧的 >> 按钮，即可在上方弹出的列表中看到添加的快捷图标，即添加成功。

步骤 2 将桌面上常用程序的快捷图标拖动至快速启动栏窗口中，然后释放鼠标左键，即可将快捷图标移动至快速启动栏中。

将快捷图标拖动至文件夹中

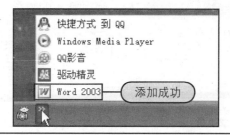

2.2.5　设置语言栏

　　在Windows XP系统中，语言栏 是一个悬浮在桌面右下方的工具条，它显示了正在使用的输入法，用户可在语言栏中对常用输入法进行添加、删除等操作。

① **添加系统自带的输入法**

　　用户可在语言栏中添加Windows XP系统中自带的输入法。

步骤 1 **Step①** 单击语言栏中的"选项"按钮 ，**Step②** 在弹出的菜单中单击"设置"命令。打开"文字服务和输入语言"对话框。

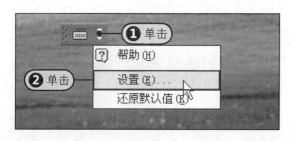

步骤 2 在打开的对话框中单击"已安装的服务"选项组中的"添加"按钮。

步骤3 打开"添加输入语言"对话框，**Step①** 在"键盘布局/输入法"下拉列表中选择需要添加的语言，**Step②** 连续单击"确定"按钮返回桌面。

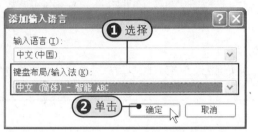

步骤4 **Step①** 单击语言栏中的输入法按钮⌨，**Step②** 在弹出的菜单中可以看到添加的输入法，即添加成功。

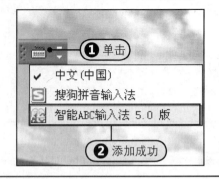

② 删除多余的输入法

用户若习惯性地使用某一种输入法，则可将语言栏中其他多余的输入法删除，删除之后用户使用快捷键切换输入法的时间将会大大缩短。

步骤1 打开"文字服务和输入语言"对话框，**Step①** 在"已安装的服务"列表框中单击需要删除的输入法，**Step②** 单击右侧的"删除"按钮。

步骤2 此时可在"已安装的服务"列表框中看到选中的输入法已经被删除，直接单击"确定"按钮退出即可。

2.2.6 设置通知区域

通知区域位于任务栏的最右侧，该区域中包括了时钟、音量控制状态等其他程序的图标，用户可通过手动设置该区域，让其显示时钟，隐藏某些程序图标。

步骤1 **Step①** 右击任务栏中的空白处，**Step②** 在弹出的快捷菜单中单击"属性"命令。

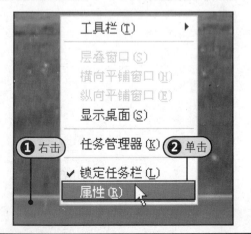

步骤2 **Step①** 在打开的对话框中勾选"隐藏不活动的图标"复选框，**Step②** 单击"自定义"按钮。

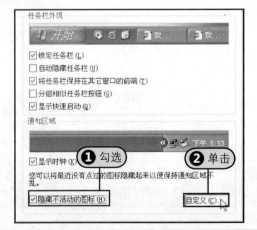

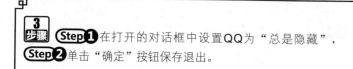

步骤3 (Step①)在打开的对话框中设置QQ为"总是隐藏"，
(Step②)单击"确定"按钮保存退出。

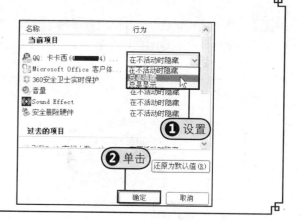

2.3 设置Windows桌面显示属性

Windows桌面设置完成之后便可设置Windows桌面的显示属性，即设置桌面主题、桌面背景、屏幕保护程序、屏幕分辨率和刷新频率等属性。

2.3.1 更换桌面主题

桌面主题包括桌面背景、声音和图标等元素，用户选择不同的主题之后将会在桌面上看见桌面背景、桌面图标和鼠标指针等图像发生了变化。

步骤1 (Step①)右击桌面的空白处，(Step②)在弹出的快捷菜单中单击"属性"命令。

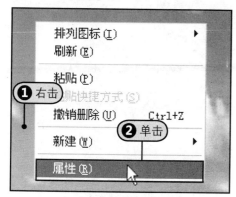

步骤2 打开"显示 属性"对话框并切换至"主题"选项卡下，在"主题"下拉列表中选择自己喜欢的主题。

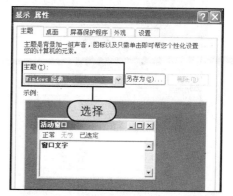

步骤3 单击"确定"按钮返回桌面，此时可在桌面上看到更换主题后的桌面。

2.3.2 更换桌面背景

用户若觉得桌面的背景太过单调，可打开"显示 属性"对话框，在"桌面"选项卡下选择自己喜欢的桌面背景。

步骤1 打开"显示 属性"对话框，**Step 1** 单击"桌面"标签切换至该选项卡下，**Step 2** 在"背景"选项组中选择自己喜欢的桌面背景。

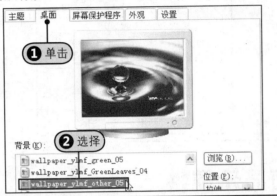

步骤2 单击"确定"按钮返回桌面，此时可在桌面上看见更换桌面背景后的桌面。

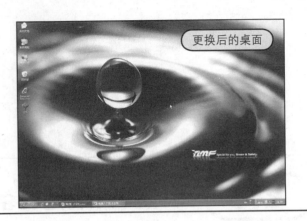

更换后的桌面

2.3.3 设置屏幕保护程序

屏幕保护程序用于保护显示器，用户离开电脑一段时间之后，若设置了屏幕保护程序则系统自动启动该程序保护显示器，屏幕保护程序对纯平显示器来说具有一定的好处，对于液晶显示器或笔记本来说却是弊大于利，它会使液晶显示器或者笔记本的寿命减短，因此建议使用液晶显示器或者笔记本的用户不要开启屏幕保护程序。

步骤1 打开"显示 属性"对话框，**Step 1** 单击"屏幕保护程序"标签，**Step 2** 设置"屏幕保护程序"，**Step 3** 设置完成后单击"预览"按钮。

步骤2 此时用户可在屏幕上预览屏幕保护程序的效果，只需随便移动一下鼠标即可返回桌面。

预览屏保

步骤3 **Step 1** 在对话框中设置等待时间，例如设置为5分钟。
Step 2 单击"确定"按钮保存退出对话框。

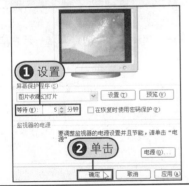

教你一招 开启屏幕保护密码

用户设置屏幕保护程序时，如果电脑中有重要的数据，那么可以在上述步骤3中勾选"在恢复时使用密码保护"复选框。这样，用户若想再次使用电脑则需要输入当前账户的登录密码，开启屏幕保护密码可防止其他用户偷窥电脑中的重要数据。

2.3.4 设置屏幕分辨率和刷新频率

用户可通过设置屏幕的分辨率来解决桌面上图标显示大小和放置多少的问题，同时也可以设置其刷新频率以提高屏幕的稳定性。

步骤1 打开"显示 属性"对话框，**Step1** 单击"设置"标签切换至该选项卡下，**Step2** 在"屏幕分辨率"选项组中拖动滑块，调整至合适的分辨率。

步骤2 **Step1** 在"颜色质量"下拉列表中选择"最高（32位）"选项，**Step2** 单击"高级"按钮，打开新的对话框。

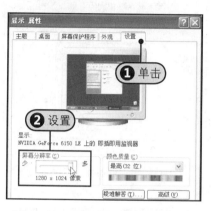

步骤3 **Step1** 单击"监视器"标签切换至该选项卡下，**Step2** 单击"屏幕刷新频率"右侧的下三角按钮，**Step3** 在弹出的下拉列表中选择刷新频率。最后单击"确定"按钮保存设置后退出对话框。

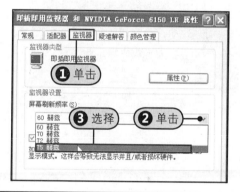

2.3.5 设置桌面上的图标及下方的字体

桌面上的图标并不是固定大小的，用户若觉得系统默认设置的图标太小，可以手动设置其大小，在设置过程中不仅可以设置图标的大小，还可以设置桌面上图标下方的字体类型。

步骤1 打开"显示 属性"对话框，**Step1** 单击"外观"标签切换至该选项卡下，**Step2** 在右下方单击"高级"按钮。

步骤2 打开"高级外观"对话框，**Step1** 单击"项目"选项右侧的下三角按钮，**Step2** 在弹出的列表中单击"图标"选项。

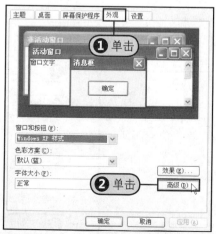

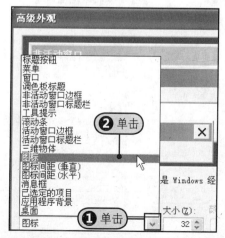

3 步骤 **Step1** 在右侧设置项目的大小，**Step2** 单击"字体"选项右侧的下三角按钮，**Step3** 在弹出的列表中选择字体。

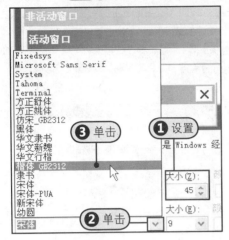

4 步骤 **Step1** 单击"大小"选项右侧的下三角按钮，**Step2** 在弹出的列表中选择字体的大小。

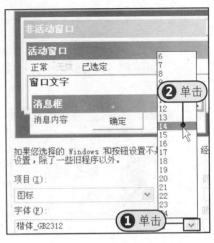

5 步骤 确认设置的项目和字体以及对应的大小，接着连续单击"确定"按钮即可返回桌面。

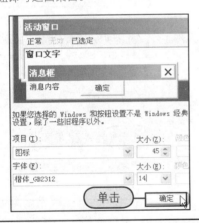

6 步骤 此时可在桌面上看见图标及其下方的文字均发生了变化，更改成功。

2.4 Windows XP窗口

　　窗口是Windows XP操作系统中比较重要的组成部分，它与应用程序相对应，当用户运行一个应用程序时便会产生对应的窗口，窗口是用户与产生该窗口的应用程序之间的可视化界面。

2.4.1 窗口的组成

　　一个完整的窗口由标题栏、窗口控制按钮、菜单栏、工具栏、地址栏、工作区、滚动条和状态栏组成。

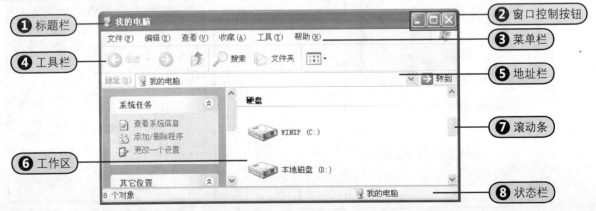

表2-2 窗口的组成以及各部分的功能

编　号	名　称	功　能
❶	标题栏	位于窗口最上方的蓝色区域，能够显示当前文件的名称，包括右侧窗口控制按钮中的最小化、最大化和关闭按钮
❷	窗口控制按钮	位于窗口的右上角，用于对窗口大小的控制，包括最小化、最大化/还原和关闭按钮
❸	菜单栏	位于标题栏下方，包含了6个功能各不相同的标签，在每个标签下都有一个下拉菜单，每个菜单中包含若干条命令
❹	工具栏	位于菜单栏下方，包含了一些常用的命令按钮，如前进、后退、搜索等
❺	地址栏	位于工具栏下方，用于显示当前文件的路径
❻	工作区	位于地址栏下方的白色区域，用于显示当前文件所包含的内容
❼	滚动条	位于窗口的右侧，用于上、下调整工作区
❽	状态栏	位于窗口最下方，用于显示窗口包含的对象个数以及大小等信息

2.4.2 最大/最小化窗口

Windows中窗口的大小并不是固定不变的，用户可以使用窗口控制按钮来实现窗口的最大化和最小化。

步骤 1 打开"我的电脑"窗口，在窗口控制按钮区域中单击"最小化"按钮█。

单击

步骤 2 将"我的电脑"窗口最小化后用户可在任务栏中看见对应的窗口图标。

最小化后的图标

步骤 3 在任务栏中单击"我的电脑"图标，接着在"我的电脑"窗口中单击"最大化"按钮█。

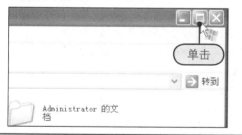

单击

步骤 4 此时可看到"我的电脑"窗口布满整个桌面，并且"最大化"按钮变成了"还原"按钮█。

"还原"按钮

2.4.3 调整窗口的大小

调整窗口除了单击最大/最小化按钮之外，用户还可以按照自己的意愿对窗口的大小进行调整。

步骤 1 将鼠标指针移至"我的电脑"窗口的右下角，当指针变成↖ 时向任意方向拖动鼠标，如向左上方移动鼠标。

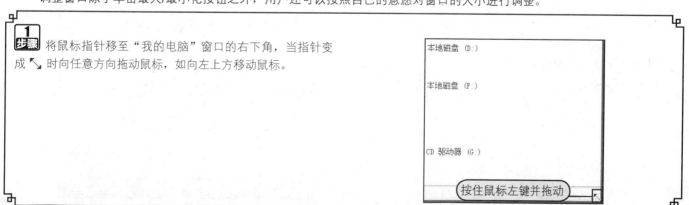

本地磁盘 (D:)

本地磁盘 (F:)

CD 驱动器 (G:)

按住鼠标左键并拖动

步骤2 在移动过程中指针的形状始终保持不变，拖动到指定位置后释放鼠标左键。

步骤3 此时可在桌面上看见图标以及下方的文字均发生了变化，更改成功。

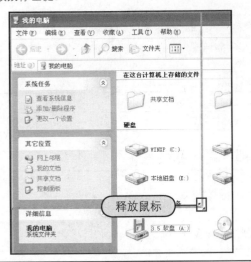

释放鼠标

调整后的窗口大小

2.4.4 关闭窗口

用户若不使用当前窗口可将其关闭，关闭窗口有多种方法，其中最简单的方法就是直接在窗口控制按钮区域中单击"关闭"按钮。

单击"我的电脑"窗口中窗口控制按钮区域中的✕按钮即可将该窗口关闭，如右图所示。

右击"我的电脑"窗口中的标题栏，在弹出的快捷菜单中单击"关闭"命令可将窗口关闭；还可以选中需要关闭的窗口，然后按Alt+F4快捷键即可关闭选中的窗口。

单击

2.5 Windows XP对话框

Windows XP对话框包含了按钮和各种选项，用户可通过对话框完成特定的命令或者任务。对话框与窗口的区别在于对话框没有最大/最小化按钮，一般都不能改变其形状。

2.5.1 认识对话框

在Windows XP系统下进行操作时，经常会在操作设置时弹出各种不同的对话框以便用户进行不同的选择，常见的对话框由选项卡、单选按钮、复选框、文本框和命令按钮等组成。如右图所示为"压缩文件名和参数"对话框，该对话框中包括了选项卡、文本框、单选按钮、复选框和命令按钮。其中，单选按钮和复选框可供用户进行选择，文本框可供用户进行设置或选择。

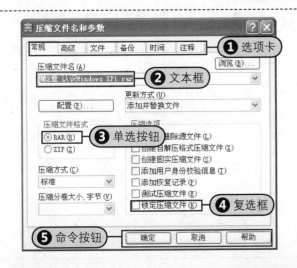

① 选项卡
② 文本框
③ 单选按钮
④ 复选框
⑤ 命令按钮

2.5.2 对话框的操作

对话框的操作大致上包括切换至新的选项卡、在文本框中输入文本、选中单选按钮、勾选复选框和单击命令按钮5种。

1 /// 切换至新的选项卡

选项卡用于对不同的设置内容进行分类，例如单击"高级"标签切换至"高级"选项卡下。

2 /// 在文本框中输入文本

文本框用于输入文本内容，如下图所示，在文本框中输入压缩文件名，例如输入"资料.rar"。

3 /// 选中单选按钮

单选按钮在对话框中为一个小圆圈，选中之后，单选按钮中会出现一个实心的小圆点。例如选中RAR单选按钮。

4 /// 勾选复选框

复选框在对话框中为一个正方形，勾选该复选框之后，正方形中会出现一个"√"。例如勾选"压缩后删除源文件"复选框。

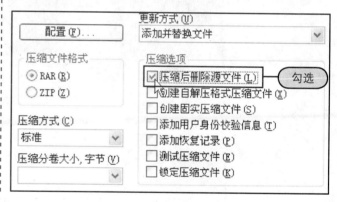

5 /// 单击命令按钮

命令按钮是一个类似矩形的方块，单击它即可执行对应的操作。例如单击"确定"按钮即可保存退出。

第 3 章

Windows XP
文件操作及用户管理

在Windows XP操作系统中，所有的数据都是以文件或文件夹的形式显示并存储在电脑中，文件可以是图形、数字、声音等，也可以是办公软件、应用程序。由于Windows XP是一个多用户的操作系统，因此用户可以以管理员的身份创建其他账户，并对创建的账户进行设置属性和删除等操作。

3.1 文件和文件夹的基本操作

　　由于文件和文件夹是电脑中数据和程序的载体，因此用户需要对它们进行一系列的基本操作，如创建、查看、选中、复制、移动、重命名、删除等操作。

3.1.1 创建文件和文件夹

　　当用户需要保存某些重要数据时，可通过创建文件来保存；而含有重要数据的文件又可以使用文件夹来保存，因此用户也需要创建文件夹。

1 创建文件

　　由于文件可以是图形、数字、声音，也可以是办公软件、应用程序，因此对应不同的文件有着不同的创建方法，这里以创建记事本为例介绍创建文件的操作方法。

步骤1 (Step①)用鼠标右键单击桌面上的任意空白处，(Step②)在弹出的快捷菜单中单击"新建>文本文档"命令。

步骤2 在桌面的左侧可看见刚创建的文本文档，此时正处于可编写状态。

创建的文本文档

步骤3 对刚创建的文本文档进行操作，例如输入"办公文件"，然后按Enter键即可。

输入后按Enter键

2 创建文件夹

　　用户若要将大量的文件进行分配并整理，可通过使用文件夹实现，但是使用文件夹首先要创建文件夹，创建文件夹的方法很简单，但是要注意在创建了文件夹之后需要对其重新命名以便于能正确地对文件进行分类。

步骤1 (Step①)用鼠标右键单击桌面上的任意空白处，(Step②)在弹出的快捷菜单中单击"新建>文件夹"命令。

2 步骤 在桌面的左侧可以看见刚创建的文件夹，此时正处于可编写状态。

创建的文件夹

3 步骤 对刚创建的文件夹进行操作，例如输入"娱乐"，然后按Enter键即可。

输入后按Enter键

3.1.2 查看文件或文件夹

　　随着文件或文件夹的增多，用户如何从众多的文件或文件夹中找到自己需要的文件呢？这就要学会使用不同的方式查看文件或文件夹。

1 步骤 在桌面上双击"我的电脑"图标，打开"我的电脑"窗口。

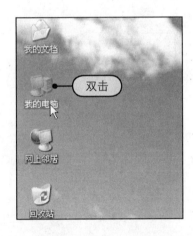

双击

2 步骤 在窗口中双击需要浏览的磁盘分区，**Step1** 在工具栏中单击"查看"按钮，**Step2** 在弹出的下拉列表中选择浏览的类型，例如单击"缩略图"选项。

3 步骤 此时可以在窗口中看见文件和文件夹的排列已经发生了变化，用户也可在步骤2中选择其他的浏览方式。

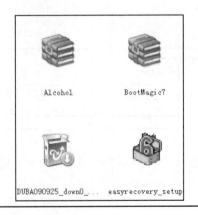

3.1.3 设置文件或文件夹的属性

　　用户可以查看电脑中文件或文件夹的属性，并且还可以对其中的一些属性按照自己的意愿进行设置，例如隐藏文件或文件夹、共享文件夹以及更改文件夹图标大小等。

① 查看文件或文件夹的常规属性

文件或文件夹的常规属性包括类型、位置、大小及占用空间等属性，用户可在其对应的属性对话框中查看。

步骤 1 打开文件或文件夹所在的窗口，**Step①** 用鼠标右键单击需要查看的文件或文件夹，例如右击"虚拟系统"文件夹，**Step②** 在弹出的快捷菜单中单击"属性"命令。

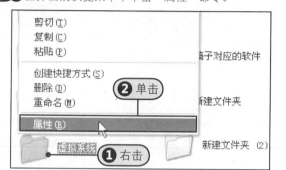

步骤 2 打开"虚拟系统 属性"对话框，此时可在"常规"选项卡下看见该文件夹的类型、位置、大小、占用空间和包含内容等属性。

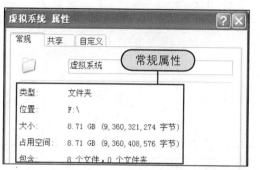

② 共享文件夹

当用户将电脑接入局域网时，用户就可以设置文件夹共享，使在局域网中的其他用户能够查看并使用该文件夹。该功能常用于公司或者企业单位。

步骤 1 打开需要共享的文件夹所在的窗口，**Step①** 用鼠标右键单击该文件夹，**Step②** 在弹出的快捷菜单中单击"共享和安全"命令，打开该文件夹的属性对话框。

步骤 2 **Step①** 在"网络共享和安全"选项组中勾选"在网络上共享这个文件夹"复选框。**Step②** 在"共享名"文本框中输入共享名，**Step③** 勾选"允许网络用户更改我的文件"复选框。

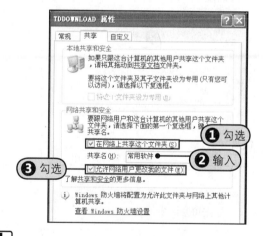

步骤 3 单击"确定"按钮返回共享文件夹所在的窗口，此时可看见共享文件夹图标下方增加了一个手状图标，表示该文件夹已经共享，此时即可在网上邻居中查看该文件夹。

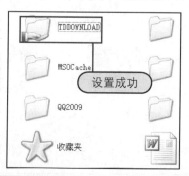

步骤 4 关闭窗口后返回桌面，双击"网上邻居"图标打开"网上邻居"窗口。

5 步骤　**Step❶** 单击左侧的"查看工作组计算机"链接，**Step❷** 在右侧双击自己电脑的图标。

6 步骤　此时可在打开的对话框中看见步骤3中设置的共享文件夹。

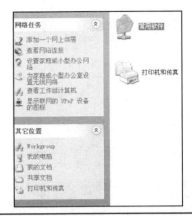

③ 更改文件夹的图标

　　用户刚刚创建的文件夹图标都是完全一样的，在成功创建一个文件夹之后，用户可在其属性对话框中更改文件夹图标，根据自己的爱好进行选择。

1 步骤　打开需要更改图标的文件夹所在的窗口，**Step❶** 用鼠标右键单击该文件夹，**Step❷** 在弹出的快捷菜单中单击"属性"命令。

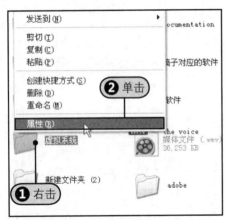

2 步骤　打开该文件夹的属性对话框，单击"自定义"标签切换至该选项卡下。

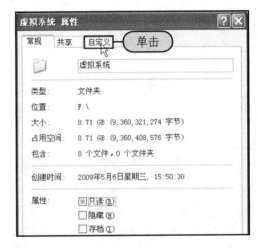

3 步骤　在"文件夹图标"选项组中单击"更改图标"按钮，打开"为文件夹类型虚拟系统更改图标"对话框。

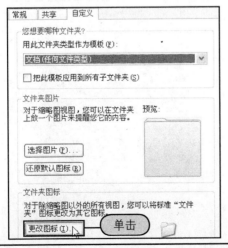

4 步骤　**Step❶** 在"从以下列表选择一个图标"列表中单击自己喜欢的图标，**Step❷** 单击"确定"按钮。

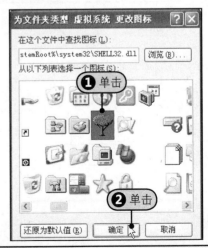

5 步骤 返回文件夹属性对话框，在"文件夹图标"选项组中确定更改的图标无误之后单击"确定"按钮。

6 步骤 返回文件夹所在的窗口，此时可在窗口中看见选中的文件夹图标已经更改。

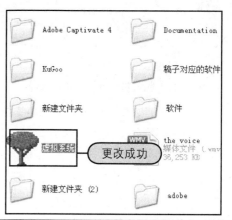

3.1.4 选中文件或文件夹

用户若要对文件和文件夹进行操作，首先需要选中这些文件和文件夹，选中文件和文件夹分为选中单个文件或文件夹、选中连续的多个文件和文件夹以及选中不连续的多个文件和文件夹。选中单个文件或文件夹非常简单，只需要用鼠标左键单击需要选中的文件或文件夹即可。这里主要介绍如何选中多个连续的与不连续的文件和文件夹。

① 选中多个连续的文件和文件夹

选中多个连续的文件和文件夹的方法有两种，一种是用鼠标进行拖动选择，即将鼠标放在最后一个文件或文件夹附近的空白处，然后按住鼠标左键不放并进行拖动，当虚线框越过了需要选择的文件和文件夹之后松开鼠标左键即可选中。另一种就是使用Shift键，即首先选中第一个文件或文件夹，然后按住Shift键不放，同时单击需要选中的连续文件和文件夹中的最后一个，然后松开Shift键即可选中多个连续的文件和文件夹。下面介绍使用Shift键选定多个连续的文件和文件夹。

1 步骤 打开需要选中的文件和文件夹所在的窗口，单击选中第一个文件或文件夹。

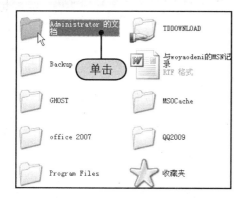

2 步骤 按住Shift键不放，同时将鼠标移动至最后一个文件图标并单击选中该图标。

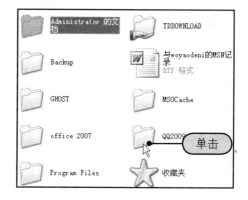

3 步骤 选中后松开Shift键，此时可看见窗口中连续的文件和文件夹已经被选中。

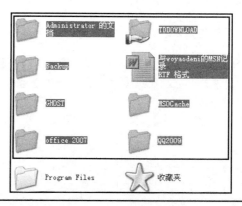

教你一招 用鼠标拖动选择连续的文件和文件夹

Step①将鼠标放在最后一个文件及文件夹附近的空白处。**Step②**按住鼠标左键不放并拖动以选中需要的文件和文件夹，然后松开鼠标。**Step③**此时可在窗口中看见连续的文件和文件夹已经被选中。

 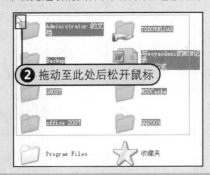 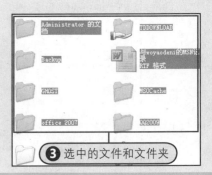

② **选中多个不连续的文件和文件夹**

用户选中需要操作的多个文件和文件夹时，有时是连续的，有时却是不连续的。对于选择多个不连续的文件和文件夹而言有两种方法，一种是通过移动文件或文件夹的图标来让不连续的文件和文件夹连续；另一种是使用Ctrl键。

步骤①打开需要选择的文件和文件夹所在的窗口，首先单击任意一个文件或者文件夹，然后按住Ctrl键不放。

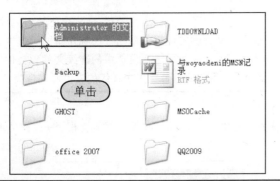

步骤②同时移动鼠标并单击其他需要选中的文件和文件夹，完成之后松开Ctrl键即可。

教你一招 取消选中的多余文件和文件夹

在选中多个文件和文件夹的过程中，用户有时会多选一个或几个不需要的文件和文件夹，若要取消选中的多余文件和文件夹，可在按住Ctrl键的同时单击文件或文件夹即可取消。

3.1.5 复制文件或文件夹

复制文件或文件夹是指将选中的文件或文件夹复制并粘贴到需要的位置处，完成该操作后，原来位置和目标位置处都会有相同的文件或文件夹。

步骤①打开需要复制的文件或文件夹所在的窗口，**Step①**用鼠标右键单击该文件或文件夹，**Step②**在弹出的快捷菜单中单击"复制"命令。

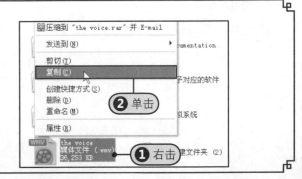

2
步骤 打开需要粘贴的目标位置窗口，**Step①** 用鼠标右键单击任意空白处，**Step②** 在弹出的快捷菜单中单击"粘贴"命令。

3
步骤 可在目标窗口中看见复制的文件或文件夹。用户也可以使用快捷键进行复制和粘贴，快捷键Ctrl+C表示复制，快捷键Ctrl+V表示粘贴。

3.1.6 移动文件或文件夹

移动文件或文件夹是指将选中的文件或文件夹从原来位置移动至另一个位置的操作。完成该操作之后，选中的文件或文件夹将移动到新的目标位置上，而原来位置上选中的文件或文件夹将不再存在。

1
步骤 打开需要移动的文件或文件夹所在的窗口，**Step①** 单击该文件或文件夹，**Step②** 在窗口的菜单栏中单击"编辑"选项，**Step③** 在弹出的菜单中单击"移动到文件夹"命令。

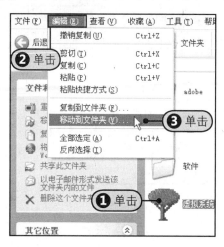

2
步骤 打开"移动项目"对话框，在列表框中选择目标位置，例如单击"本地磁盘（D：）"选项。

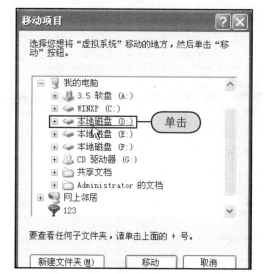

3
步骤 若用户需要移动到D盘的文件夹中，则可以在列表框中选择目标文件夹，如果直接移动到D盘则直接单击对话框底部的"移动"按钮。

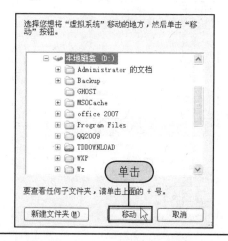

 **使用"剪切"命令移动文件或文件夹**

除了使用"移动文件夹"命令移动文件或文件夹外，用户还可以使用"剪切"命令，其用法与3.1.5节介绍的复制文件或文件夹大致相同，区别在于使用的是"剪切"命令而不是"复制"命令。

步骤4 弹出"正在移动"对话框，提示用户正在移动文件夹内容，此时可在对话框中看见进度条以及剩余的时间。

步骤5 完成移动之后，打开D盘所在的窗口，可在窗口中看见移动的文件夹，移动成功。

步骤6 用户此时可打开移动文件夹之前所在的窗口，发现移动前的原文件夹已经消失。

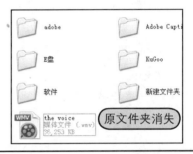

3.1.7 重命名文件或文件夹

新创建的文件或文件夹都是使用系统默认的名称，用户可根据自己的需求对它们进行重新命名。重命名的方法有两种，一种是在窗口中对文件或文件夹进行重命名，可先选定文件或文件夹，接着在窗口左侧单击"重命名这个文件"或"重命名这个文件夹"命令，然后输入新的文件名后按Enter键即可完成；另一种就是使用"重命名"命令对文件或文件夹进行重新命名。

步骤1 **Step1**用鼠标右键单击需要重命名的文件或文件夹，**Step2**在弹出的快捷菜单中单击"重命名"命令。

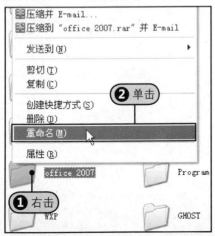

步骤2 此时选定的文件夹名称呈可编辑状态，用户可直接输入新的文件夹名。

3 步骤 输入完成后按下Enter键或者单击其他空白处即可完成文件夹的重命名。

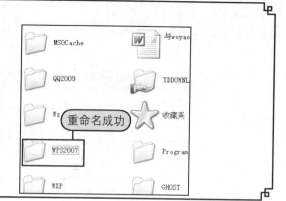

教你一招　**巧用F2键**

　　重命名文件或文件夹可使用F2键来实现，即选中需要重命名的文件或文件夹之后直接按F2键，即可使选定的文件或文件夹呈可编写状态，输入新的文件或文件夹名即可。

3.1.8　删除/还原文件或文件夹

　　电脑中若存在不适用的文件或文件夹，用户可将它们删除以便于释放占用的空间。在删除的过程中用户若不小心误删了重要的文件或文件夹，则可到回收站中将删除的内容进行还原。

① 将文件或文件夹删除到"回收站"

　　用户在Windows XP操作系统中执行删除文件或文件夹的操作，其实质就是将它移到回收站。

1 步骤 **Step①** 用鼠标右键单击需要删除的文件或文件夹，**Step②** 在弹出的快捷菜单中单击"删除"命令。

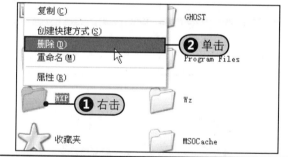

2 步骤 弹出"确认文件夹删除"对话框，提示用户是否确实要删除文件夹并将所有内容移入回收站，直接单击"是"按钮即可删除。

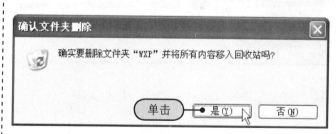

② 还原"回收站"的文件或文件夹

　　用户若不小心误删了重要的文件或文件夹，可直接在回收站中将误删的文件或文件夹进行还原，但前提是在回收站的属性对话框中未勾选"删除时不将文件移入回收站，而是彻底删除"复选框。

1 步骤 **Step①** 用鼠标右键单击桌面上的"回收站"图标，**Step②** 在弹出的快捷菜单中单击"属性"命令。

步骤2 打开"回收站 属性"对话框，取消勾选"删除时不将文件移入回收站，而是彻底删除"复选框。

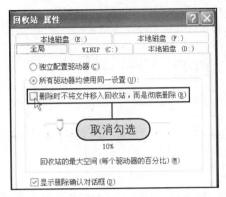

步骤3 单击"确定"按钮返回桌面，双击"回收站"图标，打开"回收站"窗口。

步骤4 **Step①** 在窗口中用鼠标右键单击误删的文件或文件夹，**Step②** 在弹出的快捷菜单中单击"还原"命令。

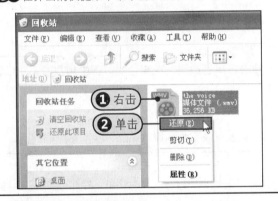

步骤5 关闭"回收站"对话框返回桌面，打开误删的文件或文件夹所在的窗口，此时在窗口中可以看见还原的文件或文件夹。

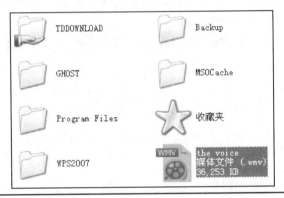

③ 彻底删除文件或文件夹

　　用户将不用的文件或文件夹移入回收站中之后，若确认这些文件是多余的，可彻底删除它们，这是因为回收站中的文件或文件夹同样占用一部分的空间和资源。用户在执行彻底删除操作时须谨慎小心，因为将彻底删除的文件或文件夹还原是比较困难且费神的。

步骤1 在桌面上双击"回收站"图标，打开"回收站"窗口。

步骤2 确认窗口中的文件可以彻底删除之后，单击窗口左侧的"清空回收站"链接。

步骤3 弹出"确认删除多个文件"对话框，单击"是"按钮确认彻底删除。

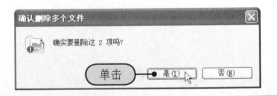

3.1.9 搜索文件和文件夹

电脑使用一段时间之后，硬盘中的文件和文件夹会越来越多，用户若想在众多的文件和文件夹中找到想要的文件，可使用"搜索"功能搜索文件和文件夹。

步骤 1 **Step1** 单击"开始"按钮，**Step2** 在弹出的"开始"菜单中单击"搜索"命令。

步骤 2 打开"搜索结果"窗口，**Step1** 在窗口左侧分别输入要搜索的文件或文件夹名和包含文字，**Step2** 设置搜索范围，**Step3** 单击"立即搜索"按钮。

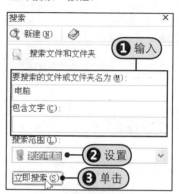

步骤 3 等待一段时间后，窗口的右侧会显示全部的搜索结果，用户可在其中查找自己想要的文件或文件夹。

3.2 文件和文件夹的高级操作

文件和文件夹的操作除了前面介绍的复制、移动、删除之外，还包括对文件或文件夹的备份/还原、隐藏文件或文件夹。这些操作主要是针对一些含有重要数据和信息的文件或文件夹。

3.2.1 备份文件和文件夹

当硬盘中包含了含有重要信息和数据的文件或文件夹时，建议用户使用Windows XP自带的备份工具对这些文件或文件夹进行备份以防出现意外情况。

步骤 1 **Step1** 单击桌面上的"开始"按钮，**Step2** 在弹出的"开始"菜单中单击"所有程序"命令。

步骤2 在弹出的菜单中单击"附件>系统工具>备份"命令，弹出"欢迎使用备份或还原向导"界面。

步骤4 打开"备份或还原"界面，**Step1** 选中"备份文件和设置"单选按钮，**Step2** 单击"下一步"按钮。

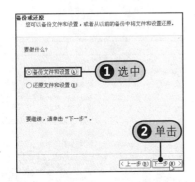

步骤6 打开"要备份的项目"界面，**Step1** 在下方左侧的列表框中选择要备份的项目，例如勾选"E盘"复选框。**Step2** 单击"下一步"按钮。

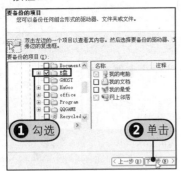

步骤8 打开"另存为"对话框，在"保存在"下拉列表中选择保存备份文件的位置。

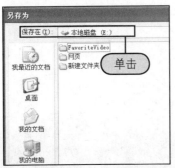

步骤3 在弹出的界面中保持默认设置，直接单击"下一步"按钮。

步骤5 打开"要备份的内容"界面，**Step1** 在界面中选择要备份的内容，例如选中"让我选择要备份的内容"单选按钮，**Step2** 单击"下一步"按钮。

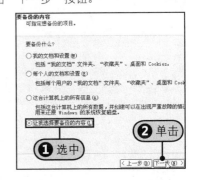

步骤7 打开"备份类型、目标和名称"界面，在"选择保存备份的位置"选项右侧单击"浏览"按钮。

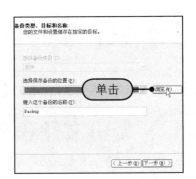

步骤9 单击"保存"按钮返回"备份类型、目标和名称"界面，确认"选择保存备份的位置"选项下的保存位置正确无误之后单击"下一步"按钮。

10 步骤 打开"正在完成备份或还原向导"界面，直接单击"完成"按钮。

11 步骤 打开"备份进度"对话框，系统开始备份文件，备份完成后直接单击"关闭"按钮返回桌面。

12 步骤 在桌面上双击"我的电脑"，然后在"我的电脑"窗口中打开E盘，在E盘根目录下可以看到备份的文件。

3.2.2 还原文件和文件夹

若系统中重要的数据遭受破坏或者无法使用时，用户同样可以使用Windows XP自带的备份工具将备份的重要数据还原。

1 步骤 打开"备份或还原"对话框，在"欢迎使用备份或还原向导"界面中，**Step①** 勾选"总是以向导模式启动"复选框，**Step②** 单击"下一步"按钮。

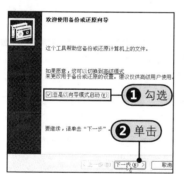

2 步骤 切换至"备份或还原"界面，**Step①** 选择要备份的内容，如选中"还原文件和设置"单选按钮，**Step②** 单击"下一步"按钮。

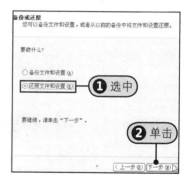

3 步骤 切换至"还原项目"界面，**Step①** 在下方左侧的列表框中选择要备份的项目，例如勾选"E："复选框。**Step②** 单击"下一步"按钮。

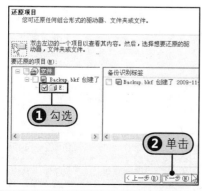

4 步骤 在打开的对话框中可以看见还原设置的相关信息，单击"完成"按钮打开"还原进度"对话框开始还原，请耐心等待。

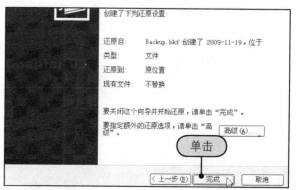

步骤 5 还原完毕之后在"还原进度"对话框中可以看见已完成还原，单击"关闭"按钮退出。

3.2.3 隐藏文件和文件夹

硬盘中若含有比较重要的文件或文件夹时，除了备份之外，还可以通过设置其属性将其隐藏，这样一来别人在偷窥你的电脑时就看不见隐藏的文件或文件夹了。

步骤 1 打开重要文件或文件夹所在的窗口，**Step 1** 用鼠标右键单击需要隐藏的文件或文件夹，**Step 2** 在弹出的快捷菜单中单击"属性"命令。

步骤 2 打开该文件夹对应的属性对话框，**Step 1** 在"属性"选项组中勾选"隐藏"复选框，**Step 2** 单击"确定"按钮。

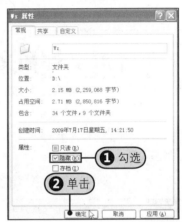

步骤 3 弹出"确认属性更改"对话框，**Step 1** 选中"将更改应用于该文件夹、子文件夹和文件"单选按钮，**Step 2** 单击"确定"按钮。

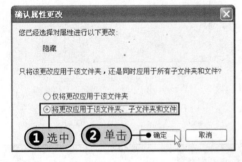

步骤 4 将文件夹隐藏后，由于未对隐藏的文件和文件夹进行显示设置，因此可以看到隐藏的文件，只是该文件的图标呈透明状。

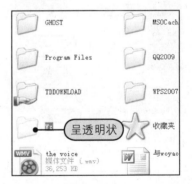

步骤 5 **Step 1** 单击菜单栏中的"工具"选项，**Step 2** 在弹出的菜单中单击"文件夹选项"命令。

步骤6 打开"文件夹选项"对话框，**Step❶** 在"高级设置"列表框中选中"不显示隐藏的文件和文件夹"单选按钮，**Step❷** 单击"确定"按钮保存退出。

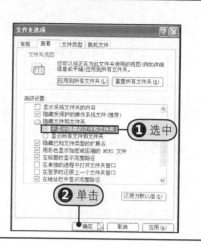

3.3 账户管理

账户是用来记录用户的用户名和口令、隶属的组、可访问的网络资源以及用户的个人文件和设置。Windows XP系统是一个支持多用户、多任务的操作系统。它允许每一个人建立属于自己的账户，包括桌面、"开始"菜单和"收藏夹"等，并且所有用户之间均不会互相干扰。每位用户在使用电脑的同时既能保证自身的账户和文件的安全，又不会损坏其他用户的账户和文件。

3.3.1 创建新账户

用户在安装Windows XP操作系统的过程中系统就会要求用户创建账户，创建成功之后用户可以该账户的身份进入系统。用户若想其他用户也使用该电脑，但是又害怕电脑中的重要数据泄露，则可利用计算机管理员的身份创建新的账户。

步骤1 **Step❶** 单击桌面上的"开始"按钮，**Step❷** 在弹出的"开始"菜单中单击"控制面板"命令，打开"控制面板"窗口。

步骤2 在"控制面板"窗口中双击"用户账户"图标，打开"用户账户"窗口。

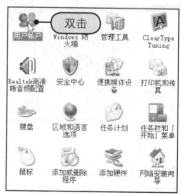

步骤3 在"挑选一项任务"选项组中单击"创建一个新账户"文字链接。

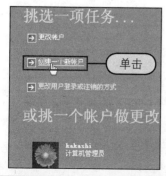

步骤4 打开"为新账户起名"界面，在"为新账户键入一个名称"文本框中输入账户名，单击"下一步"按钮。

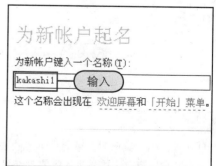

步骤5 打开"挑选一个账户类型"界面，选择新账户的类型，例如选中"计算机管理员"单选按钮，接着单击"创建账户"按钮。

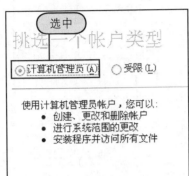

步骤6 页面转至"用户账户"窗口，在页面中可以看见刚刚新建的账户kakashi1。

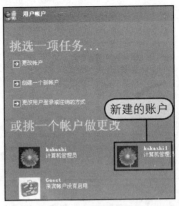

3.3.2 设置账户的属性

用户创建一个新的账户之后，就可以对该账户的属性进行设置，例如更改账户的名称、更改账户的图片、为账户设置密码等。

1 更改账户的名称

用户若觉得当初创建账户时输入的账户名不太合适，则可以按照前面的方法打开"用户账户"窗口后进入需要更改名称的账户主界面，即可更改账户名称。

步骤1 按照前面的方法打开"用户账户"窗口，在"或挑一个账户做更改"选项组中单击需要更改名称的账户。

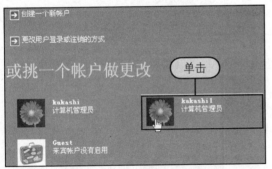

步骤2 打开"您想更改kakashi1的账户的什么"界面，单击"更改名称"链接。

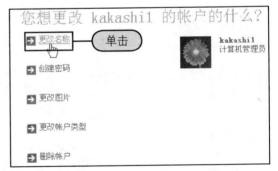

步骤3 打开"为kakashi1的账户提供一个新名称"界面，**Step1** 输入新名称，**Step2** 单击"改变名称"按钮。

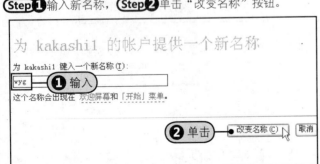

步骤4 此时可在打开的页面中看见更改名称后的账户名称。

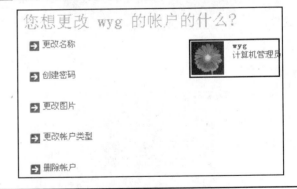

2 更改账户的图片

用户在打开"开始"菜单时，就会在菜单的顶部看见当前账户的图片以及账户名称，其实账户的图片是可以更改的，首先打开"用户账户"窗口，接着进入需要更改图片的账户主界面即可更改账户图片。

步骤 1 按照前面的方法打开"您想更改wyg的账户的什么"界面，单击"更改图片"文字链接。

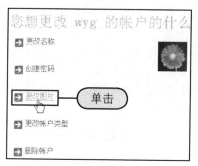

步骤 2 打开"为wyg的账户挑选一个新图像"界面，在下方的列表框中选择喜欢的图片，若没有可拖动右侧的滚动条继续查找，选中后单击"更改图片"按钮。

步骤 3 页面转至"用户账户"主界面，在页面中可以看见刚刚更改账户图片的账户kakashi1。

③ 设置账户密码

用户使用的账户中若含有隐私的信息或重要的数据时，可以为该账户设置密码以保护相关信息的安全。

步骤 1 按照前面的方法打开"您想更改wyg的账户的什么"界面，在界面中单击"创建密码"文字链接。

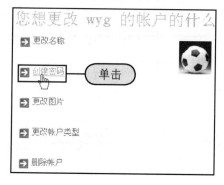

步骤 2 切换至"为wyg的账户创建一个密码"界面，在下方的文本框中输入密码和密码提示，然后单击"创建密码"按钮。

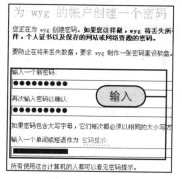

步骤 3 在打开的页面中可以看见"更改密码"、"删除密码"等选项，设置账户密码成功。

④ 改变系统登录方式

用户可以在"用户账户"窗口中更改用户登录或注销的方式，也可以根据自己的爱好以及系统的安全性来选择是否使用欢迎屏幕。用户启用快速用户切换之后，可以不用关闭当前账户中的所有程序就可以切换至另一个用户账户中。

1 步骤 按照前面的方法打开"用户账户"窗口，在"挑选一项任务"选项下单击"更改用户登录或注销的方式"文字链接，打开"选择登录和注销选项"界面。

2 步骤 **Step 1** 在界面中勾选"使用欢迎屏幕"和"使用快速用户切换"复选框，**Step 2** 单击"应用选项"按钮即可。

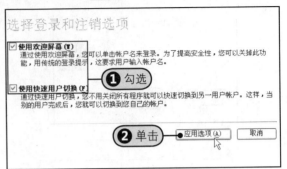

3.3.3 停用当前不需要使用的账户

当电脑中的某些账户并不是经常使用，但是这些账户中包含着一些比较有用或者重要的数据或信息时，用户可在"计算机管理"窗口中将它们停用以节约资源，等到有需要的时候可再次启用它们以查找重要的资料和信息。

1 步骤 **Step 1** 用鼠标右键单击"我的电脑"图标，**Step 2** 在弹出的快捷菜单中单击"管理"命令。

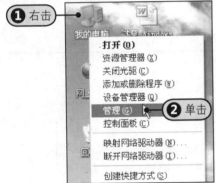

2 步骤 打开"计算机管理"窗口，在窗口左侧单击"本地用户和组>用户"命令。

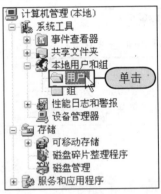

3 步骤 在窗口右侧可以看见电脑中所有的用户账户，**Step 1** 用鼠标右键单击需要停用的账户图标，**Step 2** 在弹出的快捷菜单中单击"属性"命令。

4 步骤 打开该账户对应的属性对话框，在"常规"选项卡下勾选"账户已停用"复选框，单击"确定"按钮返回窗口。

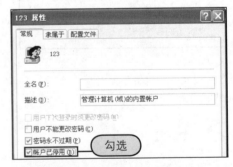

5 步骤 此时可在窗口右侧看见停用账户后的图标右下角有一个红色的符号，表示该账户已经被停用。

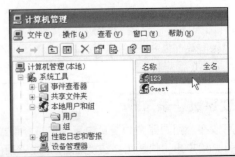

3.3.4 禁用来宾账户

来宾账户是Windows系统提供给非计算机管理员使用该电脑的一个特殊账户，用户安装了Windows操作系统后来宾账户就会自动创建。若电脑中含有受密码保护的文件、文件夹或设置，用户可直接禁用来宾账户防止他人偷窥。

1 步骤 **Step①** 单击桌面上的"开始"按钮，**Step②** 在弹出的"开始"菜单中单击"控制面板"命令。

2 步骤 打开"控制面板"窗口，在窗口中双击"管理工具"图标。

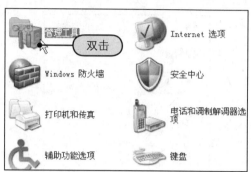

3 步骤 打开"管理工具"窗口，在窗口中双击"本地安全策略"图标。

4 步骤 打开"本地安全设置"窗口，在窗口的左侧单击"本地策略"选项前的展开按钮，接着在列表中单击"安全选项"选项。

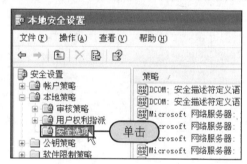

5 步骤 向下拖动窗口右侧的滚动条，**Step①** 用鼠标右键单击"账户：来宾账户状态"选项，**Step②** 在弹出的快捷菜单中单击"属性"命令。

6 步骤 打开"账户：来宾账户状态 属性"对话框，在"本地安全设置"选项卡下选中"已禁用"单选按钮。

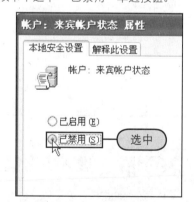

7 步骤 单击"确定"按钮返回"本地安全设置"窗口，此时可在窗口中看见来宾账户的状态为已停用状态。

3.3.5 删除多余的账户

电脑中若存在一些很少使用或者不再使用的账户时，用户可通过控制面板打开"用户账户"窗口，然后在窗口中删除多余的账户。

步骤1 按照前面的方法打开"控制面板"窗口，在窗口中双击"用户账户"图标，打开"用户账户"窗口。

步骤2 在"或挑一个账户做更改"选项组中单击需要删除的账户。

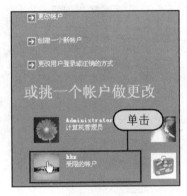

步骤3 打开"您想更改kkx的账户的什么"界面，单击"删除账户"文字链接。

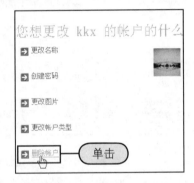

步骤4 打开"您想保留kkx的文件吗"界面，若该账户中没有什么重要的文件，可单击"删除文件"按钮。

步骤5 打开"您确实要删除kkx的账户吗"界面，直接单击"删除账户"按钮即可删除该账户。

教你一招 进入安全模式创建新账户

用户在安装Windows XP操作系统的过程中，安装程序会要求用户创建一个计算机管理账户，在安装完成后系统会自动登录该账户。如果用户在没有创建其他账户的前提下误删了该账户，则正常情况下是无法进入操作系统的，此时就需要在启动操作系统的过程中按F8键进入操作系统的安全模式，进入安全模式之后会有一个名为Administrator的账户，该账户是管理计算机（域）的内置账户，用户可在该账户中进行账户创建操作。

第 4 章

使用Windows XP 自带的应用程序

用户安装Windows XP操作系统之后，操作系统附带的一些应用程序也同时被安装在电脑上，用户可通过"开始"菜单启动它们，如记事本、计算器、"画图"工具、Windows Media Player和Windows Movie Maker等程序。

4.1 使用记事本编辑文本

记事本是Windows XP操作系统自带的一款应用程序，它是一个简单的文本编辑、浏览软件。虽然记事本只能编辑和处理纯文本文件，但是它具有体积小、启动快、占用内存低和容易使用等功能。

4.1.1 新建记事本

用户在桌面上新建记事本有两种方法，一种是通过"开始"菜单进行创建；另一种则是通过鼠标右键单击桌面上的空白处，然后在弹出的快捷菜单中依次单击"新建>文本文档"命令。

1 通过"开始"菜单新建记事本

记事本并不是直接打开"开始"菜单就能看见的，用户必须在"开始"菜单中依次单击"所有程序>附件"命令才能看见该程序对应的快捷图标，然后单击该图标即可打开记事本对应的窗口。

步骤1 **Step①** 单击桌面上的"开始"按钮，**Step②** 在弹出的 "开始"菜单中单击"所有程序"命令。

步骤2 在右侧弹出的菜单中单击"附件>记事本"命令。

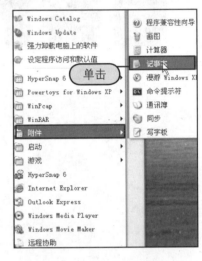

步骤3 此时系统自动打开新建的记事本窗口，用户可在该窗口中进行文本编辑等操作。

新建成功

2 使用快捷菜单新建记事本

用户也可以直接在桌面上使用鼠标新建记事本，即用鼠标右键单击桌面上的任意空白处，在弹出的快捷菜单中依次单击"新建>文本文档"命令。该种方法不仅适用于在桌面上创建记事本，也适用于在磁盘分区和文件夹所对应的窗口中新建记事本。

步骤1 **Step①** 用鼠标右键单击桌面上的任意空白处，
Step② 在弹出的快捷菜单中单击"新建>文本文档"命令。

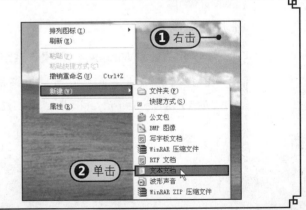

2 步骤 此时在桌面上出现一个新建的文本文档，用户可以看见其文件名呈可编辑状态，将其重命名，例如重命名为"原稿"。

3 步骤 输入新的文件名后按Enter键，重命名成功，接着双击该记事本的快捷图标。

4 步骤 打开"原稿-记事本"窗口，此时用户可在该窗口中进行文本编辑等操作。

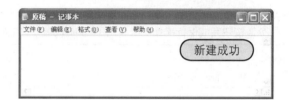

4.1.2　输入文本并设置格式

用户成功新建记事本后便可在记事本中输入文本，输入完成之后可按照自己的爱好对文本进行字体的设置。

1 步骤 单击新建的记事本窗口中的任意空白处，将光标固定在记事本中并输入文本。

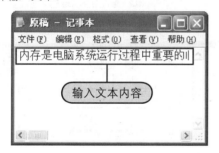

2 步骤 输完后在标题栏中单击"格式>自动换行"命令。

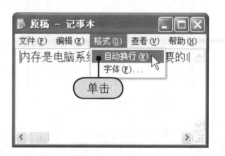

3 步骤 此时可在窗口中看见完成的内容，单击"格式>字体"命令。

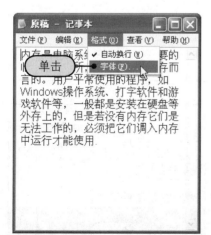

4 步骤 打开"字体"对话框，**Step1** 设置字体为"楷体_GB2312"；**Step2** 设置字形为"粗体"；**Step3** 设置字体大小为"四号"。**Step4** 此时可在"示例"选项卡下看见设置后的字体格式，单击"确定"按钮。

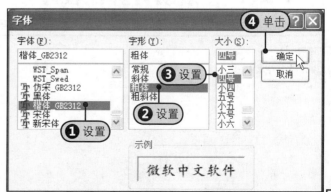

5 步骤 返回记事本窗口，用户即可在窗口中看见设置后的字体格式。

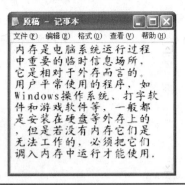

4.1.3 保存编辑的文本内容

　　用户编辑并设置好文本内容后便可将其保存在电脑中，若用户在使用快捷菜单新建记事本的过程中没有对新建的记事本进行重命名操作，则可在记事本窗口中单击"文件>保存"命令，在弹出的对话框中设置好保存位置以及保存的文件名之后便可单击"保存"按钮完成保存操作。这里由于在创建的过程中进行了重命名操作，也可以通过使用"另存为"命令来进行保存。

1 步骤 在记事本窗口中单击"文件>另存为"命令，打开"另存为"对话框。

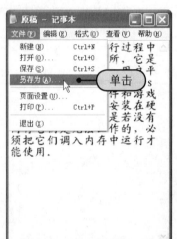

2 步骤 **Step❶** 在"保存在"下拉列表中选择保存的路径，**Step❷** 在下方的"文件名"文本框中输入保存的文件名，例如输入"内存"。**Step❸** 单击右侧的"保存"按钮即可。

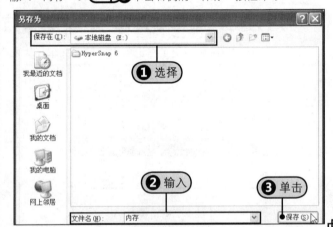

4.2 使用计算器运算

　　计算器是一种简单的计算工具，它能够进行一些简单的四则运算，有些高级的计算器还可以进行一些简单的三角函数运算。Windows XP操作系统自带的计算器程序同样也拥有这些功能。

4.2.1 启动计算器程序

　　用户启动计算器程序之前需先打开"开始"菜单，然后单击"所有程序>附件>计算器"命令即可启动。

1 步骤 **Step❶** 单击桌面左下角的"开始"按钮。**Step❷** 在弹出的"开始"菜单中单击"所有程序"命令。

2 步骤 在右侧弹出的菜单中单击"附件>计算器"命令。

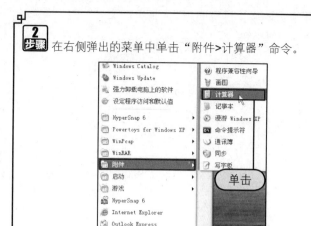

3 步骤 此时可在桌面上看见计算器的主界面，计算器程序启动成功。

4.2.2 认识计算器主界面

Windows XP操作系统自带的计算器程序可分为标准型和科学型两种，标准型计算器只能进行一些简单的四则运算；而科学型计算器除了进行一些简单的四则运算之外，还可以进行一些三角函数、开方和幂运算。

1 /// 标准型计算器

标准型计算器窗口包括标题栏、菜单栏、数字显示区和工作区。

2 /// 科学型计算器

启动计算器程序后一般都是显示标准型界面，用户若要切换至科学型计算器界面，可在菜单栏中单击"查看>科学型"命令。

4.2.3 使用计算器进行简单的运算

用户若只是进行简单的加、减、乘、除运算，可直接在标准型界面中进行操作，这里以"sin[log(4^4+20)]"为例介绍在科学型界面下进行计算操作。

1 步骤 启动计算器程序之后，按照前面的方法切换至科学型计算器窗口，**Step①** 在数字显示区下方首先选中"十进制"单选按钮，**Step②** 在右侧选中"弧度"单选按钮。

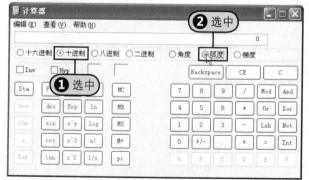

2 步骤 在窗口中单击"4"按钮，将会在数字显示区中显示数字4。

步骤 3 在窗口中单击"x^y"按钮，使用乘幂运算。

步骤 4 再次单击"4"按钮，代表计算4的4次幂，即4的4次方。

步骤 5 单击"="按钮或者按下Enter键，便可在数字显示区中看见4的4次方的结果为256。

步骤 6 单击"+"按钮。

步骤 7 在窗口中输入20，即依次单击"2"和"0"按钮。

步骤 8 根据四则运算法则，单击"="按钮计算括号内的运算，则可在数字显示区中看见其结果为276。

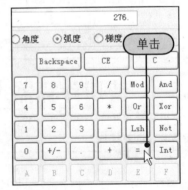

扩展知识　计算器界面中的3个重要功能按钮

Backspace按钮、CE按钮和C按钮是计算器程序窗口中很重要的功能按钮，它们能帮助用户清除或修改输入错误的数字。

- Backspace按钮：若用户想要输入152，却不小心输入了155，则可通过单击Backspace按钮将最后一位数字5删除，接着单击"2"按钮即可。
- CE按钮：若用户在输入公式"25+69"时，误将69输入为66，则可通过单击CE按钮将输入的66清除掉，然后再次输入69即可。
- C按钮：若用户完成了某个公式的计算或者在计算的过程中出现了错误而又无法通过前面介绍的两个按钮进行修正时，则可单击C按钮将前面的计算内容全部清除，此时用户需要重新开始计算。

9 步骤 计算对数函数，单击"log"按钮，可在数字显示区中看见计算的结果。

10 步骤 最后计算正弦函数，单击"sin"按钮。

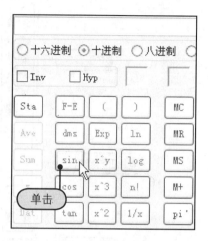

11 步骤 此时可在数字显示区中看见该计算公式的最终结果。

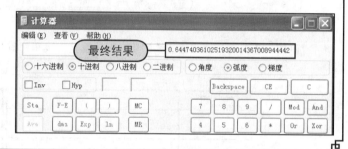

4.3 使用"画图"工具绘图

用户可以使用Windows XP操作系统自带的"画图"工具来绘制一些简单的图画，也可对一些图片或者照片进行简单的处理。

4.3.1 启动"画图"工具

用户启动"画图"工具之前需先打开"开始"菜单，然后单击"所有程序>附件>画图"命令。

Step 1 单击桌面上的"开始"按钮，**Step 2** 在弹出的"开始"菜单中依次单击"所有程序>附件>画图"命令即可启动"画图"工具。

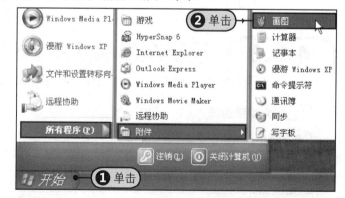

4.3.2 认识"画图"工具主界面

按照前面的步骤启动"画图"工具之后，打开其对应的窗口，该窗口由标题栏、菜单栏、工具箱、工具样式区、绘图区、调色板和状态栏组成，如下图所示。

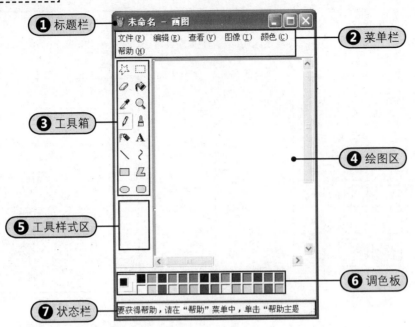

① 标题栏
② 菜单栏
③ 工具箱
④ 绘图区
⑤ 工具样式区
⑥ 调色板
⑦ 状态栏

"画图"工具主界面中最重要的组成部分就是工具箱,其具体的功能介绍如表4-1所示。

表4-1 工具箱的按钮

按 钮	名 称	按 钮	名 称
	任意形状的裁剪		选定
	橡皮/彩色橡皮擦		用颜色填充
	取色		放大镜
	铅笔		刷子
	喷枪		文字
	直线		曲线
	矩形		多边形
	椭圆		圆角矩形

4.3.3 绘制图形的基本操作

绘制图形包括绘制直线、任意线条、曲线、椭圆、多边形、矩形等操作,用户在绘制过程中可使用橡皮擦除多余的图形。

1 绘制直线

Step❶在工具箱中单击"直线"按钮,Step❷在工具样式区中选择一种类型,Step❸在绘图区中按住鼠标左键并拖动。

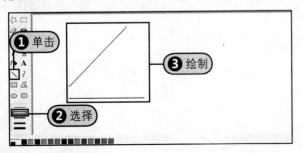

① 单击
② 选择
③ 绘制

2 绘制任意线条

Step❶在工具箱中单击"铅笔"按钮。Step❷在绘图区中按住鼠标左键并拖动即可绘制任意形状的线条。

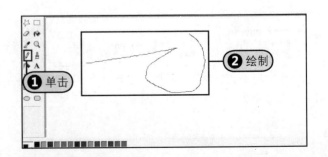

① 单击
② 绘制

教你一招　绘制正规的直线

用户在绘制直线时会发现仅使用鼠标在绘图区中绘制出的直线是不完美的，若想要绘制出完美的直线，可在绘制的同时按住Shift键不放，当绘制完成后释放Shift键即可看见绘制出的直线是比较正规的，用户在后面绘制圆、正方形的过程中同样需要使用Shift键。

3 /// 绘制曲线

Step① 在工具箱中单击"曲线"按钮，**Step②** 在工具样式区中选择一种类型，**Step③** 在绘图区中按住鼠标左键并拖动便可绘制一条直线，将鼠标移动至该直线上的任意一处后按住鼠标左键并向其他方向拖动即可。

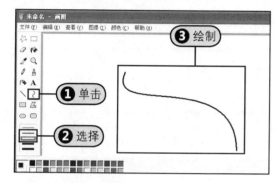

4 /// 绘制椭圆和圆

Step① 在工具箱中单击"椭圆"按钮，**Step②** 在工具样式区中选择一种类型，**Step③** 在绘图区中按住鼠标左键并拖动即可绘制椭圆。若要绘制圆，则在绘图区绘制过程中必须按住Shift键不放。

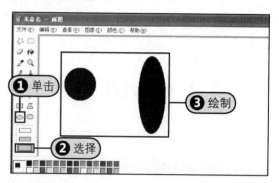

5 /// 绘制矩形和正方形

Step① 在工具箱中单击"矩形"按钮，**Step②** 在工具样式区中选择一种类型，**Step③** 沿着对角线方向拖动鼠标即可绘制矩形。若要绘制正方形，则在绘制矩形的过程中按住Shift键不放。

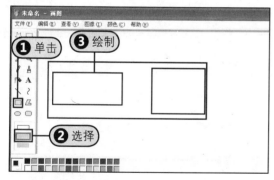

6 /// 绘制多边形

Step① 在工具箱中单击"多边形"按钮，**Step②** 在工具样式区中选择一种类型，**Step③** 按住鼠标左键并拖动鼠标绘制直线，接着单击其他位置即可形成另一条直线，重复该操作即可。

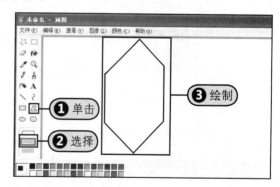

7 /// 输入并编排文字

Step① 在工具箱中单击"文字"按钮，**Step②** 按住鼠标左键并沿对角线拖动至所需的大小，**Step③** 在弹出的字体工具栏中设置字体、字号和字形。**Step④** 在文本框内部输入文字即可。

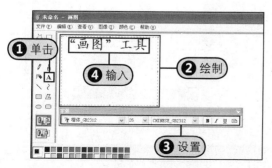

8 /// 擦除小块区域

Step① 在工具箱中单击"橡皮/彩色橡皮擦"按钮，**Step②** 在工具样式区中选择橡皮擦的大小，**Step③** 在绘图区中按住鼠标左键并拖动便可将其擦除。

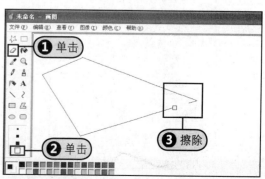

9 /// 擦除大块区域

Step1 单击工具箱中的"选定"按钮，**Step2** 在绘图区中沿对角线拖动选中擦除的区域，**Step3** 在菜单栏中单击"编辑>清除选定内容"命令。

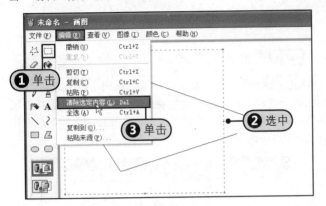

10 /// 清除整幅图像

单击菜单栏中的"图像>清除图像"命令即可清除整幅图像。

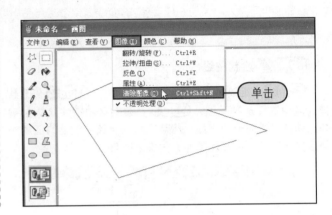

4.3.4 保存图片

使用前面介绍的方法绘制完图片之后便可将其保存在电脑中，用户在保存过程中需要重新设置图片的文件名和保存类型。

步骤1 利用前面介绍的绘制图形基本操作绘制如下图所示的图形。

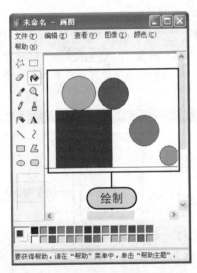

步骤2 在菜单栏中单击"文件>保存"命令，打开"保存为"对话框。

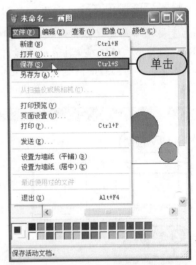

步骤3 单击"保存在"选项右侧的下三角按钮，接着在弹出的下拉列表中选择保存路径。

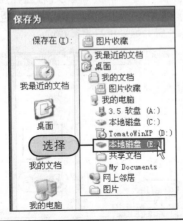

步骤4 **Step1** 在"文件名"文本框中输入文件名，例如输入"图片"。**Step2** 设置保存类型为JPEG格式。**Step3** 单击"保存"按钮即可。

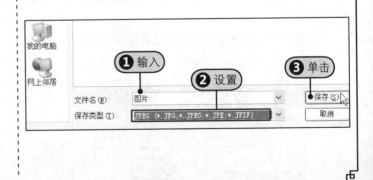

4.4 使用Windows Media Player播放器播放文件

Windows Media Player是微软公司出品的一款播放器，安装了Windows操作系统的用户就可使用该播放器播放声音和影像文件。除此之外，用户还可根据自己的爱好更改该播放器的外观。

4.4.1 播放声音文件

用户可通过Windows Media Player播放器播放声音文件，在播放过程中，播放器界面中显示了播放器自带的可视化效果，用户可根据自己的喜好进行选择。

步骤1 **Step1** 单击桌面上的"开始"按钮，**Step2** 在弹出的"开始"菜单中单击"所有程序>Windows Media Player"命令。

步骤2 打开Windows Media Player播放器界面，单击"访问应用程序菜单"按钮。

步骤3 在弹出的菜单中单击"文件>打开"命令。

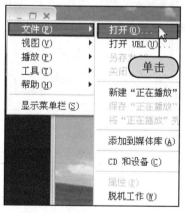

步骤4 打开"打开"对话框，单击"查找范围"选项右侧的下三角按钮，接着在弹出的下拉列表中选择路径，例如选择"本地磁盘（E:）"选项。

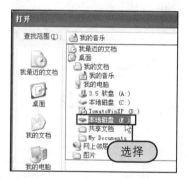

步骤5 在下方的列表框中双击需要播放的声音文件。

6 步骤 此时播放器开始播放声音文件，用鼠标右键单击播放器的显示界面，在弹出的快捷菜单中选择喜欢的可视化效果，例如单击"氛围>黑洞"命令。

7 步骤 此时用户可在播放器中看见可视化效果已经发生了变化。

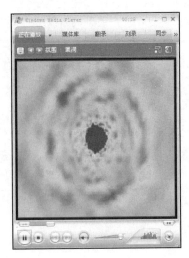

8 步骤 用户对喜欢的音乐可设置重复播放功能，**Step①** 用鼠标右键单击播放器的顶部，**Step②** 在弹出的快捷菜单中单击"显示菜单栏"命令。

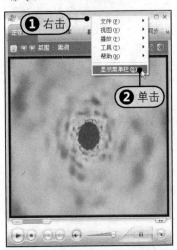

9 步骤 在菜单栏中单击"播放>重复"命令即可实现重复播放功能。

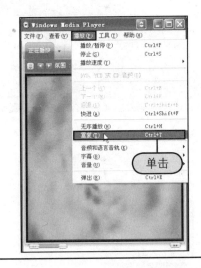

4.4.2 播放影像文件

使用Windows Media Player播放影像文件与播放声音文件的操作类似，但是两种文件的格式却是不同的。一般声音文件包括CD、MP3等，而影像文件则包括MPEG、MPEGAV、DAT等。

1 步骤 在菜单栏中单击"文件>打开"命令，弹出"打开"对话框，单击"查找范围"选项右侧的下三角按钮，在弹出的下拉列表中选择路径，例如单击"本地磁盘（E：）"选项。

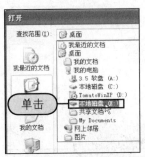

2 步骤 在下方的列表框中选择需要播放的影像文件，例如双击"张靓颖《画心》"选项。

步骤 3 返回Windows Media Player播放器，此时可在播放器的
界面中看见播放的影像文件。

4.4.3 更换播放器外观

　　Windows Media Player播放器并不是只有一种播放界面，它还提供了其他的播放界面。用户可根据自己的爱好选择不同的界面。

步骤 1 打开Windows Media Player完整模式界面，在播放器顶部单击"访问应用程序菜单"按钮。

步骤 2 在弹出的菜单中单击"视图>外观选择器"命令。

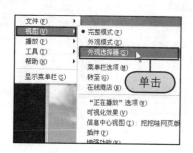

步骤 3 在播放器界面中选择外观，**Step1** 选中外观后用户可在右侧看见其界面的形状，例如选择Corporate，**Step2** 选中外观后单击"应用外观"按钮。

步骤 4 此时可看见播放器的外观发生了改变，单击 按钮切换至完整模式界面。

步骤 5 返回完整模式界面中的用户还可选择其他的外观，**Step1** 例如选择compact，**Step2** 选中后单击"应用外观"按钮。

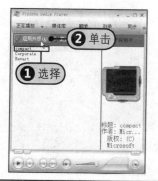

步骤6 此时可看见播放器的外观发生了变化，用户可单击 按钮切换至完整模式界面。

单击

4.5 使用Windows图片和传真查看器浏览图片

Windows图片和传真查看器是Windows操作系统自带的一款图像浏览程序，用户不仅可以使用该软件浏览图片，还可以实现放大、缩小和旋转等功能。除此之外用户还可以让这些图片以幻灯片的方式进行浏览。

步骤1 **Step 1** 在窗口中用鼠标右键单击需要查看的图片，**Step 2** 在弹出的快捷菜单中单击"打开方式>Windows图片和传真查看器"菜单命令。

步骤2 打开"Windows图片和传真查看器"窗口，在窗口中可以看见选定的图片。

步骤3 用户可以单击"下一个图像"按钮 浏览下一张图片，同样也可以单击"上一个图像"按钮 浏览上一张图片。

单击

步骤4 单击"放大"按钮 即可对当前浏览的图片进行放大，同样单击"缩小"按钮 将当前浏览的图片进行缩小。

单击

步骤5 用户单击 按钮，该软件自动将当前图片调整至最合适的大小。

单击

步骤6 单击 按钮可将图片进行顺时针旋转处理，同样也可单击 按钮将图片进行逆时针旋转处理。

单击

4.6 使用Windows Movie Maker制作视频

Windows Movie Maker是Windows操作系统自带的视频制作工具。用户可使用该软件制作家庭电影，制作过程只需要通过简单的拖放操作、精心地筛选画面，然后添加一些效果、音乐和旁白即可。使用Windows Movie Make制作视频大致可分为三个阶段，即捕获视频、在视频中添加特效和保存视频。制作完成之后，用户还可以通过使用电子邮箱、CD或者DVD来与亲朋好友一起分享其成果。

4.6.1 导入图片

使用Windows Movie Maker制作视频的第一个阶段就是导入图片，即将制作视频的所有图片都放入Windows Movie Maker中。除了导入之外，用户还可以将DV摄像机与电脑相连接进行视频捕获。

步骤1 **Step1** 单击桌面上的"开始"按钮，**Step2** 在弹出的"开始"菜单中单击"所有程序>Windows Movie Maker"命令。

步骤3 弹出"导入文件"对话框，**Step1** 单击"查找范围"选项右侧的下三角按钮，**Step2** 在弹出的下拉列表中选择路径，例如单击"图片"文件夹。

步骤2 打开Windows Movie Maker主界面窗口，**Step1** 在窗口左侧单击"捕获视频"选项右侧的⊙按钮，**Step2** 在下方单击"导入图片"文字链接。

步骤4 **Step1** 选择需要导入的图片，如果是要全选，可先单击任意一张图片，然后按下Ctrl+A键即可全部选中，若要选择其中的几张图片，则按住Ctrl键不放，再用鼠标进行选择需要导入的图片。**Step2** 选中需要导入的图片之后，单击对话框右下角的"导入"按钮。

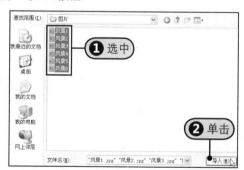

步骤5 返回Windows Movie Maker主界面窗口，此时可在窗口中看见导入的图片，用户可以拖动滚动条查看是否导入了所有的图片，若还有未导入的图片，可按照前面的步骤进行导入操作即可。

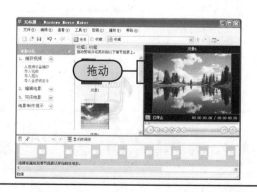

4.6.2 在图片之间添加特效

用户接下来就可以将导入的图片拖动至情节提要上，在拖动过程中用户可按照自己的爱好对图片进行放置，然后就可以添加视频效果和视频过滤。

步骤1 **Step1** 选中一张图片，**Step2** 按住鼠标左键不放并将选中的图片拖动至窗口的左下角的空白处。

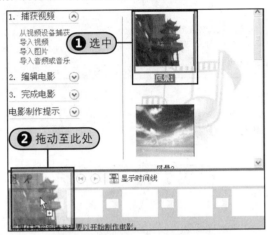

步骤2 释放鼠标左键后，在窗口的左下角看见图片已经被拖动至情节提要中。

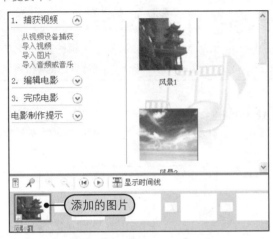

步骤3 按照前面的方法将其他的图片拖动至情节提要中，在添加过程中用户可按照自己的爱好调整图片的放置顺序。添加完成后可在窗口的下方看见导入的图片全部放置在情节提要中。

步骤4 在窗口的左侧单击"编辑电影"选项右侧的⊙按钮，接着单击"查看视频效果"文字链接。

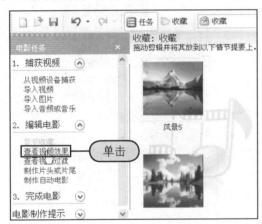

步骤5 此时可在窗口中拖动滚动条查看所有的视频效果，**Step1** 单击一种视频效果，例如选择淡出、变白；**Step2** 按住鼠标左键不放将其拖动至如下图所示的位置处。

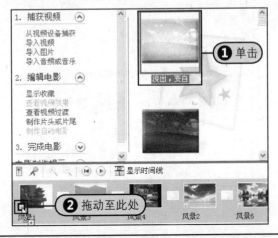

步骤6 此时在窗口左下角看见第一张图片的左下角处有一个🌠标志，表示添加成功。

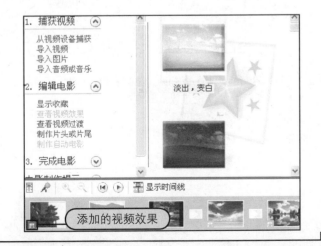

步骤7 按照同样的方法将其他5张图片添加其他的视频效果。

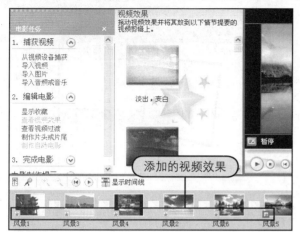

添加的视频效果

步骤8 在窗口的左侧单击"查看视频过滤"文字链接。

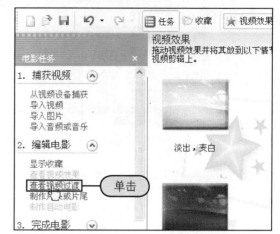

单击

步骤9 **Step1** 此时在窗口中单击一种视频效果，**Step2** 按住鼠标左键不放将其拖动第一张图片与第二张图片之间的空白处。

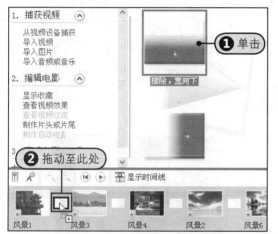

❶ 单击

❷ 拖动至此处

步骤10 释放鼠标左键之后可在该位置看见添加的视频过滤。

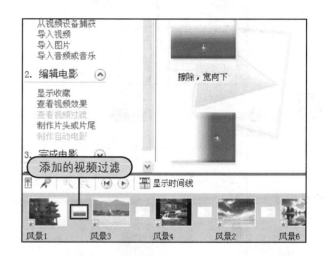

添加的视频过滤

步骤11 使用相同的方法为其他图片之间添加视频过滤。至此特效添加完成。

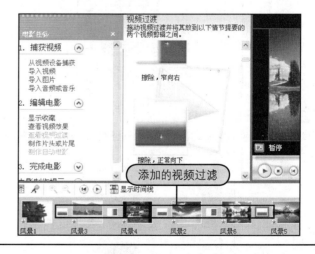

添加的视频过滤

4.6.3 导入音频或音乐

　　用户若觉得在视频中添加音乐会更完美，则可以将自己喜欢的音乐添加至视频中，在添加过程中需要调整导入音频或音乐的持续时间。

1 步骤 在窗口左侧单击"捕获视频"选项右侧的 ⊙ 按钮,接着单击"导入音频或音乐"文字链接。

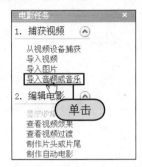

2 步骤 打开"导入文件"对话框,**Step 1** 单击"查找范围"选项右侧的下三角按钮,**Step 2** 在下拉列表中选择路径。

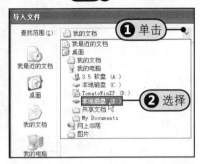

3 步骤 选择要导入的音频或音乐,然后单击对话框右下角的"导入"按钮。

4 步骤 返回上一级窗口,此时可在窗口中看见添加的音乐,在窗口下方单击"显示时间线"按钮。

5 步骤 **Step 1** 单击导入的音乐,**Step 2** 将其拖动至"音频/音乐"选项右侧。

6 步骤 将鼠标移动至音乐时间线的末端,此时指针变成了 ↔ 形状。

7 步骤 按住鼠标左键进行拖动,将音乐时间线拖动至与视频时间线一致后松开鼠标左键。这样就能保证在视频播放完成的同时音乐也随着播放完成。

8 步骤 松开鼠标左键之后用户可以看见视频时间线与音乐时间线保持一致,设置成功。

步骤 9 在窗口中单击"播放"按钮，就可以预览制作的视频了，如果戴上耳机或者打开音箱就能听见添加的音乐。

4.6.4 保存制作的视频

视频制作完毕后，用户便可选择不同的保存方式，例如将其保存至计算机或CD中，也可通过电子邮件发送给亲朋好友观看，或者发送到Web、DV摄像机中。

步骤 1 在窗口左侧单击"完成电影"选项右侧的 ⊙ 按钮。在下方单击"保存到我的计算机"文字链接。

步骤 2 打开"保存电影向导"对话框，**Step①** 在"为所保存的电影输入文件名"文本框中输入文件名。**Step②** 单击"选择保存电影的位置"选项右侧的"浏览"按钮。

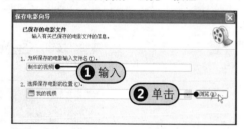

步骤 3 打开"浏览文件夹"对话框，在列表框中选择保存的路径，单击"确定"按钮返回上一级对话框。

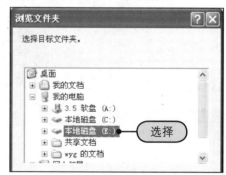

步骤 4 在对话框中确认选择保存电影的位置正确无误后直接单击"下一步"按钮。

步骤 5 进入"电影设置"界面，**Step①** 选中"在我的计算机上播放的最佳质量"单选按钮，**Step②** 单击"下一步"按钮。

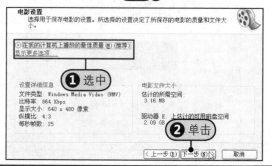

步骤 6 进入"正在保存电影"界面，此时可在界面中看见保存电影的进度以及剩余时间，请耐心等待。

步骤7 **Step①** 保存完成后在对话框中勾选 "单击'完成'后播放电影"复选框，**Step②** 单击"完成"按钮。

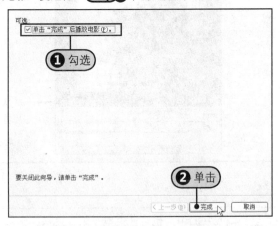

步骤8 此时自动打开Windows Media Player播放器，用户可在播放器中看见制作的视频。

添加的视频效果

4.7 使用录音机录制声音

录音机是Windows操作系统自带的一款录音软件，它能够录制、混合、播放和编辑声音，也可以将声音链接或插入到另外一个文档中。用户在启动录音机之前需要将麦克风等录音设备与电脑正确连接。

步骤1 **Step①** 单击桌面左下角的"开始"按钮，**Step②** 在弹出的"开始"菜单中单击"所有程序"命令。

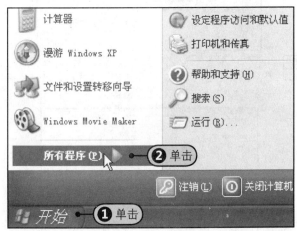

步骤2 在右侧弹出的菜单中单击"附件>娱乐>录音机"命令。

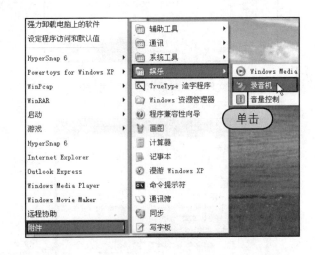

步骤3 打开录音机主界面窗口，单击窗口右下角的"录音"按钮录音。用户可通过麦克风录制想要记录的内容。

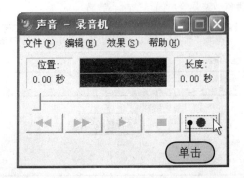

单击

步骤4 在录音的过程中，波形图区域会动态显示录音机声波图，指针滑块也会随着时间而移动，需要结束录音时单击"停止"按钮。

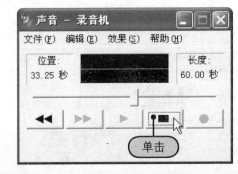

单击

5 步骤 (Step①)单击菜单栏中的"文件"选项，(Step②)在弹出的菜单中单击"保存"命令。打开"另存为"对话框。

6 步骤 (Step①)在"保存在"下拉列表中选择保存路径，(Step②)在"文件名"文本框中输入保存的文件名，(Step③)单击"保存"按钮即可将其保存。

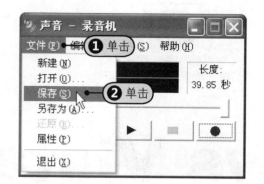

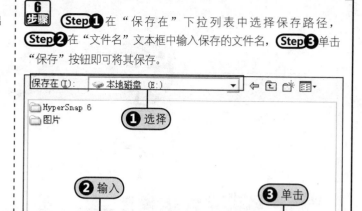

7 步骤 用户在播放录音前还可以设置特殊的效果，单击"效果"选项，即可在弹出的菜单中选择不同的效果。

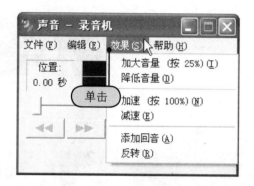

 **教你一招** **延长录制时间**

　　Windows操作系统自带的录音机程序一次只能录制时长为60秒的声音文件。用户若想延长录制的时间，有两种方法：第一种是在录音结束的时候再单击"录制"按钮即可延长60秒的录制时间，用这种方式可以无限延长录制时间；第二种就是在第一种的基础上重新录制，可以保证没有间断的杂音。

读 书 笔 记

第 5 章

了解Windows Vista 新增的功能

Windows Vista是微软公司继Windows XP之后推出的又一款视窗类操作系统，该操作系统新增了多种功能，其中较特别的是新版的图形用户界面和称为"Windows Aero"的全新界面风格、在Windows XP基础之上加强的搜寻功能、新的多媒体创作工具（Windows DVD Maker）以及重新设计的网络、音频、输出（打印）和显示子系统。同时它也使用了点对点技术提升了计算机系统在家庭网络中的通信能力，让在不同计算机或装置之间分享文件与多媒体内容变得更简单。

5.1 Windows Vista新增的特性

Windows Vista操作系统与以前的操作系统相比新增加了多种功能，如同步中心、家长控制、Tablet PC输入面板等。

5.1.1 同步中心

同步中心是Windows Vista的一项保持信息同步功能的软件，用户使用该软件可以在计算机和连接到计算机的移动设备时保持信息同步。

用户使用同步中心可以保持设备同步、管理设备的同步方式、启动手动同步、查看当前同步活动的状态以及接收解决冲突的通知。

同步中心也可以保持计算机和存储在网络服务器中的文件同步，这些文件成为脱机文件，这是由于即使计算机或者网络服务器未连接到网络时也可以相互进行访问。

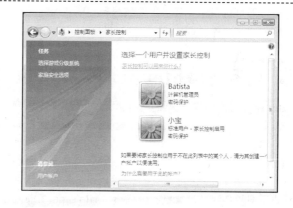

5.1.2 家长控制

家长控制是Windows Vista推出的一款使家长对孩子进行协调管理的软件。

家长控制可以让家长很容易地限定孩子所玩的游戏，父母可以允许或者限制特定的游戏标题，限制孩子只能玩某个年龄级别或者该级别以下的游戏，同时也能够阻止一些对孩子有害的游戏。

5.1.3 Tablet PC输入面板

Tablet PC输入面板是一种能够通过Tablet笔或者鼠标来输入文本的附件，它能够识别用户手写的文本并将识别后的结果显示在Tablet PC输入面板中。

通过个性化手写识别器提高手写识别，使用笔势和笔导航执行快捷方式，使用优化光标更清楚地查看笔画操作，在屏幕的任意位置均可使用输入面板手写或者使用软键盘。使用触摸屏可用手指进行操作，但是只有在启用触摸的Tablet PC上才能使用触摸屏。

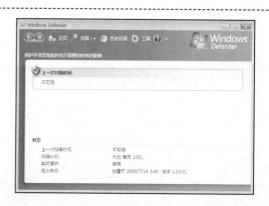

5.1.4 Windows Defender

Windows Defender是Windows Vista操作系统附带的一款软件，它能够阻止间谍软件和其他可能不需要的软件感染计算机。

当计算机中的间谍软件或者其他可能不需要的软件试图执行安装或运行操作时，Windows Defender会发出警报，若程序试图更改重要的Windows设置，它也会发出警报声。

用户也可以使用Windows Defender扫描已安装到计算机上的间谍软件和其他可能不需要的软件，其定期计划扫描还可以自动删除扫描过程中检测到的恶意软件。

5.1.5 轻松访问中心

Windows Vista操作系统附带的轻松访问中心替换了早期版本Windows操作系统中的辅助功能选项，并且加以改进和完善。

轻松访问控制中心提供了多个改进和新功能，包括集中访问辅助功能设置和新调查表，它们可以用来获得对辅助功能的建议。这些建议对用户将会非常地实用。用户在轻松访问中心可以启动放大镜、讲述人、屏幕键盘和设置高对比度。

5.1.6 Windows边栏

Windows边栏是在桌面边缘显示的一个垂直长条，它包含了称为"小工具"的小程序。

用户通过Windows边栏可以管理需要快速访问的信息，而不会干扰工作区。Windows边栏中的小工具是可以自定义的，它能显示连续更新的信息。通过这些小工具，用户无需打开窗口即可执行常见任务。例如显示定期更新的天气预报、新闻标题和图片幻灯片。

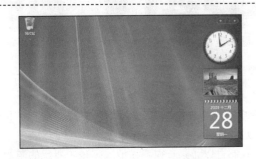

5.1.7 Internet Explorer 7浏览器

Internet Explorer 7浏览器是Windows Vista操作系统附带的一款新浏览器，它比Internet Explorer 6浏览器更加的安全和可靠。

Internet Explorer 6浏览器是Windows XP以及之前的Windows系统版本常用的浏览器，它可以很容易地访问到钓鱼网站或下载软件时使计算机感染病毒，而Internet Explorer 7浏览器的安全和隐私功能能使用户安全地浏览网页，同时还具有"反钓鱼"功能，阻止用户访问不安全的网站。

5.2 安装Windows Vista操作系统

用户在安装Windows Vista操作系统之前首先要对系统的配置要求进行了解，这样就会避免因电脑配置不当而无法安装操作系统的情况出现。

5.2.1 了解硬件配置

Windows Vista操作系统为用户提供了"Windows Aero"的全新界面风格，用户若想体验这些界面风格，则至少要满足微软官方的推荐配置，其推荐配置如表5-1所示。

表5-1 Windows Vista操作系统推荐配置表

硬　件	配　置
CPU	1GHz以上主频32位处理器
内存	1GB以上可用物理内存
硬盘	15GB以上硬盘剩余空间
显卡	128MB以上显存、支持DirectX9和WDDM
光驱	DVD-ROM

5.2.2　开始安装Windows Vista

用户了解了Windows Vista操作系统的硬件配置之后便可以开始动手安装了。该操作系统的安装时间很短，并且所有的安装过程都是在图形化界面中完成。

1 步骤 将系统安装光盘放入光驱后重启计算机，重启之后计算机开始检测并读取系统安装光盘。

2 步骤 接着计算机自动对系统进行检测，请耐心等待。

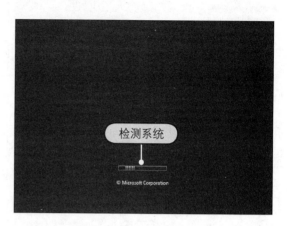

3 步骤 在显示的界面中选择要安装的语言，**Step①** 在"要安装的语言"下拉列表中选择"中文"选项，**Step②** 单击"下一步"按钮。

4 步骤 切换至新的界面，单击"现在安装"按钮。

5 步骤 切换至"键入产品密钥进行激活"界面，**Step①** 输入产品密钥后勾选"联机时自动激活Windows"复选框，**Step②** 单击"下一步"按钮。

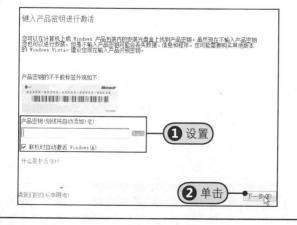

6 步骤 **Step①** 在打开的页面中选择Windows版本，**Step②** 选中后勾选"我已经选择了购买的Windows版本"复选框，**Step③** 单击"下一步"按钮。

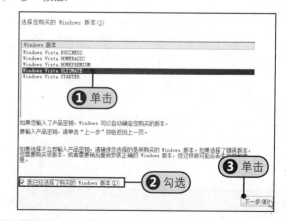

步骤7 打开"请阅读许可条款"界面，拖动右侧的滚动条阅读许可协议，**Step1** 阅读完毕后勾选"我接受许可条款"复选框，**Step2** 单击"下一步"按钮。

步骤8 打开"您想进行何种类型的安装"界面，选择"自定义（高级）"选项。

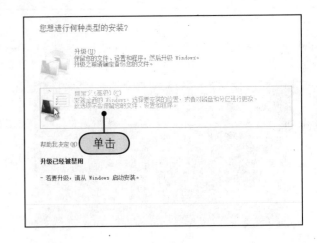

步骤9 打开"您想将Windows安装在何处"界面，**Step1** 选中"磁盘0未分配空间"选项，**Step2** 单击"新建"按钮。

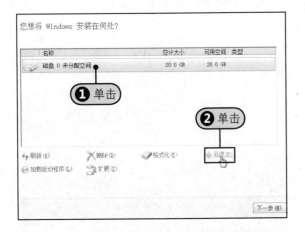

步骤10 **Step1** 在下方的"大小"文本框中输入新磁盘分区的大小，注意安装Windows Vista系统的分区至少需要7GB，**Step2** 设置完毕后单击"应用"按钮。

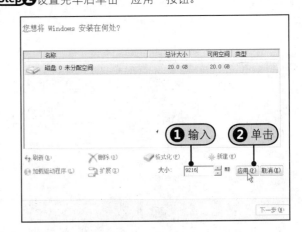

步骤11 使用相同的方法将未分配的空间进行划分，划分完毕后单击"下一步"按钮。

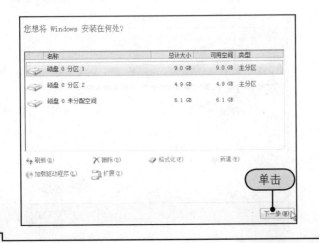

步骤12 打开"正在安装Windows"界面，此时开始安装Windows Vista操作系统，安装分为5个阶段，即复制Windows文件、展开文件、安装功能、安装更新和完成安装。在安装过程中计算机会自动重启多次，用户只需耐心等待即可。

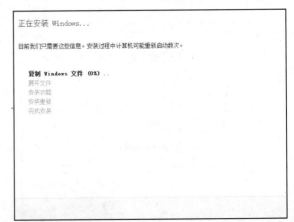

13 步骤 安装完成后便可进行系统初次设置。在打开的"选择一个用户名和图片"界面中，**Step❶**输入用户名、密码和密码提示，**Step❷**在下方选择用户账户的图片，**Step❸**单击"下一步"按钮。

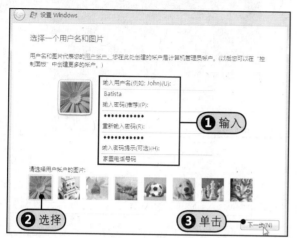

14 步骤 打开"输入计算机名称并选择桌面背景"界面，可以看见已存在的计算机名称，不用更改，**Step❶**在下方选择桌面背景，**Step❷**选中后单击"下一步"按钮。

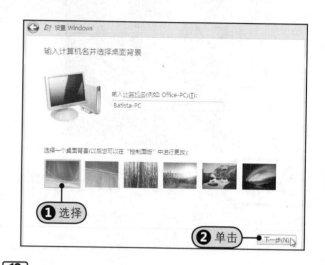

15 步骤 打开"复查时间和日期设置"界面，用户可以按照当前的时间设置时区、日期和时间，设置完毕后单击"下一步"按钮。

16 步骤 打开"请选择计算机当前的位置"界面，用户可设置计算机当前的位置，例如选择"工作"选项。

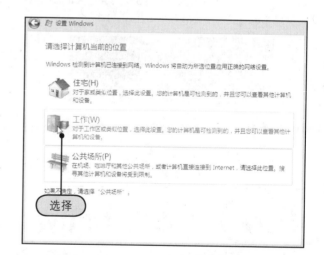

17 步骤 在打开的界面中单击"开始"按钮。

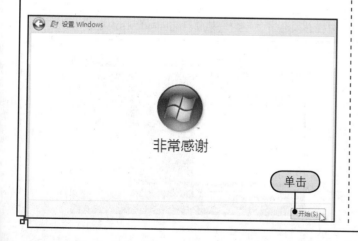

18 步骤 接着Windows Vista操作系统将对计算机的性能进行检查，用户需要耐心等待一段时间。检查完毕后用户便可进入Windows Vista操作系统。

19 步骤 进入登录界面后，**Step①** 在界面中输入前面设置的密码，**Step②** 单击右侧的箭头按钮。

20 步骤 经过前面的操作，成功地安装了Windows Vista操作系统，此时的界面便是Windows Vista操作系统的桌面。

5.3 使用"欢迎中心"

用户首次进入桌面后，系统会自动弹出"欢迎中心"窗口，它包括Windows入门和Microsoft产品。用户可大致浏览一遍以加深对该操作系统的了解。

1 步骤 在"欢迎中心"界面中可看见"Windows入门"和"Microsoft产品"选项组，两个选项组中的图片并未完全列举，用户在选择想要查看的选项之前需要将其所有的选项列举出来，例如单击"显示全部14项"链接。

2 步骤 展开之后用户在界面中看见所有的选项，用户可选择不同的选项进行查看，也可打开对应的窗口，例如单击"控制面板"选项即可将窗口切换至对应的"控制面板"窗口。

5.4 使用Windows边栏

Windows边栏是Windows中的一种平台，它包含了一个小工具库，其中有天气、CPU仪表盘、时钟等，用户可查看自己想了解的内容，也可对边栏进行添加、删除等设置。

5.4.1 开启Windows边栏

一般情况下Windows边栏是关闭的，用户若要使用Windows边栏必须通过"开始"菜单开启Windows边栏。

1 步骤 **Step①** 单击桌面左下角的"开始"按钮，**Step②** 在弹出的"开始"菜单中单击"所有程序>附件>Windows边栏"命令。

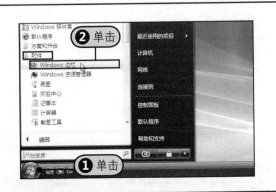

步骤2 此时可在桌面的右侧看见Windows边栏。

5.4.2 添加/删除Windows边栏中的小工具

Windows边栏包含了一个小型的小工具包，在默认的情况下Windows边栏只显示部分小工具，用户可手动添加或删除Windows边栏中的小工具。

步骤1 单击边栏中"小工具"左侧的加号按钮，打开"小工具"窗口。

步骤2 在窗口中选择需要添加的小工具图标，例如双击"CPU仪表盘"图标。

步骤3 此时可在桌面右侧的Windows边栏中看见添加的小工具。

步骤4 用户若要关闭Windows边栏中的小工具则可将鼠标移至该小工具栏的右上角，直接单击"关闭"按钮即可。

步骤5 此时在Windows边栏中看见选中的小工具已经被删除了。

5.4.3 设置Windows边栏的属性

用户可以按照自己的爱好来设置Windows边栏，如选择是否随着系统启动而运行，放置在屏幕上的左边还是右边以及通过拖动操作来设置小工具的位置。

步骤1 Step❶右击Windows边栏中的任意空白处，Step❷在弹出的快捷菜单中单击"属性"命令，打开"Windows边栏属性"对话框。

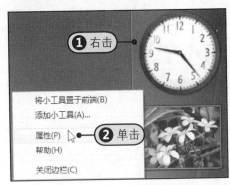

步骤2 Step❶勾选"边栏始终在其他窗口的顶端"复选框，Step❷设置屏幕上边栏的显示位置，如选中"左"单选按钮。

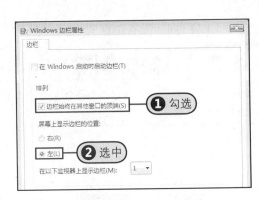

步骤3 单击"确定"按钮返回桌面，此时用户可看见边栏位于桌面的左侧，在边栏中选中需要调整位置的小工具并向上拖动。

步骤4 拖动到合适的位置之后释放鼠标左键，此时可以看见边栏中的小工具已经改变了位置。

5.5 Windows Vista个性化设置

Windows Vista操作系统的个性化设置与以前的Windows版本既有相似之处，又有不同之处，相似之处在于设置的选项基本上相同，例如设置桌面背景、设置屏幕显示等，而不同之处在于设置桌面图标的显示以及大小时会更加的简单和快捷。

5.5.1 添加桌面图标

用户初次进入Windows Vista操作系统时，桌面上只有"回收站"的图标，此时用户可以通过设置将其他的图标放置在桌面上，例如"计算机"图标、"用户的文件"图标和"网络"图标等。

步骤1 Step❶右击桌面上的任意空白处，Step❷在弹出的快捷菜单中单击"个性化"命令。

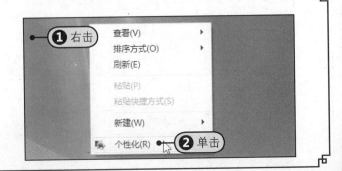

步骤2 在"个性化"窗口中单击"更改桌面图标"链接，打开"桌面图标设置"对话框。

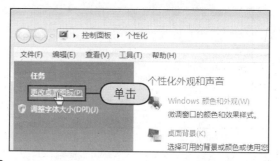

步骤3 勾选需要在桌面上显示的图标，然后单击"确定"按钮。

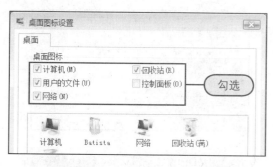

步骤4 返回桌面，此时可看见桌面上显示了添加的图标。

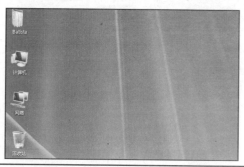

5.5.2 设置桌面背景

Windows Vista操作系统自带的桌面背景分为Vista、光环、黑白、绘画、宽屏幕和纹理6类，用户可根据自己的爱好进行选择。

步骤1 Step1 右击桌面上的任意空白处，Step2 在弹出的快捷菜单中单击"个性化"命令。

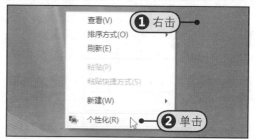

步骤2 在"个性化"窗口中单击"桌面背景"链接，打开"桌面背景"窗口。

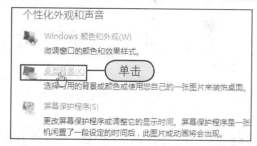

步骤3 Step1 在窗口中选择喜欢的桌面背景，Step2 在下方设置图片的定位，Step3 单击"确定"按钮。

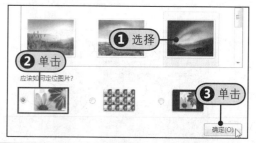

步骤4 返回桌面，此时可在桌面上看见设置的桌面背景。

5.5.3 调整屏幕字体大小

用户可通过设置DPI缩放比例来调整屏幕中字体的大小，设置的比例越大，则屏幕中显示的字体越大；设置的比例越小，则屏幕中显示的字体越小，并且屏幕中容纳的信息就越多。

步骤1 按照前面的方法打开"个性化"窗口,在窗口的左侧单击"调整字体大小(DPI)"链接。

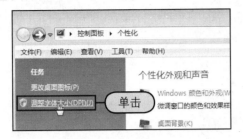

步骤2 打开"DPI缩放比例"对话框,在对话框中单击"自定义DPI"按钮。

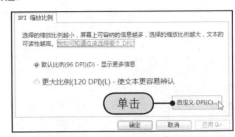

步骤3 打开"自定义DPI设置"对话框,**Step1**在对话框中设置缩放为正常大小的百分比,**Step2**单击"确定"按钮。

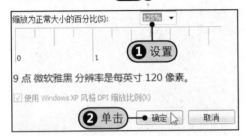

步骤4 返回"DPI缩放比例"对话框,单击"确定"按钮。

步骤5 弹出"必须重新启动计算机以应用这些更改"提示框,单击"立即重新启动"按钮。

步骤6 重新启动计算机之后可在桌面上看见屏幕中显示的字体变大了。

5.6 浏览与管理文件和文件夹

用户可以选择不同的方法浏览与管理文件和文件夹,一种是通过导航窗格或资源管理器来浏览文件和文件夹,另外一种是通过更改文件或文件夹的分组或堆叠方式来浏览与管理文件和文件夹。

5.6.1 使用导航窗格浏览文件与文件夹

在Windows Vista操作系统中,用户可以在"计算机"窗口中使用导航窗格来浏览文件和文件夹,导航窗格包含了文档、图片、音乐、最近的修改、搜索和公用6个选项。用户可以根据自己的意愿进行选择。

步骤1 在桌面上双击"计算机"图标,打开"计算机"窗口。

2 **步骤** (Step**1**)单击工具栏中的"组织"按钮，(Step**2**)在弹出的下拉菜单中单击"布局>导航窗格"命令。

3 **步骤** 打开导航窗格，在窗格中单击需要浏览的选项，例如单击"图片"选项。

4 **步骤** 此时可在窗口的右侧看见电脑中的所有图标。双击任意一张图片即可打开"Windows照片库"窗口，用户就可以在窗口中浏览图片了。

5.6.2 设置文件的分组方式

　　用户在浏览与管理文件和文件夹时不仅可以使用导航窗格，还可以使用"分组"方式来管理。用户可选择不同的分组方式来设置文件和文件夹。

1 **步骤** 打开"计算机"窗口，(Step**1**)单击工具栏中的"组织"按钮，(Step**2**)在弹出的菜单中单击"布局>菜单栏"命令。

2 **步骤** (Step**1**)单击菜单栏中的"查看"按钮，(Step**2**)在弹出的下拉菜单中单击"分组>名称"命令。

3 **步骤** 此时可在窗口中看见分组后的效果，用户也可使用相同的方法选择其他类型的分组方式。

4 步骤 Step**1** 用户若要取消分组可单击菜单栏中的"查看"按钮，Step**2** 在弹出的菜单中单击"分组>无"命令。

5 步骤 此时可在窗口中看见前面设置的分组已经被取消了。

5.6.3 设置文件的堆叠方式

Windows Vista操作系统还包括一种管理文件夹的方式，即使用"堆叠"方式管理文件和文件夹，用户在"堆叠"方式中也可选择不同的堆叠方式管理文件和文件夹。

1 步骤 Step**1** 单击"查看"按钮，Step**2** 在弹出的菜单中单击"堆叠方式>名称"命令。

2 步骤 此时在窗格中看见窗口中的文件和文件夹按名称堆叠排列。

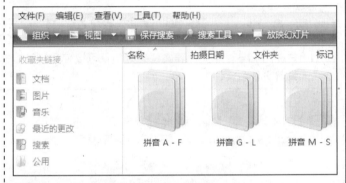

3 步骤 单击"名称"选项右侧的下三角按钮，在弹出的列表中查看特定的文件和文件夹。

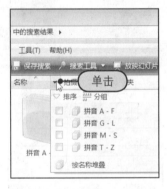

4 步骤 Step**1** 单击"查看"按钮，Step**2** 在弹出的菜单中单击"堆叠方式>无"命令。

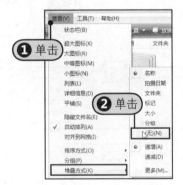

5 步骤 此时可在窗口中看见堆叠的方式已经被取消了。

5.7 搜索文件或者文件夹

计算机有一个庞大的文件系统，当用户忘记了某个文件的名称或者存放位置而需要进行查找时，如果一个个地查找既费时又费力，此时就可以使用搜索功能直接搜索该文件。

5.7.1 在"开始"菜单中快速搜索

用户可直接在桌面上打开"开始"菜单，然后在"开始"菜单的搜索栏中输入想要查找的文件的关键字，输入之后便可在菜单中看见搜索结果。

步骤 1 **Step①** 单击"开始"按钮，**Step②** 在弹出的"开始"菜单的搜索栏中输入关键字。

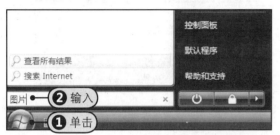

步骤 2 输入完成之后便可在"开始"菜单的左上方看见搜索的结果。

步骤 3 在"开始"菜单中单击"查看所有结果"选项。

步骤 4 此时可在弹出的窗口中看见搜索的所有结果。

5.7.2 在打开的窗口中快速搜索

Windows Vista系统中的每个窗口的右上方都有一个搜索栏，用户可直接在搜索栏中输入关键字进行搜索。

步骤 1 **Step①** 在窗口右上方的搜索栏中输入关键字，**Step②** 单击右侧的"搜索"按钮。

步骤 2 片刻之后可在窗口中看见搜索的所有结果，用户可从中查找自己想要的文件。

名称	修改日期	类型
QQ医生 3.0Beta2	2009/12/29 11:38	文件夹
ImsCustom.dll	2009/12/29 11:38	应用程序扩展
LgUI.rdb	2009/12/29 11:38	RDB 文件
QQDoctor	2009/12/29 11:38	应用程序
QQDoctorRtp	2009/12/29 11:38	应用程序
QQDrNetMon	2009/12/29 11:38	应用程序
QQDrUpdate	2009/12/29 11:38	应用程序
SafeCommon.dll	2009/12/29 11:38	应用程序扩展
QQGAME	2009/12/29 11:38	文件夹

5.8 专用版或升级版软件的使用

Windows Vista操作系统还为用户提供了一些专用版和升级版软件，其中Tablet PC、家长控制和Windows Defender是以前Windows版本没有的，是Windows Vista系统增加的全新软件，而Windows Media Player 11则是Windows Media Player 10的升级版本。

5.8.1 使用Tablet PC输入面板

Tablet PC输入面板是一种可以通过Tablet笔或者鼠标来输入文本的附件，用户可在面板中手写输入内容，若有错误可进行更改，更改完毕之后便可将手写的内容直接插入到文本文档中。用户还可以设置该面板，让其更加好用。

1 输入并更改文本

用户手写的文本并不能全部被准确地认识，若出现错误时可以手动进行更改，完成之后便可将其插入文本文档中。

步骤1 **Step1** 单击"开始"按钮，**Step2** 在弹出的"开始"菜单中依次单击"所有程序>附件>Tablet PC>Tablet PC输入面板"命令。

步骤3 输入完毕后移动鼠标，将指针移动至面板外，此时系统将会自动识别出用户输入的文本。

步骤5 如果要删除多余的文字，**Step1** 则可以将鼠标移动至该文字后单击下三角按钮，**Step2** 在弹出的下拉列表中单击"清除"选项。

步骤7 用户可使用同样的方法更改输入错误的文字，**Step1** 即单击错误文字下方的三角按钮，**Step2** 在弹出的下拉列表中选择正确的文字。

步骤9 单击Tablet PC输入面板右下角的"插入"按钮将其插入到记事本中。

步骤2 移动指针至面板内，当鼠标指针呈一个点状时，拖动鼠标进行手写输入，例如输入"我"字。

步骤4 用户可使用相同的方法继续输入其他的文本。

步骤6 此时可在面板中看见选中的文字已经被清除了。

步骤8 此时可在面板中看见更改之后的文字，用户可将其插入记事本中，在桌面上新建一个记事本并打开它。

步骤10 此时可在记事本窗口中看见插入的文本。

② 设置Tablet PC输入面板选项

当用户使用Tablet PC输入面板时感觉不习惯的话，则可以对Tablet PC输入面板的相关选项进行设置。

步骤 1 **Step①** 在Tablet PC输入面板中单击"工具"按钮，**Step②** 在弹出的菜单中单击"选项"命令，打开"选项"对话框。

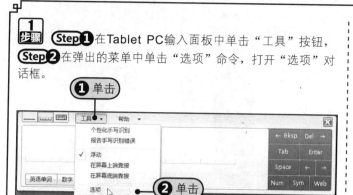

步骤 2 **Step①** 在"设置"选项卡下设置"插入按钮"和"自动完成"选项。

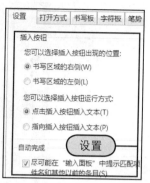

步骤 3 **Step①** 单击"打开方式"标签，**Step②** 用户可根据自己的习惯进行设置。

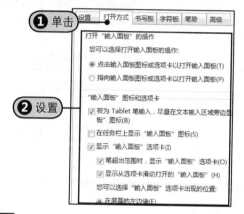

步骤 4 **Step①** 单击"书写板"标签，**Step②** 设置"外观"、"自动文本插入"和"新书写行"选项。

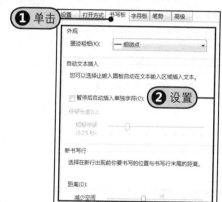

步骤 5 **Step①** 单击"字符板"标签，**Step②** 在该选项卡下设置"外观"和"书写识别"选项。

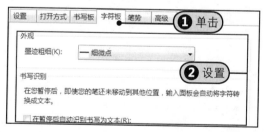

步骤 6 **Step①** 单击"笔势"标签，**Step②** 用户可在该选项卡下对输入文本时的笔势进行设置，然后单击"确定"按钮。

步骤 7 返回Tablet PC输入面板，**Step①** 单击"工具"按钮，**Step②** 在弹出的菜单中单击"退出"命令即可退出。

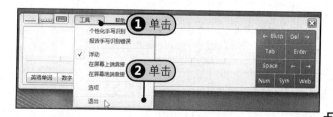

5.8.2 使用Windows Media Player 11

Windows Media Player 11是Windows Vista自带的播放器，也是Windows Media Player 10（Windows XP自带的播放器）的升级版本，它能够播放很多种媒体文件。

1 收听Internet广播

用户可使用该播放器播放网络上各种各样的电台节目，并且通过因特网收听广播。

步骤1 **Step1** 单击"开始"按钮，**Step2** 在弹出的"开始"菜单中单击"所有程序>Windows Media Player"命令。

步骤2 **Step1** 在打开的窗口中右击工具栏中的任意空白处，**Step2** 在弹出的菜单中单击"显示经典菜单"命令。

步骤3 **Step1** 单击菜单栏中的"文件"按钮，**Step2** 在弹出的菜单中单击"打开URL"命令。

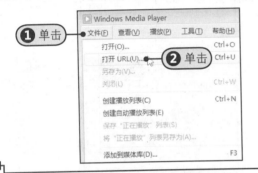

步骤4 弹出"打开URL"对话框，**Step1** 在"打开"文本框中输入需要打开的媒体文件的URL或者路径，**Step2** 输入完毕后单击"确定"按钮。

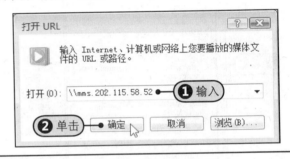

2 播放Internet上的流媒体文件

若用户在计算机内安装了Windows Media Player后便可播放因特网上的音乐和视频文件。

打开可以在线播放视频或者视频文件的网页，然后单击想要播放的音乐所对应的"试听"链接即可使用Windows Media Player播放。用户可以在网上的各个音乐网站寻找可以在线播放的流式音频和视频文件。

5.8.3 使用家长控制进行账户管理

用户在使用家长控制之前需要创建一个新的用户账户，便可对该账户进行管理和控制，包括Windows Vista Web筛选器、时间限制、游戏以及允许和阻止特定程序。

步骤1 **Step1** 单击"开始"按钮，**Step2** 在弹出的"开始"菜单中单击"控制面板"命令。

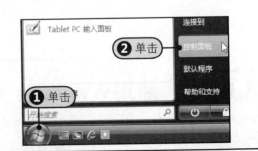

步骤 2 在"控制面板"窗口中双击"家长控制"图标,打开"家长控制"窗口。

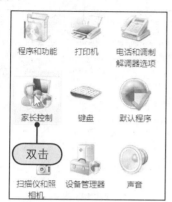

步骤 4 切换至新的界面,**Step 1** 在"键入新用户的名称"文本框中输入新用户账户的名称,例如输入"宝贝",**Step 2** 单击"创建账户"按钮。

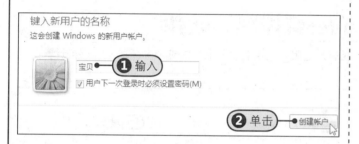

步骤 6 **Step 1** 在打开的界面中选中"自定义"单选按钮,**Step 2** 在下方设置要阻止的内容类别,**Step 3** 单击"确定"按钮。

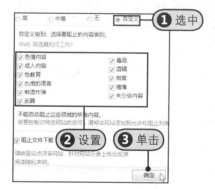

步骤 8 在打开的窗口中按住鼠标左键不放并拖动鼠标,设置阻止用户登录的时间,设置完毕之后连续单击"确定"按钮。

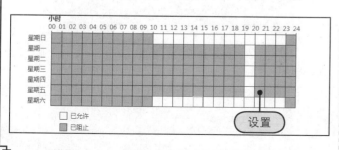

步骤 3 在窗口中单击"创建新用户账户"链接。

步骤 5 **Step 1** 在打开的页面中选中"启用,强制当前设置"单选按钮,**Step 2** 单击"Windows Vista Web筛选器"链接。

步骤 7 返回上一级界面,在界面中单击"时间限制"链接。

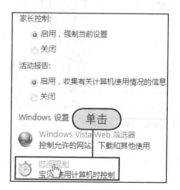

步骤 9 返回"用户控制"界面,在界面中单击"游戏"链接。

步骤10 **Step1** 在打开的界面中选中"是"单选按钮，**Step2** 单击"阻止或允许特定游戏"链接。

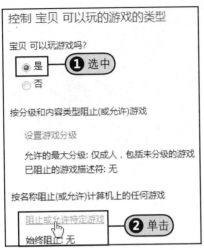

控制 宝贝 可以玩的游戏的类型

宝贝 可以玩游戏吗？

◉ 是 **①选中**

◎ 否

按分级和内容类型阻止(或允许)游戏

设置游戏分级

允许的最大分级: 仅成人，包括未分级的游戏
已阻止的游戏描述符: 无

按名称阻止(或允许)计算机上的任何游戏

阻止或允许特定游戏 **②单击**
始终阻止: 无

步骤11 打开新的界面，用户可在界面中设置哪些游戏可以玩，哪些游戏不可以玩，最后单击"确定"按钮保存退出。

控制 宝贝 可以玩和不可以玩的特定游戏

允许的分级: E10+ - 10 岁以上的所有人，T - 青少年，Ao - 仅成人，E -
拒绝的描述符: 无

标题/分级	状态	用户分级设置	始终允许
Chess Titans E	可以玩	⊡	◎
Mahjong Titans E	可以玩	◉	◎
Purble Place E	可以玩	◉	◎
红心大战 E	可以玩	◉	◎
空当接龙 E	可以玩	◉	◎
墨球 E	可以玩	◉	◎
扫雷 E	可以玩	◉	◎
蜘蛛纸牌 E	可以玩	◉	◎
纸牌 E	可以玩	◉	◎

5.8.4 使用Windows Defender监控间谍软件

Windows Vista操作系统自带的Windows Defender软件能有效地阻止间谍软件和其他可能不需要的软件感染计算机，建议用户定期使用该软件对计算机进行扫描。

步骤1 **Step1** 单击"开始"按钮，**Step2** 在弹出的"开始"菜单中单击"所有程序>Windows Defender"命令。

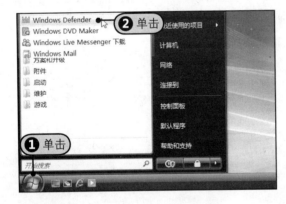

步骤2 打开Windows Defender窗口，**Step1** 单击"扫描"选项右侧的下三角按钮，**Step2** 在弹出的菜单中单击"自定义扫描"选项。

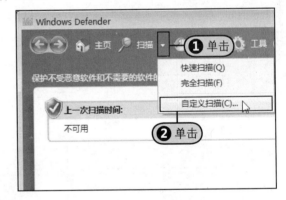

步骤3 **Step1** 在打开的界面中选中"完整系统扫描"单选按钮，**Step2** 单击"立即扫描"按钮开始扫描。

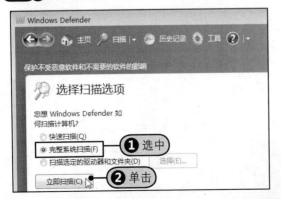

步骤4 此时可在界面中看见扫描的进度以及详细信息，请耐心等待。

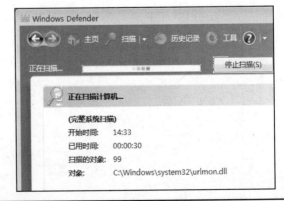

5 **步骤** 扫描完毕，可在界面中看见扫描后的结果以及扫描的时间、对象等信息。

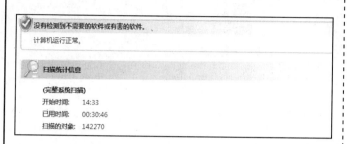

7 **步骤** 打开新的界面，在"工具和设置"选项组中单击"选项"链接。

9 **步骤** 拖动右侧的滚动条，分别设置其他选项，设置完毕后单击"保存"按钮退出。

6 **步骤** 在窗口中单击"工具"选项。

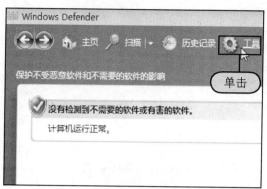

8 **步骤** 在打开的界面中设置"自动扫描"选项组，即设置扫描频率、大约时间和类型。

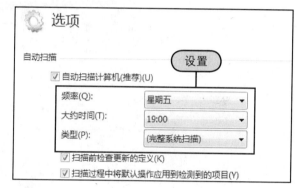

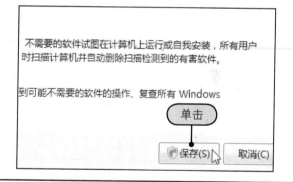

第 6 章

了解Windows 7 新增的功能

Windows 7是微软公司推出的一款最新操作系统，它在Windows Vista基础上降低了硬件配置且包含了Windows Vista的所有功能。它能够更简单地管理启动项、更快地开启和关闭计算机并且包含了ISO/IMG烧录程序，让用户不用再花费大量成本去购买专业软件。

6.1 Windows 7的新功能简介

Windows 7操作系统中包含了Jump List、家庭组、Windows Media Player 12及Internet Explorer 8浏览器等新功能。

6.1.1 使用Jump List进行快速访问

Jump List是Windows 7中新增的功能，它可以帮助用户快速访问常用的文档、图片、歌曲或者网站。用户只需右击Windows 7任务栏上的程序图标即可打开Jump List。

用户在Jump List中看到的内容完全取决于选中的程序本身，例如Internet Explorer 8的Jump List显示经常浏览的网站，Windows Media Player 12的Jump List列举了常听的歌曲。

步骤1 **Step1** 右击任务栏中的IE浏览器图标，**Step2** 在弹出的Jump List中单击想要浏览的网站，例如单击"Windows 主页"选项。

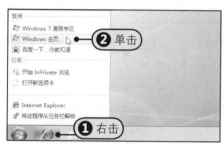

步骤2 此时在桌面上打开的IE浏览器中可以看见前面选择的网页。

步骤3 用户若需要随时使用该网页则可将其锁定到Jump List列表中，其具体操作为，**Step1** 右击任务栏中的IE浏览器图标，弹出Jump List列表，**Step2** 单击"Windows主页"选项右侧的 按钮即可将该网页锁定到Jump List列表中。

步骤4 使用相同的方法打开IE浏览器的Jump List列表，此时可在列表中看见锁定的网页位于"已固定"选项组中，若要从此列表中解锁则可单击"Windows主页"选项右侧的 按钮。

6.1.2 获取Windows Live Essentials

Windows Live Essentials是一款可以使Windows 7操作系统实现更绝妙功能的免费软件，这些功能包括电子邮件、即时消息、照片编辑和博客。用户可在Windows 7操作系统中直接联机获取Windows Live Essentials。

步骤1 **Step1** 单击桌面左下角的"开始"按钮，**Step2** 在弹出的"开始"菜单中单击"入门"选项右侧的三角按钮。

步骤2 在右侧弹出的菜单中单击"获得Windows Live Essentials"命令。

步骤3 此时可在打开的页面右侧选择下载的程序。

扩展知识 **Windows Live Essential包括的免费软件**

Windows Live Essential中主要包括以下免费软件。

- Messenger：通过电脑或者移动电话与朋友和家人进行即时聊天。
- 照片库：查找、整理和共享照片。
- Mail：在一个位置管理多个电子邮箱账户。
- Writer：发表博文，添加照片和视频，然后将其发布到网络上。
- 影音制作：将用户的照片和视频制作成外观精美的电影和幻灯片。
- 家庭安全设置：管理和监视在线活动，以确保孩子的安全。
- 工具栏：在任意的网页中进行即时搜索。

6.1.3 加入家庭组实现家庭共享

家庭组可以帮助用户通过家庭网络轻松地共享文件和打印机。连接两台或两台以上运行Windows 7的电脑便可通过家庭组自动开始与家庭组中其他用户轻松共享音乐、图片和视频。

步骤1 **Step1** 单击桌面左下角的"开始"按钮，**Step2** 在弹出的"开始"菜单中单击"控制面板"命令，打开"控制面板"窗口。

步骤2 在窗口中单击"网络和Internet"选项组中的"选择家庭组和共享选项"链接，打开"家庭组"窗口。

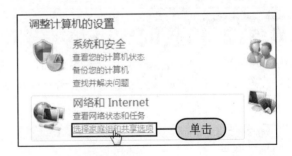

步骤3 在"与运行Windows 7的其他家庭计算机共享"界面中单击"立即加入"按钮。

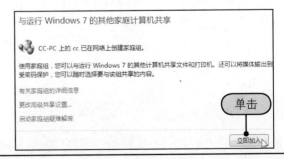

4 **步骤** **Step1**在打开的页面中选择要共享的内容，**Step2**单击"下一步"按钮。

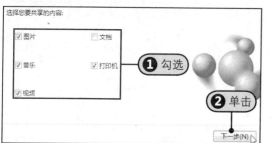

5 **步骤** **Step1**在打开的页面中输入家庭组密码，**Step2**单击"下一步"按钮。

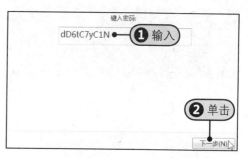

6 **步骤** 片刻之后打开"您已加入该家庭组"界面，单击"完成"按钮即可实现家庭共享。

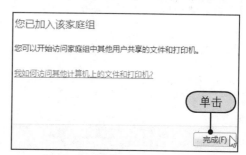

6.1.4 使用Windows Media Player 12播放视频

Windows Media Player 12是Windows 7操作系统中自带的一款播放器，它可以播放的音乐和视频比以前旧版本要丰富得多，新增了3GP、AAC、AVCHD和MOV等播放格式。

1 **步骤** **Step1**右击音乐图标，**Step2**在弹出的菜单中单击"添加到Windows Media Player列表"命令。

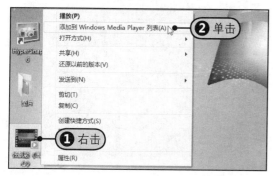

2 **步骤** 此时系统自动启动Windows Media Player播放器并自动播放。

3 **步骤** 用户可在播放器窗口的底端调整声音的大小。单击"声音"右侧的下三角按钮。

4 **步骤** 在弹出的方框中用户可通过拖动鼠标来调整声音的大小。

5 步骤 用户也可播放Windows Media Player播放器自带的音乐或者视频文件。单击■按钮切换至播放器媒体库界面。

6 步骤 在界面的左侧可以选择播放的类型，例如单击"视频"按钮。

7 步骤 在界面右侧显示了媒体库中所有的视频文体，双击选中的视频。

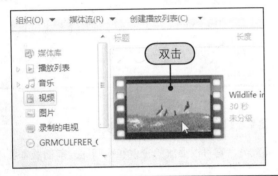

8 步骤 此时可在播放器界面中看见正在播放选中的视频。

6.1.5 Windows 多点触控技术

Windows 7系统附带的Windows多点触控技术能够帮助用户只需使用手指就可以翻阅文件、处理图片甚至"画图"。

用户若要尝试Windows 7操作系统的多点触控技术，则必须配备支持触控技术的显示屏。一指触控技术已经在Windows中应用了一段时间，但是其功能有着一定的限制，然而在Windows 7操作系统中首次全面支持多点触控技术。若要放大显示文件，则首先将两个手指放在支持多点触控的电脑屏幕上，然后分开两个手指即可；若要右击某个文件，则首先使用一个手指触摸，然后用另外一个手指点击屏幕。

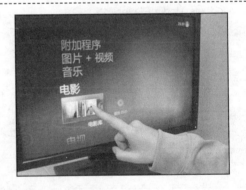

6.1.6 Internet Explorer 8浏览器

Internet Explorer 8浏览器是Windows 7操作系统自带的一款最新的IE浏览器，它除了具有Internet Explorer 7浏览器的功能之外，还在安全性上进行完善和改进。

Internet Explorer 8浏览器新增了Smart Screen 筛选器、In Private 浏览和阻止以及兼容性视图等功能。

Smart Screen 筛选器有助于抵御可能威胁用户数据、隐私和身份的虚假和恶意网站；In Private 浏览和阻止可以使用户在网页中输入的账户密码随着网页的关闭而在电脑中彻底消失，有效地保护了用户的隐私；兼容性视图则可以帮助用户快速显示某些针对旧版本浏览器设计的网页。

6.2 安装Windows 7操作系统

用户若想在电脑中运行Windows 7操作系统，则首先需要在电脑中安装Windows 7操作系统，常用的方法是使用Windows 7系统盘进行安装。

6.2.1 了解硬件配置

用户在安装Windows 7操作系统之前需要了解该系统对硬件的配置要求，如果电脑的配置低于系统对硬件配置的要求则无法正常安装Windows 7操作系统。其推荐配置如表6-1所示。

表6-1 Windows 7操作系统硬件配置表

硬　件	配　置
CPU	1GHz以上的32位或64位处理器
内存	1GB以上可用物理内存
硬盘	20GB以上硬盘剩余空间
显卡	带有WDDM1.0并且128MB以上显存、支持DirectX9
光驱	DVD-ROM

6.2.2 开始安装Windows 7

如果电脑满足前面列举的硬件配置要求，则用户便可开始安装Windows 7操作系统。

步骤1 将系统安装光盘放入光驱后重启计算机，重启之后计算机开始检测并读取系统安装光盘。

步骤2 **Step1** 在"要安装的语言"下拉列表中选择"中文（简体）"选项，**Step2** 单击"下一步"按钮。

步骤3 切换至新的界面，直接单击"现在安装"按钮，打开"请阅读许可条款"界面。

步骤4 **Step1** 在界面中勾选"我接受许可条款"复选框，**Step2** 单击"下一步"按钮。

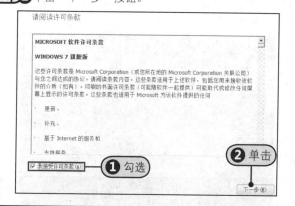

步骤 5 打开"您想进行何种类型的安装"界面，用户可自行选择安装类型，例如单击"自定义"选项。

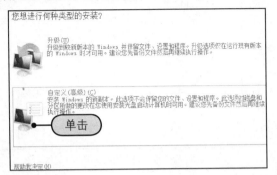

步骤 6 打开"您想将Windows安装在何处"界面，**Step1**选中"磁盘0未分配空间"选项，**Step2**单击下方的"新建"链接。

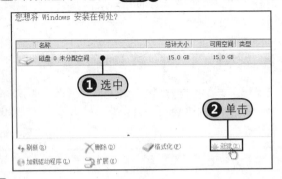

步骤 7 在"大小"文本框中输入划分的磁盘分区大小，**Step1**例如输入13000，**Step2**单击右侧的"应用"按钮。

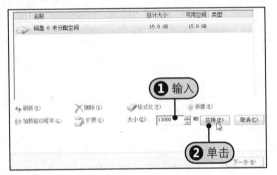

步骤 8 弹出"安装Windows"对话框，提示用户若要确保Windows所有功能正常使用，可能要为系统文件创建额外分区，单击"确定"按钮。

步骤 9 使用相同的方法划分剩下的未分配空间，**Step1**划分完成之后选中安装操作系统的分区，例如单击"磁盘0分区2"选项，**Step2**单击"下一步"按钮。

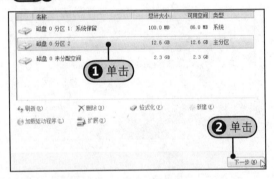

步骤 10 打开"正在安装Windows"界面，安装包括复制Windows文件、展开Windows文件、安装功能、安装更新和完成安装5个阶段。

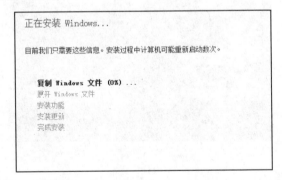

步骤 11 安装完成之后，在屏幕上显示安装程序正在为首次使用计算机做准备，请耐心等待。

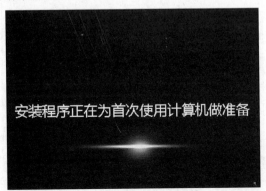

步骤 12 打开新的界面，**Step1**在界面中输入用户名，**Step2**单击"下一步"按钮。

13 步骤 打开"为账户设置密码"界面，在界面中输入设置的密码和密码提示，输完后单击"下一步"按钮。

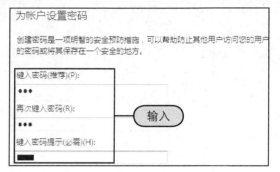

14 步骤 打开"键入您的Windows产品密钥"界面，在"产品密钥"文本框中输入产品密钥之后单击"下一步"按钮。

15 步骤 打开"帮助您自动保护计算机以及提高Windows的性能"界面，在界面中单击"使用推荐设置"选项。

16 步骤 打开"查看时间和日期设置"界面，核对界面中显示的时区、日期和时间是否与当前时间一致，设置好后单击"下一步"按钮。

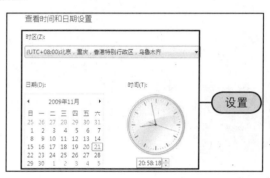

17 步骤 打开"请选择计算机当前的位置"界面，用户可根据当前计算机所在的环境进行选择，例如单击"工作网络"选项。

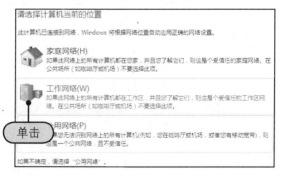

18 步骤 在打开的界面中看见Windows正在完成您的设置，请耐心等待。

19 步骤 设置完成之后打开登录界面，**Step1**输入密码，**Step2**单击右侧的箭头按钮。

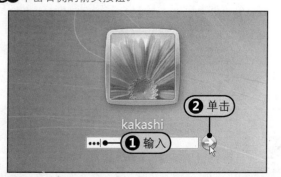

20 步骤 此时打开的界面便是Windows 7的桌面，系统安装成功。

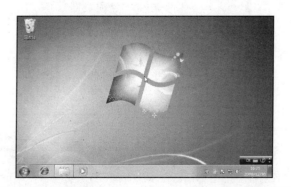

6.3 多样化的桌面设置

在Windows操作系统中，任务栏是指位于桌面最下方的小长条，它主要由"开始"菜单、"快速启动"工具栏、应用程序区域和通知区域组成。

6.3.1 更改任务栏中图标的显示方式

在Windows 7操作系统中，任务栏的图标默认的是较大的图标，用户若觉得不好的话，则可将其更改为小图标。

步骤1 **Step①** 右击任务栏中的任意空白处，**Step②** 在弹出的快捷菜单中单击"属性"命令，打开"任务栏和「开始」菜单属性"对话框。

步骤2 切换至"任务栏"选项卡下，在"任务栏外观"选项组中勾选"使用小图标"复选框。

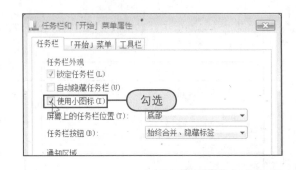

步骤3 单击"确定"按钮后返回桌面，此时可在桌面上看见任务栏中的图标变成了小图标。

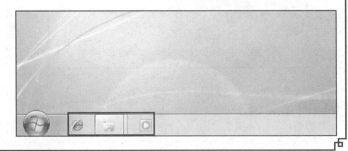

6.3.2 将常用的程序锁定到任务栏中

用户若经常需要使用某一个应用软件时，习惯将其快捷图标放置在桌面上，但是在Windows 7系统中，用户可直接将其锁定在任务栏中。

步骤1 **Step①** 选中需要锁定的应用程序对应的快捷图标并右击，**Step②** 在弹出的快捷菜单中单击"锁定到任务栏"命令。

步骤2 此时会在任务栏中看见程序图标，用户也可将其解除锁定，**Step①** 右击该图标，**Step②** 在弹出的菜单中单击"将此程序从任务栏解锁"命令。

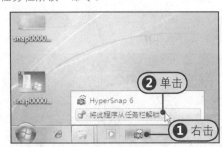

6.3.3 设置任务栏按钮的显示方式

任务栏中的图标按钮在默认情况下是始终合并、隐藏标签，用户可根据自己的习惯更改它们在任务栏中的显示方式。

步骤1 打开"任务栏和「开始」菜单属性"对话框，**Step1** 单击"任务栏按钮"右侧的下三角按钮，**Step2** 在弹出的下拉列表中选择"当任务栏被占满时合并"选项。

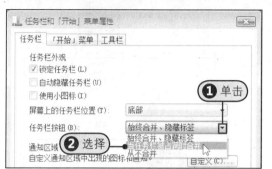

步骤2 单击"确定"按钮返回桌面，此时可在桌面的任务栏中看见任务栏按钮已经发生了变化。

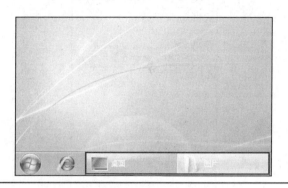

6.3.4 快速隐藏/显示通知区域中的图标

在Windows 7操作系统中，用户可通过拖动操作快速隐藏和显示通知区域中的图标。

步骤1 在桌面上的通知区域中单击需要隐藏的图标并向上方拖动。

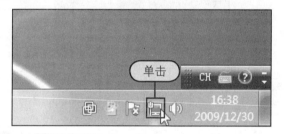

步骤2 拖动到一定的位置时会弹出一个列表，接着按住鼠标左键不放，继续将其拖动至刚刚弹出的列表中。

步骤3 释放鼠标左键，此时可在通知区域中看见选中的图标已经被隐藏了。

步骤4 若要将前面隐藏的图标显示在通知区域中，**Step1** 首先单击通知区域中的三角按钮，**Step2** 在弹出的列表中单击该图标。

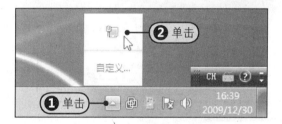

步骤5 按住鼠标的左键不放，直接将其拖动到通知区域中，用户可通过拖动选择隐藏图标的放置位置。

步骤6 拖动至合适的位置之后释放鼠标左键，此时可在通知区域中看见选中的图标再次显示在通知区域中。

6.3.5 添加/卸载桌面小工具

Windows 7操作系统自带了一款桌面小工具软件，用户可将其添加在桌面上，若是对某些桌面小工具不喜欢的话，可将其卸载。可通过拖动操作将桌面上的小工具放置在桌面上的任何位置。

步骤 1 **Step 1** 单击桌面左下角的"开始"按钮，**Step 2** 在弹出的"开始"菜单中单击"所有程序>桌面小工具库"命令。

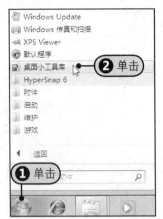

步骤 2 打开新的窗口，在窗口中可以看见系统中所有的系统小工具，双击任意一个小工具即可将其放置在桌面上。

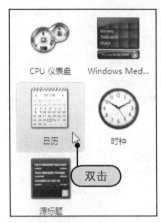

步骤 3 此时可在桌面的右上角看见添加的小工具，用户可单击小工具图标右侧的展开按钮将其完全展开。

步骤 4 此时可在桌面的右上方看见扩展后的小工具图标。

步骤 5 用户也可将不喜欢的一些桌面小工具卸载掉。**Step 1** 在窗口中右击需要删除的小工具图标，**Step 2** 在弹出的快捷菜单中单击"卸载"命令。

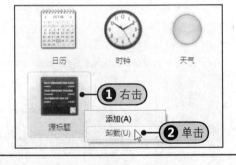

步骤 6 弹出"桌面小工具"对话框，提示用户是否确认卸载选中的小工具，单击"卸载"按钮即可将其卸载。

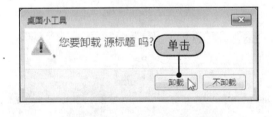

6.3.6 设置屏幕中字体的大小

用户若觉得屏幕中的字体太小时，则可按照如下所讲的方法更改屏幕中字体的大小。

步骤 1 **Step 1** 单击桌面左下角的"开始"按钮，**Step 2** 在弹出的"开始"菜单中单击"入门"命令。

2 步骤 在右侧弹出的菜单中单击"更改文字大小"命令。

4 步骤 弹出新的对话框,提示用户必须注销计算机才能应用这些更改,确认无误后单击"立即注销"按钮。

3 步骤 在打开的窗口中选中"较大"单选按钮,然后单击"应用"按钮。

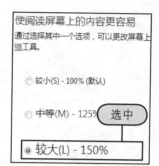

5 步骤 注销之后进入Windows 7桌面,此时可在桌面上看见图标以及显示的字体都发生了变化。

6.4 使用拖动操作调整窗口的大小

用户在Windows 7操作系统中可以按照以前的方法调整窗口的大小,也可以使用Windows 7操作系统中独特的拖动操作调整窗口的大小。

6.4.1 使用拖动操作并排排放窗口

用户可以将窗口拖动至桌面的左侧(右侧),当释放鼠标之后窗口将会自动调整大小,使用同样的方法将另外一个窗口拖动至桌面的左侧(右侧),则该窗口将会和前面的窗口大小一样并且完全重叠。

1 步骤 将鼠标移动至需要移动窗口的标题栏,按住鼠标左键将其向桌面的左侧拖动。

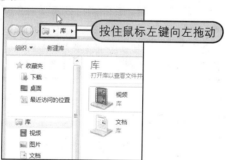

3 步骤 释放之后窗口自动调整至如右图所示的大小。

2 步骤 当指针移动至桌面的最左侧时,在桌面左侧出现蓝色阴影,此时释放鼠标左键。

4 步骤 打开另一个窗口，使用相同的方法将其拖动至桌面的左侧，当指针移动至桌面的最左侧时释放鼠标左键。

释放鼠标左键

5 步骤 此时可在桌面上看见两个窗口的大小完全一样并且完全重叠。用户将窗口拖动至桌面中部即可将窗口还原为拖动前的大小。

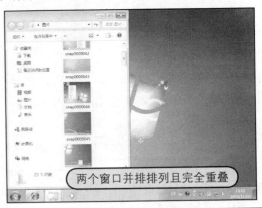

两个窗口并排排列且完全重叠

6.4.2 使用拖动操作最大化窗口

最大化窗口的操作一般都是直接在窗口的右上角单击最大化按钮，在Windows 7操作系统中除了单击最大化按钮之外，还可以通过拖动操作最大化窗口。

1 步骤 将指针移动至需要最大化窗口的标题栏中，然后按住鼠标左键不放并将其拖动至桌面最上方。

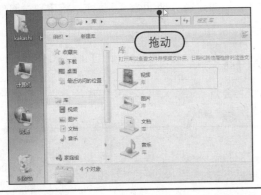

拖动

2 步骤 当指针移动至桌面最上方时释放鼠标左键，此时可以看见窗口自动最大化。

窗口最大化

6.4.3 使用拖动操作垂直展开窗口

在Windows 7操作系统之中，窗口的拖动操作除了能并排排放和最大化窗口之外，还可以垂直展开窗口。

1 步骤 移动指针至窗口的顶端，当鼠标指针变为↕时，按住鼠标左键不放并向上拖动至桌面的最上方。

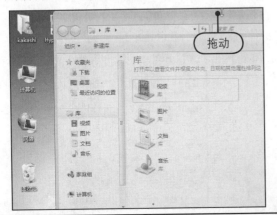

拖动

2 步骤 释放鼠标，此时可在桌面上看见拖动的窗口呈垂直展开的形状。

6.5 使用ClearType文本协调器增强可读性

ClearType是微软公司开发的软件技术，它用于改善现有LCD（液晶显示器）上的文本可读性，用户通过ClearType技术可以使计算机屏幕上的文字看起来和纸上打印的文字一样清晰明显。

步骤1 **Step①** 单击桌面左下角的"开始"按钮，**Step②** 在弹出的"开始"菜单中单击"控制面板"命令。

步骤2 打开"控制面板"窗口，拖动右侧的滚动条，单击窗口中的"显示"选项，打开"显示"窗口。

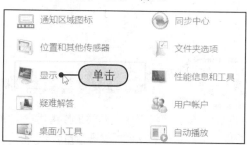

步骤3 在窗口的左侧单击"调整ClearType文本"链接。

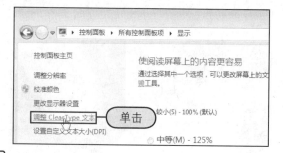

步骤4 打开"使屏幕上的文本便于阅读"界面，直接单击"下一步"按钮。

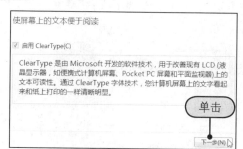

步骤5 切换至"单击您看起来最清晰的文本示例"界面，**Step①** 选择最清晰的文本示例，**Step②** 单击"下一步"按钮。

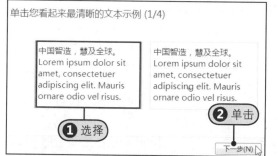

步骤6 切换至新的界面，**Step①** 再次选择最清晰的文本示例，**Step②** 单击"下一步"按钮。

步骤7 **Step①** 在打开的界面中再一次选择最清晰的文本示例，**Step②** 单击"下一步"按钮。

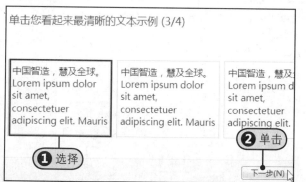

步骤8 **Step①** 在打开的界面中最后一次选择最清晰的文本示例，**Step②** 单击"下一步"按钮。

步骤9 打开"您已完成对监视器中文本的调谐"界面，单击"完成"按钮返回桌面即可发现显示的文本变得更加清晰。

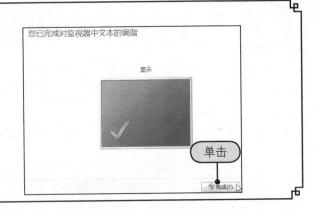

6.6 使用Windows 7自带的截图工具截图

Windows 7操作系统自带的截图工具为用户提供了截图的方便，当用户完成了截图操作之后便可将其保存在电脑中，若对所截取的图片不够满意还可以进行修改。

步骤1 **Step1**单击桌面左下角的"开始"按钮，**Step2**在弹出的"开始"菜单中单击"截图工具"命令，打开"截图工具"窗口。

步骤2 **Step1**单击"新建"选项右侧的下三角按钮，在弹出的下拉列表中选择截图的类型，**Step2**此处单击"矩形截图"选项。

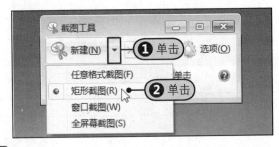

步骤3 当指针变成十字形状时便可开始截图，按住鼠标左键不放并进行拖动，拖动到一定位置时释放鼠标左键。

步骤4 此时可在窗口中看见所截取的图形，若有不满意的地方可使用工具栏中的橡皮擦和笔工具进行修改，若满意则单击"保存"按钮。

步骤5 打开"另存为"对话框，在左侧选择保存图片的位置。

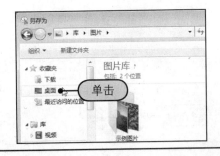

步骤6 **Step1**在"文件名"文本框中输入要设置的图片名称，**Step2**在下方设置保存类型为JPEG文件，**Step3**单击"保存"按钮。

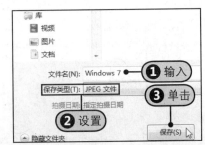

6.7 使用IE 8浏览器的新增功能

Internet Explorer 8是Windows 7自带的一款浏览器，它除了具有Internet Explorer 7的所有功能之外，还具有InPrivate浏览、Smart Screen筛选器和兼容性视图设置等功能。

6.7.1 启用InPrivate浏览

用户使用旧版本的IE浏览器浏览网页时总会留下一些东西，例如浏览过的网址、历史记录和输入的账号密码，若账号密码被其他人知道则会造成巨大的损失，因此IE 8提供的InPrivate浏览功能能更好地帮助用户保护隐私。

步骤1 单击桌面任务栏中的IE浏览器图标，打开IE浏览器窗口。

步骤2 **Step1** 单击窗口中的"安全"按钮，**Step2** 在弹出的菜单中单击"InPrivate浏览"命令启用InPrivate浏览。

步骤3 此时可在窗口中看见InPrivate处于打开状态，用户可在该状态下浏览网页。当用户关闭网页之后，其浏览过的网址、历史痕迹和账号密码将不会保存在电脑中，有效地保护了用户的隐私。

6.7.2 使用SmartScreen筛选器

IE 8浏览器新增的SmartScreen筛选器有助于抵御可能威胁用户数据、隐私和身份的虚假和恶意网站，帮助用户更安全地浏览和发送电子邮件。

步骤1 **Step1** 单击IE浏览器窗口中的"安全"按钮，**Step2** 在弹出的菜单中单击"SmartScreen筛选器>检查此网站"命令。

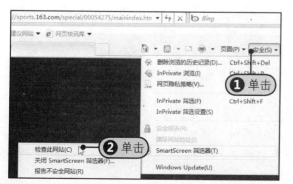

步骤2 稍等片刻之后弹出"SmartScreen筛选器"对话框，提示用户已检查此网站，未报告存在威胁。单击"确定"按钮即可浏览该网页。

6.7.3 设置兼容性视图

用户在浏览网页时可能会遇见网页显示的问题，如网页变形、字体走样等情况，出现这些情况的原因一般不是电脑或者浏览器的问题，而是由于各网站开发的标准不同，因此在不同的浏览器上打开该网页会出现显示的相关问题。

IE 8具有的兼容性视图功能兼容了国际通用的网页开发标准和其他的网页开发标准，若检测到某个网站不兼容时，则会在地址栏右侧出现兼容性视图按钮，只需轻轻一点，大部分网页就会正常显示了。用户也可将该网站添加至兼容性视图中。

步骤 1 **Step 1** 在IE浏览器窗口中单击右侧的"工具"按钮，**Step 2** 在弹出的菜单中单击"兼容性视图设置"命令。

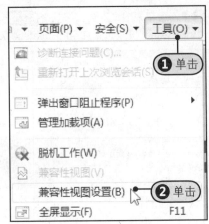

步骤 2 弹出"兼容性视图设置"对话框，**Step 1** 在"添加此网站"文本框中输入网址，**Step 2** 单击右侧的"添加"按钮。

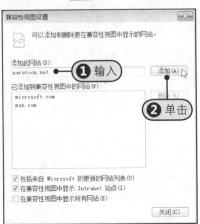

步骤 3 此时可在对话框中看见输入的网址已经成功添加到兼容性视图中，单击"关闭"按钮保存退出即可。

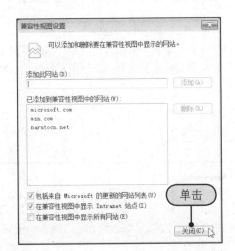

第 7 章

输入法设置与汉字输入

计算机广泛应用的主题之一就是解决汉字信息的处理问题，而处理汉字信息必须通过输入法来实现，因此在众多的输入法中，用户必须选择适合自己的输入法，并将该输入法按照自己的习惯进行设置后即可输入与处理汉字信息。

7.1 选择输入法

Windows XP操作系统提供了微软拼音输入法、全拼、标准等输入法，用户可按照自己的爱好选择不同的输入法。

步骤1 将鼠标移动至桌面的右下角，单击语言栏中的▦按钮。

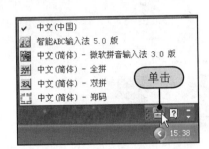

步骤2 在弹出的列表中选择不同的输入法。例如选择"智能ABC输入法5.0版"。

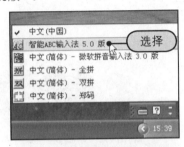

步骤3 此时语言栏中的▦按钮就变成了▦按钮。

7.2 常用的输入法

大多数用户常用的输入法主要是微软拼音输入法、智能ABC输入法、五笔输入法和搜狗输入法。用户只要掌握了一种输入法并不断地练习，在不久的将来便会大大提高打字的速度。

7.2.1 微软拼音输入法

微软拼音输入法是一种基于语句的智能型拼音输入法，它采用拼音作为汉字的录入方式，用户不需要经过专门的学习和培训就可以使用并熟练掌握这种输入法。

步骤1 新建一个记事本并打开，在记事本窗口中单击鼠标，将光标固定在记事本中。

步骤2 **Step1** 单击语言栏中的▦按钮，**Step2** 在弹出的列表中单击"微软拼音输入法 2007"选项。

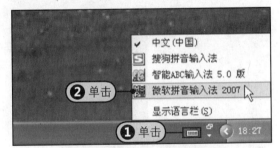

步骤3 在记事本编辑区中再次单击鼠标，然后输入"微软"的拼音weiruan，输入的同时会在拼音下方出现候选框。

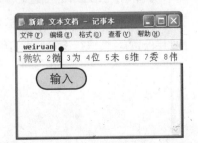

4步骤 在键盘上按下"微软"对应的数字键1，"微软"两个字便被输入到编辑区中，此时"微软"文本下面有虚线。

按数字键1

5步骤 用户需要按Enter键确认输入即可将"微软"文本下方的虚线去掉。

按Enter键

教你一招 模糊拼音设置

　　微软拼音输入法2007为一些特殊地区的用户提供了模糊拼音配置，对于某些分不清平舌和卷舌、l和n等模糊拼音的用户，可以通过模糊拼音设置快速地找到想要输入的文字。

　　首先将鼠标移动至语言栏中，**Step❶** 单击按钮。**Step❷** 在弹出的菜单中单击"设置"命令，弹出"文字服务和输入语言"对话框。**Step❸** 在"已安装的服务"选项组中单击"微软拼音输入法2007"选项。**Step❹** 单击"属性"按钮打开"Microsoft Office 微软拼音输入法2007 输入选项"对话框，**Step❺** 单击"微软拼音新体验及经典输入风格"标签，**Step❻** 在该选项卡中单击"模糊拼音设置"按钮打开"模糊拼音设置"对话框。在对话框中勾选容易混淆的模糊拼音，**Step❼** 例如勾选"zh，z"、"ch，c"、"sh，s"、"n，l"、"f，h"复选框。**Step❽** 单击"确定"按钮返回上一级对话框，连续单击"确定"按钮保存退出。

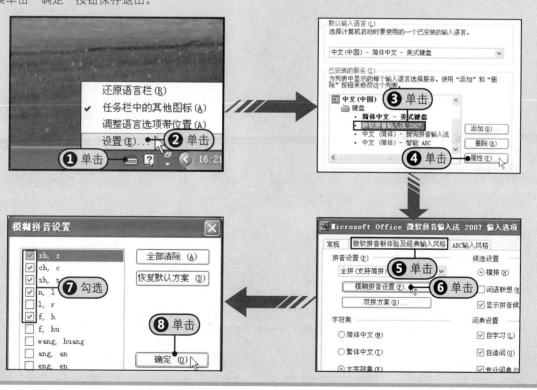

7.2.2 智能ABC输入法

　　智能ABC输入法也是用户经常使用的一种输入法，用户不仅可以把它当做一种纯粹的拼音输入法，还可以把它当做音形输入法。它具有简单易学、快速灵活的特点，受到了广大用户的青睐。

1 输入单个汉字

　　当用户使用智能ABC输入法输入汉字时，有时想要输入的汉字在第一页就显示出来，但有时却未能在第一页上显示，这时就要使用键盘上的"-"键或"="键进行翻页查找，这里以"脂"为例进行介绍。

1 步骤 按照前面介绍的方法新建一个记事本并打开记事本窗口，单击记事本编辑区的空白处，将光标固定在记事本编辑区中。

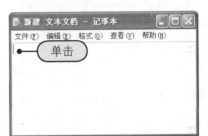

2 步骤 移动指针至桌面右下角的语言栏中，**Step 1** 单击 ⌨ 按钮，**Step 2** 在弹出的列表中选择"智能ABC输入法5.0版"选项。

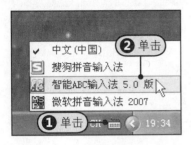

3 步骤 移动指针至记事本编辑区中后单击，然后输入"脂"的拼音zhi。

4 步骤 按下空格键后在右侧的输入框中显示了第一页的候选字，此时可看见该页中没有要找的"脂"字，直接按键盘上的"="键翻至下一页继续查找。

5 步骤 此时可在该页中看见数字4对应的字为所要输入的"脂"字，按下数字键4。若该页中仍然没有要输入的字，则需要继续翻页查找。

6 步骤 此时可以看见"脂"字已经被输入至记事本中，用户可使用相同的方法继续输入。

2 使用字母V代替ü

在智能ABC输入法中，一般使用字母V来代替汉语拼音字母中的ü。例如输入"旅"字，则就要使用键盘上的字母V。

1 步骤 打开记事本窗口，移动鼠标至记事本编辑区中并单击，将光标固定在该区域中。

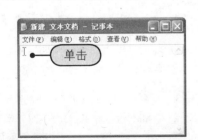

2 步骤 **Step 1** 移动鼠标至语言栏中并单击 ▦ 按钮，**Step 2** 在弹出的列表中单击"智能ABC输入法5.0版"选项。

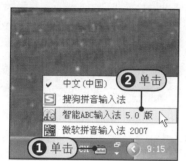

3 步骤 将鼠标再次移动至记事本的编辑区中并单击，输入"旅"字的汉语拼音字母l、v。

4 步骤 按下空格键后会在输入框的右侧显示候选的汉字。若该页中没有想要输入的汉字可以按"="键进行翻页查找。

5 步骤 此时可在输入框右侧的列表框中看见数字5对应的字为想要输入的字，按下数字键5即可将"旅"字输入到记事本中。

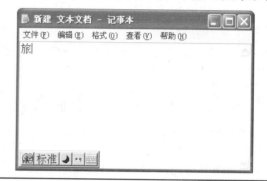

3 输入词组

在智能ABC输入法中，输入词组有3种方法：全拼输入、简拼输入和混拼输入。

1 全拼输入

全拼输入的编码规则是按照汉字拼音来输入的，其输入过程和书写汉字拼音时相同，而且可以一次性输入多个汉字。如输入"计算机"，**Step 1** 只需一次性输入jisuanji，然后按空格键即可看见"计算机"3个字，**Step 2** 再次按空格键即可将其输入到记事本中。

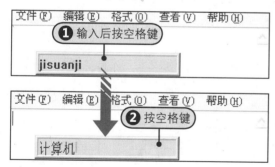

2 简拼输入

简拼的编码规则是取各个音节的第一个字母，对于包含复合声母如sh、ch、zh的音节，也能取前面两个字母。如输入"计算机"，**Step 1** 则依次输入jsj，再按空格键即可在输入框的右侧看见候选的词组，**Step 2** 直接按下数字键1即可将"计算机"3个字输入到记事本中。

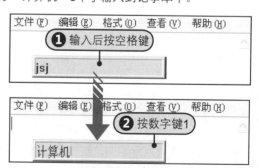

3 混拼输入

混拼的编码规则是针对两个音节以上的词语，一部分用全拼，一部分用简拼输入，不但可以减少编码的输入次数，还能减少重码率。如输入"计算机"，**Step 1** 只需依次输入jsji后按下空格键，就会在输入框的右侧显示候选的词组，**Step 2** 按下数字键1即可将"计算机"3个字输入到记事本中。

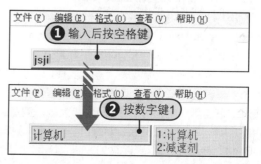

教你一招　使用音形结合的方式输入汉字

智能ABC输入法不是一种纯粹的拼音输入法，而是一种音形结合输入法。因此在输入拼音的基础上如果再加上该字第一笔形状编码的笔形码，就可以快速检索到这个字。笔形码所代替的笔形有：1：横，2：竖，3：撇，4：捺，5：横折，6：竖折，7：十字交叉，8：方框。例如输入"吴"字，输"wu8"即可减少检索时翻页的次数，大大缩小了检索范围。

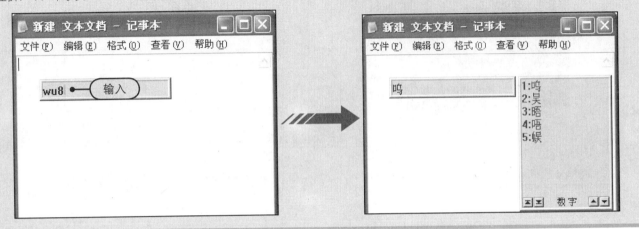

7.2.3　五笔字型输入法

五笔字型输入法是一种字形码输入法，它将汉字拆分成若干块，无论是多么复杂的汉字，最多只需要敲击4个键即可将汉字输入电脑，而且重码率低。"重码"是指"五笔字型"编码完全相同的字，例如，枯：木古一（SDG）；柘：木石一（SDG）。该输入法的拆分规则比较特殊，需要专门的训练才能掌握，因此比较适用于文秘工作人员或专业打字人员。

用户在学习五笔字型输入法之前应该先了解汉字字型的结构，这是学好五笔字型输入法的基石。在书写汉字过程中，不间断地一次写成的一条线段就叫做笔画。笔画包括两层含义。首先笔画是一条线段，由两笔或者两笔以上写成的线段不能叫做笔画。如不能把"火"、"口"称为笔画，它们只能叫做笔画结构；其次是笔画必须是不间断地一次性写完，不能主观地把一个连贯的笔画分解成几段来处理，如不能把"里"分解成"甲"和"二"，而应该分解成"日"和"土"来处理。

五笔字型编码方案中，根据笔画的定义，只需要考虑笔画的运笔方向，不考虑笔画的长短或轻重，并根据笔画使用频率的高低得出汉字的5种基本笔画是"一"（横）、"丨"（竖）、"丿"（撇）、"、"（点）、"乙"（折）。五笔字型编码方案对笔画进行了如下界定。

- "提"等于"横"，如"琳"字的第四画与第一画是一致的。
- "捺"等于"点"，如"大"字的第三画与"太"字的第四画是一致的。
- "竖左勾"等于"竖"，如"例"字的最后一画与"十"字的第二画是一致的。
- 所有带转折的笔画均为"折"，如"飞"字的第一画。

了解了汉字的笔画之后，我们便可以了解汉字的三种字型。根据构成汉字的各字根之间的不同位置关系可分为左右型、上下型和杂合型。

- 左右型：分为有一定距离的左右两部分或左、中、右三部分的汉字，例如得、琳、湘、封等。
- 上下型：分为有一定距离的上下两部分或上、中、下三部分的汉字，例如雪、空、华等。
- 杂合型：各部分之间没有明显的特征，难以确定是属于左右型还是上下型的汉字，例如凶、司、函等。

① 掌握口诀和汉字拆分原则

介绍了五笔字型输入法的基本知识后，接着就需要掌握五笔字型输入法的口诀和汉字的拆分原则。

字根大部分是新华字典上的偏旁部首，但是也有一些不同，五笔字型输入法的原则就是每个汉字都是由字根组成。例如"好"字由字根"女"和字根"子"组成，"们"字由字根"亻"和字根"门"组成。因此用户如果能记住每个字根分布在哪个字母键上，将会大大地提高打字的速度。

按照字根的第一笔画可将字根分为5大区，键盘上的G-11、F-12、D-13、S-14、A-15包含以横起笔的字根，H-21、J-22、K-23、L-24、M-25包含以竖起笔的字根，T-31、R-32、E-33、W-34、Q-35包含以撇起笔的字根，Y-41、U-42、I-43、O-44、P-45包含以捺起笔的字根，N-51、B-52、V-53、C-54、X-55包含以折起笔的字根，Z键称为"万能学习键"，在初学者对字根键位不太熟悉或者对某些汉字的字根拆分困难时可通过Z键提供帮助。Z键可代替未知的识别码、模糊不清或分解不准的字根。由于使用Z键提供帮助，一切未知的编码都可以用Z键，但会导致重码的增加，因此希望用户尽早记住口诀，多做练习尽量少用或不用Z键。五笔字型字根助记词如表7-1所示。

表7-1　五笔字型输入法口诀

键盘编码和字根口诀	键盘编码和字根口诀
G-11 王旁青头戋（兼）五一	F-12土士二干十寸雨
D-13大犬三羊古石厂	S-14木丁西
A-15工戈草头右框七	H-21目具上止卜虎皮
J-22日早两竖与虫依	K-23口与川，字根稀
L-24田甲方框四车力	M-25山由贝，下框几
T-31禾竹一撇双人立，反文条头共三一	R-32白手看头三二斤
E-33月衫乃用家衣底	W-34人和八，三四里
Q-35金勺缺点无尾鱼，犬旁留乂儿一点夕，氏无七	Y-41言文方广在四一，高头一捺谁人去
U-42立辛两点六门病	I-43水旁兴头小倒立
O-44火业头，四点米	P-45之宝盖，摘礻(示)衤(衣)
N-51已半巳满不出己，左框折尸心和羽	B-52子耳了也框向上
V-53女刀九臼山朝西	C-54又巴马，丢矢矣
X-55慈母无心弓和匕，幼无力	

熟练掌握了五笔字型输入法的口诀之后就要了解汉字拆分的原则，汉字拆分的原则一共有5个，即书写顺序、取大优先、兼顾直观、能连不交和能散不连。

- 书写顺序：在拆分汉字时要以"书写顺序"原则为首要条件，首先要按照汉字的书写顺序进行拆分，由左至右，由上至下，由外至内。例如"新"字可拆分成"立、木、斤"，而不能拆分成"立、斤、木"。
- 取大优先："取大优先"是指在拆分汉字时，保证拆分出的字根为字母键上最大的字根，拆分出的字根越少越好。例如"世"字可拆分成"廿"、"乙"，而不能拆分成"凵"、"一"、"乙"。
- 兼顾直观："兼顾直观"是指拆分出来的字根要符合一般人的直观感觉。例如"丰"字应该拆分为"三"和"丨"，而不应该拆分成"二"和"十"，这就是考虑到兼顾直观的原则。
- 能连不交："能连不交"是指当一个汉字同时能够拆分成互相连接的几个字根和互相交叉的几个字根两种情况时，就要以拆分成互相连接的字根为准，而不能拆分成互相交叉的几个字根。例如"于"字即可拆分成"一"和"十"，此时为相连的关系；也可拆分成"二"和"丨"，此时为相交的关系。这时就要以相连为准，而不能拆分成相交的字根。
- 能散不连："能散不连"是指在拆分汉字时，以拆成"散"结构为优先。能拆分成"散"字根结构的字根就不能拆分成"连"结构的字根。例如"开"字可以拆分为"一"和"卅"，也可以拆分为"二"和"丿丨"，但是按照"能散不连"的拆分原则，应该拆分成"一"和"卅"。

扩展知识　识别码

所谓的识别码就是末笔交叉识别码，在五笔编码程序中，它由汉字的最后一个字根的笔画类型编码和单字的字型编号组成。识别码的作用是减少重码，加快选字。有些汉字的字根是相同的，只是由于位置不同而导致成为两个不同的汉字。例如在输入"邑"时，它的编码为KC，但是必须输入KCB才能得到，这里因为"邑"和"吧"的字根都是"口"和"巴"。但是一个是上下结构，一个是左右结构，为了区分它们就只有用识别码。表7-2是识别码的组成规则。

表7-2　识别码组成规则表

末笔画代码/字型代码	左右型（1）	上下型（2）	杂合型（3）
横（1）	G(11)	F(12)	D(13)
竖（2）	H(21)	J(22)	K(23)
撇（3）	T(31)	R(32)	E(33)
捺（4）	Y(41)	U(42)	I(43)
折（5）	N(51)	B(52)	V(53)

② 认识简码

在五笔字型中，一个汉字的编码最多为4位，并且为了提高输入速度，五笔字型针对使用次数较高的汉字分别指定了一级简码、二级简码、三级简码和四级简码规则，即只需要输入前一个、两个或者三个字根所在的字母键，再加上一个空格键便可输入此汉字。

一级简码：一级简码也称为高频字，共有25个汉字，分布在5个区的25个键上，也就是每个字母对应一个汉字，如表7-3所示，输入汉字所对应的字母键再加上一个空格键即可输入此汉字。

表7-3 一级简码

我Q	人W	有E	的R	和T	主Y	产U	不I	为O
这P	工A	要S	在D	地F	一G	上H	是J	中K
国L	经X	以C	发V	了B	民N	同M		

二级简码：二级简码相对于一级简码来说使用频率较低一些，但也是常用的汉字，五笔输入法将这些汉字的输入编码简化为二码，所以称为二级简码。在输入二级简码时，需要输入二级简码的前两个字根编码+空格键，例如在输入"顺"时，只需要输入它的前两个字根编码"川"+"厂"+空格键即可完成输入。

三级简码：三级简码相对二级简码来说使用频率又降低了一些，它的数量也要比二级简码多得多，只要汉字的前3个字根编码在整个编码体系中是唯一的，五笔输入法都能将它们划分为三级简码。在输入三级简码时，输入该字根的前三个字根编码即可完成输入。例如输入"贸"字时，输入"乚"+"、"+"刀"即可。

③ 输入单个汉字和词组

掌握了五笔字型输入法的相关知识后，用户便可输入单个汉字或者词组。输入单个汉字可分为输入键名、成字字根和普通汉字，而输入词组可分为双字、三字、四字和多字词组。

1 输入键名汉字

键名汉字是指每个按键上分布的字根中最具代表性的成字字根。例如输入"金"，则直接按4次Q键即可。

2 输入成字字根汉字

在键位上除了键名汉字外，还有一些完整的汉字称为成字字根汉字，例如输入"士"字，则需要按下FGHG。

3 输入普通汉字

除了前面介绍的两种外，还有就是使用普通方法拆分的汉字。例如输入"键"字，则需要按下QVFP。

4 /// 输入双字词组

输入双字词组时分别取两个汉字中每一个汉字前两个字根的代码。例如输入"前程"时，需要输入"前"字的"䒑"和"月"代码UE，"程"字的"禾"和"口"代码TK。

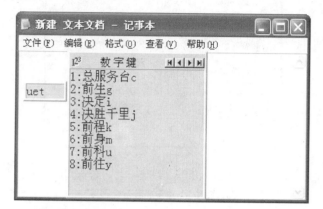

5 /// 输入三字词组

输入三字词组时，分别取前两个汉字中的第一个字根的代码和第3个汉字的前两个字根代码。例如输入"指南针"时，分别输入"扌"、"十"、"钅"、"十"对应的代码RFQF。

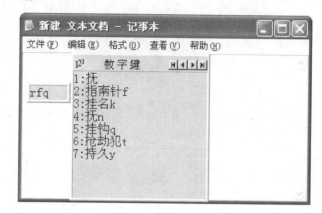

6 /// 输入四字词组

输入四字词组时，分别取每个汉字中的第一个字根代码。例如输入"天涯海角"时，输入"一"、"氵"、"氵"、"勹"对应的代码GIIQ。

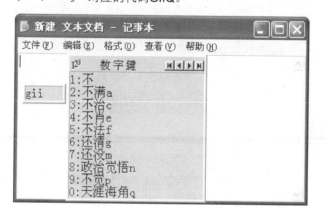

7 /// 输入多字词组

输入多字词组时，依次取词组中第一、第二、第三和最后一个汉字的首笔画字根，例如输入"中国共产党"时，输入KLAI即可。

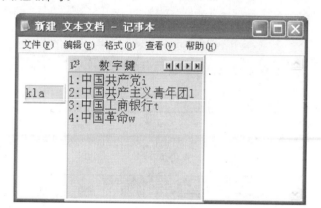

7.2.4 搜狗拼音输入法

搜狗拼音输入法是搜狐公司推出的一款汉字拼音输入法软件，它与传统输入法不同之处在于采用了搜索引擎技术，是第二代的输入法。由于采用了搜索引擎技术，输入速度有了质的飞跃，在词库的广度、词语的准确度上都远远领先于其他输入法。搜狗拼音输入法具有如下的特点。

- 超强的因特网词库：利用搜索引擎技术，根据搜索词生成的词库能够覆盖所有类别的流行词汇。
- 先进的智能组词算法：通过分析100亿搜狗搜索网页快照的因特网资料，能够最大限度地保证组词准确。
- 丰富的高级功能：搜狗拼音输入法拥有最多、最强大的高级功能，并且兼容各种输入习惯。它采集众多输入法之所长，吸取并扩大了主流输入法的高级功能。
- 优秀的易用性设计：搜狗拼音输入法能让用户快速地输入符号、时间和智能删除误造错词等。
- 丰富多彩的皮肤：搜狗拼音输入法精心设计的皮肤功能，提供了当前所有输入法中最自由的设计选择。

1 安装搜狗拼音输入法

用户若要使用搜狗拼音输入法，首先需要从该输入法对应的官方网站上下载最新版本，然后将其安装至电脑中。

步骤 1 用户下载搜狗拼音输入法安装软件之后打开其所在的窗口，然后双击安装软件图标启动安装程序。

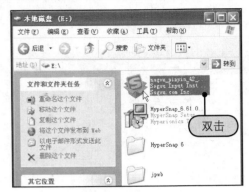

步骤 2 打开"搜狗拼音输入法 4.2正式版 安装"对话框，在欢迎使用安装向导界面中直接单击"下一步"按钮。

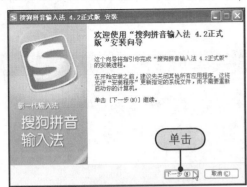

步骤 3 切换至"许可证协议"界面，阅读搜狗拼音输入法安装使用协议之后单击"我同意"按钮。

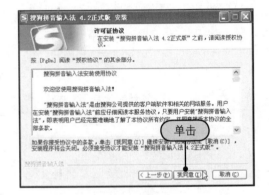

步骤 4 切换至"选择安装位置"界面。在"目标文件夹"选项组中显示了默认的安装位置，若觉得不合适则单击右侧的"浏览"按钮。

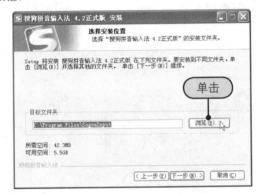

步骤 5 弹出"浏览文件夹"对话框，在下方的列表框中选择安装的位置，例如单击"本地磁盘（E：）"选项。

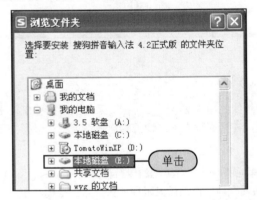

步骤 6 单击"确定"按钮返回"选择安装位置"界面，确认选择的目标文件夹无误后单击"下一步"按钮。

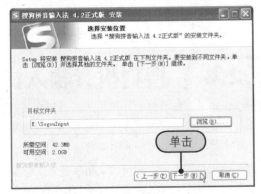

步骤 7 切换至"选择'开始菜单'文件夹"界面，**Step1** 勾选"不要创建快捷方式"复选框，**Step2** 单击"安装"按钮开始安装。

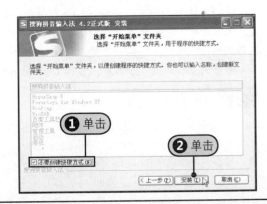

8 步骤 切换至"正在安装"界面,此时可在界面中看见安装的进度以及相关信息,若要查看安装的细节则单击"显示细节"按钮。

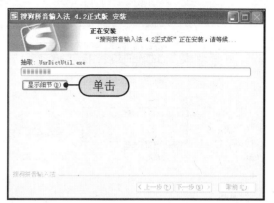

9 步骤 安装完成后切换至新的界面,直接在界面中单击"完成"按钮。

10 步骤 返回桌面,单击语言栏中的 按钮,即在弹出的列表中看见"搜狗拼音输入法"了。

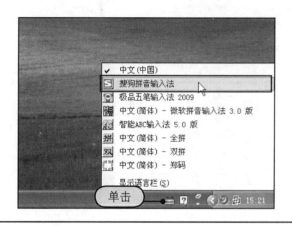

② 设置搜狗拼音输入法

安装完成之后,用户可以按照自己的爱好对搜狗拼音输入法进行相关的设置,例如设置常规、按键、外观、词库和高级属性。

1 步骤 (Step**1**)单击语言栏中的 按钮,(Step**2**)在弹出的列表中单击"搜狗拼音输入法"命令。

2 步骤 (Step**1**)单击 按钮,(Step**2**)在弹出的菜单中单击"设置属性"命令,打开"搜狗拼音输入法设置"对话框。

步骤 3 在打开的对话框左侧单击"常用"按钮切换至"常用"选项卡下。

步骤 4 在右侧的"输入风格"选项组中选择喜欢的风格，**Step 1** 如选中"搜狗风格"单选按钮，**Step 2** 在"初始状态"选项组中设置初始状态的字体，设置初始状态为简体、半角和中文。

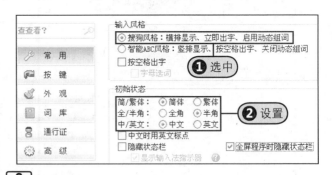

步骤 5 **Step 1** 单击"按键"按钮切换至该选项卡下，**Step 2** 在"中英文切换"选项组中设置中英文切换时使用的快捷键，单击选中Shift单选按钮。**Step 3** 用户可按照自己的习惯在"候选字词"选项组中分别设置翻页按键、快捷选词、快捷删词和二三候选。

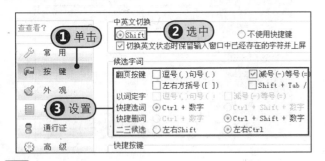

步骤 6 **Step 1** 单击"外观"按钮切换至该选项卡下，**Step 2** 在"显示模式"选项组中选中"横排显示"单选按钮，**Step 3** 在右侧的"候选项数"下拉列表中单击"6"选项。

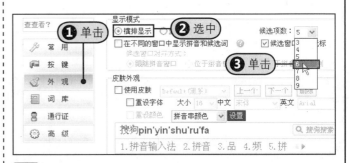

步骤 7 **Step 1** 在"皮肤外观"选项组中勾选"重设字体"复选框，接着用户可按照自己的爱好对输入法中显示的字体大小、中文和英文进行设置，**Step 2** 设置字体大小为18，中文为宋体，英文为Times New Roman。

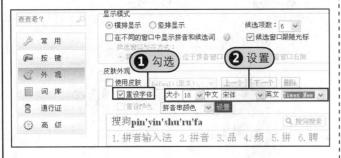

步骤 8 **Step 1** 单击"词库"按钮切换至该选项卡下，用户可在"用户词库管理"选项组中进行词库备份，**Step 2** 在"词库操作选择"下拉列表中选择"词库备份"选项，**Step 3** 单击"执行该操作"按钮，在弹出的对话框中设置备份的文件名后单击"保存"按钮。

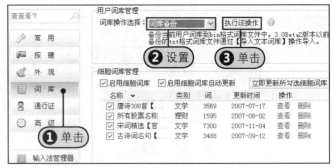

步骤 9 返回"搜狗拼音输入法"对话框，**Step 1** 单击"高级"按钮切换至"高级"选项卡下，在"升级选项"选项组中设置升级的方式，**Step 2** 如选中"自动升级"单选按钮，**Step 3** 单击"自定义标点设置"按钮。

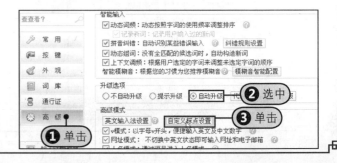

步骤 10 弹出"搜狗拼音输入法-自定义标点"对话框,在"中文半角"选项下单击对应的符号,并在展开的下拉列表中选择标点。然后单击"保存"按钮返回上一级对话框,单击"应用"和"确定"按钮保存退出。

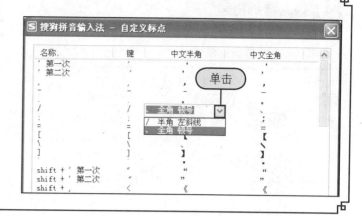

3 启用模糊音输入

模糊音是专门为那些容易混淆音节的人所设计的,用户可按照自己的习惯对其进行设置,当模糊音启动之后,用户在输入汉字或者词组的过程中,若输入的汉语拼音与想要输入的汉语拼音属于模糊音时,则想要输入的汉字或者词组会显示在候选词中。

步骤 1 按照前面的方法打开"搜狗拼音输入法设置"对话框,单击"高级"按钮切换至该选项卡下。

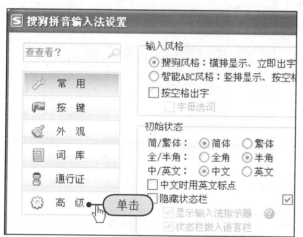

步骤 2 在对话框右侧的"智能输入"选项组中单击"模糊音智能配置"按钮。

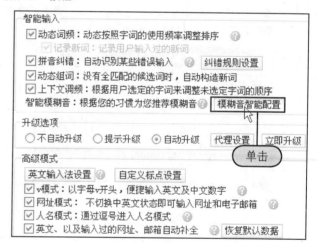

步骤 3 打开"搜狗拼音输入法-模糊音智能配置"对话框,
Step 1 勾选容易混淆的声母模糊音和韵母模糊音,
Step 2 取消勾选"开启模糊音智能配置"复选框,
Step 3 单击"确定"按钮。

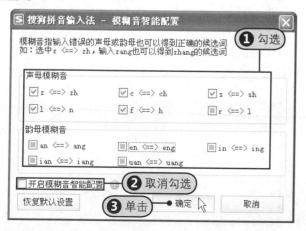

步骤 4 返回上一级对话框,单击"确定"按钮保存退出,打开记事本,在记事本中输入"zishao",接着可以看见"至少"一词,则成功启用模糊音输入。

④ 输入特殊符号

搜狗拼音输入法不仅能够输入中文和英文,还能够输入一些特殊的符号。例如希腊字母、俄文字母、拼音字母、日文平假名、日文片假名等符号。

步骤1 打开记事本,**Step①** 在搜狗拼音输入法状态条中单击 🔧 按钮,**Step②** 在弹出的菜单中单击"软键盘>希腊字母"命令,打开软键盘。

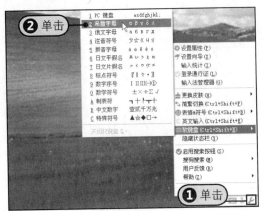

教你一招 关闭软键盘

当用户使用软键盘完成特殊符号的输入以后可关闭软键盘,其具体方法为:在搜狗拼音输入法状态条中单击 🔧 按钮,接着在弹出的菜单中单击"软键盘>关闭软键盘"命令即可。

步骤2 将光标固定在记事本编辑区中,然后单击软键盘界面中的希腊字母所对应的按钮,例如单击Q按钮。

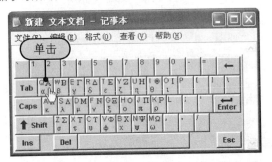

步骤3 在记事本中看见输入了"α",接着用户可直接在软键盘中单击想要输入的符号所对应的按钮。

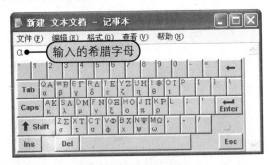

步骤4 按照步骤1的方法打开拼音字母所对应的软键盘界面,使用相同的方法输入拼音字母,例如单击Q键输入拼音字母"ā"。

教你一招 U模式笔画输入和V模式中文输入

U模式是专门为输入不会读的字所设计的,在输入U键之后输入该字的笔顺,就可以得到该字,其中笔顺的规则为h(横)、s(竖)、p(撇)、n(捺)、z(折),同时小键盘上的1、2、3、4、5也代表h、s、p、n、z,值得注意的是,"↑"的笔顺是点点竖(nns)。例如输入端倪的"倪"字,首先输入字母u,然后输入该字笔画对应的笔顺,这里输入upsps,即可看见候选词中的"倪"字,直接按下数字键2即可输入该字。

（续）

V模式的中文数字是一个功能组合，包括多种中文数字的功能。用户使用V模式的中文数字输入只能在全拼状态下使用。例如输入"v168264"，即可在候选词中看见其对应金额的大写，用户可选择不同的大写方式，例如按b键即可将其输入到记事本中。

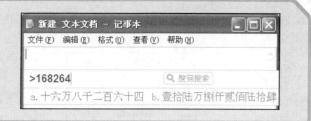

7.3 字体

字体是指文字、字母和数字等其他符号的书写形式。它是一种应用于所有数字、符号和字母字符的图形设计，也称为"样式"或"字样"。

7.3.1 查看电脑中的字体

Windows XP操作系统自带了一些字体形式，当用户安装了Windows XP操作系统之后，用户便可浏览并应用这些字体。

1 步骤 **Step①**单击"开始"按钮，**Step②**在弹出的"开始"菜单中单击"控制面板"命令。

2 步骤 打开"控制面板"窗口，双击"字体"图标，打开"字体"窗口。

3 步骤 此时可拖动窗口右侧的滚动条查看电脑中的所有字体。

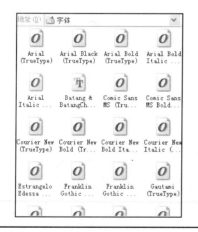

7.3.2 下载并安装新字体

用户可以从网站（www.font.com.cn）上下载计算机中没有的字体，然后将其安装到计算机中以方便使用。

步骤1 **Step1** 右击要下载的字体压缩文件，**Step2** 在弹出的快捷菜单中单击"解压到当前文件夹"命令。

步骤3 打开"字体"窗口，**Step1** 单击菜单栏中的"文件"选项，**Step2** 在弹出的菜单中单击"安装新字体"命令。

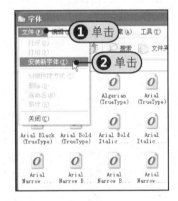

步骤5 选择好驱动器之后，**Step1** 在"字体列表"列表框中单击显示的字体，**Step2** 单击"确定"按钮。

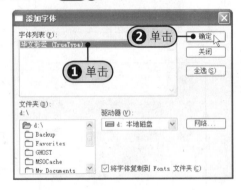

步骤7 返回"字体"窗口中，向下拖动窗口右侧的滚动条，在窗口底部可以看见添加的新字体。

步骤2 解压完成后可在窗口中看见解压后的字体。

步骤4 弹出"添加字体"对话框，**Step1** 单击"驱动器"列表框右侧的下三角按钮，**Step2** 在弹出的下拉列表中选择"d：本地磁盘"选项。

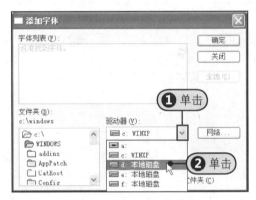

步骤6 弹出"安装字体进度"对话框，显示了字体安装的进度，安装完毕后该对话框将自动关闭。

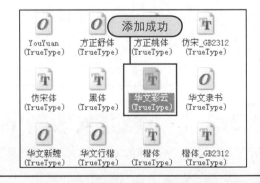

第 8 章

接入网络

　　随着因特网的出现及发展，越来越多的用户开始将自己的电脑接入了因特网。但是接入网络并不是一件很容易的事情，除了准备好接入网络所必需的硬件设备之外，还需要选择接入网络的方式。

8.1 认识因特网

因特网的英文名为Internet，它最早来源于美国国防部高级研究计划局DARPA（Defense Advanced Research Projects Agency）的前身ARPA主持研究的ARPAnet，该网于1969年投入使用，ARPAnet主要用于军事研究，随着科技的发展以及商业化的应用，ARPAnet发展成为了今天的因特网。

8.1.1 因特网的概念及特点

因特网是一组全球信息资源的总汇，它是由许多较小的网络互联而成的一个逻辑网，其中较小的网络称为子网，每个子网中连接着若干台计算机，这些计算机称为主机。因特网以相互交流信息资源为目的，基于一些共同的协议，并且通过许多路由器和公共互联网而成，它是一个信息资源和资源共享的集合。由于因特网是由许多较小的网络互联而成的一个逻辑网，因此用户将电脑接入因特网后可通过它来寻找自己想要的信息。

因特网之所以会获得如此快速地发展，这与它自身的特点是分不开的。

1/// 它是一个全球性的计算机互联网络。它所包含的信息资源十分巨大，用户可以通过网络下载资源，也可以通过网络上传资源。真正地实现了信息资源的取之不尽、用之不竭。

2/// 它仿佛可以将整个世界压缩并通过光纤传递到所有与之连接的计算机中，人们只要在计算机中使用简单的操作就可以知道远隔千山万水之外的事物。

3/// 它就好像一个"大家庭"，容纳了全球的绝大多数电脑，用户可通过这些电脑共同创造和分享信息资源。

8.1.2 因特网的相关术语

用户若想要深入地了解因特网，仅仅知道因特网的概念和特点是不够的，还需要了解与其相关的术语，例如冲浪、因特网服务提供商（ISP）、链接/超链接等。

1/// **冲浪**。"冲浪"是一个非常形象的比喻，即把因特网比作海洋，用户和用户的计算机就像是海洋里的一叶小舟，因此在因特网上浏览或者执行其他操作就是冲浪。

2/// **因特网服务提供商**。因特网服务提供商的英文名为Internet Service Provider，简写为ISP，它是指提供因特网服务的公司，其具体的因特网服务为拨号上网、网上浏览、下载文件、收发电子邮件等服务，它是网络用户进入Internet的入口和桥梁。

ISP为家庭和商业用户提供因特网连接服务，分为本地、区域、全国和全球4种。ISP通常是本地服务提供商，它为客户提供因特网接入和支持。而提供带宽、转接和路由业务的区域和全国提供商称为NSP（网络服务提供商）更适合。在大多数情况下，互联方案是分级的，本地的ISP接入区域NSP，然后接入全国和全球NSP。

3/// **链接/超链接**。链接也称超链接，它是指从一个网页指向一个目标的连接关系，这个目标可以是另一个网页，也可以是相同网页上的不同位置，还可以是图片、电子邮件地址和文件，甚至是一个应用程序。而在一个网页中用作超链接的对象可以是一段文本或者一张图片，当用户单击已经链接的文字或者图片后，链接目标将显示在浏览器上，并且根据目标的类型来打开或者运行。

步骤1 在网页中，一般文字上的超链接都是蓝色，这里由于使用的是搜索引擎搜索的网页，因此"电脑"二字为红色。

步骤2 当用户移动鼠标指针到该超链接上时，鼠标指针就会变成手的形状，此时单击该超链接。

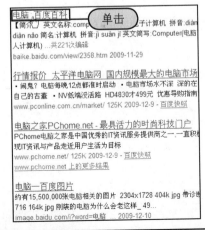

3
步骤 之后就会直接跳转至与这个超链接相连接的网页或网
站中。

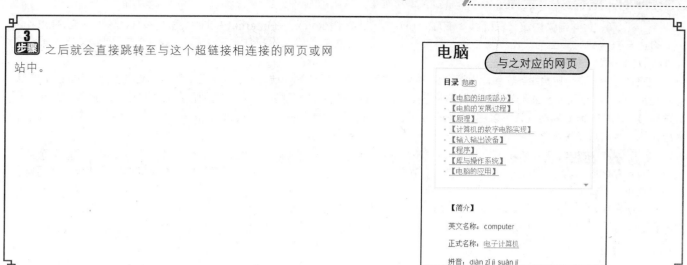

4 **上传与下载**。上传是将信息资源从个人计算机（本地计算机）传递到远程计算机的系统上，让网络上的人都能看见。上传包括Web上传和FTP上传，Web上传即通过浏览器上传，它直接通过单击网页上的链接即可操作；而FTP上传需要专用的FTP工具，例如CuteFTP、FlashFXP等软件。

下载就是通过网络进行文件传输，并将该文件保存到本地电脑上的一种网络活动。常用的下载方式有两种，即使用浏览器下载和使用专业下载软件下载。使用浏览器下载是许多上网初学者经常使用的方式，它操作简单方便，在浏览网页的过程中，只需单击想下载的链接，浏览器就会自动启动下载，用户只需要为下载的文件找个存放路径即可。若要保存图片，可用鼠标右键单击该图片，选择"图片另存为"命令即可；而使用专业下载软件下载则需要用户根据自己的爱好选择下载软件，常见的下载软件有迅雷、比特和电驴等。

5 **搜索引擎**。搜索引擎是指通过一定的策略和运行特定的计算机程序来搜集因特网上的信息，然后再对信息进行组织和分类，并将处理后的信息显示给用户。常用的搜索引擎有百度、Google和Yahoo等。

6 **域名**。域名是因特网上主机的名字，它是用英文句点分开的一组地址，一般主机域名可以通过机构或者地域区分。

以机构区分的域名有：.com（Commercial）商业机构、.edu（Education）教育部门、.gov（Government）政府机关、.Internet（Internet Organization）国际组织、.mil（Military）军事部门、.net（Network）网络系统、.org（Organization Miscellaneous）非盈利组织。

以地域区分的域名有：.au（Australia）澳大利亚、.cn（China）中国、.uk（United Kingdom）英国、.us（United States）美国等。

8.1.3 因特网的关键技术

因特网的关键技术包括万维网（WWW）、电子邮件（E-Mail）、Usenet、文件传输协议（FTP）、远程登录（Telnet）。

1 **万维网**（WWW）。万维网是Internet上集文本、声音、图像、视频等多媒体信息于一体的全球信息资源网络，它是Internet的重要组成部分，浏览器（Browser）是用户通向万维网的桥梁和获取信息的窗口，用户通过浏览器可以搜索和浏览自己感兴趣的所有信息。

万维网的网页文件是用超文本标记语言HTML（Hyper Text Markup Language）编写并在超文本传输协议HTTP（Hype Text Transmission Protocol）支持下运行的。超文本中不仅含有文本信息，还包括图形、声音、图像、视频等信息，更重要的是超文本中隐含着指向其他超文本的链接，这种链接称为超链接（Hyper Links）。利用超文本，用户能轻松地从一个网页链接到其他相关内容的网页上，而不必关心这些网页分散在哪台主机中。

2 **电子邮件**（E-Mail）。E-mail是一种用电子手段提供信息交换的通信方式。用户只要连接Internet并且具有能收发电子邮件的电子邮箱，就可以与Internet上具有E-mail的所有用户方便、快速、经济地交换电子邮件。电子邮件中除文本外，还可以包含声音、图像、应用程序等各类计算机文件。此外，用户还可以以邮件方式在网上订阅电子杂志、获取所需文件、参与有关的公告和讨论组，甚至还可以浏览WWW资源。

3 **Usenet**。Usenet是一些兴趣相同的用户共同组织起来的各种专题讨论组的集合。它用于发布公告、新闻、评论及各种文章，供网上用户使用和讨论。讨论内容按不同的专题分类组织，Usenet的每个新闻都由一个区分类型的标记引导，每个新闻组围绕一个主题，如comp.（计算机方面的内容）、news.（Usenet本身的新闻与信息）、rec.（体育、艺术及娱乐活动）、sci.（科学技术）、soc.（社会问题）、talk.（讨论交流）、misc.（其他杂项话题）、biz.（商业方面问题）等。

4 **文件传输协议（FTP）**。FTP（File Transfer Protocol）是Internet中文件传输的基础，该服务允许Internet上的用户将一台电脑上的文件传输到另一台电脑上，该服务可以传输文本文件、二进制可执行文件、声音文件、图像文件、数据压缩文件等。

FTP是一套文件传输服务软件，它以文件传输为界面，使用简单的get或put命令进行文件的下载或上传，其最大的特点就是用户可以使用Internet上众多的匿名FTP服务器。所谓匿名服务器是指不需要专门的用户名和口令就可进入的系统。用户连接匿名FTP服务器时，都可以用"anonymous"（匿名）作为用户名、以自己的E-mail地址作为口令登录。登录成功后，用户便可以从匿名服务器上下载文件。

5 **远程登录（Telnet）**。远程登录（Telnet）是Internet远程登录服务的一个协议，该协议定义了远程登录用户与服务器的交互方式。Telnet允许用户在一台联网的计算机上登录到一个远程分时系统中，登录成功后就可以像使用自己的计算机一样使用该远程分时系统。

要使用远程登录服务，必须在本地计算机上启动一个客户应用程序并指定远程计算机的名字，连接Internet后，本地计算机就像通常的终端一样直接访问远程计算机的系统资源。远程登录软件允许用户直接与远程计算机进行交互，通过键盘或鼠标的操作，客户应用程序将有关的信息发送给远程计算机，再由远程计算机将输出结果返回给用户。用户退出远程登录后，用户的键盘、显示控制权又回到本地计算机中。一般用户可通过Windows XP的Telnet客户程序进行远程登录。

8.2 实现上网的硬件设施

实现上网的硬件设施包括必备的硬件设施和可选的硬件设施两种类型。必备的硬件设施包括网卡和网线，其中网卡一般是安装在主机机箱内，而网线是用来连接电脑和相关的硬件设施，例如连接调制解调器。可选的硬件设施包括集线器、路由器等设施。

8.2.1 必备的硬件设施

任何一台电脑若要实现上网，至少需要配备一款网卡和若干网线。

1 网卡

网卡又称为网络接口卡（Network Interface Card），它属于计算机硬件设备，包括有线网卡和无线网卡。

有线网卡是指平时所使用的普通网卡，有线也就是需要网线的意思。它可分为独立网卡和集成网卡，独立网卡是直接插在主板的扩展槽中，而集成网卡则是直接集成在主板上。

无线网卡则指为特别用途而应用的网卡，它最主要的特点就是不需要网线，因为无线网卡集成了一块具有接收信号的IC（半导体元件产品的总称），常用的是USB接口的无线网卡。不管是台式机用户还是笔记本用户，无线网卡在使用之前都必须安装与之对应的网卡驱动程序。

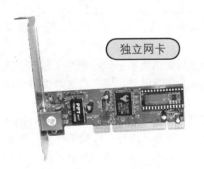
独立网卡

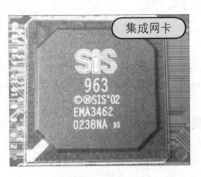
集成网卡

无线网卡

扩展知识 无线网卡与无线上网卡

无线网卡跟普通电脑网卡一样，是用来连接局域网的，它只是一个信号收发的设备。若要实现上网则需要连接附近的无线网络；而无线上网卡则相当于有线的调制解调器，它可以在拥有无线电话信号覆盖的地方利用USIM或SIM卡来实现上网。

2 网线

要连接局域网，除了网卡之外，网线同样是必不可少的。常见的网线主要有双绞线、同轴电缆、光缆三种，它们各有优缺点，例如双绞线由于价格便宜而被广泛使用，而光缆具有抗电磁干扰性极好、保密性强等特点，但是价格十分昂贵。

1 双绞线是由许多对线组成的数据传输线。它由于价格便宜而被广泛应用,主要用来和RJ45水晶头相连接。它分为STP和UTP两种,STP型双绞线内部有一层金属隔离膜,在数据传输时可减少电磁干扰,所以它的稳定性较高;而UTP型双绞线内部没有金属隔离膜,所以它的稳定性较差,但它的优势是价格便宜。我们常用的是UTP型双绞线。

双绞线

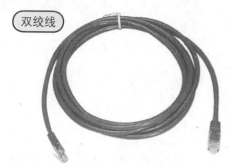

2 同轴电缆是由一层层的绝缘线包裹着中央铜导体的电缆线。它的特点是抗干扰能力好,传输数据稳定,价格也便宜,因此被广泛使用,如闭路电视线。同轴电缆用来和BNC头相连,市场上出售的同轴电缆线一般都是已和BNC头连接好了的成品,用户可直接选用。

同轴电缆

3 光缆由很多根细如发丝的玻璃纤维外加绝缘套组成。光缆是目前最先进的网线,但是它的价格较贵,在家庭中很少使用。由于靠光波传送,它的特点就是抗电磁干扰性极好,保密性强,速度快,传输容量大等。

光缆

3 调制解调器

调制解调器,英文名为MODulator/DEModulator,简写成MODEM,它是一种在发送端通过调制将数字信号转换为模拟信号,而在接收端通过解调将模拟信号转换为数字信号的装置。

调制解调器的作用是模拟信号和数字信号的"翻译员"。 电子信号分为两种,一种是"模拟信号",另一种是"数字信号"。用户使用的电话线路传输的是模拟信号,而PC机之间传输的是数字信号。所以当用户想通过电话线把自己的电脑连入Internet时,就必须使用调制解调器来"翻译"这两种不同的信号。

调制解调器

8.2.2 可选的硬件设施

准备好上网必备的硬件设施之后,用户即可选择其他的辅助硬件设置,例如路由器、集线器等硬件设备。

1 集线器

集线器的英文名称为"Hub","Hub"是中心的意思,其主要功能是对接收到的信号进行再生整形放大,以扩大网络的传输距离,同时把所有节点集中在以它为中心的节点上。

集线器(HUB)和双绞线等传输介质一样,是一种不需任何软件支持或只需很少管理软件支持的硬件设备。它不能自动拨号,使用集线器上网必须要有一台主机,并且使用主机的用户需要手动拨号并设置共享宽带连接,这样连接在集线器上的其他机器在配置了对应的IP地址后可实现共享上网。

集线器

2 路由器

路由器是互联网的主要节点设备,它与集线器一样可实现共享上网,不同的是每次开机后都需要主机拨号后方可实现上网,路由器具有自动拨号的功能,一旦设置好之后,不用主机拨号也可实现共享上网。

路由器是连接因特网中各局域网、广域网的设备，它的处理速度是网络通信的主要瓶颈之一，它的可靠性直接影响着网络互连的质量，用户连接好电脑与路由器之后，便可进入路由器设置界面以输入上网账号和密码，由于路由器具有自动拨号的功能，因此连接到路由器上的任意一台电脑不用拨号便可实现上网。

路由器

8.3 接入因特网的方式

接入因特网有4种方式，分别是电话拨号上网、ADSL拨号上网、小区宽带上网和无线上网。

1 电话拨号上网

电话拨号上网必须连接调制解调器才能实现，这种方式的费用较高，速度很慢并且断线几率比较高，该方式已逐渐被其他方式取代。

2 ADSL拨号上网

ADSL是目前使用最为广泛的宽带上网方式，其优点是可以同时上网和使用电话，从而避免了拨号上网的麻烦。ADSL适用于对网速、图像清晰度要求较高，或经常从网上下载资料、图像和视频点播的用户。

3 小区宽带上网

小区宽带上网是大中城市目前比较普及的一种宽带接入方式。网络服务商采用光缆接入到整幢楼，再通过网线接入用户，小区宽带采用的是共享宽带，即所有用户共用一个出口，所以在上网高峰，小区宽带会显得比较慢。

4 无线上网

无线上网分两种，一种是通过手机开通数据功能，在电脑上通过手机或无线上网卡来达到无线上网，速度则根据使用不同的技术、终端支持速度和信号强度来决定。另一种无线上网方式即无线网络设备，它是以传统局域网为基础，通过无线AP和无线网卡来构建的无线上网方式。

扩展知识 3G上网

3G（3rd-generation）是第三代移动通信技术的简称，是指支持高速数据传输的蜂窝移动通讯技术。3G服务能够同时传送声音、电子邮件和即时通信等。3G是指将无线通信与国际互联网等多媒体通信结合的新一代移动通信系统。用户可通过3G手机或者3G无线上网卡实现3G上网。

1995年问世的第一代模拟制式手机（1G）只能进行语音通话。

1996年到1997年出现的第二代GSM（Global System for Mobile Communications，中文名为全球移动通讯系统，俗称"全球通"）、CDMA（Code Division Multiple Access，中文名为码分多址，是一种用于无线通讯的技术）等数字制式手机（2G）便增加了接收数据的功能，例如接收电子邮件或网页。

8.4 使用ADSL拨号实现个人上网

ADSL称为非对称数字用户线环路，它采用了频分复用技术把普通的电话线分成电话、上行和下行三个相对独立的信道，从而避免了相互之间的干扰，因此用户能在不影响正常电话通信的情况下进行网上冲浪。即使边打电话边上网，也不会发生上网速率变慢、通话质量下降的情况。

8.4.1 开通ADSL业务

用户在使用ADSL拨号上网之前需要开通ADSL业务，即到电信部门的营业厅申请开通ADSL业务。首先用户需要携带电话机主要有效证件及办理人的有效证件到电信部门的营业厅准确填写《ADSL业务申请表》，接着缴纳一定的费用后可获取ADSL账号和密码，然后工作人员会在几个工作日内上门安装并调试。

8.4.2 连接ADSL猫与电脑

由于ADSL是使用电话线实现上网，因此需要使用调制解调器才能实现上网。用户在开通ADSL业务之后会获取电信赠送的ADSL猫，即调制解调器。接着用户就可以手动将调制解调器与电话线和电脑相连接。

调制解调器（Modem）的后侧一般都有三个接口，如右图所示。用电话线将Modem的Line接口与电话线接入口连接；接着用带有两个端口的电缆的一端与Modem连接，另一端与主机的网卡接口连接；最后将电源变压器与Modem的POWER或AC接口连接。接通电源后，Modem的MR指示灯应长亮。如果MR灯不亮或不停闪烁，则表示未正确安装或Modem自身发生故障。

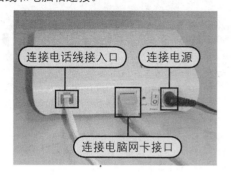

8.4.3 建立宽带拨号连接

做好所有的准备工作之后，用户即可打开电脑开始建立宽带拨号。在建立的过程中，用户可根据自己的习惯设置某些属性，然后在操作即将结束时需要输入开通ADSL业务时获取的账号和密码。

步骤1 **Step1** 用鼠标右键单击桌面上的"网上邻居"图标，**Step2** 在弹出的快捷菜单中单击"属性"命令，打开"网络连接"窗口。

步骤2 在窗口左侧的"网络任务"选项下单击"创建一个新的连接"文字链接。

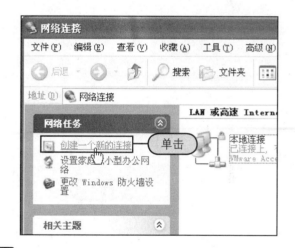

步骤3 打开"新建连接向导"对话框，在"欢迎使用新建连接向导"界面中直接单击"下一步"按钮。

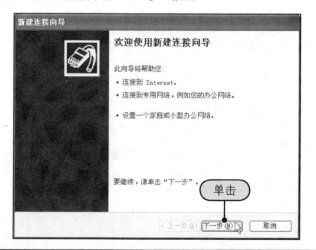

步骤4 切换至"网络连接类型"界面，**Step1** 选中"连接到Internet"单选按钮，**Step2** 单击"下一步"按钮。

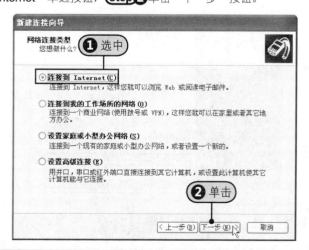

步骤5 切换至"准备好"界面，**Step1** 选中"手动设置我的连接"单选按钮，**Step2** 单击"下一步"按钮。

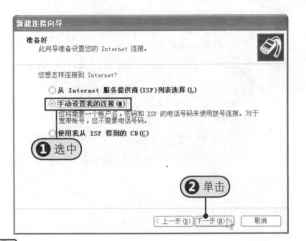

步骤6 切换至"Internet连接"界面，**Step1** 选中"用要求用户名和密码的宽带连接来连接"单选按钮，**Step2** 单击"下一步"按钮。

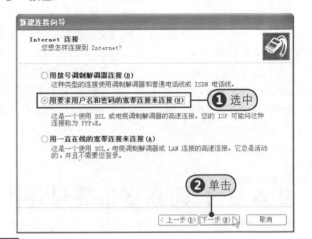

步骤7 切换至"连接名"界面，在"ISP名称"文本框中输入连接名，**Step1** 如输入"宽带连接"。**Step2** 单击"下一步"按钮。

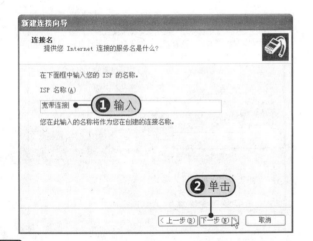

步骤8 切换至"Internet 账户信息"界面，**Step1** 分别在"用户名"、"密码"、"确认密码"文本框中输入开通ADSL业务时获取的用户名和密码，**Step2** 取消勾选"任何用户从这台计算机连接到Internet时使用此账户名和密码"复选框，**Step3** 单击"下一步"按钮。

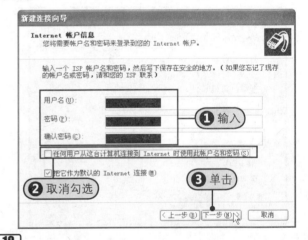

步骤9 切换至"正在完成新建连接向导"界面，勾选"在我的桌面上添加一个到此连接的快捷方式"复选框，然后单击"完成"按钮。

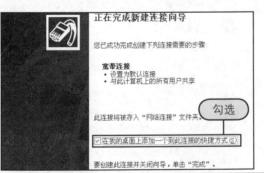

步骤10 此时在桌面上弹出"连接 宽带连接"对话框，用户可在对话框中看见刚刚输入的用户名，若发生错误则可直接在对话框中进行更改。

8.4.4 实现上网

当用户成功建立宽带拨号连接之后，便可通过双击桌面上的"宽带连接"图标来实现手动拨号上网。

1 步骤 在桌面上双击"宽带连接"图标，打开"连接 宽带连接"对话框。

双击

2 步骤 在对话框中用户可以选择为谁保存用户名和密码，接着单击"连接"按钮。

单击

3 步骤 稍等片刻之后移动鼠标至桌面右下角 图标处，会显示如右图所示的提示信息。

连接成功

本地连接
速度：1.0 Gbps
状态：已连接上

8.4.5 设置自动拨号

若用户不想每次在开机时手动拨号上网，可将其设置为自动拨号上网。

1 步骤 **Step1** 右击"网上邻居"图标，**Step2** 在弹出的快捷菜单中单击"属性"命令。

① 右击

② 单击

2 步骤 **Step1** 在打开的窗口中右击"宽带连接"图标，**Step2** 在弹出的快捷菜单中单击"属性"命令。

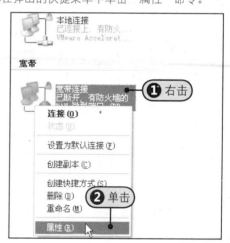

① 右击

② 单击

3 步骤 **Step1** 在弹出的"宽带连接 属性"对话框中单击"选项"标签，**Step2** 取消勾选"提示名称、密码和证书等"复选框。

① 单击

② 取消勾选

教你一招 设置重拨选项

当遇到网络出现故障时，拨号程序在第1次拨号后可能会出现连接不上的情况，此时用户可以在步骤3中打开的"宽带连接 属性"对话框中设置重拨次数、重拨间隔和挂断前的空闲时间选项。

4 步骤 单击"确定"按钮后返回桌面，**Step❶**在桌面左下角单击"开始"按钮，弹出"开始"菜单，**Step❷**单击"控制面板"命令。

5 步骤 打开"控制面板"窗口，在窗口中双击"任务计划"图标。

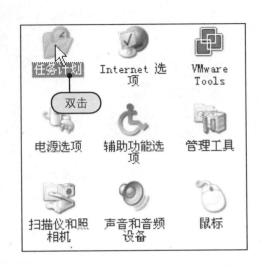

6 步骤 打开"任务计划"窗口，在窗口中双击"添加任务计划"图标。

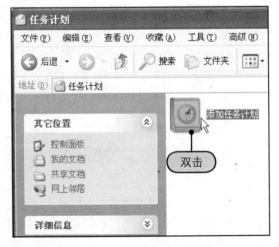

7 步骤 打开"任务计划向导"对话框，该向导可帮助用户计划Windows任务的运行时间。单击"下一步"按钮。

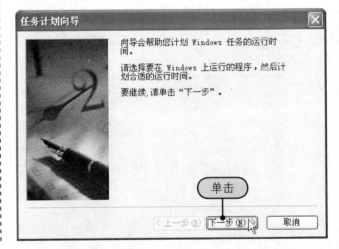

8 步骤 切换至新的界面，由于在列表框中列出的程序没有用户想要运行的程序，因此单击下方的"浏览"按钮。

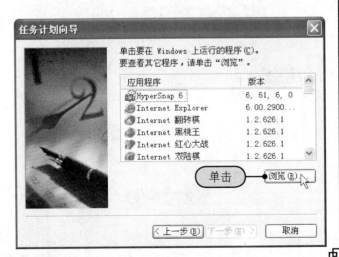

9 步骤　打开"选择程序以进行计划"对话框，单击"查找范围"选项右侧的下三角按钮，在弹出的下拉列表中选择C盘目录下的system32文件夹。

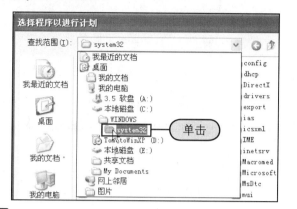

10 步骤　向右拖动列表框下方的滚动条，在列表框中单击"rasphone"选项，然后单击"打开"按钮。

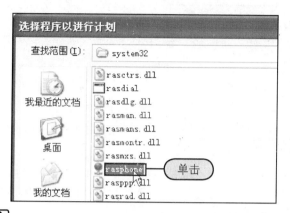

11 步骤　返回"任务计划向导"对话框，**Step❶** 在下方的文本框中输入"宽带连接"，**Step❷** 选中"计算机启动时"单选按钮。**Step❸** 单击"下一步"按钮。

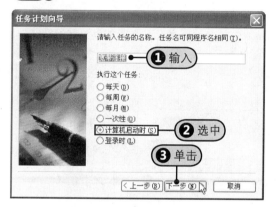

12 步骤　切换至新的界面，**Step❶** 在文本框中依次输入用户名、密码和确认密码。**Step❷** 单击"下一步"按钮。

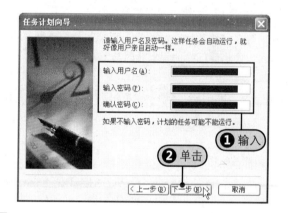

13 步骤　切换至新的界面，显示您已成功计划了下列任务，直接单击"完成"按钮。

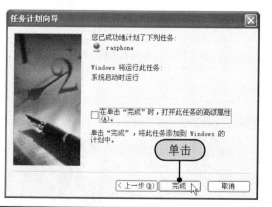

14 步骤　打开如下图所示的窗口，然后将"宽带连接"图标复制到该窗口中即可完成自动拨号的设置。

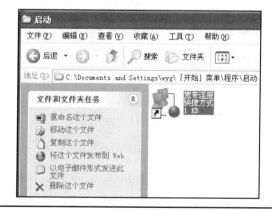

8.5　使用路由器实现共享上网

　　用户若只需要一台电脑接入因特网，可以使用ADSL宽带拨号上网，但是如果想要实现多台电脑共享上网，除了调制解调器之外，还需要使用额外的硬件设备，即集线器或路由器。由于使用集线器实现共享上网需要用户在每次开机后进行手动拨号，久而久之会觉得很麻烦，因此现在很少使用集线器实现共享上网。而路由器具有的自动拨号功能使得连接到路由器上的每一台电脑在开机后即可实现上网，因此受到了广大用户的喜爱。

8.5.1 选择路由器

使用路由器能够实现共享上网，由于市场上路由器的品牌众多，并且每个品牌对应的路由器性能和质量参差不齐，再加上用户对路由器的功能、性能并不是十分了解，因此要尽量考虑多种相关的因素来选择一款合适的路由器。

① 记住电脑数量

由于每台电脑都需要路由器上的一个接口与之对应，因此应该先确定电脑数量，然后根据电脑数量选择路由器的类型。

② 了解性能

购买路由器的目的是为了实现与本地计算机之外的网络进行沟通。沟通是否顺畅则是由路由器的性能所决定，具体包括CPU主频、内存容量、包交换速率等因素。只有在对这些数据进行综合比较后，才能全面地了解一款路由器的性能。

③ 查看品牌

路由器是一种高科技产品，因此在选择产品时用户要特别注意那些能保证服务质量的厂家生产的产品，同时还需了解该产品的品质，即该款产品是否获得了一些必要的中立机构的认证，是否通过了监管机构的测试等。

④ 了解功能

由于路由器产品支持的功能众多，并且不同的路由器的速率、覆盖范围等参数都不同，所以用户在购买前一定要仔细了解路由器的各种功能并根据自己的需要进行选择，除此之外，用户还必须考虑路由器支持的WLAN标准。

⑤ 查看售后服务

用户除了了解路由器的性能、品牌和功能之外，还要查看该产品所对应的售后服务，并且索要发票和经销商技术人员的电话，以便出现问题时可以及时与其联系。

8.5.2 连接路由器与电脑

用户选购了一款合适的路由器之后，首先需要认识路由器后侧的各个接口的含义以及路由器与电脑的连接方法。

路由器的后侧有多个接口，如右图所示。将电源变压器与路由器的POWER接口连接；接着用Modem所配电缆的另一端连接路由器的WAN接口；WAN接口右侧的4个接口分别与电脑的网卡接口相连。POWER接口和WAN接口的中间是复位按钮，用户可通过按下该按钮恢复路由器的出厂设置。接通电源后，若所有的灯均亮着说明路由器已接通。

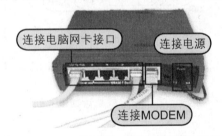

8.5.3 设置路由器

做好了所有的准备工作之后便可打开电脑，在电脑中打开路由器的设置界面并对路由器进行相关的设置。

步骤1 打开IE浏览器，在浏览器的地址栏中输入192.168.1.1，然后按下Enter键。

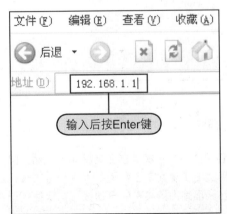

步骤2 弹出"连接到 192.168.1.1"对话框，**Step①**输入用户名和密码，**Step②**单击"确定"按钮。

3 步骤 打开路由器的设置界面，在界面左侧单击"设置向导"选项。

4 步骤 在界面的右侧显示了设置向导，用户可自行选择是否弹出向导，**Step1** 如取消勾选"下次登录不再自动弹出向导"复选框，**Step2** 单击"下一步"按钮。

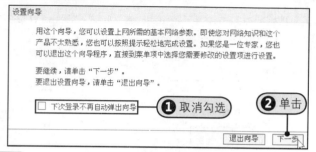

5 步骤 切换至新的界面，在界面中选择上网方式，**Step1** 如选中"ADSL虚拟拨号（PPPoE）"单选按钮，**Step2** 单击"下一步"按钮。

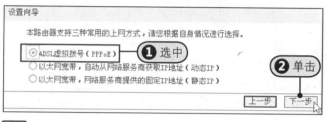

6 步骤 切换至新的界面，**Step1** 在"上网账号"和"上网口令"文本框中分别输入正确的内容，**Step2** 单击"下一步"按钮。

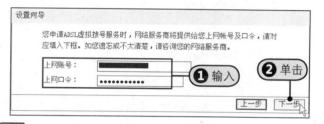

7 步骤 切换至新的界面，在界面中设置路由器无线网络的基本参数，**Step1** 如设置无线状态、SSID、信道和模式。**Step2** 设置完毕后单击"下一步"按钮。

8 步骤 切换至新的界面，此时可在界面中看见路由器的基本网络参数已经顺利完成。直接单击"完成"按钮完成设置向导。

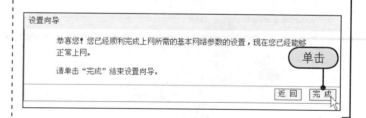

8.6 使用无线路由器实现无线上网

　　当用户使用的是笔记本电脑时，在选择路由器时可以考虑选择无线路由器。这样一来用户便可在无线路由器的无线网络覆盖范围内随意放置笔记本，均可实现上网。用户也可将USB接口的无线网卡与台式电脑连接，安装对应的驱动后即可实现无线上网。

8.6.1 认识无线路由器

　　无线路由器（Wireless Router）是指带有无线覆盖功能的路由器，它具有的无线覆盖功能可以在路由器接口满置的条件下让带有无线网卡的电脑实现上网。

　　无线路由器类似于将单纯性无线AP和宽带路由器合二为一的扩展型产品，它不仅具备了单纯性无线AP所有功能（支持DHCP客户端、支持VPN、防火墙、支持WEP加密等），而且包括了网络地址转换（NAT）功能，不但能够支持局域网用户的网络连接共享，而且可以实现家庭无线网络中的Internet连接共享，最终实现ADSL和小区宽带的无线共享接入。

无线路由器

8.6.2 设置无线路由器

用户在设置路由器时可参照8.5.3小节所讲述方法进行设置，在设置完毕之后需要开启无线功能方可实现无线上网。

步骤1 按照前面的方法打开路由器设置页面，在路由器设置页面左侧单击"无线参数>基本设置"选项。

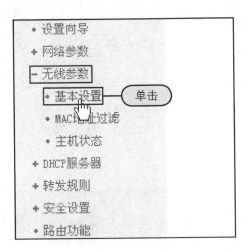

步骤2 在窗口的右侧打开"无线网络基本设置"界面，**Step1** 勾选"开启无线功能"复选框和"开启安全设置"复选框，**Step2** 单击"安全类型"选项右侧的下三角按钮并在弹出的列表中选择WEP选项。

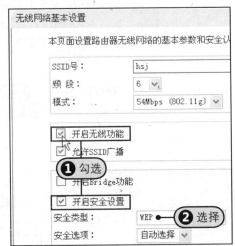

步骤3 向下拖动窗口右侧的滚动条，**Step1** 设置"密钥格式选择"为16进制，**Step2** 设置"密钥1"选项右侧的"密钥类型"为64位，**Step3** 在左侧设置登录无线网络的密码，**Step4** 设置完毕后单击"保存"按钮。

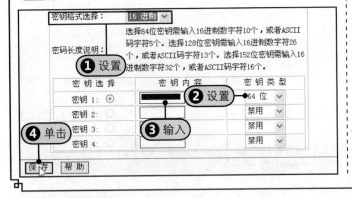

步骤4 在页面左侧单击"运行状态"选项，接着向下拖动窗口右侧的滚动条，在页面中可以看见"无线状态"选项组中的无线功能已经开启，即成功建立了无线网络。

无线状态	
无线功能：	启用
SSID：	MERCURY_39DE4A
频段：	6
模式：	54Mbps (802.11g)
MAC 地址：	00-27-19-39-DE-4A
IP 地址：	192.168.1.1

8.6.3 连接无线网络实现无线上网

用户开启无线功能之后便建立了无限网络，此时只需要将笔记本电脑或者带有无线网卡的台式电脑放置在无线网络覆盖的区域中即可实现上网。

步骤1 **Step1** 单击桌面上的"开始"按钮，**Step2** 在弹出的"开始"菜单中单击"连接到>显示所有连接"命令，打开"网络连接"窗口。

2步骤 在窗口的右侧可以看见"无线网络连接"图标，**Step❶**用鼠标右键单击该图标，**Step❷**在弹出的快捷菜单中单击"启用"命令，开启无线网络连接。

3步骤 此时可以看见无线网络已经启用，**Step❶**用鼠标右键单击"无线网络连接"图标，**Step❷**在弹出的快捷菜单中单击"查看可用的无线连接"命令。

4步骤 弹出"无线网络连接"对话框，**Step❶**在对话框右侧的"选择无线网络"选项组中选中前面创建的无线网络，**Step❷**选中后单击"连接"按钮。

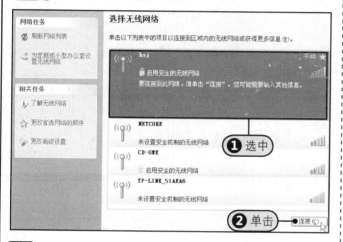

5步骤 弹出"无线网络连接"对话框，**Step❶**在"网络密钥"文本框中输入连接无线网络的密钥内容，**Step❷**单击"连接"按钮。

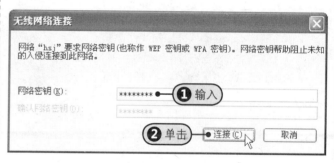

6步骤 此时可在"无线网络连接"对话框中看见Windows正在连接到选中的无线网络，请耐心等待。

7步骤 当系统连接成功之后，用户可在状态栏的右侧看见"无线网络连接 现在已连接"提示，此时无线局域网连接成功。

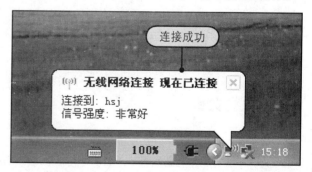

第 9 章

畅游因特网

　　用户将电脑接入因特网之后，若要进行网络的操作还需要使用浏览器。当用户把Windows XP操作系统安装到电脑中之后，用户便可使用Windows XP操作系统自带的Internet Explorer（以下简称IE）6.0浏览器畅游因特网。

9.1 接触IE浏览器

用户安装了Windows XP操作系统之后会在桌面上看见 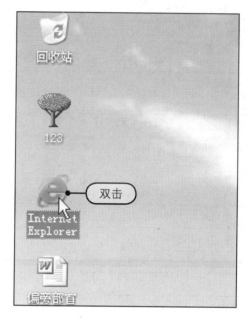 图标，该图标就是IE浏览器的快捷方式图标。IE浏览器有多种版本，例如Windows XP操作系统附带的是IE 6.0浏览器，而Windows Vista操作系统附带的是IE 7.0浏览器，Windows 7操作系统附带的是IE 8.0浏览器。

9.1.1 启动IE浏览器

启动IE浏览器的方法有多种，例如在桌面上双击Internet Explorer快捷方式图标、在"开始"菜单中单击Internet Explorer快捷图标以及在快速启动栏中单击Internet Explorer快捷图标。

1 双击桌面上的图标

在桌面上双击Internet Explorer快捷图标即可启动IE浏览器。

2 单击"开始"菜单中的图标

Step1 单击"开始"按钮，**Step2** 在弹出的"开始"菜单中单击Internet Explorer快捷图标。

3 单击快速启动栏中的图标

在快速启动栏中单击 图标即可启动IE浏览器。

9.1.2 认识IE浏览器的主界面

用户参考9.1.1节所讲述方法启动IE浏览器后便会在桌面上看见IE浏览器的主界面，IE浏览器的主界面包括标题栏、菜单栏、工具栏、窗口控制栏、地址栏、预览区和状态栏，另外还包括主界面右侧和底部的滚动条。IE 6.0浏览器的组成部分及功能如表9-1所示。

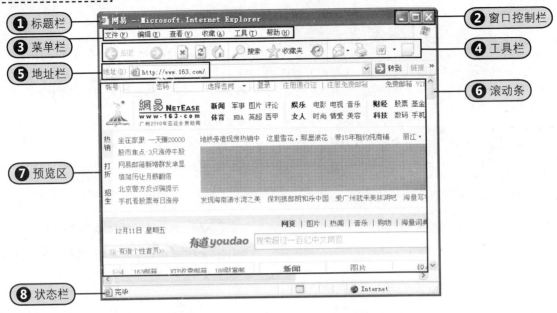

表9-1 IE 6.0浏览器的组成部分及功能

编 号	名 称	功 能
❶	标题栏	显示了浏览器的名称和当前网页的网址
❷	窗口控制栏	控制浏览器窗口的状态，包含了最小化、最大化/还原、关闭3个按钮
❸	菜单栏	包含了文件、编辑、查看、收藏、工具和帮助6个菜单按钮，单击任意一个按钮都可在下方弹出对应的菜单
❹	工具栏	包含了停止、刷新、主页、搜索、打印等常用的工具，单击各个工具按钮，程序将会自动执行对应的操作
❺	地址栏	用于输入要打开的网页所对应的网址，通过地址栏将当前的预览区内容转到要打开的网页中
❻	滚动条	当网页内容较多时，用户可拖动滚动条浏览更多的内容
❼	预览区	用于显示所打开网页的具体内容，用户可在预览区中进行不同的操作
❽	状态栏	对当前网页的打开程序、连接方式进行显示

9.1.3 调整IE浏览器窗口大小

用户启动IE浏览器之后，可对其窗口的大小按照自己的爱好进行调整。

步骤1 启动IE浏览器后将指针移动至窗口右下角，当指针变成↖时拖动调整窗口的大小。

拖动

步骤2 若要缩小IE浏览器的窗口，即向左上方拖动，拖动到合适位置后释放鼠标。

释放鼠标左键

步骤3 此时可看见浏览器窗口明显缩小了。

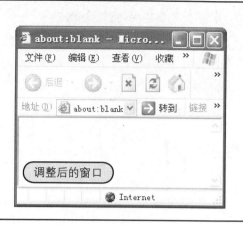

调整后的窗口

教你一招　调整IE浏览器窗口的高度或宽度

　　用户在调整IE浏览器窗口时并不是全都按照9.1.3小节介绍的方法进行调整，例如只调整IE浏览器的长度或者宽度。

　　用户若是只调整IE浏览器窗口的高度，则可移动鼠标至浏览器窗口的最底部或最顶部，当指针变成 ↕ 时，向上或者向下拖动鼠标即可调整IE浏览器的高度，如左下图所示。

　　用户若是只调整IE浏览器窗口的宽度，则可移动鼠标至浏览器窗口的最左边或最右边，当指针变成 ←→ 时，向左或者向右拖动鼠标即可调整IE浏览器的宽度，如右下图所示。

向上/向下拖动

向左/向右拖动

9.1.4　关闭IE浏览器窗口

　　用户不需要使用IE浏览器窗口时，可以将其关闭，关闭的方法有多种，例如单击窗口控制栏中的"关闭"按钮，通过标题栏关闭浏览器窗口，通过菜单栏关闭浏览器窗口。

1 ／／ 单击"关闭"按钮

　　单击IE浏览器窗口右上角窗口控制栏中的 按钮，即可关闭该窗口。

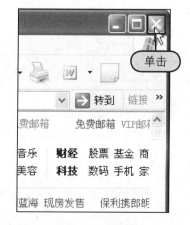
单击

2 ／／ 通过标题栏关闭浏览器窗口

　　鼠标移动至标题栏中，**Step1** 单击鼠标右键，**Step2** 在弹出的快捷菜单中单击"关闭"命令即可关闭该窗口。

① 右击
② 单击

3 // 通过菜单栏关闭浏览器窗口

Step1 单击菜单栏中的"文件"按钮，**Step2** 在弹出的下拉菜单中单击"关闭"命令即可关闭该窗口。

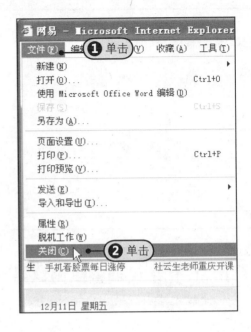

教你一招 使用组合键关闭IE浏览器窗口

除了上面介绍的3种关闭IE浏览器窗口的方法外，用户还可以直接按组合键Alt+F4关闭浏览器窗口。

9.2 使用IE浏览器

用户可以使用IE浏览器浏览不同的网页，在浏览网页之前需要打开相应的网页。打开网页的方法有多种，如在地址栏中输入网址打开网页、在某些网站中通过单击超链接打开对应的网页及使用IE浏览器的历史功能打开网页。

9.2.1 在地址栏中输入网址打开网页

用户可以在地址栏中输入想要浏览的网页所对应的正确网址，然后按Enter键即可打开该网页。这里以网易为例进行介绍。

1 步骤 在地址栏中输入www.163.com后按Enter键。

2 步骤 用户即可在IE浏览器窗口中看见对应的网页，即网易的首页。用户可通过单击网页中的超链接浏览该网站的内容。

9.2.2 使用网址导航网站打开网页

用户如果不知道网页所对应的网址，可以使用网址导航网站打开网页，如使用hao123网址之家打开对应的网页。hao123网址之家的网址为www.hao123.com。

1 步骤 启动IE浏览器，在窗口的地址栏中输入www.hao123.com后按Enter键，打开hao123网址之家。

2 步骤 用户在打开的页面中寻找想要浏览的网页名称，例如单击"安居客房产网"超链接。

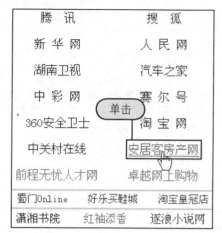

3 步骤 自动打开新的浏览器窗口，片刻之后用户可在打开的窗口中看见安居客房产网的首页。

9.2.3 使用历史功能查看访问过的网页

在IE浏览器窗口的工具栏中有一个 按钮，该按钮称为"历史"按钮。用户可通过单击该按钮在浏览器窗口左侧查找浏览过的网页所对应的网址，然后单击网址即可再次打开对应的网页。

1 步骤 双击桌面上的IE图标打开IE浏览器窗口，接着在窗口的工具栏中单击 按钮。

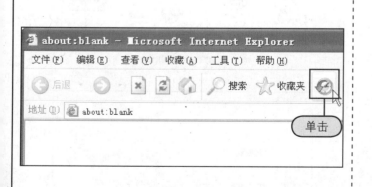

2 步骤 在窗口的左侧弹出"历史记录"列表框，可以选择上次浏览网页的时间，例如单击"今天"选项。

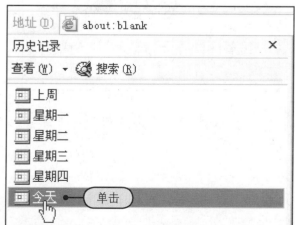

3 **步骤** 在展开的选项中单击"163（www.163.com）>网易"命令。

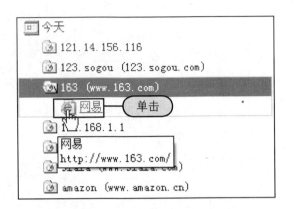

4 **步骤** 此时可在浏览器窗口右侧看见打开的网易首页，此时地址栏中的网址为http://www.163.com/。用户按照同样的方法在窗口左侧选择打开其他网页。

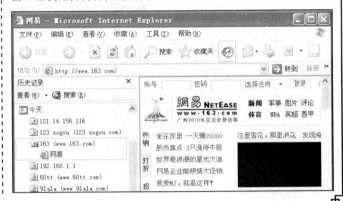

9.2.4 保存网页信息和收藏网页

　　用户在浏览网页的过程中如果遇见了喜欢的图片、文字或者整个网页时，可将它们保存在本地电脑中，在保存的过程中，用户需要将它们进行重命名，以便以后在使用或浏览时查找。

① 保存网页中的文字和图片

　　用户在保存网页中的图片时，可通过鼠标右键单击该图片，在弹出的快捷菜单中单击"图片另存为"命令，接着设置保存的文件名和图片格式之后便可将其保存在电脑中；在保存网页中的文字时，需要单击浏览器窗口菜单栏中的"文件"按钮，在弹出的下拉菜单中单击"另存为"命令，然后设置保存的文件名和文本格式即可将其保存。一般在设置文本格式时都是将其设置为文本文档的格式，以便于打开和浏览。

1 **步骤** 用户若要保存网页中的文字，**Step①** 需要单击窗口菜单栏中的"文件"按钮，**Step②** 在弹出的下拉菜单中单击"另存为"命令。

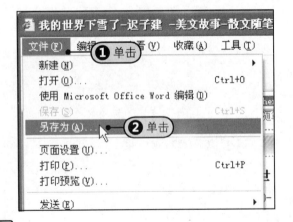

2 **步骤** 打开"保存网页"对话框，**Step①** 在"保存在"下拉列表中选择保存的位置，**Step②** 在"文件名"文本框中输入文件名，**Step③** 设置"保存类型"为"文本文件（*.txt）"，**Step④** 单击"保存"按钮。

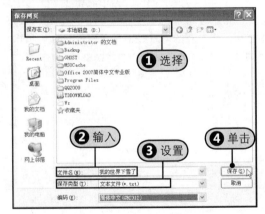

3 **步骤** 打开前面设置的保存位置所对应的窗口，在窗口中可看见保存的文本文档，双击该文本文档图标。

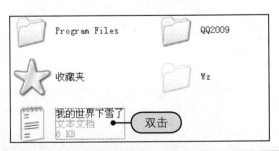

4 步骤 打开记事本窗口，此时即可在窗口中看见保存的文字。

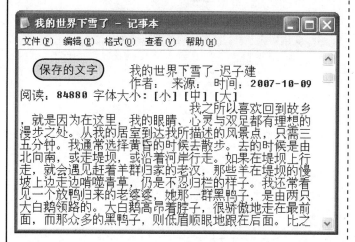

5 步骤 **Step❶** 用户若要保存图片可用鼠标右键单击需要保存的图片，**Step❷** 在弹出的快捷菜单中单击"图片另存为"命令，打开"保存图片"对话框。

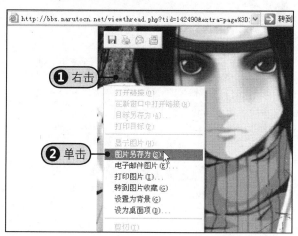

6 步骤 **Step❶** 在"保存在"下拉列表中选择保存的位置，**Step❷** 在"文件名"文本框中重新输入文件名，**Step❸** 单击右侧的"保存"按钮。

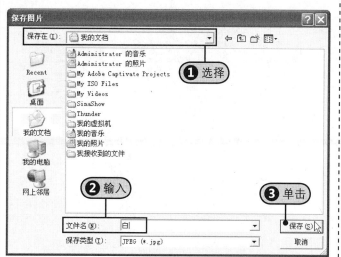

7 步骤 在桌面上双击"我的文档"图标打开"我的文档"窗口，用户可在窗口中看见保存的图片，双击图片即可查看。

教你一招 使用快捷图标保存网页中的图片

除了使用前面介绍的使用"图片另存为"命令之外，用户还可以直接单击保存此图片的快捷图标。将鼠标指针移动至图片中，在图片的顶部会出现一系列的图标，即 ，用户可直接单击 图标，弹出"保存图片"对话框，进行相应设置后将其保存。

2 保存整个网页

用户除了保存网页中的文字或图片之外，还可以直接将整个网页保存在电脑中，保存整个网页的操作与保存网页中的文字基本相同，只是在设置保存类型时不再选择文本文档，而是选择"网页，全部"选项。

步骤 1 打开需要保存的网页，**Step 1** 在浏览器窗口的菜单栏中单击"文件"按钮，**Step 2** 在弹出的下拉菜单中单击"另存为"命令，打开"保存网页"对话框。

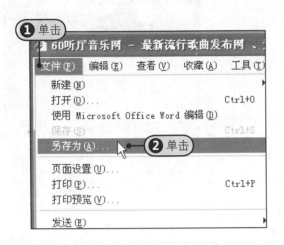

步骤 2 **Step 1** 单击"保存在"选项右侧的下三角按钮，弹出的下拉列表中选择保存的位置，**Step 2** 在"文件名"文本框中重新输入文件名，**Step 3** 设置"保存类型"为"网页，全部（*.htm；*.html）"，**Step 4** 单击"保存"按钮。

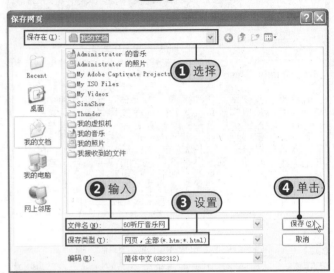

步骤 3 切换至新的界面，用户可以看见保存网页的进度以及相关的信息，请耐心等待片刻。

步骤 4 保存完毕后打开前面设置的保存位置所在的窗口，打开之后可在窗口中看见保存的网页所对应的图标，如下图所示。

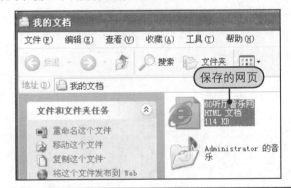

③ 将网页添加到IE收藏夹

用户若经常用到某一网页时，可以按照前面的方法将该网页保存在电脑中，除此之外，用户还可以直接将该网页添加到IE收藏夹中。在添加的过程中，用户可以将其设置为脱机收藏，以便于用户在因特网断开的情况下也能浏览该网页。

步骤 1 打开需要添加的网页，**Step 1** 单击菜单栏中的"收藏"按钮，**Step 2** 在弹出的下拉菜单中单击"添加到收藏夹"命令。

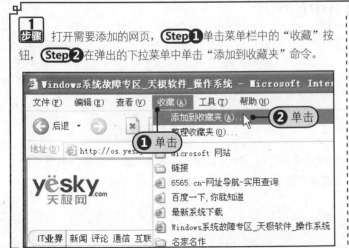

步骤 2 弹出"添加到收藏夹"对话框，**Step 1** 勾选"允许脱机使用"复选框，**Step 2** 单击"自定义"按钮。

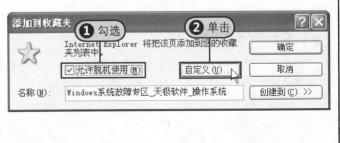

3 步骤 弹出"脱机收藏夹向导"对话框，**Step①** 勾选"以后不再显示该简介屏幕"复选框，**Step②** 单击"下一步"按钮。

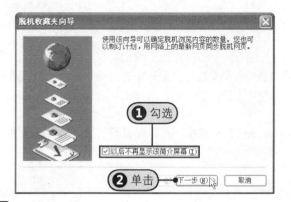

4 步骤 切换至新的界面，**Step①** 选中"是"单选按钮，**Step②** 在下方设置"下载与该页链接的"网页数，**Step③** 单击"下一步"按钮。

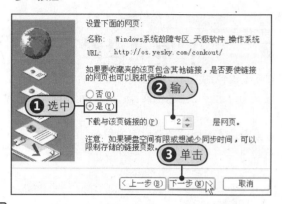

5 步骤 切换至新的界面，**Step①** 选中"否"单选按钮，**Step②** 单击"完成"按钮。

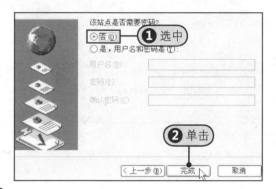

6 步骤 返回"添加到收藏夹"对话框，**Step①** 单击"创建到"按钮展开对话框，**Step②** 单击"新建文件夹"按钮，打开"新建文件夹"对话框。

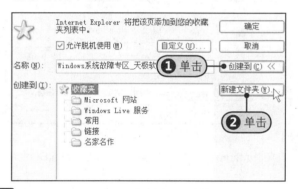

7 步骤 **Step①** 在"文件夹名"文本框中输入"电脑维护"，**Step②** 单击"确定"按钮。

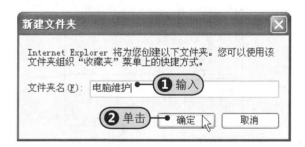

8 步骤 此时可在对话框中看见新创建的"电脑维护"文件夹，然后单击"确定"按钮。

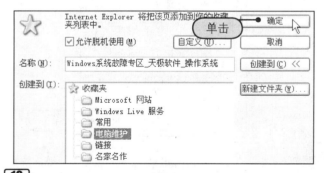

9 步骤 弹出"正在同步"对话框，单击"详细信息"按钮，在对话框下侧可以看见其同步的进度，请耐心等待。

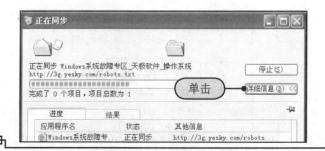

10 步骤 返回浏览器窗口，**Step①** 在窗口菜单栏中单击"收藏"按钮，**Step②** 在弹出的下拉菜单中单击"电脑维护"选项，即可在其右侧看见添加的网页。

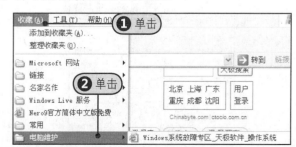

9.3 设置IE浏览器

用户对IE浏览器有了一定了解之后便可手动进行设置，如更改IE浏览器的主页、对IE浏览器进行安全设置、阻止弹出窗口等。

9.3.1 常规设置

常规设置包括主页、Internet临时文件和历史记录。主页是指用户启动IE浏览器后浏览器窗口自动打开的网页，用户可将其设置为自己经常浏览的网页。Internet临时文件是随着IE浏览器的使用而逐渐积累的，而历史记录保存着用户访问过的网站。

这些文件或者网站随着时间的积累将会越来越多，可能会影响到电脑的运行速度，用户应每隔一段时间对这些内容进行清除。

步骤 1 **Step1** 在IE浏览器窗口的菜单栏中单击"工具"按钮，**Step2** 在弹出的下拉菜单中单击"Internet选项"命令。

步骤 2 打开"Internet选项"对话框，切换至"常规"选项卡下，在"主页"选项组中设置主页地址，例如单击"使用空白页"按钮。

步骤 3 在"Internet临时文件"选项组中单击"删除Cookies"按钮。

步骤 4 弹出"删除Cookies"对话框，单击"确定"按钮。

步骤 5 片刻之后返回"Internet选项"对话框，单击"删除文件"按钮。

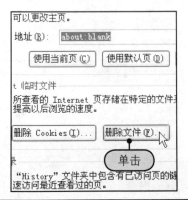

步骤 6 弹出"删除文件"对话框，**Step1** 勾选"删除所有脱机内容"复选框，**Step2** 单击"确定"按钮。

步骤7 片刻之后返回"Internet选项"对话框，单击"设置"按钮打开"设置"对话框。

步骤8 **Step①**选中"自动"单选按钮，**Step②**在下方设置Internet临时文件夹使用的磁盘空间，**Step③**设置完毕后单击"确定"按钮。

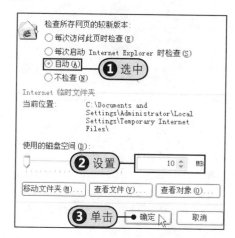

步骤9 返回"Internet选项"对话框，**Step①**在"历史记录"选项组中设置网页保存在历史记录中的天数，**Step②**单击"清除历史记录"按钮。

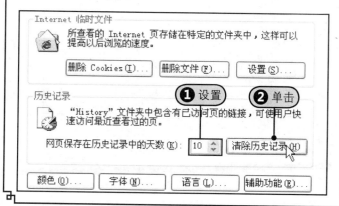

步骤10 弹出"Internet选项"对话框，提示用户是否确实要让Windows删除已访问网站的历史记录，单击"是"按钮。

9.3.2　安全设置

IE浏览器中的Web内容划分为4个区域，即Internet、本地Intranet、受信任的站点和受限制的站点。每一个区域都有着自己的安全级别及对应的属性，用户可按照如下的操作设置各个区域的安全级别和属性。

步骤1 单击"安全"标签，**Step①**选中Internet图标，**Step②**在下方单击"默认级别"按钮。

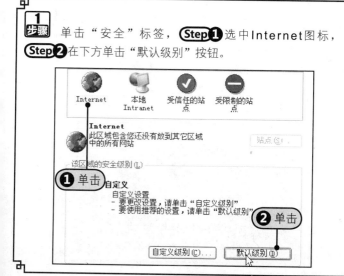

步骤2 在"该区域的安全级别"选项组中向上拖动滑块，将其安全级别设置为"中"。

3 步骤 **Step1** 单击 "本地Intranet" 图标，**Step2** 在 "该区域的安全级别" 选项组中单击滑块并拖动，将安全级别设置为 "中"。

5 步骤 打开 "本地Intranet" 对话框，**Step1** 在对话框中勾选所有的复选框，**Step2** 单击 "确定" 按钮。

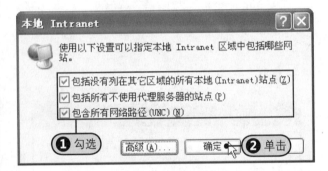

7 步骤 单击右上方的 "站点" 按钮。

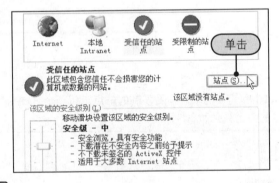

9 步骤 可在 "网站" 文本框中看见刚添加的网址，**Step1** 勾选 "对该区域中所有站点要求服务器验证" 复选框，**Step2** 单击 "确定" 按钮。

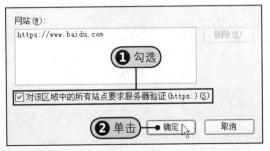

4 步骤 单击右上方的 "站点" 按钮。

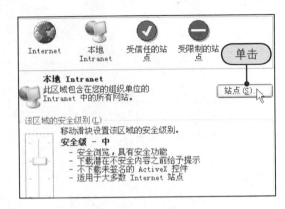

6 步骤 返回 "Internet选项" 对话框，**Step1** 单击 "受信任的站点" 图标，**Step2** 在 "该区域的安全级别" 选项组中设置其安全级别为 "中"。

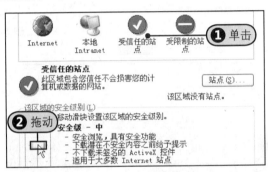

8 步骤 弹出 "可信站点" 对话框，**Step1** 在 "将该网站添加到区域中" 文本框中输入可信站点的网址，**Step2** 单击 "添加" 按钮。

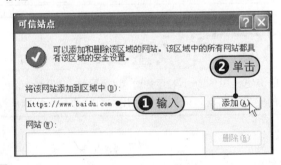

10 步骤 返回 "Internet选项" 对话框，**Step1** 单击 "受限制的站点" 图标，**Step2** 单击下方的 "站点" 按钮。

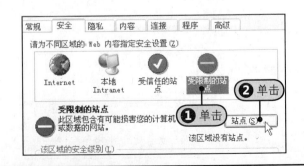

11 步骤 打开"受限站点"对话框，**Step①** 在"将该网站添加到区域中"文本框中输入限制的网址，**Step②** 单击"添加"按钮。

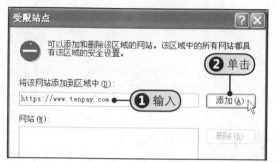

12 步骤 此时可在"网站"文本框中看见添加的受限站点，单击"确定"按钮。

9.3.3 阻止弹出窗口

弹出窗口阻止程序可以阻止大多数不需要的窗口弹出，但是用户通过单击超链接打开的弹出窗口将不会被阻止，用户在使用IE浏览器浏览网页之前可开启该程序并进行设置。

1 步骤 按照前面介绍的方法打开"Internet选项"对话框，单击"隐私"标签切换至该选项卡下。

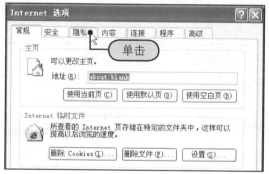

2 步骤 **Step①** 在"弹出窗口阻止程序"选项组中勾选"阻止弹出窗口"复选框，**Step②** 单击右侧的"设置"按钮打开"弹出窗口阻止程序设置"对话框。

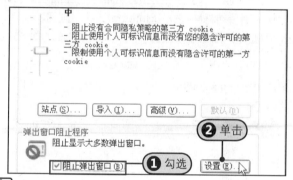

3 步骤 **Step①** 在"要允许的网站地址"文本框中输入对应的网站地址，例如输入www.9lala.com，**Step②** 单击右侧的"添加"按钮。

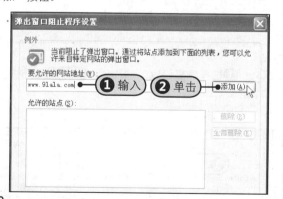

4 步骤 此时可在"允许的站点"列表框中看见添加的网站地址，在"通知和筛选级别"选项组中勾选"阻止弹出窗口时播放声音"和"阻止弹出窗口时显示信息栏"复选框。

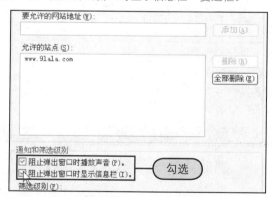

5 步骤 **Step①** 单击"筛选级别"选项的下三角按钮，在弹出的下拉列表中选择筛选级别，例如选择"自定义"选项。**Step②** 单击"关闭"按钮。

步骤6 返回"Internet选项"对话框,依次单击"应用"和"确定"按钮保存并退出。

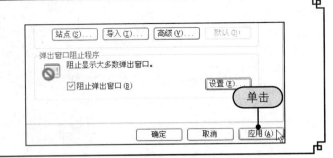

教你一招 在浏览器窗口中直接开启弹出窗口阻止程序

打开IE浏览器窗口,**Step1** 在菜单中单击"工具"按钮,**Step2** 在弹出的下拉菜单中单击"弹出窗口阻止程序>启用弹出窗口阻止程序"命令,即可开启弹出窗口阻止程序。

9.3.4 管理浏览器加载项

浏览器中的加载项来源于Internet或者一些捆绑软件,加载项在为浏览器增添某些功能的同时,也可能导致浏览器意外关闭,因此用户需要手动设置并管理浏览器中的加载项。

步骤1 打开"Internet选项"对话框,单击"程序"标签切换至该选项卡下。

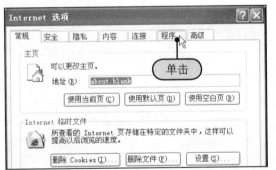

步骤2 单击"管理加载项"按钮,打开"管理加载项"对话框。

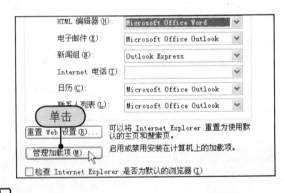

步骤3 **Step1** 单击"显示"选项右侧的下三角按钮,**Step2** 在弹出的下拉列表中选择"Internet Explorer 已经使用的加载项"选项。

步骤4 **Step1** 选择需要设置的加载项,**Step2** 在下方选中"禁用"单选按钮。

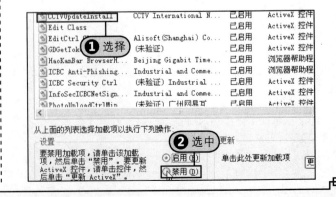

步骤5 弹出"加载项状态"对话框，提示用户已经选择禁用此加载项，若想使更改生效需重启IE浏览器，单击"确定"按钮。

步骤7 在下方的列表框中单击需要设置的加载项，**Step1** 例如单击"超级兔子上网精灵"加载项，**Step2** 在下方选中"禁用"单选按钮。

步骤9 返回"管理加载项"对话框，此时可以看见"超级兔子上网精灵"加载项已经被禁用，单击"确定"按钮。

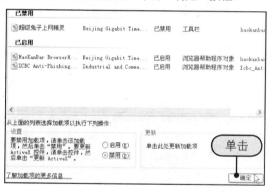

步骤6 返回"管理加载项"对话框，**Step1** 单击"显示"选项右侧的下三角按钮，**Step2** 在弹出的下拉列表中选择"Internet Explorer中当前加载的加载项"选项。

步骤8 弹出"加载项状态"对话框，提示用户已经选择禁用此加载项，若想使更改生效需重启IE浏览器，单击"确定"按钮。

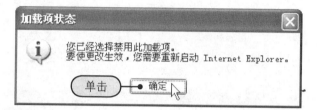

步骤10 返回"Internet选项"对话框，单击"确定"按钮保存并退出。

教你一招　在浏览器窗口中直接打开"管理加载项"对话框

打开IE浏览器窗口，**Step1** 在菜单中单击"工具"按钮，**Step2** 在弹出的下拉菜单中单击"管理加载项"命令即可打开"管理加载项"对话框。

9.3.5　设置浏览器中的字体

用户在浏览网页时，有时会遇见网页中的字数太多而无法看清，此时就可以在浏览器中设置网页中显示的字体，如设置字体的大小、形状和颜色等。

1 更改字体大小

用户若觉得当前打开的网页中字体较小而看不清楚，则可以更改网页中的字体大小，如设置网页中的字体大小为中。

步骤1 打开需要更改字体大小的页面，**Step1** 单击菜单栏中的"工具"选项，**Step2** 在弹出的下拉菜单中单击"Internet选项"命令。

步骤3 打开"辅助功能"对话框，**Step1** 在"格式"选项组中勾选"不使用网页中指定的字体大小"复选框，**Step2** 单击"确定"按钮。

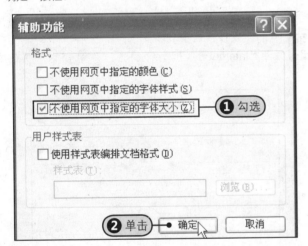

步骤5 返回浏览器窗口中，**Step1** 单击菜单栏中的"查看"按钮，**Step2** 在弹出的下拉菜单中单击"文字大小>中"命令。

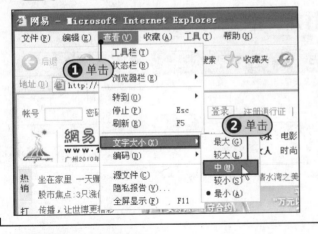

步骤2 打开"Internet选项"对话框，在对话框底部单击"辅助功能"按钮。

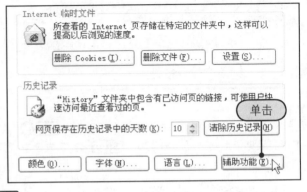

步骤4 返回"Internet选项"对话框，单击"确定"按钮。

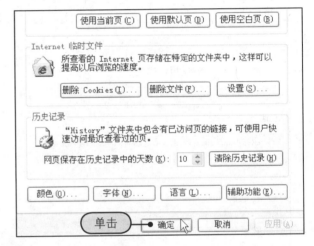

步骤6 此时可在页面中看见字体的大小已经发生了变化。

② 设置字形和颜色

用户在浏览网页时可以按照自己的爱好来设置页面中文本的字形和字体颜色。其中，设置字体字形包括设置网页文字和纯文本文字的字形，而设置字体颜色则包括设置文字颜色和链接颜色，链接的颜色又分为未访问链接和已访问链接的颜色。

1 步骤　打开"Internet选项"对话框，单击 "颜色"按钮，打开"颜色"对话框。

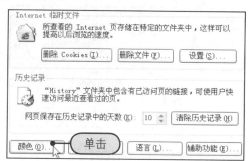

2 步骤　**Step 1** 取消勾选"使用Windows颜色"复选框，**Step 2** 单击"文字"选项右侧的按钮。

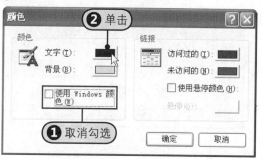

3 步骤　打开"颜色"对话框，在"基本颜色"选项组中选择一种颜色后单击"确定"按钮。

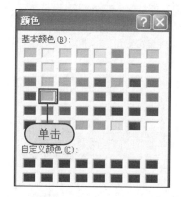

4 步骤　返回上一级对话框，单击"背景"选项右侧的按钮。

5 步骤　打开"颜色"对话框，在"基本颜色"选项组中选择一种颜色后单击"确定"按钮。

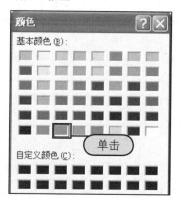

6 步骤　返回上一级对话框，在"链接"选项组中单击"访问过的"选项右侧的按钮。

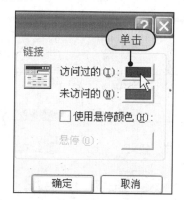

7 步骤　打开"颜色"对话框，在"基本颜色"选项组中选择一种颜色后单击"确定"按钮。

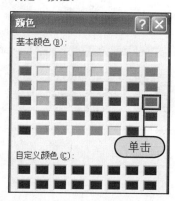

8 步骤　返回上一级对话框，在"链接"选项组中单击"未访问的"选项右侧的按钮。

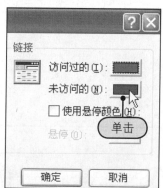

9 步骤 打开"颜色"对话框，在"基本颜色"选项组中选择一种颜色后单击"确定"按钮。

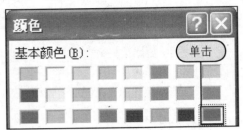

11 步骤 返回"Internet选项"对话框，单击"字体"按钮，打开"字体"对话框。

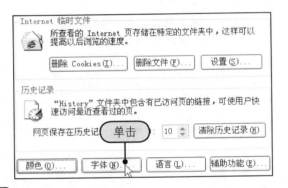

13 步骤 分别设置网页字体和纯文本字体，**Step①** 例如设置"网页字体"为"楷体_GB2312"，"纯文本字体"为"幼圆"，**Step②** 单击"确定"按钮。

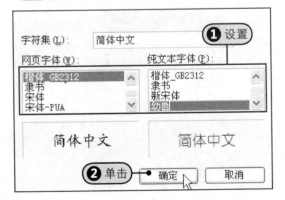

15 步骤 在地址栏中输入www.baidu.com后按Enter键，打开百度首页，此时可看见该页面的字体和颜色发生了变化。

10 步骤 返回上一级对话框，单击"确定"按钮。

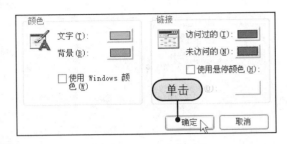

12 步骤 在"字体"对话框中，**Step①** 单击"字符集"选项右侧的下三角按钮，**Step②** 在弹出的下拉列表中单击"简体中文"选项。

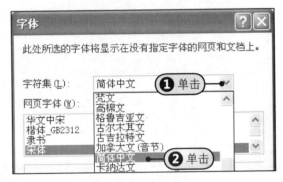

14 步骤 返回"Internet选项"对话框，直接单击"确定"按钮返回浏览器窗口。

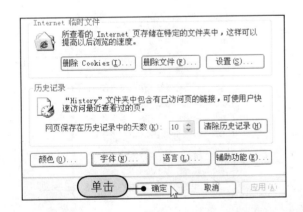

第 10 章

使用网络搜索引擎

　　用户在因特网中寻找需要的信息资源时，由于因特网中的网页数不胜数，因而想要直接打开目标资源所在的网页是相当困难的，搜索引擎的出现为用户解决了这个难题，用户只需在搜索引擎中输入目标资源的关键字即可快速找到。

10.1 常见的搜索方式

网络中常见的搜索方式有两种，即使用搜索引擎搜索网络资源和使用网络实名搜索网络资源。

10.1.1 使用搜索引擎

搜索引擎是运用特定的计算机程序搜集并整理互联网上的信息的一种工具，用户只需输入关键字，搜索引擎便会根据关键字快速查找，查找结束后便会显示查找结果供用户选择。

步骤1 打开百度首页，**Step❶**在页面中输入关键字，例如输入"房价"，**Step❷**单击"百度一下"按钮。

步骤2 在打开的页面中即可看见搜索的结果，用户可拖动右侧的滚动条进行浏览并选择。

10.1.2 使用网络实名

网络实名是继IP、域名之后的第三代互联网访问方式。它替代了复杂的域名和网址，用户可直接在浏览器地址栏中输入网站、企业、商标的名称，便可直接打开对应的网站。

步骤1 打开浏览器，在地址栏中输入需要搜索的网站所对应的中文名称，如输入"新浪"。

步骤2 按Enter键，片刻之后即可在浏览器窗口中看见新浪网的首页。

10.2 百度搜索引擎

百度是全球最大的中文搜索引擎，它拥有全球最大的中文网页库，并且还为用户提供了分类搜索，如网页、图片、MP3、视频等。

10.2.1 网页搜索

使用百度搜索引擎搜索网页是指用户在百度首页中输入关键字，然后在搜索结果页面中便会显示相关的文字链接，用户只需单击文字链接即可打开对应的网页。

1 步骤 打开百度首页，**Step 1** 单击 "网页" 文字链接，**Step 2** 在下方的文本框中输入关键字，例如输入 "丁俊晖"。**Step 3** 单击 "百度一下" 按钮。

2 步骤 打开新的页面，向下拖动右侧的滚动条。当该页中没有想要浏览的网页时，可在页面底部单击 "下一页" 链接。

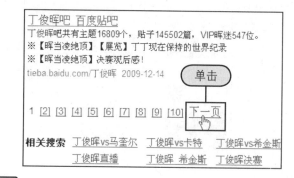

3 步骤 向下拖动窗口右侧的滚动条，若找到想要浏览的网页，直接单击其对应的文字链接。

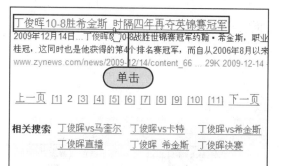

4 步骤 弹出新的页面，片刻之后拖动窗口右侧的滚动条即可进行浏览。

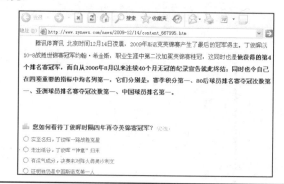

10.2.2　图片搜索

百度图片拥有大量的中文网页的海量图库，它搜集了数亿张精美的图片，用户可以通过它搜索到喜欢的图片。

1 步骤 打开百度首页，**Step 1** 单击 "图片" 链接，**Step 2** 在下方的文本框中输入关键字，例如输入 "白云"。**Step 3** 单击 "百度一下" 按钮。

2 步骤 打开新的页面，在页面中显示了搜索的结果。用户还可以在页面的左上角选择图片的尺寸，例如单击 "中图" 链接。

3 步骤 拖动右侧的滚动条寻找想要的图片，若该网页中没有，则可在页面底部单击 "下一页" 链接跳转至下一页。

4
步骤 若还没有找到，可使用相同的方法跳转至下一页继续寻找，直至找到满意的图片后，直接单击图片链接。

5
步骤 此时在页面中可看见选中的图片，**Step①** 右击该图片，**Step②** 在弹出的快捷菜单中单击"图片另存为"命令。

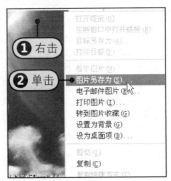

6
步骤 弹出"保存图片"对话框，在"保存在"下拉列表中选择保存图片的位置，例如单击"我的文档"选项。

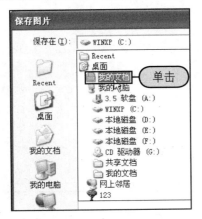

7
步骤 **Step①** 在"文件名"文本框中输入保存图片的名称，例如输入"白云"，**Step②** 单击"保存"按钮。

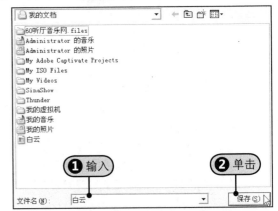

8
步骤 打开图片保存位置所对应的窗口，这里打开"我的文档"窗口，即可在窗口中看见保存的图片。

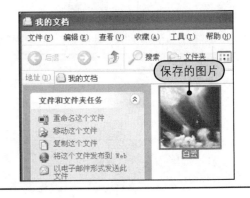

10.2.3 MP3搜索

百度的MP3是全球最大的中文MP3搜索引擎，用户可通过百度的MP3搜索引擎快速地找到最新、最热的歌曲并收听这些歌曲。

1
步骤 打开百度首页，在页面中单击MP3链接。

步骤2 跳转至新页面，**Step1** 输入歌名的关键字，例如输入 "下沙"，**Step2** 单击 "百度一下" 按钮。

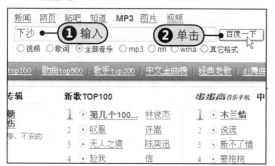

步骤4 打开 "百度音乐盒" 对话框，用户戴上耳机或者打开音响便可听见该音乐。

步骤6 打开下载链接页面，在对话框中显示了歌曲名、下载链接和其他歌曲来源，单击下载链接。

步骤8 打开 "另存为" 对话框，**Step1** 单击 "保存在" 选项右侧的下三角按钮，**Step2** 在弹出的下拉列表中选择保存的位置，例如选择 "本地磁盘（F：）"。

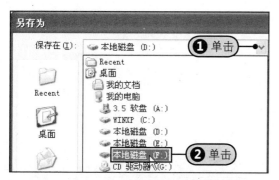

步骤3 片刻之后向下拖动右侧的滚动条，选中歌曲后单击 "试听" 链接。

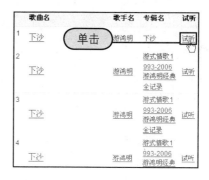

步骤5 若用户想要下载该音乐，则可在搜索结果页面中单击 "歌曲名" 下方的 "下沙" 链接。

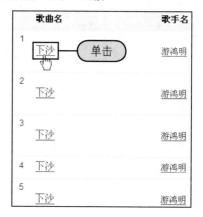

步骤7 弹出 "文件下载" 对话框，**Step1** 勾选 "打开此类文件之前总是询问" 复选框，**Step2** 单击 "保存" 按钮。

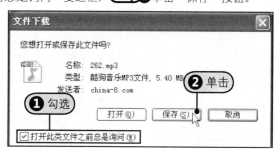

步骤9 **Step1** 在下方的文本框中输入文件名，例如输入 "下沙"，**Step2** 单击 "保存" 按钮。

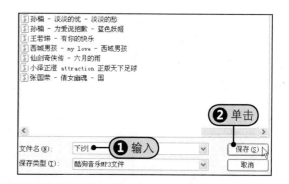

步骤10 此时可在对话框中看见下载的进度以及详细信息，请耐心等待。

步骤11 下载完成后单击"关闭"按钮关闭对话框。

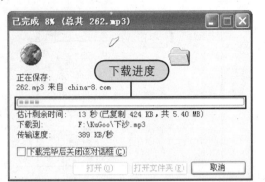

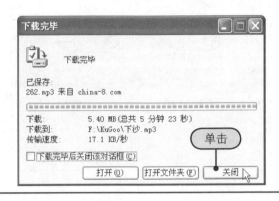

10.2.4 手机号码归属地搜索

用户还可以使用百度搜索引擎查询手机号码归属地，只需输入手机号码即可查询该号码的所属省份、城市、区号、邮编和卡类型。

步骤1 打开百度首页，在页面中单击"更多>>"文字链接。

步骤2 打开"百度产品大全"页面，在页面中单击"常用搜索"链接。

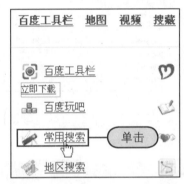

步骤3 打开"百度常用搜索"页面，在"通信相关"选项卡下单击"手机号码"链接。

步骤4 页面自动切换至手机号码选项处，**Step1** 输入需要查询的手机号码，**Step2** 单击"查询手机"按钮。

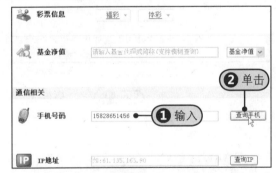

步骤5 打开新的页面，此时可在页面中看见号码的归属地以及详细信息。

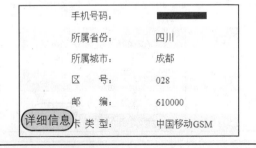

10.2.5 图书搜索

百度图书搜索是百度与众多图书行业合作建立的图书信息查询平台，用户可通过百度图书搜索引擎搜索自己喜欢的图书。

步骤1 打开IE浏览器，**Step1** 在地址栏中输入http://book.baidu.com/后按Enter键，打开"百度图书"页面，**Step2** 在下方的文本框中输入关键字，例如输入"计算机"，**Step3** 单击"百度一下"按钮。

步骤2 片刻之后显示搜索结果页面，向下拖动窗口右侧的滚动条，若在该页中没有找到想要的图书，则直接单击"下一页"链接。

步骤3 若翻页之后还没有找到想要的图书，则使用相同的方法进行翻页查找，直至找到想要的图书，单击对应的文字链接。

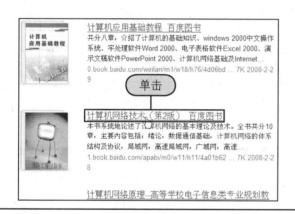

步骤4 跳转至新的页面，在页面中看见了该图书的书名、作者、出版社、出版日期等详细信息。用户若想阅读该图书，可单击"阅读地址"文字链接。

10.2.6 视频搜索

百度视频搜索是全球最大的中文视频搜索引擎，拥有最多的中文视频资源，为用户提供了最完美的观看体验。

步骤1 打开百度首页，在页面中单击"视频"文字链接。

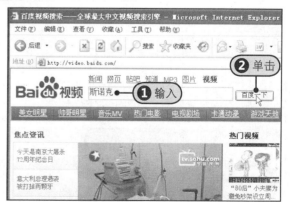

步骤2 **Step1** 在新的页面中输入关键字，如输入"斯诺克"，**Step2** 单击"百度一下"按钮。

3 步骤 在打开的页面中显示了搜索的结果，用户可选择喜欢的视频进行观看。

4 步骤 此时在页面中可看见选中的视频正在播放。

10.3 Google搜索引擎

　　Google被公认为全球规模最大的搜索引擎，它不仅提供了简单易用的免费服务，用户可以在瞬间得到相关的搜索结果，还提供了地图、购物等搜索资源。

10.3.1 地图搜索

　　Google地图是Google公司提供的地图服务，在Google地图上用户可轻松地查找本地商户、查看卫星地图、获取公交和驾车路线等。

1 步骤 在地址栏中输入www.google.com后按Enter键，打开Google首页，单击页面中的"地图"链接。

2 步骤 跳转至"Google地图"页面，在页面的左侧显示了中国北京市覆盖的一些县和区，例如单击"海淀区"链接。

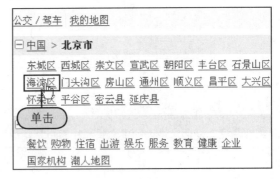

3 步骤 跳转至新的页面，在页面中单击"颐和园"链接。

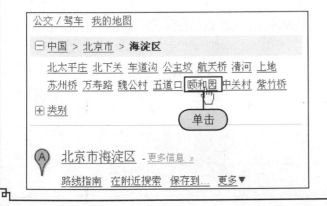

4 步骤 片刻之后，便可在页面的地图中看见颐和园已经被标识出来。

5 **步骤** 查找了目的地所在的大概位置之后，用户便可继续查找到达目的地的公交路线图，单击页面左上角的"公交/驾车"链接。

6 **步骤** **Step①** 在页面左上角分别输入出发地址和目的地址，**Step②** 在下方设置为"乘公共交通工具"，**Step③** 设置完成后单击"显示选项"链接。

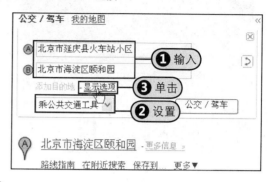

7 **步骤** **Step①** 在页面中单击"排序方式"选项右侧的下三角按钮，**Step②** 在弹出的下拉列表中单击"少换乘"选项。

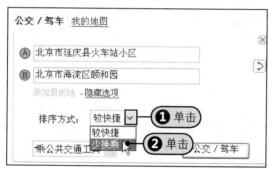

8 **步骤** 设置完毕之后，单击右下方的"公交/驾车"按钮。

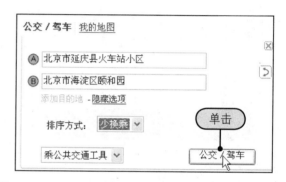

9 **步骤** 跳转至新的页面，如果用户输入的地址不明确，页面会提示用户确认输入的地址，例如单击"火车站小区"链接。

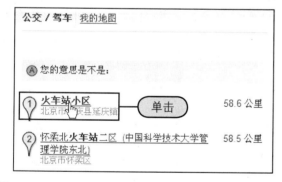

10 **步骤** 跳转至新的页面，此时会在页面左侧看见搜索结果的界面，即建议路线，用户可选择方便快捷的路线。

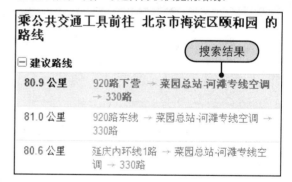

11 **步骤** 同时也可在页面右侧的地图上看见乘坐公交车的线路以及详细信息。

12 **步骤** 用户也可选择其他类型的地图，例如单击地图右上角的"卫星"按钮。

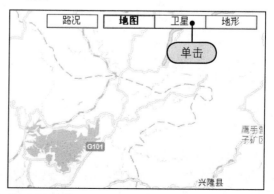

13 步骤 此时看见地图发生了变化，但是同样可在地图中看见坐公交车的路线以及详细信息。

14 步骤 用户还可以单击地图右上方的"地形"按钮，片刻之后可看见地图发生了变化。

15 步骤 查询好路线之后，用户可继续查询路况，单击"路况"按钮，即可在下方看见实时路况的相关信息。

16 步骤 在地图的中部可看见北京市当前的路况信息。

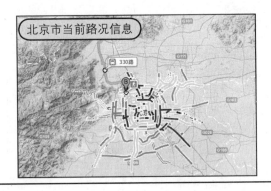

10.3.2 购物搜索

　　Google购物搜索引擎收集了网络中各大购物网站的商品信息，用户需要通过该搜索引擎搜索想要的商品，选中之后通过单击链接打开包含该商品的购物网站，然后查看该商品的详细信息后再决定是否购买。

1 步骤 打开Google搜索引擎首页，在页面中单击搜索条下方的"购物"链接。

2 步骤 打开"Google购物搜索"页面，用户可在下方选择需要购买的商品类型，若没有，**Step1** 可直接在上方的搜索栏中输入"笔记本电脑"，**Step2** 单击"搜索商品"按钮。

3 步骤 片刻之后打开新的页面，在页面中显示了搜索的结果，拖动右侧的滚动条，即可在页面底部单击"华硕笔记本电脑"链接。

4 步骤 跳转至新的页面，用户可拖动右侧的滚动条浏览搜索的商品，当遇见满意的商品时直接单击右侧的"比较价格"按钮。

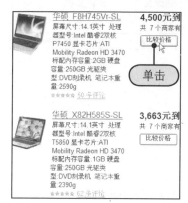

5 步骤 跳转至新的页面，页面中列举了包含该商品的所有购物网站，用户只需单击其对应的链接即可直接打开该网站，如单击"淘宝"链接。

6 步骤 跳转至新的页面，用户可在该页面中看见该商品的相关信息，例如价格、颜色等。拖动右侧的滚动条还可查看该商品的其他相关信息，若用户想要购买该商品则需按照淘宝网的购物流程来完成购物。若不满意，可返回上一级页面。

7 步骤 在页面中选择其他网站，例如单击"天极网"链接。

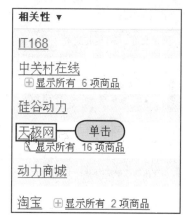

8 步骤 打开新的页面，用户可拖动右侧的滚动条浏览其详细信息。若还是不满意，可继续浏览包含该商品的其他网站。

10.3.3 在线翻译

　　Google 搜索工具提供了免费的在线语言翻译服务。用户只需要在文本框中输入文本或者网页对应的网址，即可将对应的文本或网页内容进行翻译。除此之外，用户还可以将本地电脑中的英文文档上传至翻译页面进行在线翻译。

1 步骤 打开Google搜索引擎首页，在页面中单击搜索条下方的"翻译"链接。

步骤2 打开新的页面，在页面中设置"源语言"和目标语言选项。

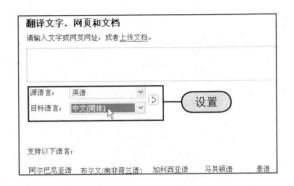

步骤3 设置完毕后在文本框中输入文本，如输入It is no wonder that he want go home，输完后可看见翻译的结果。

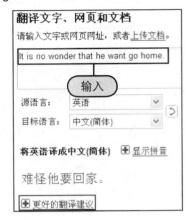

步骤4 若用户想要翻译本地电脑中的相关内容，可单击文本框上方的"上传文档"链接。

步骤5 打开新的页面，单击文本框右侧的"浏览"按钮，打开"选择文件"对话框。

步骤6 **Step①** 单击"查找范围"选项右侧的下三角按钮，**Step②** 在弹出的下拉列表中选择存放文档的位置。

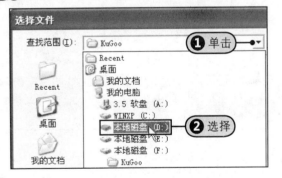

步骤7 **Step①** 在下方的列表框中选择需要翻译的引文文档，**Step②** 选中后单击"打开"按钮。

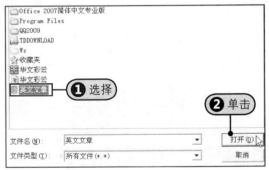

步骤8 返回页面中，确认选择的文档无误后单击"翻译"按钮。

步骤9 打开新的页面，此时可在页面中看见翻译的结果。

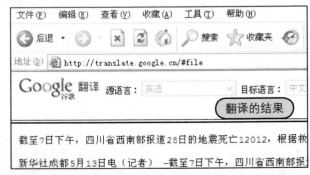

10.4 专业的搜索引擎

百度、Google等搜索引擎都是综合性的搜索引擎，但是在日常生活中，用户并不能从这些网站中快速地找到想要的东西，此时就可以使用专业的搜索引擎，例如国学网、牛档、找字网等网站。

10.4.1 字体搜索引擎——找字网

找字网搜集了各种各样的字体，用户可直接在搜索栏中输入想要的字体，然后在搜索的结果中下载。

1 步骤 **Step❶** 在地址栏中输入www.zhaozi.cn后按Enter键，打开找字网首页。**Step❷** 在文本框中输入关键字"华文"，单击"搜索"按钮。

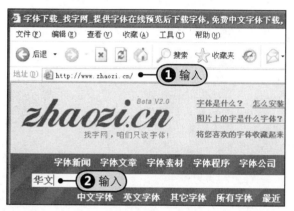

2 步骤 片刻之后，页面显示搜索到的内容，拖动右侧的滚动条进行查找，找到想要的字体后单击该字体的相关选项。

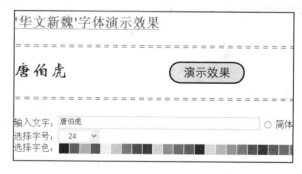

3 步骤 跳转至新的页面，**Step❶** 在文本框中输入任意文本，**Step❷** 选中"简体"单选按钮。**Step❸** 设置完毕后单击"查看字体效果"按钮。

4 步骤 片刻之后跳转至新的页面，此时可在页面中看见华文新魏字体的演示效果，单击工具栏中的"后退"按钮返回上一页面。

5 步骤 用户若要下载该字体，可在页面中单击"下载地址"选项右侧的"下载地址1"链接。

6 步骤 弹出一个对话框，在该对话框中用户可选择下载该字体的方式，例如单击"用迅雷下载"按钮。

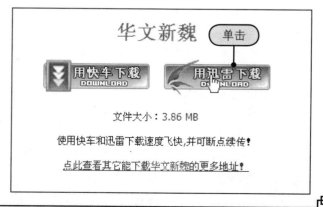

步骤 7 打开"建立新的下载任务"对话框，直接单击"立即下载"按钮开始下载该字体，请耐心等待。

步骤 8 下载完毕之后，用户可在桌面上看见下载的字体。按照第7章安装字体的方法即可将该字体安装在电脑中。

10.4.2 中国传统文化搜索引擎——国学网

国学网搜集了大量的中国传统文化书籍，如四书五经、唐诗三百首等，用户可通过该搜索引擎搜索想要阅读的古代书籍。

步骤 1 在地址栏中输入so.guexue.com后按Enter键，打开国学网首页，单击"自选检索范围"链接。

步骤 2 打开新的页面，**Step①**单击"智能检索"标签，**Step②**在文本框中输入想要阅读的古书名称，如输入"诗经"，**Step③**单击"检索"按钮。

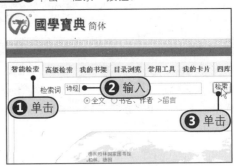

步骤 3 片刻之后便可在"检索词"文本框下看见搜索的结果，单击《诗经》链接。

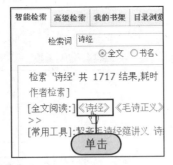

步骤 4 跳转至新的页面，在页面左侧单击"诗经"选项前面的展开按钮。

步骤 5 在展开的列表中选择需要阅读的篇章，例如单击"国风·卫风"链接。

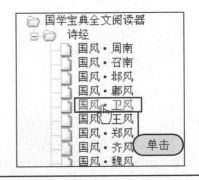

6
步骤 单击之后在页面右侧显示了选中篇章的具体内容。用户阅读完毕后可直接在页面左侧单击其他篇章链接继续阅读。

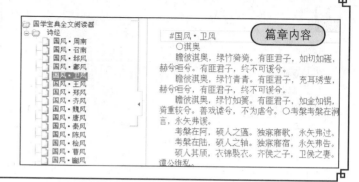

10.4.3 自由的百科全书——维基百科

维基百科是一个自由、免费、内容开放的百科全书协作计划。它是一部用各种语言编写的网络百科全书，其目标及宗旨是为全人类提供自由的百科全书。维基百科是一个动态的、可自由访问和编辑的全球知识体，也被称作"人民的百科全书"。

1
步骤 在地址栏中输入zh.wikipedia.org后按Enter键，打开维基百科首页，单击页面上方的"大陆简体"选项，**Step①** 在页面左侧的文本框中输入需要搜索的词语，如输入"计算机"，**Step②** 单击"进入"按钮。

2
步骤 打开新的页面，此时在页面中可以看见该网站中搜索到的有关计算机的概念以及相关的其他信息。

3
步骤 用户也可以使用其他方式进行搜索，例如使用分类索引，即在首页中单击页面左侧"导航"选项组下的"分类索引"链接。

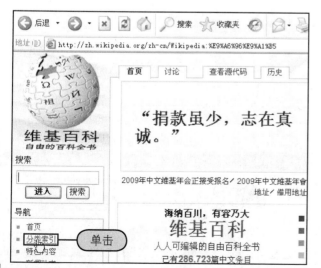

4
步骤 跳转至新的页面，此时在页面右侧列出了各种类型的关键词，用户只需单击想要了解的关键词，例如单击"生活、艺术与文化"选项下的"摄影"链接。

生活、艺术与文化

收藏 - 饮食 - 服装 - 交通 - 体育 - 娱乐 - 旅游 - 游戏 - 嗜好 - 工具 - 音乐 - 舞蹈 - 电影 - 戏剧 - 电视 - 摄影 - 绘画 - 雕塑 - 手工艺 - 家庭 - 文明 - 文物 - 节日 - 虚构 - 符号 - 次文化 - 动画 - 漫画
单击

中华文化

中国历史 - 中国神话 - 中国音乐 - 戏曲曲艺 - 中华民俗 - 中国文学 - 中文古典典籍 - 武术 - 中医 -

5 **步骤** 跳转至新的页面，用户可以继续进行选择，例如单击"亚类"选项卡下的"照相机"链接。

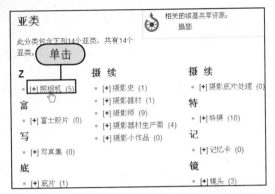

6 **步骤** 跳转至新的页面，继续进行选择，例如单击"数码照相机"链接。

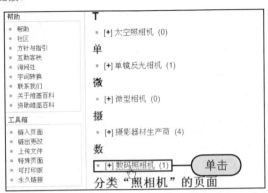

7 **步骤** 跳转至新的页面，在页面中选择数码照相机的型号，例如单击"尼康Coolpix P1"链接。

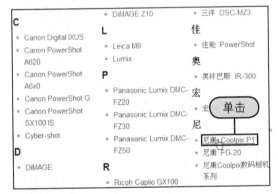

8 **步骤** 此时可在页面中看见尼康Coolpix P1的详细信息，用户还可以返回上一页面选择其他型号的照相机。

9 **步骤** 喜欢浏览新闻的用户可在维基百科首页的左侧单击"新闻动态"链接查找最近几天的新闻。

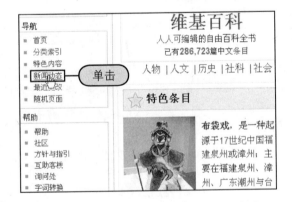

10 **步骤** 跳转至新的页面，拖动窗口右侧的滚动条，选择不同的新闻进行浏览，例如浏览12月15日的相关新闻，单击"新华网"链接。

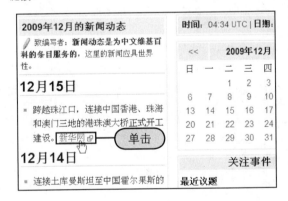

11 **步骤** 页面自动跳转到新的页面，用户可拖动窗口右侧的滚动条进行浏览，阅读完毕后可返回上一页面，然后使用相同的方法浏览其他的新闻。

第 11 章

实现网络资源共享

网络中拥有的信息资源并不是互联网一产生就存在的，它们是某些用户通过上传工具上传至网络中的，供其他用户下载和分享。其他用户若想下载或共享这些信息资源，就必须使用下载工具才可实现。

11.1 使用IE浏览器下载网络资源

当电脑中没有安装下载软件时，用户可直接使用IE浏览器进行下载，此种下载方法的下载速度较慢，不适合下载较大的文件。

步骤1 打开包含有下载内容的页面，单击页面中的"本地下载"链接。

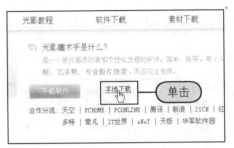

步骤2 弹出"文件下载-安全警告"对话框，单击"保存"按钮，打开"另存为"对话框。

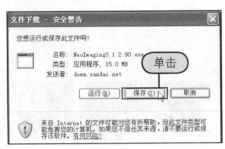

步骤3 **Step1** 单击"保存在"右侧的下三角按钮，**Step2** 在弹出的下拉列表中选择保存的位置，如选择"本地磁盘（D:）"选项。

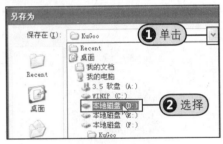

步骤4 用户可将下载的软件专门放置在一个文件夹中便于以后查找和使用，例如单击TDDOWNLOAD选项。

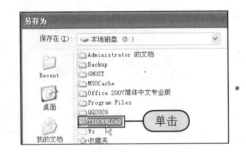

步骤5 **Step1** 在对话框下方的"文件名"文本框中重新输入文件名，例如输入"光影魔术手"，**Step2** 单击"保存"按钮。

步骤6 返回上一级对话框，可在对话框中看到下载的进度以及下载的速度等详细信息，请耐心等待。

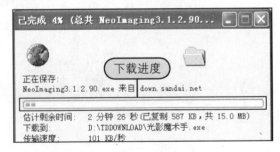

步骤7 下载完毕后直接单击"关闭"按钮关闭对话框。

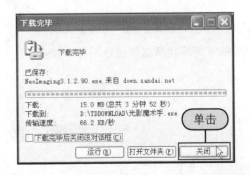

步骤8 按照下载文件存放的路径打开对应的窗口，此时可在窗口中看到下载的文件。

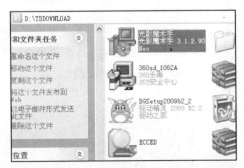

11.2 使用迅雷下载网络资源

用户若要下载较大的文件时可选择使用"迅雷"下载软件,它是一款新型的基于P2SP的下载软件,而且具有大幅提高下载速度和降低死链比例等功能,并且完全免费。

11.2.1 打开迅雷并搜索网络资源

用户可以在迅雷软件中直接搜索想要的资源,然后在搜索结果中进行查找,找到满意的资源之后便可使用迅雷软件进行下载。

步骤 1 迅雷安装完成后,双击桌面上的"迅雷5"图标,打开迅雷5主界面窗口。

步骤 2 **Step 1** 在左上角输入关键字,**Step 2** 单击右侧的 Q 按钮,打开搜索结果页面。

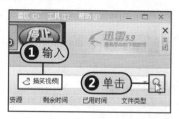

步骤 3 开始查找结果,若没有找到,可在页面下方进行选择,如单击"动物搞笑视频"链接。

步骤 4 打开新的页面,在页面中查找想要的视频,若找到满意的视频则可单击对应链接。

步骤 5 打开下载页面,在页面的左上方单击"下载地址1"链接。

步骤 6 打开"建立新的下载任务"对话框,单击"存储路径"选项右侧的"浏览"按钮,打开"浏览文件夹"对话框。

步骤 7 **Step 1** 在列表框中选择保存下载文件的位置,例如选择D盘中的"视频"文件夹,**Step 2** 单击"确定"按钮。

步骤8 返回"建立新的下载任务"对话框，确认设置的存储路径无误后单击"立即下载"按钮开始下载，请耐心等待。

步骤10 按照前面设置的保存路径打开下载文件所在的窗口，即可在窗口中看到下载的文件，双击该文件。

步骤9 下载完成后在迅雷主界面中单击左侧的"全部任务"选项，便可在右侧看到下载完成的任务。

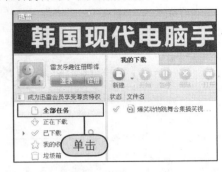

步骤11 此时可以看到Windows Media Player播放器正在播放下载的文件。

11.2.2 通过右击链接/按钮下载资源

用户将迅雷安装至电脑后，可在浏览网页的过程中使用迅雷下载需要的资源，选择下载方式的操作是右击下载链接或按钮，在弹出的快捷菜单中单击"使用迅雷下载"命令即可。

步骤1 下面以下载QQ2009SP6软件为例进行讲解。打开下载页面，**Step1** 右击"立即下载"按钮，**Step2** 在弹出的快捷菜单中单击"使用迅雷下载"命令。

步骤3 打开"浏览文件夹"对话框，在列表框中选择存储路径，单击"确定"按钮。

步骤2 打开"建立新的下载任务"对话框，单击"存储路径"选项右侧的"浏览"按钮更改存储路径。

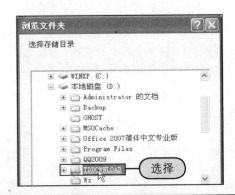

4 返回"建立新的下载任务"对话框,确认存储路径无误后单击"立即下载"按钮。

6 下载完毕后打开保存位置所在的窗口,即可看到下载的资源。

5 打开迅雷5主界面窗口,此时可在窗口中看到下载的进度以及速度,同时也可在悬浮窗口中看到下载的进度,请耐心等待。

11.2.3 导入未完成的文件继续下载

迅雷还提供了导入未完成文件并继续下载的功能,用户可使用此功能将电脑中未下载完成的文件导入迅雷下载软件后继续下载。

1 打开迅雷5主界面窗口,**Step①** 单击窗口右上方的"文件"按钮,**Step②** 在弹出的下拉菜单中单击"导入未完成的下载"命令。

2 打开"导入"对话框,**Step①** 单击"查找范围"选项右侧的下三角按钮,**Step②** 在弹出的下拉列表中选择文件存放位置对应的磁盘分区。

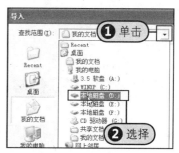

3 选中分区后,可在下方的列表中双击存放文件所在的文件夹。

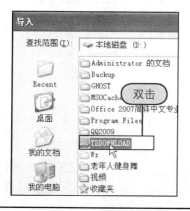

4 打开文件夹之后便可在列表框中看到未下载完成的文件,单击该文件,然后单击"打开"按钮。

5 步骤 弹出"建立新的下载任务"对话框，此时可以看到该文件的存储路径无法更改，直接单击"立即下载"按钮。

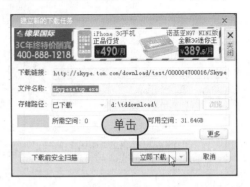

6 步骤 返回迅雷主界面窗口，此时可在窗口中看到文件下载的进度以及速度。请耐心等待完成。

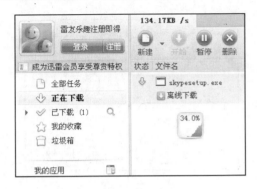

11.2.4 打造个性化的迅雷下载软件

　　用户使用迅雷下载软件的习惯并不是完全相同的，例如设置不同的存储路径、设置不同的运行最大任务数量、设置不同的下载速度等，因此用户可以手动设置迅雷下载软件，将其"个性化"。

1 步骤 打开迅雷5主界面窗口，**Step1** 在窗口顶部单击"工具"按钮，**Step2** 在弹出的下拉菜单中单击"配置"命令，打开"配置面板"对话框。

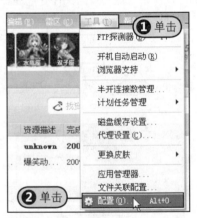

2 步骤 **Step1** 单击"常用设置"选项，**Step2** 在"任务管理"选项组单击微调按钮设置同时运行的最大任务数，**Step3** 勾选"自动将低速任务移至列尾"复选框。

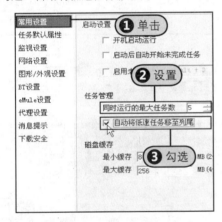

3 步骤 单击左侧的"任务默认属性"选项，**Step1** 在右侧的"常用目录"选项组中选中"使用指定的存储目录"单选按钮，**Step2** 单击右下方的"选择目录"按钮。

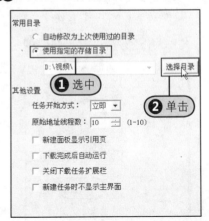

4 步骤 打开"浏览文件夹"对话框，**Step1** 在列表框中选择更改的存储目录，**Step2** 选中后单击"确定"按钮，返回"配置面板"对话框。

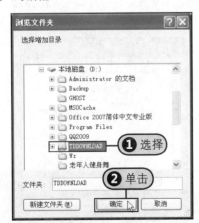

5 **步骤** 此时可以看到设置的指定存储目录，**Step①** 在"其他设置"选项组中单击"任务开始方式"选项右侧的下三角按钮，**Step②** 在弹出的下拉列表中选择"立即"选项。

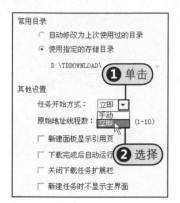

6 **步骤** 单击左侧的"监视设置"选项，在"监视对象"选项组中勾选除"监视剪贴板"之外的所有复选框。

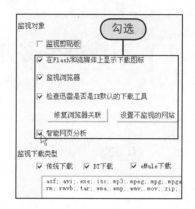

7 **步骤** **Step①** 单击左侧的"网络设置"选项，**Step②** 在"下载模式"选项组中选中"自定义模式"单选按钮，**Step③** 在下方设置最大下载速度和最大上传速度。

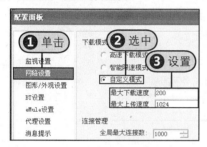

8 **步骤** **Step①** 单击左侧的"图形/外观设置"选项，**Step②** 取消勾选"仅显示全局速度"复选框，**Step③** 在下方设置速度显示比例。

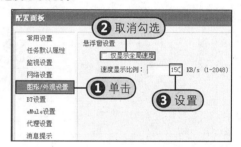

9 **步骤** **Step①** 单击左侧的"消息提示"选项，**Step②** 在"操作确认"选项组中勾选"下载完成后显示提示窗口"和"下载完成播放提示音"复选框。

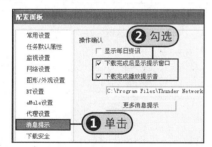

10 **步骤** **Step①** 单击左侧的"下载安全"选项，**Step②** 在右侧勾选"下载后自动杀毒"复选框，**Step③** 单击"杀毒程序"选项右侧的"浏览"按钮。

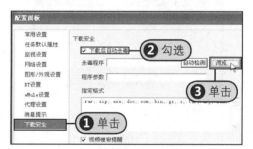

11 **步骤** 打开"选择杀毒软件"对话框，**Step①** 在"查找范围"下拉列表中选择杀毒软件的安装路径，**Step②** 在列表框中单击可执行文件。

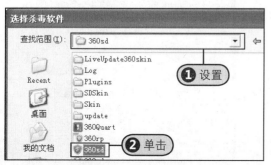

12 **步骤** 返回"配置面板"对话框，**Step①** 单击"应用"按钮，**Step②** 再单击"确定"按钮保存退出。

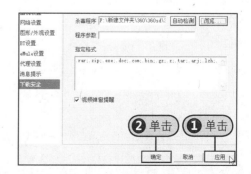

11.3 使用BitComet下载网络资源

BitComet与迅雷一样也是一种下载软件，它独有的长效种子功能，能显著提高下载速度和延长种子寿命。该下载软件不仅能下载单个文件，还能批量下载文件。

11.3.1 下载单个文件

使用BitComet下载单个文件与迅雷下载文件的方法类似，不同的是右击后在弹出的快捷菜单中选择"使用BitComet下载"命令。

步骤1 打开下载页面，**Step1** 在页面中右击任意一个下载链接，例如右击"江苏E动网电信下载"链接，**Step2** 在弹出的快捷菜单中单击"使用BitComet下载"命令，打开"新建HTTP/FTP下载任务"对话框。

步骤3 **Step1** 在列表框中选择保存的位置，**Step2** 单击"确定"按钮。

步骤2 在对话框中单击"保存到"选项右侧的"浏览"按钮，打开"浏览文件夹"对话框。

步骤4 返回"新建HTTP/FTP下载任务"对话框中，**Step1** 在"文件名"文本框中重新输入文件名，**Step2** 单击下方的"立即下载"按钮开始下载。

步骤5 此时可在BitComet主界面窗口中看到下载的进度及速度，请耐心等待。

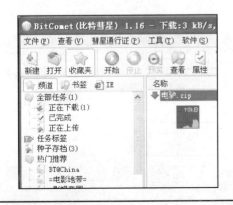

11.3.2 批量下载

用户使用BitComet下载连续剧或电影时，如果按照前面的方法进行单个下载，那么下载几十集甚至一百集的电视剧是很浪费时间的，此时可以使用该软件提供的批量下载方式一次性全部下载。

步骤 1 打开下载的页面，**Step 1** 右击任意一个下载链接，**Step 2** 在弹出的快捷菜单中单击"属性"命令，打开"属性"对话框。

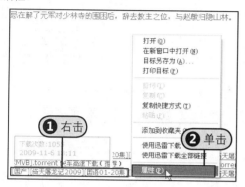

步骤 2 **Step 1** 在对话框中拖动选中地址（URL），**Step 2** 右击选中项，**Step 3** 在弹出的快捷菜单中单击"复制"命令。

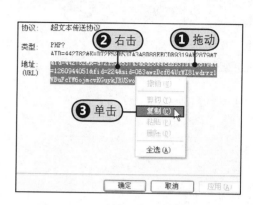

步骤 3 在桌面上新建一个记事本并打开，接着使用组合键Ctrl+V将前面复制的地址粘贴到记事本中。

步骤 4 使用相同的方法将下载页面中其他下载链接的地址粘贴到记事本中。

步骤 5 **Step 1** 单击记事本窗口菜单栏中的"文件"按钮，**Step 2** 在弹出的下拉菜单中单击"保存"命令。

步骤 6 启动BitComet并打开其主界面窗口，**Step 1** 在菜单栏中单击"文件"按钮，**Step 2** 在弹出的下拉菜单中单击"批量添加HTTP/FTP任务"命令。

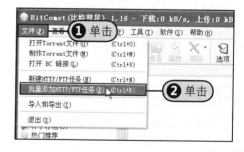

步骤 7 打开"批量下载-添加URL"对话框，**Step 1** 单击"从文件加载URL"标签，**Step 2** 单击"URL列表文件"选项右侧的"浏览"按钮。

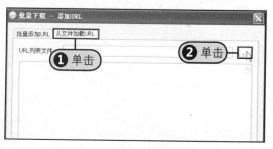

步骤 8 打开"打开"对话框，**Step 1** 单击"查找范围"选项右侧的下三角按钮，**Step 2** 在弹出的下拉列表中选择文件的保存位置。

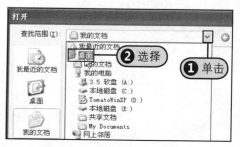

步骤9 在下方的列表框中单击前面保存的文本文档，选中之后单击对话框右下方的"打开"按钮。

步骤10 返回"批量下载-添加URL"对话框，此时可在对话框中看到文本文档的具体内容，单击下方的"添加"按钮。

步骤11 打开"添加下载"对话框，在"保存目录"选项组中单击右侧的"浏览"按钮，打开"浏览文件夹"对话框。

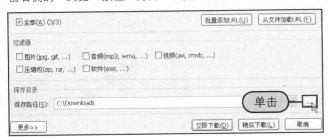

步骤12 在列表框中选择文件的保存位置，单击"确定"按钮。

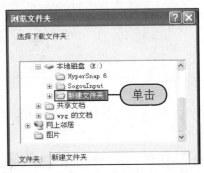

步骤13 返回"添加下载"对话框，在"保存目录"选项组中确认设置的保存路径无误，单击"立即下载"按钮返回主界面窗口开始下载。

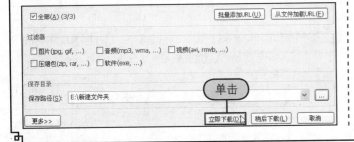

步骤14 片刻之后可在主界面窗口中看到文件下载的进度，只需等待其下载完毕即可。

11.3.3 制作BT种子

用户可以使用BitComet软件将自己电脑中的可用资源制作成BT种子，然后将其发布到网络中与其他网友分享。

步骤1 **Step1** 单击菜单栏中的"文件"按钮，**Step2** 在弹出的下拉菜单中单击"制作Torrent文件"命令。

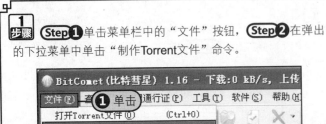

步骤2 打开"制作Torrent文件"对话框，单击"源文件"选项组中的"浏览"按钮。

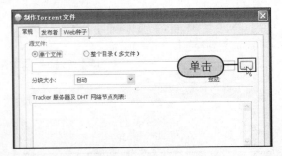

步骤3 打开"打开"对话框，**Step1** 在"查找范围"下拉列表中选择文件的位置，**Step2** 在列表框中单击选中的源文件。

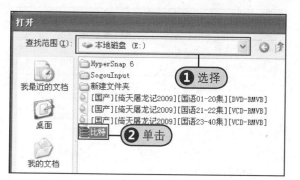

步骤5 在对话框底部的"生成"选项组中单击右下方的"浏览"按钮。

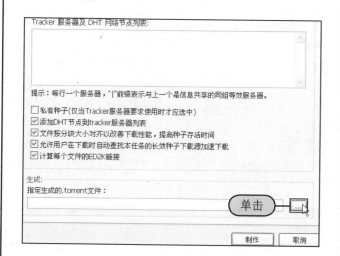

步骤7 返回上一级对话框，在"生成"选项组中确认保存BT种子文件的位置无误之后单击"制作"按钮。

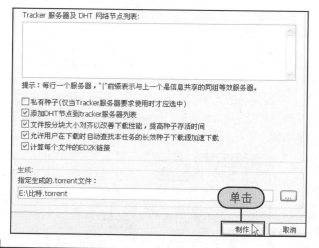

步骤4 单击"打开"按钮返回上一级对话框，**Step1** 单击"分块大小"选项右侧的下三角按钮，**Step2** 在弹出的下拉列表中单击"自动"选项。

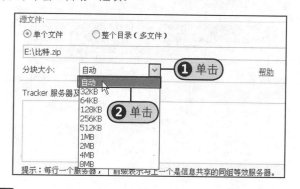

步骤6 打开"另存为"对话框，**Step1** 在"保存在"下拉列表中选择保存BT种子的位置，**Step2** 在"文件名"文本框中输入文件名，**Step3** 输完后单击"保存"按钮。

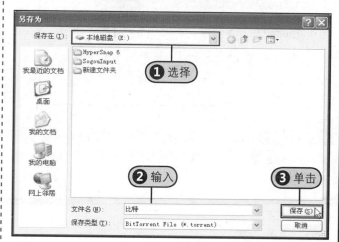

步骤8 片刻之后打开BT种子所在的窗口，此时可在窗口中看到制作的BT种子，接着用户便可将种子上传至网络中并与其他网友分享。

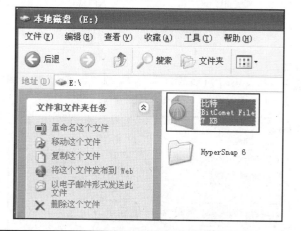

11.3.4 打造个性化BitComet

　　BitComet与迅雷一样都是下载软件，因此用户也可以按照自己的习惯和爱好来设置BitComet的相关属性。

步骤1 打开BitComet主界面窗口，**Step1** 单击菜单栏中的"工具"按钮，**Step2** 在弹出的下拉菜单中单击"选项"命令，打开"选项"对话框。

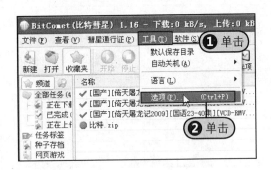

步骤2 单击"选项"对话框左侧的"网络连接"选项，在右侧的"连接设置"选项组中分别设置全局最大下载速率和全局最大上传速率。

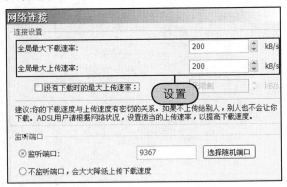

步骤3 单击左侧的"下载目录"选项，在右侧的"下载目录"选项组中单击"浏览"按钮，打开"浏览文件夹"对话框。

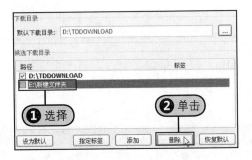

步骤4 **Step1** 在对话框的列表框中选择新的下载目录，**Step2** 单击下方的"确定"按钮。

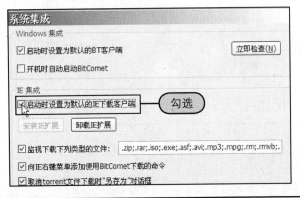

步骤5 **Step1** 在"候选下载目录"选项组中选择多余的下载目录，**Step2** 单击下方的"删除"按钮即可将多余的候选下载目录删除。

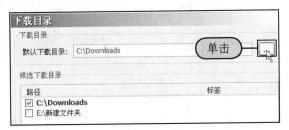

步骤6 单击左侧的"任务设置"选项，在右侧的"任务计划"选项组中分别设置同时下载的BT任务数上限和同时下载的HTTP/FTP任务数上限。

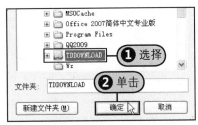

步骤7 单击左侧的"系统集成"选项，在"IE集成"选项组中勾选"启动时设置为默认的IE下载客户端"复选框。

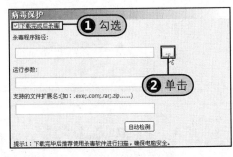

步骤8 单击左侧的"病毒保护"选项，**Step1** 在右侧勾选"下载完成后杀毒"复选框，**Step2** 单击"杀毒程序路径"选项右侧的"浏览"按钮。

步骤9 打开"打开"对话框，**Step1** 单击"查找范围"选项右侧的下三角按钮，**Step2** 在弹出的下拉列表中选择杀毒软件所在的磁盘分区。

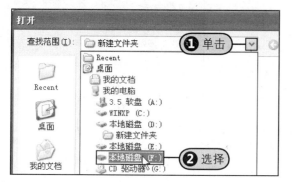

步骤10 打开杀毒软件所在的文件夹，**Step1** 单击对应的可执行文件，**Step2** 选中后单击"打开"按钮。

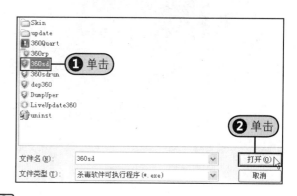

步骤11 返回"选项"对话框，此时可在对话框中看到添加的杀毒程序。

病毒保护

☑下载完成后杀毒

杀毒程序路径：

F:\新建文件夹\360\360sd\360sd.exe   …

运行参数：

支持的文件扩展名:(如：.exe;.com;.rar;.zip……)

[自动检测]

提示1：下载完毕后推荐使用杀毒软件进行扫描，确保电脑安全。

步骤12 单击左侧的"服务"选项，在右侧取消勾选"热门软件更新检查"复选框。

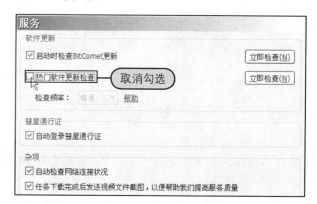

步骤13 单击左侧的"磁盘缓存"选项，在右侧分别设置磁盘缓存最大值和磁盘缓存最小值。

磁盘缓存

磁盘缓存

磁盘缓存的作用是将用户频繁访问的数据保存在内存中，从而减少读写硬盘的次数。BitComet 通常自动管理缓存，但您可以通过修改以下设置更改其操作模式。

磁盘缓存最小值 (MB):	6
磁盘缓存最大值 (MB):	50
减小缓存当空闲物理内存低于 (MB):	50
每个HTTP连接磁盘缓存大小 (KB):	512

设置

☑在最大最小范围内自动调整缓存大小

步骤14 设置完毕后，**Step1** 在对话框右下角单击"应用"按钮，**Step2** 单击"确定"按钮即可完成。

每个HTTP连接磁盘缓存大小 (KB):	512

☑在最大最小值范围内自动调整缓存大小

②单击 **①单击**

[确定] [取消] [应用(A)]

11.4 使用电驴下载与上传共享资源

电驴与迅雷和BitComet一样，也是一款下载软件。它的下载速度不能与迅雷和BitComet相比，但是电驴拥有时效长、下载稳定等优势。用户也可将本地资源上传至电驴网络中与其他人共同分享。

11.4.1 使用电驴搜索并下载资源

用户下载并安装电驴之后，便可在电驴的主界面窗口中直接搜索想要的资源，然后在搜索结果中选择满意的资源并下载。

1 步骤 双击桌面上快捷图标启动电驴下载软件,在窗口中单击"电影"标签。

2 步骤 拖动右侧的滚动条,在页面的右侧单击"更多电影资源"链接。

3 步骤 此时可在窗口中查找喜欢的资源,若当前页面没有,则单击页面底部的"2"选项。

4 步骤 **Step 1** 用户可以使用搜索功能直接搜索需要的资源,例如在搜索栏中输入"2012",**Step 2** 单击右侧的"搜索"按钮。

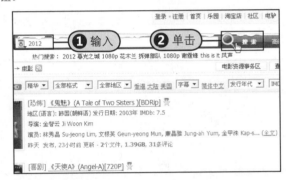

5 步骤 片刻之后在下方看到搜索的结果,找到满意的搜索资源后单击其对应的链接即可。

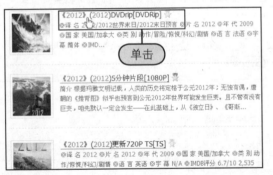

6 步骤 打开影片的介绍页面,拖动右侧的滚动条,在页面中部的"电驴资源"选项组中单击"下载选中的文件"按钮。

7 步骤 打开"添加任务"对话框,在"下载任务"选项组中可以看到软件默认的保存位置。若需要更改保存位置,则直接单击右侧的"浏览"按钮。

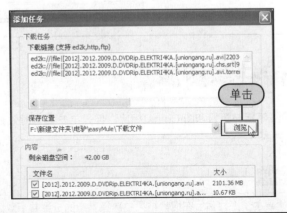

8 步骤 打开"浏览文件夹"对话框,**Step 1** 在列表框中选择保存路径,**Step 2** 单击下方的"确定"按钮。

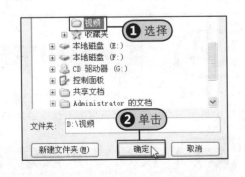

步骤9 返回"添加任务"对话框，**Step1** 在"内容"选项组中选择下载文件，**Step2** 单击下方的"确定"按钮。

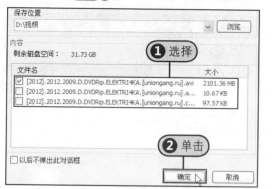

步骤10 返回电驴主界面窗口，界面自动切换至"下载"选项卡，此时可在下方的列表框中看到电影下载的详细信息。

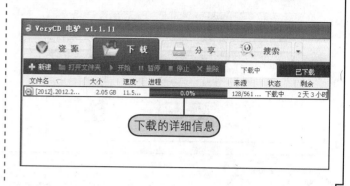

11.4.2 使用电驴分享本地资源

电驴为用户提供了下载资源的功能，用户可以将电脑中的可用资源通过电驴与其他网友分享，即用户将电脑中的资源设置为共享资源之后，其他人就可以通过电驴搜索到你发布的资源并进行下载。

步骤1 打开电驴主界面窗口，单击顶部的"分享"标签。

步骤2 在"分享"选项卡下选择共享的资源，例如在窗口的左侧依次展开"本地磁盘D>TDDOWNLOAD"选项，单击"Windows Vista升级顾问"文件夹。

步骤3 在窗口的右侧可以看到该文件夹中的所有文件，选择需要共享的文件，例如勾选"WindowsVista顾问升级.msi"复选框。

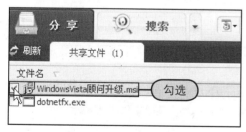

步骤4 在窗口左侧单击"所有共享的文件"选项，然后在右侧可以看到刚才选中的文件，共享成功。

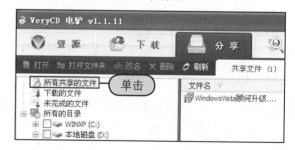

步骤5 单击窗口顶部的"搜索"标签切换至该选项卡下。

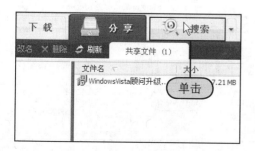

步骤6 **Step1** 在"搜索电驴网络"选项下单击下三角按钮，**Step2** 在弹出的下拉列表中选择不同的网络，例如单击"电驴"选项。

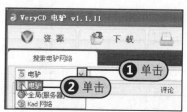

步骤7 **Step1** 在右侧的文本框中输入"WindowsVista顾问升级"，**Step2** 单击"搜索"按钮。

① 输入　② 单击

步骤8 片刻之后在下方可以看到搜索的结果，其他用户也可以搜索到该文件并下载。

11.5 使用CuteFTP下载与上传共享资源

CuteFTP是小巧强大的FTP工具之一，它具有友好的用户界面、稳定的传输速度，并且自带了许多免费的FTP站点，具有丰富的资源，用户可使用该软件下载FTP服务器中的资源，也可将电脑中的可用资源上传至FTP服务器。

11.5.1 使用CuteFTP下载资源

用户在使用CuteFTP服务器下载资源之前，需要成功登录至对应的FTP服务器，然后再选择满意的资源进行下载。

步骤1 打开CuteFTP主界面，**Step1** 单击"站点管理器"标签，**Step2** 选择FTP站点。

① 单击　② 选择

步骤2 由于这些FTP服务器都是免费的，因此等待片刻即可连接成功。连接成功之后，会在窗口的右侧显示该站点中的所有资源。

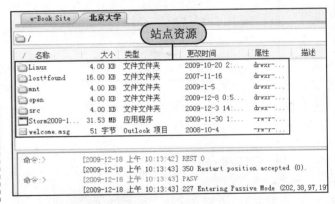

站点资源

步骤3 **Step1** 单击"本地驱动器"标签，**Step2** 单击下方的下三角按钮，**Step3** 在弹出的下拉列表中选择保存下载文件的位置。

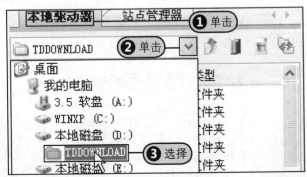

① 单击　② 单击　③ 选择

步骤4 **Step1** 在右侧的列表框中右击需要下载的资源，**Step2** 在弹出的快捷菜单中单击"下载"命令。

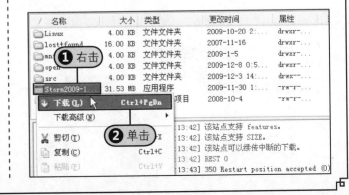

① 右击　② 单击

5 步骤 此时可以在窗口的底部看到下载进度的百分比,请耐心等待。

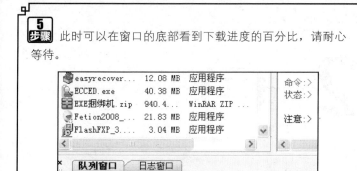

下载进度

6 步骤 当下载进度的百分比达到100%时下载成功,用户可打开对应的文件夹查看详情。

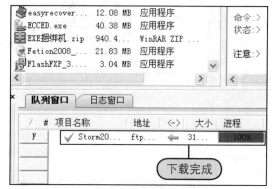

下载完成

教你一招 **输入FTP服务器的主机、用户名和登录密码**

用户拥有某些**FTP**服务器的主机、用户名、密码和端口号时,可以直接在窗口中输入对应的相关信息,然后单击右侧的 按钮,耐心等待片刻即可连接成功。

输入

11.5.2 将资源上传至服务器

CuteFTP软件自带的免费服务器很少允许陌生人上传资源,若用户需要上传文件至服务器,需获得该服务器的上传权限,然后上传资源至服务器。

1 步骤 在CuteFTP主界面窗口的顶部输入服务器的主机名、用户名、密码和端口号,然后单击 按钮。

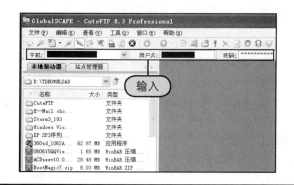

输入

2 步骤 **Step1** 连接成功之后在窗口左侧右击需要上传的资源,**Step2** 在弹出的快捷菜单中单击"上传"命令,耐性等待即可上传成功。

① 右击

② 单击

第 12 章

使用网络通信工具

因特网除了为用户提供共享资源之外，还提供了和朋友进行沟通的工具，即通信工具，如腾讯QQ、MSN、网络电话TOM-Skype等软件。除了这些，用户还可以在某些大型的网站上申请邮箱用于和好友免费互通邮件。

12.1 使用腾讯QQ进行通信

　　腾讯QQ是腾讯公司推出的一款通信软件，用户在使用该软件之前需要先申请QQ号码，然后便可添加好友并与好友进行文字、视频和语音聊天。

12.1.1 申请QQ号码

　　用户申请QQ号码后直接登录腾讯的官方网站（www.qq.com），申请免费的QQ号码有网页免费申请和手机快速申请两种方法。这里介绍网页免费申请的操作流程。

步骤1 打开腾讯官方网站，在页面的左上方单击"号码"链接。

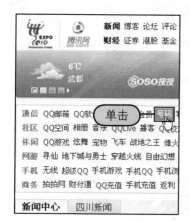

步骤3 跳转至新的页面，在页面中单击"QQ号码"按钮。

步骤2 跳转至新的页面，在"网页免费申请"选项组中单击"立即申请"按钮。

步骤4 跳转至新的页面，**Step①** 在页面中输入昵称、生日、密码和验证码等信息，**Step②** 单击"确定"按钮。

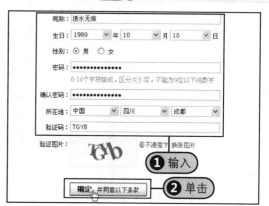

步骤5 片刻之后跳转至新的页面，此时可以在页面中看见QQ号码，申请成功。

12.1.2 查找并添加QQ好友

用户成功申请QQ号码后即可进行登录，然后就可以开始查找并添加好友，查找好友的方法有两种，一种是通过输入好友的QQ号码精确查找，另一种则是设置限制搜索条件进行查找。

1 精确查找

用户如果知道对方的QQ号码或者QQ昵称，可以直接使用精确查找方法快速准确地找到好友，然后将其添加为好友。

步骤1 用户成功安装好QQ2009后便会在桌面上出现对应的快捷图标，双击该图标，打开QQ2009登录界面。

步骤3 登录成功之后，在QQ主界面的底部单击"查找"按钮，打开"查找联系人/群/企业"对话框。

步骤5 **Step1** 在"查找联系人"选项卡下的"以下是为您查找到的用户"列表框中单击搜索结果，**Step2** 单击"添加好友"按钮。

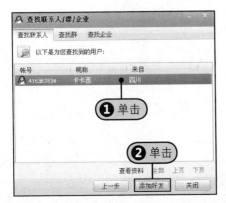

步骤2 **Step1** 在界面中输入新申请的QQ账号和密码，**Step2** 单击"登录"按钮。

步骤4 **Step1** 在"查找方式"选项组中选中"精确查找"单选按钮，**Step2** 在下方输入好友的QQ账号或昵称，单击"查找"按钮。

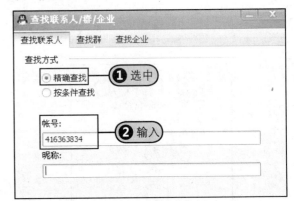

步骤6 打开"添加好友"对话框，**Step1** 输入验证信息，**Step2** 设置分组，**Step3** 单击"确定"按钮。

7 步骤 打开"添加好友"对话框，提示用户添加请求已经发送成功，请耐心等待对方确认，单击"确定"按钮。

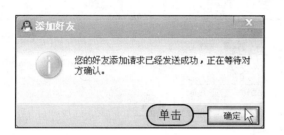

8 步骤 当对方确认并添加之后，会在桌面的右下角出现闪烁的 图标，单击该图标。

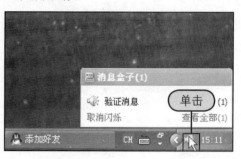

9 步骤 打开"添加好友"对话框，**Step①**在"备注"文本框中输入备注名，**Step②**单击"完成"按钮。

10 步骤 在QQ好友面板中单击"家人"选项左侧的下三角按钮，即可在界面中看见添加的好友。

② 按条件查找

用户如果没有好友的QQ号码可使用条件进行查找，在设置查找条件时可以尽量设置得详细些，然后在搜索结果中查找好友。

1 步骤 打开"查找联系人/群/企业"对话框，**Step①**选中"按条件查找"单选按钮，**Step②**在下方设置查找的条件，单击"查找"条件。

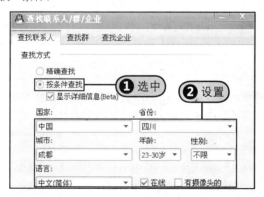

2 步骤 片刻之后便可在对话框中看见搜索的结果，若在该页面中没有找到满意的好友可以单击下方的"下页"链接。

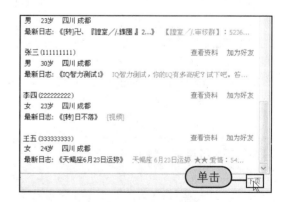

3 步骤 如果还是没有找到满意的用户，则可再次单击"下页"链接翻页查找，直至找到满意的用户，然后直接单击"查看资料"链接。

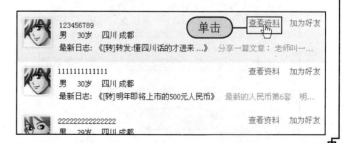

4 步骤 查看该好友的详细资料之后单击对话框下方的"加为好友"按钮。

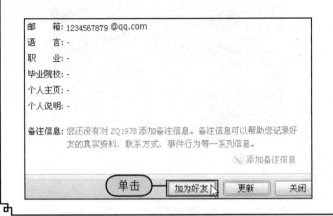

5 步骤 打开"添加好友"对话框，**Step①** 输入验证信息，**Step②** 设置分组，**Step③** 单击"确定"按钮即可发送添加消息等待对方确认。

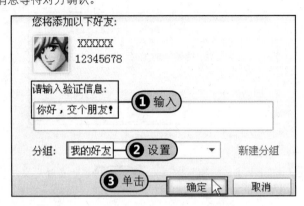

12.1.3 与好友聊天

添加好友之后用户便可以与好友进行聊天，用户除了与好友进行文字聊天之外，还可以进行视频聊天和语音聊天。

1 步骤 **Step①** 在QQ好友面板中单击"家人"选项左侧的下三角按钮，**Step②** 在下方双击好友的QQ头像。

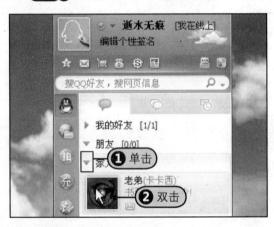

2 步骤 打开聊天窗口，**Step①** 在窗口下方的文本框中输入文字内容，**Step②** 输完后单击"发送"按钮。

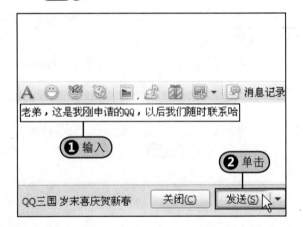

3 步骤 在聊天窗口上方的窗格中看见发送的文本信息，等待片刻之后便可在该窗格中看见对方回复的信息。

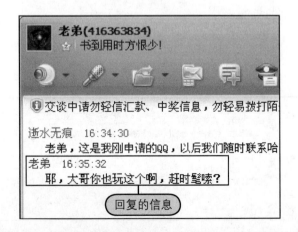

4 步骤 用户除了发送文字内容之外，还可以发送表情，**Step①** 单击 😊 图标，**Step②** 在展开的库中选择表情，例如单击"坏笑"表情。

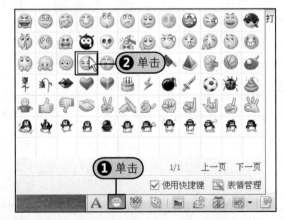

⑤步骤 **Step❶** 用户若要与对方视频聊天，可以单击窗口左上角"开始视频会话"右侧的下三角按钮，**Step❷** 在弹出的下拉菜单中单击"开始视频会话"命令。

⑥步骤 视频邀请发送给对方，耐心等待对方接受邀请。

⑦步骤 对方接受邀请之后会在聊天窗口的右侧看见对应的图像，此时用户若要使用麦克风语音聊天可以勾选下方的"语音"复选框。

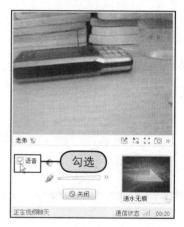

⑧步骤 用户若想关闭视频聊天，可以直接单击"关闭"按钮结束聊天。

⑨步骤 **Step❶** 用户若只想进行语音聊天可以单击"开始语音会话"右侧的下三角按钮，**Step❷** 在弹出的下拉菜单中单击"开始语音会话"命令发出语音邀请。

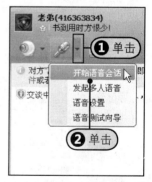

⑩步骤 对方接受邀请之后，用户便可通过麦克风与对方进行语音聊天，用户若想关闭语音聊天，直接单击聊天窗口右侧的"挂断"按钮即可。

12.1.4　好友管理

　　用户使用QQ一段时间之后会发现QQ好友面板中的好友越来越多，这时就需要对好友进行管理，如将好友进行移动分组、对好友进行修改备注姓名和删除不认识的好友等操作。在对好友进行分组时，由于QQ好友面板中有家人、朋友和同学三个默认分组，因此只需将不同的好友移动至不同的分组即可。在修改好友的备注名时，需要注意修改后的备注姓名要容易记忆并且一眼就能够认出。删除好友的最佳操作是先将好友移动至黑名单中，然后在名单中将其删除。

步骤 1 **Step①** 选中需要移动的好友并右击其QQ头像，**Step②** 在弹出的快捷菜单中单击"移动联系人至>朋友"命令。

步骤 2 单击"朋友"选项左侧的下三角按钮，可在下方看见移动后的好友。

步骤 3 **Step①** 选中需要修改备注姓名的好友并右击其QQ头像，**Step②** 在弹出的快捷菜单中单击"修改备注姓名"命令。

步骤 4 打开"修改备注姓名"对话框，**Step①** 在文本框中输入容易记忆的备注姓名，**Step②** 单击"确定"按钮。

步骤 5 返回QQ主界面中，此时可看见好友的备注名已经发生了改变，即修改成功。

步骤 6 **Step①** 选中需要删除的好友并右击其QQ头像，**Step②** 在弹出的快捷菜单中单击"移至黑名单"命令。

步骤7 弹出"删除好友"对话框，单击"确定"按钮将好友移至黑名单。

步骤8 **Step①** 在黑名单中右击QQ头像，**Step②** 在弹出的快捷菜单中单击"从该组删除"命令。

12.2 使用MSN进行通信

MSN是一款基于 Microsoft 高级技术即时通讯工具，至今微软已发布了两种MSN Messenger客户端：MSN Messenger和Windows Messenger，其中Windows Messenger是绑定在操作系统中的应用程序。

12.2.1 注册Windows Live ID

用户在使用MSN时首先要申请注册Windows Live ID。如果用户已经拥有了Hotmail账号，那么该账号就是一个ID，这里的ID是指通过用户唯一的电子邮件地址和密码来识别用户身份的账号，下面就来介绍注册Windows Live ID的操作方法。

步骤1 **Step①** 单击桌面左下角的"开始"按钮，弹出"开始"菜单，**Step②** 在菜单中单击"所有程序"命令。

步骤2 在右侧弹出的菜单中单击"Windows Live>Windows Live Messenger"命令。

步骤3 弹出Windows Live Messenger登录界面，在界面中单击"注册"链接。

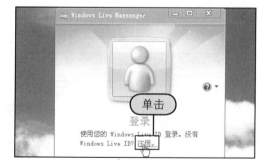

步骤4 打开注册页面，**Step①** 在"Windows Live ID"文本框中输入邮箱名称并在后面选择邮箱类型，**Step②** 单击"检查可用性"按钮。

步骤5 若输入的邮箱地址未被其他人使用，则会在页面中看见该邮箱可用的相关信息，接着在下方输入设置的密码和备选的电子邮件地址。

步骤6 继续输入个人的相关信息，例如输入姓氏、名字、邮政编码等其他信息。设置完毕后单击"接受"按钮提交注册信息。

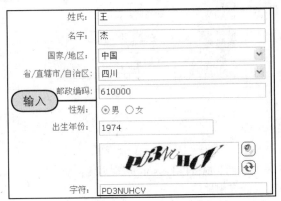

步骤7 片刻之后打开新的页面，此时可在页面中看见前面注册时输入的名字以及相关信息，即注册成功。

步骤8 关闭页面后，**Step1** 在Windows Live Messenger登录界面中输入ID号和密码，**Step2** 单击"登录"按钮。

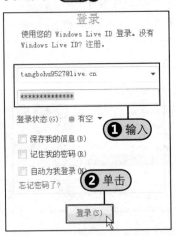

步骤9 登录成功之后用户可以看见好友面板，由于是刚刚注册的ID号，所以好友面板中是没有好友的。

12.2.2 添加好友并与好友聊天

用户登录Windows Live Messager之后，可以手动添加好友，在添加过程中必须输入对方的即时消息地址，添加成功之后便可与好友聊天。

步骤1 在Windows Live Messenger好友面板中单击"添加联系人"链接。

步骤2 弹出"输入此人的信息"对话框，**Step1** 输入好友的即时消息地址、移动设备电话号码并进行分组，**Step2** 单击"下一步"按钮。

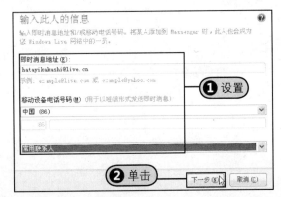

3步骤 (Step 1)在打开的对话框中输入验证消息，(Step 2)输完后单击"发送邀请"按钮。

4步骤 片刻之后打开新的页面，此时已经添加了该好友，单击"关闭"按钮等待好友确认。

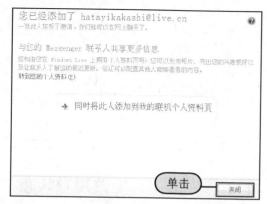

5步骤 好友添加成功之后便可与其聊天了。(Step 1)在好友面板中单击好友头像，(Step 2)在左侧弹出的菜单中单击"发送即时消息"命令。

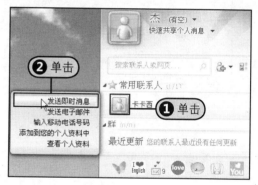

6步骤 打开聊天窗口，(Step 1)在窗口下方的文本框中输入聊天内容，(Step 2)单击☺图标右侧的下三角按钮。

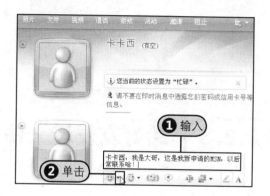

7步骤 在展开的库中选择添加的表情，例如在"已经标识的图释"选项组中单击☺图标。

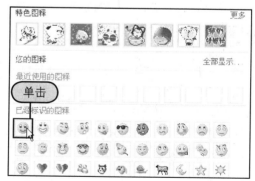

8步骤 返回聊天窗口，此时可在窗口中看见添加的表情，按Enter键发送聊天信息。

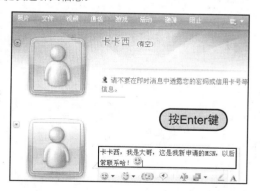

9步骤 在聊天窗口中可以看见刚刚发送的聊天内容，此时只需耐心等待好友回复聊天信息。

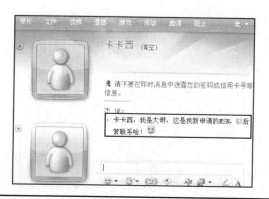

10 好友如果回复了信息，即可在聊天窗口中看见详细的回复信息。

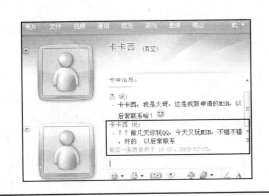

更改用户状态

　　用户若没有时间与好友聊天，可以更改当前的状态，**Step1**单击Windows Live Messenger好友界面中头像右侧的下三角按钮，**Step2**在弹出的下拉菜单中选择合适的状态，例如单击"忙碌"命令。

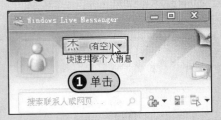 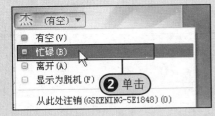

12.2.3 给好友发送文件

　　用户还可以在聊天窗口中给好友发送有用的文件，在传输过程中用户可以看见传输的进度直至成功发送。

1 按照前面的方法打开聊天窗口，**Step1**单击"文件"按钮，**Step2**在弹出的下拉菜单中单击"发送一个文件或照片"命令。

3 单击"打开"按钮发送文件，此时弹出"文件传输警告"对话框，单击"继续"按钮。

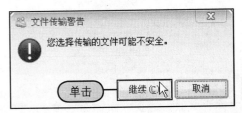

2 打开"发送文件给"对话框，**Step1**在"查找范围"选项下选择文件所在的位置，**Step2**在列表框中单击需要发送的文件。

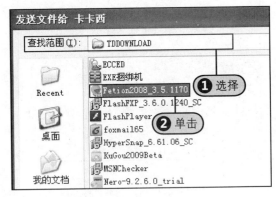

4 返回聊天窗口，此时可在窗口中看见发送的文件，耐心等待好友接收。

步骤5 好友成功接收之后即可在聊天窗口中看见文件传输的进度，请耐心等待。

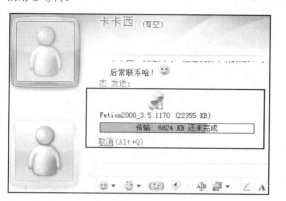

步骤6 完成之后可以在窗口中看见文件发送完毕提示，直接关闭窗口。

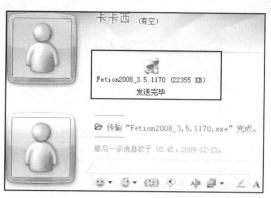

12.2.4 更改个人设置

用户在与好友、亲人进行交流时，可通过更改个人设置来体现自己的个性，在设置过程中用户可以选择自己喜欢的类型，如更改头像显示的图片、更改登录界面的主题方案以及更改显示的名称等。

步骤1 **Step1** 单击Windows Live Messenger主界面中头像右侧的下三角按钮，**Step2** 在弹出的下拉菜单中单击"更改显示图片"命令。

步骤2 打开"显示图片"对话框，可在左侧选择自己喜欢的图片，若没有满意的图片，单击右侧的"浏览"按钮上传自己喜欢的图片。

步骤3 打开"选择显示图片"对话框，**Step1** 在"查找范围"下拉列表中选择图片所在的位置，**Step2** 在下方单击需要上传的图片。

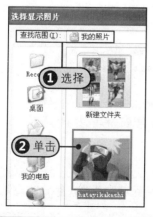

步骤4 单击"打开"按钮返回"显示图片"对话框，此时可在对话框右侧看见上传的图片，单击"确定"按钮。

步骤5 返回主界面,**Step❶** 单击头像右侧的下三角按钮,**Step❷** 在弹出的下拉菜单中单击"更改主题图案"命令。

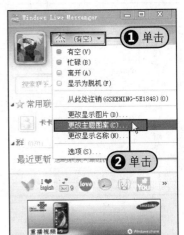

步骤6 打开"主题图案"对话框,用户可根据自己的爱好选择喜欢的主题图案。

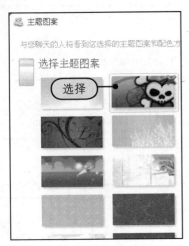

步骤7 **Step❶** 在"选择配色方案"选项组中选择自己喜欢的配色,**Step❷** 单击下方的"确定"按钮返回Windows Live Messenger主界面。

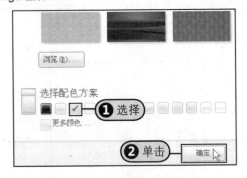

步骤8 此时可以看见头像和主题图案均发生了变化,**Step❶** 单击头像右侧的下三角按钮,**Step❷** 在弹出的下拉菜单中单击"更改显示名称"命令。

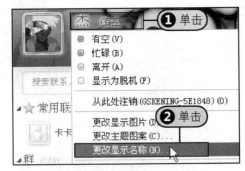

步骤9 打开"选项"对话框,在"个人信息"选项组中输入显示名称和共享的个人消息。

步骤10 单击"确定"按钮返回Windows Live Messenger主界面,此时可以在界面中看见显示名称和个人消息都发生了变化。

12.3 使用TOM-Skype进行通信

TOM-Skype是TOM在线和Skype Technologies S.A.联合推出的互联网语音沟通工具。该软件采用了最先进的P2P技术,为用户提供了超清晰的语音通话效果,并且使用端对端的加密技术,保证了通信过程的安全可靠。

12.3.1 注册和登录TOM-Skype

用户若要使用Tom-Skype进行通信,首先必须注册Skype账号,注册成功后即可登录该软件,为了保证通信质量,用户登录之后还要先测试一下通话效果。

1 步骤 安装Tom-Skype软件后弹出对话框，在对话框中输入注册的昵称、用户名和密码，接着单击"下一步"按钮。

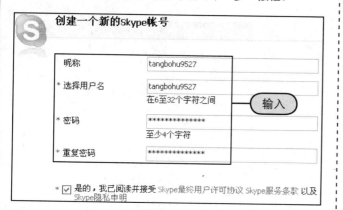

2 步骤 切换至新的界面，输入可用的电子邮箱地址。单击"登录"按钮之后自动登录。

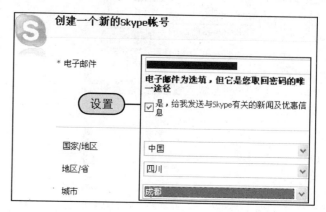

3 步骤 **Step①**登录成功之后在"所有联系人"选项卡中选择"Skype测试呼叫"用户，**Step②**单击"呼叫"按钮。

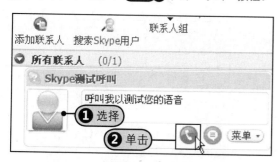

4 步骤 经过前面的操作，用户可以看见测试Skype的通话效果。

12.3.2 添加好友

与其他即时通讯工具一样，Skype也需要添加好友。用户添加好友之后，便可在Skype组界面中看见好友的状态，包括联机、脱机、繁忙等。

① 高级查找

用户可以通过高级查找认识新朋友，在查找过程中用户需要手动设置搜索条件，然后查找新朋友。

1 步骤 在"联系人"选项卡下单击"搜索Skype用户"按钮，打开"查找Skype用户"对话框。

2 步骤 **Step①**在对话框中用户可以设置搜索条件，例如"国家/地区"、"语言"、"性别"等信息，**Step②**设置完毕后单击"查找"按钮。

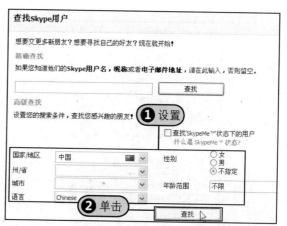

3 步骤 片刻之后在窗口中显示按照设置的条件搜索到的结果，**Step ①** 选择要查找的用户，**Step ②** 单击"添加Skype联系人"按钮。

4 步骤 弹出"向云淡风清问好"对话框，**Step ①** 在文本框中输入联系信息，例如输入"你好！"，**Step ②** 单击"确定"按钮。

5 步骤 返回Skype组界面窗口，在窗口中看见了添加的用户，此时只需等待对方确认。

② 精确查找

　　用户如果拥有好友的Skype账号便可使用精确查找直接添加该好友，只需在"查找Skype用户"对话框中输入好友的Skype用户名、昵称或者电子邮件地址，然后选中搜索的结果并输入验证信息。

1 步骤 在Skype主界面中单击"联系人"选项卡下的"搜索"按钮。

2 步骤 弹出"查找Skype用户"对话框，在"精确查找"选项组中输入好友的Skype用户名，单击"查找"按钮。

步骤 3 片刻之后在对话框中显示搜索结果，**Step①** 选中好友，**Step②** 单击"添加Skype联系人"按钮。

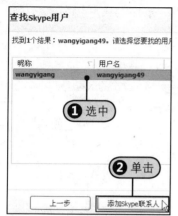

步骤 4 **Step①** 在弹出的对话框中输入好友的验证信息，**Step②** 单击"确定"按钮提交验证信息并等待好友确认。

步骤 5 返回Skype主界面窗口，好友确认并添加成功之后用户可以在"所有联系人"选项组中看见添加的好友。

12.3.3 与好友进行通话

用户若看见好友在线可以呼叫该好友，对方接收之后便可进行语音聊天，聊天结束之后直接挂断即可结束通话。

步骤 1 打开Skype主界面窗口，**Step①** 在"所有联系人"选项组中选择需要进行通话的好友，**Step②** 在下方单击 按钮呼叫对方。

步骤 2 此时可以在窗口中看见正在等待好友接受，用户若连接了音响或者耳机便可听见响铃的声音。

步骤 3 好友接受后便可进行语音聊天，聊天的过程中可以在窗口中看见呼叫的持续时间。

步骤 4 聊天结束之后，直接单击"挂断"按钮结束通话。

12.3.4 拨打TOM-Skype绑定电话

用户若要拨打TOM-Skype绑定电话，则必须在Skype信用点数充值服务商家处购买Skype信用点数，如Skype服务社区（http://www.iskypeu.com）就是其中之一。充值成功后，用户便可使用TOM-Skype拨打固定电话。

步骤1 打开Skype主界面窗口，单击"拨打电话"标签切换至该选项卡下。

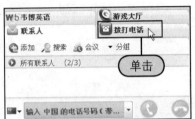

步骤2 Step❶单击"选择要拨打的国家/地区"选项下方的下三角按钮，Step❷在弹出的下拉列表中选择"中国"选项。

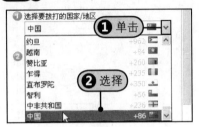

步骤3 Step❶在"键入中国电话号码（带区号）"选项下方输入要拨打的电话号码，用户可以使用键盘输入，也可以通过单击下方的数字按钮输入，Step❷输完后单击"呼叫"按钮。

步骤4 此时可在窗口中看见正在连接该号码，连接成功之后便可进行通话，通话完成之后直接单击"挂断"按钮结束通话。

12.4 使用Web邮箱收发电子邮件

用户若要使用电子邮件服务，首先需要申请电子邮箱，申请成功之后便可向亲人或者朋友发送邮件，除此之外用户还需定时地管理邮箱等信息。

12.4.1 申请免费电子邮箱

用户在使用电子邮箱之前必须申请一个属于自己的电子邮箱，在申请的过程中需要用户输入未被使用的电子邮箱地址、邮箱密码和密码查询问题等信息。

步骤1 在浏览器地址栏中输入www.sina.com.cn，按Enter键打开新浪官方网站，单击"邮箱"链接。

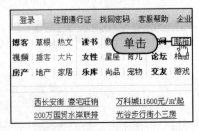

步骤2 在"新浪邮箱"页面中单击"注册免费邮箱"按钮注册免费邮箱。

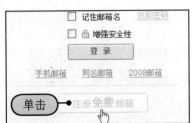

3 步骤 打开新的页面，**Step❶**在"邮箱名称"文本框中输入电子邮箱地址，在文本框右侧会显示该邮箱名是否可用，**Step❷**若可用，输入验证码，**Step❸**单击"下一步"按钮。

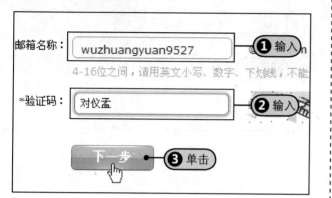

4 步骤 打开新的页面，输入邮箱的登录密码，选择密码查询问题和输入密码查询答案。

5 步骤 拖动右侧的滚动条至页底部，**Step❶**在页面中输入右侧图片上的文字，**Step❷**单击下方的"提交"按钮。

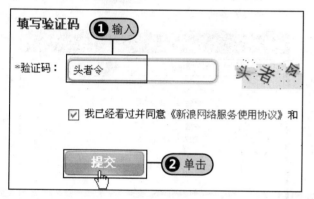

6 步骤 自动登录邮箱，在打开的页面中可以看见电子邮箱的地址。

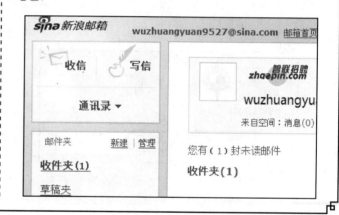

12.4.2 向好友发送电子邮件

用户申请成功之后便可撰写电子邮件并发送给好友，在撰写电子邮件过程中用户可以设置字体格式、插入信纸和添加附件。

1 步骤 登录电子邮箱之后在邮箱主页面中单击"写信"按钮，进入"写信"页面。

2 步骤 **Step❶**在"收件人"文本框中输入好友的电子邮箱地址。**Step❷**在下方的"主题"文本框中输入邮件的主题。

3 **步骤** Step① 在下方单击"信纸"按钮，Step② 在右侧列表框中选择喜欢的信纸。

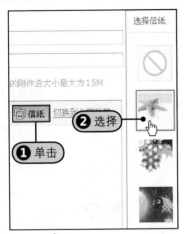

4 **步骤** Step① 在"正文"选项组中设置字体大小为14px，Step② 在下方文本框中输入邮件的具体内容。

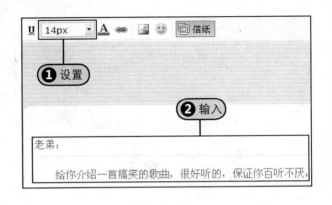

5 **步骤** 用户若要添加附件可直接在"正文"选项上方单击"添加附件"按钮。

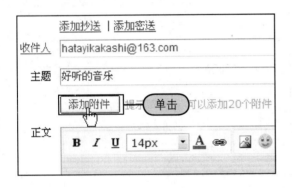

6 **步骤** 打开"选择文件"对话框，Step① 在"查找范围"下拉列表中选择文件所在的位置，Step② 单击要添加的文件，如"周星驰搞笑歌曲"选项，单击"打开"按钮。

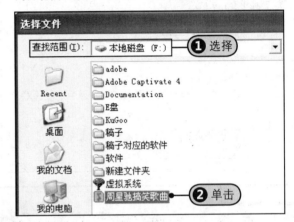

7 **步骤** 添加完毕后会在"添加附件"按钮下方看见添加的文件，单击"发送"按钮向好友发送邮件。

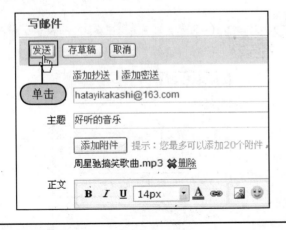

8 **步骤** 等待片刻之后打开新的页面，用户可以在页面中看见邮件已经发送成功。

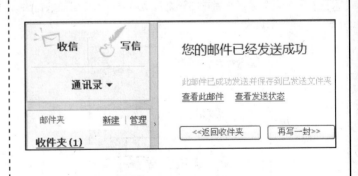

12.4.3 接收并回复电子邮件

　　用户接收到好友发送的电子邮件后便可回复该邮件，回复之后可以根据该邮件的重要性进行处理，如果不重要则直接将其删除，如果重要则让其保存在收件箱中。

1 步骤 登录新浪邮箱，当有未读邮件时，则会在收件夹中显示出来，如下图所示，单击"收件夹（1）"链接。

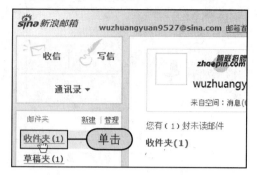

2 步骤 在页面的右侧会看见未读邮件的发件人和邮件标题，单击邮件标题链接打开该电子邮件。

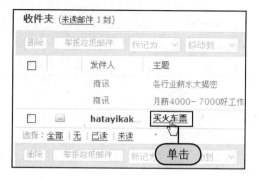

3 步骤 用户可以在页面中阅读邮件的具体内容，阅读完毕后若需要回复，直接单击上方的"回复"按钮。

4 步骤 页面中的收件人、主题都已经自动填写完毕，**Step 1** 输入回复的邮件内容，**Step 2** 输完后单击上方的"发送"按钮。

5 步骤 等待一段时间之后可以在页面中看见邮件已经发送成功，单击"返回收件夹"按钮返回收件夹。

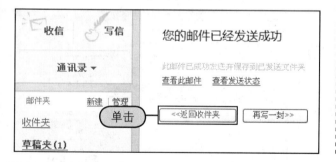

6 步骤 用户若觉得该邮件没有什么重要性，可直接将其彻底删除。**Step 1** 选中需要删除的邮件，**Step 2** 单击"删除"按钮。

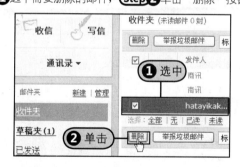

7 步骤 删除的邮件被存放到"已删除"文件夹中，**Step 1** 单击"已删除"链接，**Step 2** 在右侧选中需要彻底删除的邮件，**Step 3** 单击"彻底删除"按钮即可将它们彻底删除。

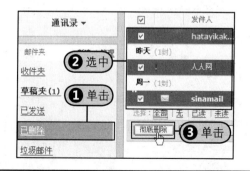

12.4.4 创建通讯录

　　用户在发送邮件之前首先创建通讯录，这样在以后填写收件人时可以直接引用通讯录中的地址，使用一段时间之后，用户需要定期对通讯录进行整理和管理，便于日后使用时更加方便。

步骤 1 登录新浪电子邮箱，打开邮箱首页，单击"通讯录"超链接，打开用户通讯录。

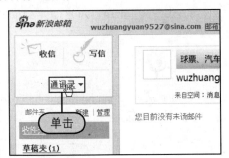

步骤 2 在通讯录页面中用户可以查看所有的联系人信息。

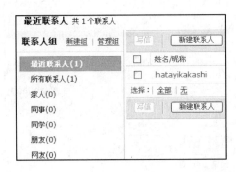

步骤 3 在页面的右上方单击"新建联系人"按钮。

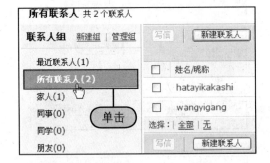

步骤 4 **Step①** 在"添加联系人资料"选项组中填写联系人的姓名、邮件地址，在"所在组"选项下设置分组，**Step②** 例如勾选"家人"复选框，**Step③** 单击"保存"按钮。

步骤 5 在"联系人组"窗格中单击"所有联系人（2）"选项，可在页面的右侧可以看见所有联系人的信息。

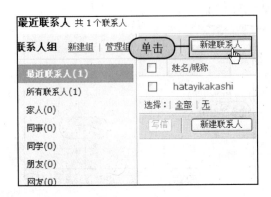

步骤 6 **Step①** 勾选需要分组的人，**Step②** 单击"添加到组"选项右侧的下三角按钮，**Step③** 在展开的下拉列表中单击"朋友"选项即可将该联系人添加到"朋友"分组中。

步骤 7 用户也可以从其他的邮箱中导入联系人的资料，单击"从其他邮箱导入联系人"链接。

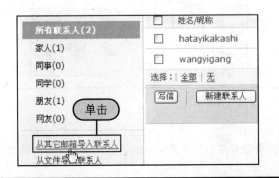

步骤 8 **Step①** 在"从其他邮箱导入联系人"选项组中输入导入的邮箱账号，在右侧选择邮箱的类型，**Step②** 在下方输入密码，**Step③** 在下方单击"立即导入"按钮即可导入联系人。

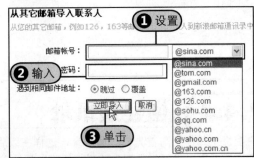

9 单击"管理组"链接，切换到"管理联系人分组"页面。

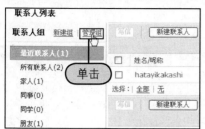

10 此时可在页面中对联系人分组进行重命名和删除操作。

组名	联系人数	操作
最近联系人	1	
所有联系人	2	
家人	1	重命名 删除
同事	0	重命名 删除
同学	0	重命名 删除
朋友	1	重命名 删除

12.4.5　设置邮箱

用户可以对电子邮箱进行一系列的设置，如设置发信时的个性签名、开启自动回复等功能，若用户希望使用Outlook Express、Foxmail等程序在客户端直接收发邮件，则需要在邮箱中开启POP/SMTP设置。

1 登录新浪电子邮箱，打开邮箱首页，单击"邮箱设置"超链接。

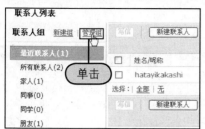

2 **Step❶** 单击"常规"标签切换至该选项卡下，**Step❷** 在"显示"选项组中设置每页显示的邮件数为20封，**Step❸** 在"个性签名"选项组中勾选"随信显示签名"复选框，并在下方输入详细的个性签名。

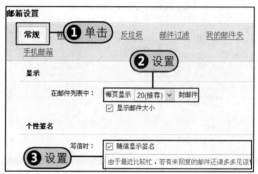

3 拖动右侧的滚动条，**Step❶** 在"发信时"选项组中勾选所有的复选框，**Step❷** 在"回复/转发"选项组中设置回复时不包含原信内容和回复/转发主题时使用中文。

4 **Step❶** 在"自动回复"选项组中选中"启用"单选按钮，**Step❷** 在下方的文本框中输入自动回复的内容，**Step❸** 输完后单击"保存"按钮保存前面的常规设置。

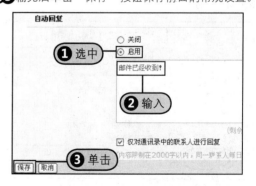

5 **Step❶** 单击"账户"标签切换至该选项卡下，**Step❷** 在"账户信息"选项组中输入"账号昵称"。

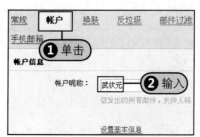

步骤6 拖动右侧的滚动条至页面底部，**Step1** 在"POP/SMTP设置"选项组中勾选"开启"复选框，**Step2** 单击"保存"按钮。

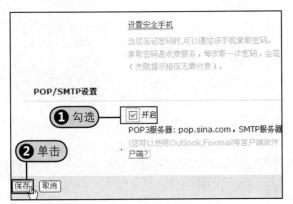

拓展知识 | 开启POP/SMTP设置

有时用户在配置了Outlook Express账户之后会发现不能正常地收发邮件，导致这种情况发生的原因很可能是用户没有在所属的邮箱中启动POP/SMTP服务器功能，若用户需要使用Outlook Express收发邮件，无论申请的是哪种邮箱，都必须在其邮箱网站中设置开启POP3服务器和SMTP服务器，开启之后方可正常地收发邮件。

步骤7 **Step1** 单击"换肤"标签切换至该选项卡下，在下方列举的4种皮肤中选择喜欢的类型，**Step2** 例如选中"海岸橙"单选按钮，片刻之后即可看见新的皮肤效果，若喜欢该类型则单击"保存"按钮保存换肤设置。

步骤8 **Step1** 单击"邮件过滤"标签切换至该选项卡下，**Step2** 单击"设置过滤规则"按钮。

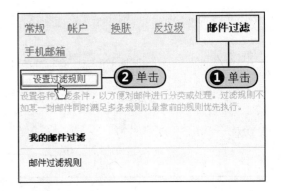

步骤9 **Step1** 选中"启用"单选按钮，**Step2** 设置"邮件到达时"选项组，然后设置满足以上条件时所执行的操作，**Step3** 单击"创建"按钮。

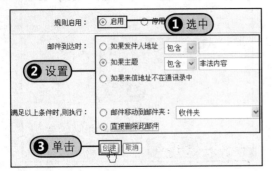

步骤10 **Step1** 单击"我的邮件夹"标签切换至该选项卡下，**Step2** 在下方的文本框中输入新邮件夹的名称，**Step3** 单击右侧的"新建邮件夹"按钮。

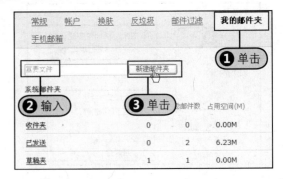

步骤11 此时可以在页面中的"自建邮件夹"选项组中看见创建的邮件夹，用户可对该邮件夹进行重命名或者删除操作。

草稿夹	1	1	0.00M	[清空]
已删除	0	0	0.00M	
垃圾邮件	0	0	0.00M	

自建邮件夹

邮件夹名称	未读邮件数	总邮件数	占用空间(M)	操作
重要文件	0	0	0.00M	[重命名] [删除]

12.5 使用Outlook Express收发电子邮件

Outlook Express是Windows操作系统附带的一个收、发、写、管理电子邮件的软件。使用它收发电子邮件十分地方便。在使用Outlook Express收发电子邮件前，用户首先需要建立一个自己的电子邮箱账号，然后程序便会自动与注册的网站电子邮箱服务器联机工作，轻松为用户接收和发送电子邮件。

12.5.1 建立账户

用户在使用Outlook Express收发邮件之前必须先创建电子邮件账户，然后对其相关的属性进行设置。

1 步骤 **Step①** 单击桌面上的"开始"按钮，**Step②** 在弹出的"开始"菜单中单击"所有程序>Outlook Express"命令。

2 步骤 打开Outlook Express 主界面，**Step①** 单击"工具"按钮，**Step②** 在弹出的下拉菜单中单击"账户"命令，打开"Internet账户"对话框。

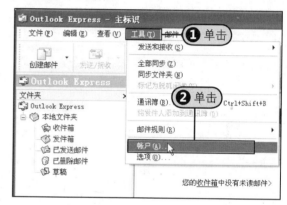

3 步骤 在"Internet账户"对话框中单击"添加"按钮。

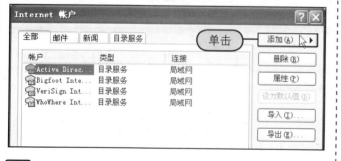

4 步骤 在展开的列表框中单击"邮件"选项。

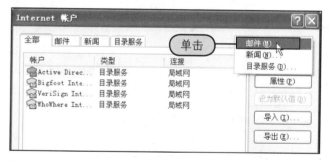

5 步骤 打开"Internet连接向导"对话框，**Step①** 在"您的姓名"界面中输入"显示名"，**Step②** 单击"下一步"按钮。

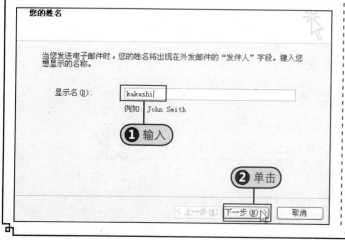

6 步骤 切换至"Internet 电子邮件地址"界面，**Step①** 在文本框中输入有效的"电子邮件地址"，**Step②** 单击"下一步"按钮。

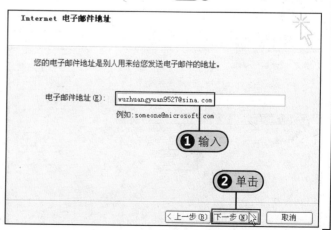

步骤 7 切换至"电子邮件服务器名"界面，**Step❶** 在下方设置接收邮件服务器和发送邮件服务器，**Step❷** 单击"下一步"按钮。

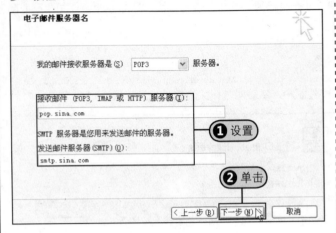

步骤 8 切换至"Internet Mail登录"界面，**Step❶** 输入登录邮箱的账户名和密码并勾选"记住密码"复选框，**Step❷** 单击"下一步"按钮。

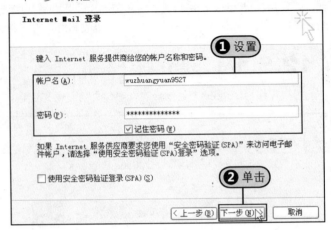

步骤 9 切换至"祝贺您"界面，直接单击"完成"按钮。

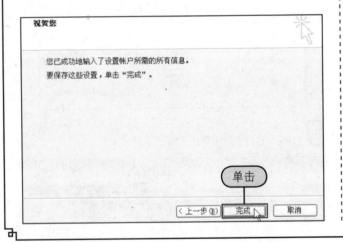

步骤 10 返回"Internet账户"对话框，在对话框中可以看见创建的账户。

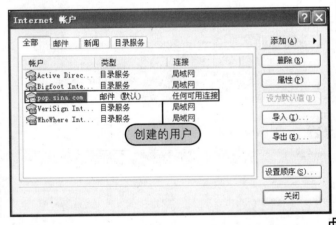

12.5.2 设置账户属性

用户成功创建账户之后，可以设置账户的相关属性，如用户信息、服务器等属性。

步骤 1 **Step❶** 在"Internet账户"对话框中选择创建的账户，**Step❷** 单击"属性"按钮。

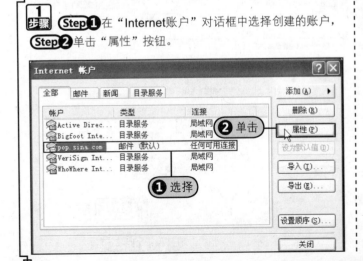

步骤 2 打开"pop.sina.com属性"对话框，在"常规"选项卡下设置用户信息，如姓名、单位等属性。

3
步骤 **Step①** 单击"服务器"标签切换至该选项卡下，**Step②**
勾选"我的服务器要求身份验证"复选框。

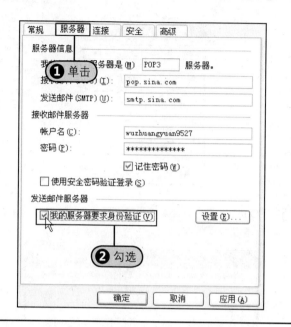

4
步骤 **Step①** 单击"高级"标签切换至该选项卡下，
Step② 勾选"在服务器上保留邮件副本"复选框，**Step③** 单击
"确定"按钮保存退出。

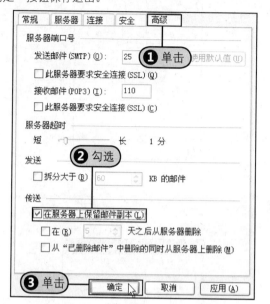

12.5.3 编辑并发送邮件

用户若要使用Outlook Express收发电子邮件，则必须在Web页面中登录邮箱并确认邮箱设置已经开启了POP/SMTP设置，开启之后方可借助软件收发邮件。

1
步骤 **Step①** 单击"创建邮件"右侧的下三角按钮，**Step②** 在弹出的下拉菜单中选择信纸类型，如单击"自然"选项。

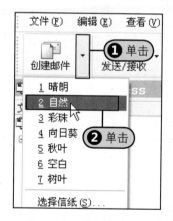

2
步骤 打开"新邮件"窗口，在窗口中输入收件人的电子邮箱地址和主题内容。

3
步骤 **Step①** 在"主题"下方设置正文的字体和字体大小，**Step②** 在输入区中输入邮件的内容。

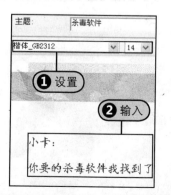

步骤4 在窗口的工具栏中单击"附件"按钮，打开"插入附件"对话框。

步骤5 **Step①** 在"查找范围"下拉列表中选择附件所在的位置，**Step②** 选中需要发送的附件，此处选择"诺顿杀毒软件"选项。

步骤6 单击"附件"按钮返回窗口中，在窗口中单击"发送"按钮。

步骤7 在Outlook Express主界面左侧单击"发件箱"选项，在右侧可以看见发送的邮件。

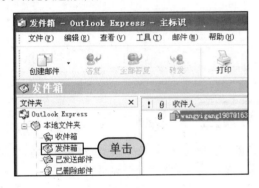

步骤8 双击主界面右下角的"正在发送邮件"按钮，即可在弹出的对话框中看见发送进度。

12.5.4 接收并回复邮件

用户可以使用Outlook Express接收全部的邮件，然后便可回复好友的邮件。

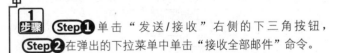

步骤1 **Step①** 单击"发送/接收"右侧的下三角按钮，**Step②** 在弹出的下拉菜单中单击"接收全部邮件"命令。

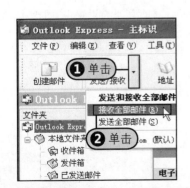

2步骤 此时可以在弹出的对话框中看见接收邮件的进度以及详细信息，请耐心等待。

4步骤 在页面中可以看见3封未读邮件的发件人、主题和接收时间等信息，单击其中任意一封未读邮件，即可在下方预览该邮件的内容。

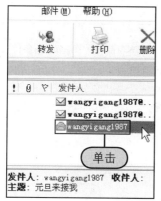

6步骤 打开回复窗口，**Step①** 在窗口中设置回复邮件中的字体和字体大小，然后在下方输入邮件内容，**Step②** 单击"发送"按钮即可发送回复邮件。

3步骤 接收完毕后单击页面中的"3封未读"链接。打开收件箱。

5步骤 双击需要回复的邮件，打开对应的窗口，阅读邮件的内容后单击工具栏中的"答复"按钮开始回复。

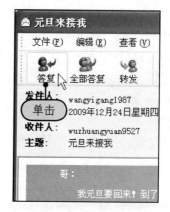

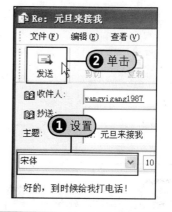

12.6 使用Foxmail收发电子邮件

Foxmail是一款以简洁、友好的界面和实用、体贴的功能著称的电子邮件客户端。它能够为用户提供基于Internet标准的电子邮件收发功能。

12.6.1 创建账户

使用Foxmail与前面介绍的Outlook Express一样，用户在使用该软件之前都需要对用户账户进行设置，即新建Foxmail账户。

步骤1 **Step1** 单击"开始"按钮，**Step2** 在弹出的"开始"菜单中单击"所有程序>Foxmail>Foxmail"命令，打开"向导"对话框。

步骤2 **Step1** 在"建立新的用户账户"界面中输入必填项"电子邮件地址"，在输入的过程中，账户显示名称会自动输入，**Step2** 单击"下一步"按钮。

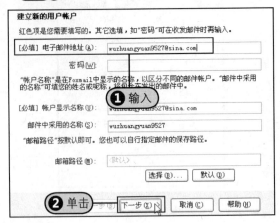

步骤3 在"指定邮件服务器"界面中指定邮件服务器，然后单击"下一步"按钮。

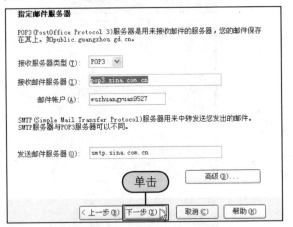

步骤4 在"账户建立完成"界面中直接单击"完成"按钮完成账户的建立。

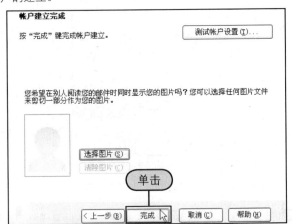

步骤5 此时进入Foxmail主界面窗口，在窗口的右侧可以看见创建的电子邮箱账户。

12.6.2 发送邮件给好友

Foxmail用户账户配置完成之后，用户便可撰写邮件并将其发送给好友，在撰写邮件之前用户同样可以选择自己喜欢的信纸。

步骤1 打开Foxmail主界面，**Step1** 在工具栏中单击"撰写"按钮右侧的下三角按钮，**Step2** 在展开的下拉列表中单击"信纸>写意生活>悠闲海"命令。

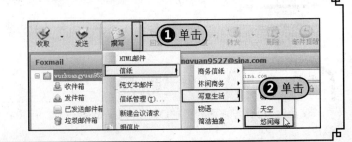

步骤2 打开带有悠闲海背景的信纸，**Step1** 在信纸的"收件人"文本框中输入收件人的邮箱地址，**Step2** 在下方输入"主题"内容。

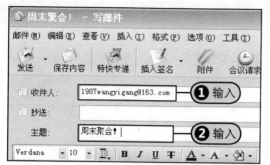

步骤4 输完后单击窗口工具栏中的"发送"按钮发送邮件。

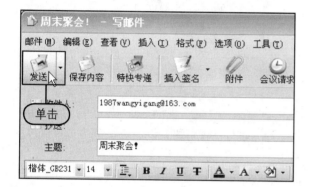

步骤6 若验证密码正确，开始发送邮件，此时可在"发送邮件"对话框中看见传输的进度。

步骤3 **Step1** 在下方设置邮件内容的字体和大小，例如设置"字体"为楷体_GB231，"字号为"14，**Step2** 在下方输入邮件的内容。

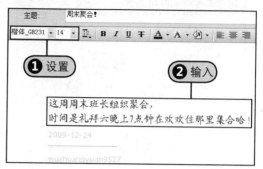

步骤5 打开"口令"对话框，**Step1** 在文本框中输入ESMTP验证密码，**Step2** 单击"确定"按钮。

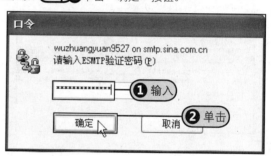

步骤7 在Foxmail主界面左侧单击"已发送邮件箱"选项，可以在右侧看见发送的邮件。

12.6.3 接收并回复好友的邮件

用户使用Foxmail接收邮件时，由于在创建用户账户时没有输入密码，因此在接收过程中需要用户输入密码，输入密码正确便可接收邮件并回复。

步骤1 **Step1** 单击"收取"选项右侧的下三角按钮，**Step2** 在弹出的下拉菜单中单击"默认连接"命令。

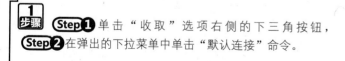

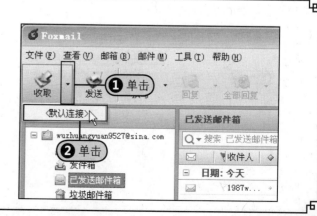

步骤2 打开"口令"对话框，**Step①**在文本框中输入ESMTP验证密码，**Step②**单击"确定"按钮。

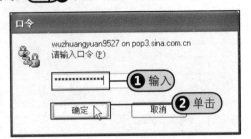

步骤3 输入正确的验证密码之后，在弹出的"收取邮件"对话框中看见收取邮件的进度。

步骤4 收取完毕后可以在窗口中看见接收的邮件，单击右侧的邮件可在下方预览邮件。

步骤5 双击邮件，在打开的窗口中浏览邮件的内容，**Step①**单击"回复"选项右侧的下三角按钮，**Step②**在弹出的下拉菜单中单击"纯文本邮件"命令。

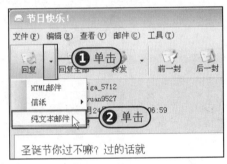

步骤6 **Step①**在下方输入回复的内容，**Step②**输完后单击工具栏中的"发送"按钮发送邮件。

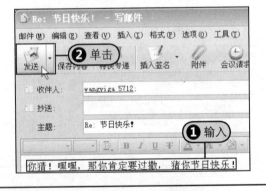

步骤7 返回Foxmail主界面，单击左侧的"已发送邮件箱"选项，在右侧看见邮件已经发送成功。

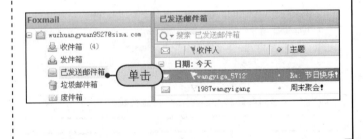

12.6.4 管理地址簿

地址簿是管理用户通讯录的工具。在Foxmail地址簿窗口中，用户不仅可以对联系人地址进行新建、分组操作，还可以随时定义条件搜索联系人地址。

步骤1 打开Foxmail主界面，**Step①**在菜单栏中单击"工具"按钮，**Step②**在弹出的下拉菜单中单击"地址簿"命令。

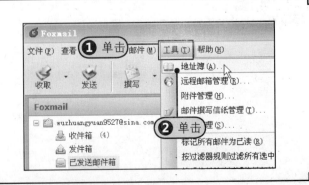

2 步骤 打开"地址簿"窗口，在窗口的工具栏中单击"新建卡片"按钮。

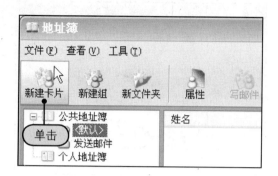

3 步骤 打开"新建卡片"对话框，**Step①**在"普通"选项卡下输入联系人的姓名与E-Mail地址等资料，**Step②**单击"增加"按钮。

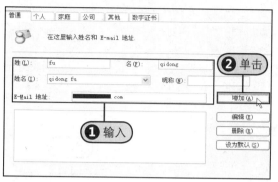

4 步骤 **Step①**单击"个人"标签切换至"个人"选项卡下，**Step②**设置联系人的个人信息，如"性别"和"生日"，**Step③**单击"确定"按钮。

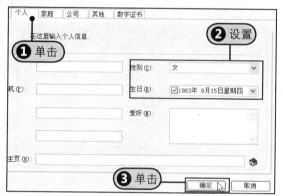

5 步骤 返回"地址簿"窗口，在窗口中可以看见添加的联系人资料，单击工具栏中的"新建组"按钮。

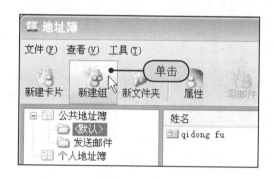

6 步骤 打开"新建邮件组"对话框，**Step①**在"组名"文本框中输入新建组的名称，**Step②**单击"增加"按钮。

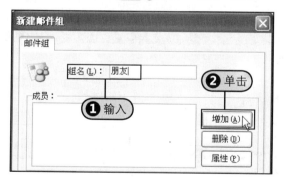

7 步骤 **Step①**在"选择地址"对话框中选中左侧的联系人，**Step②**单击"→"按钮。

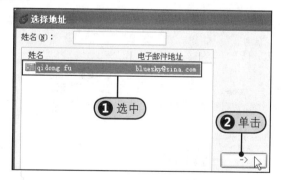

8 步骤 添加完成后可以在右侧看见添加的联系人，单击"确定"按钮。

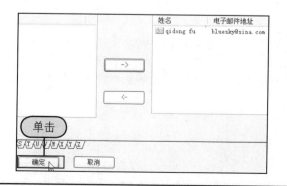

步骤9 返回上一级对话框，此时可以看见已经添加成功，单击"确定"按钮退出。

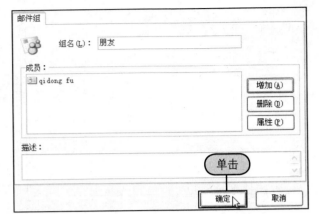

步骤10 单击"默认>朋友"选项，此时可在窗口右侧看见成员的信息。

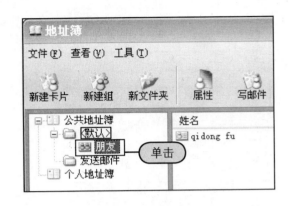

步骤11 Step❶在主界面窗口左侧单击"个人地址簿"选项，Step❷单击工具栏中的"新文件夹"按钮。

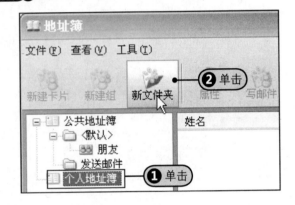

步骤12 打开"输入"对话框，Step❶在文本框中输入新建文件夹的名称，Step❷单击"确定"按钮。

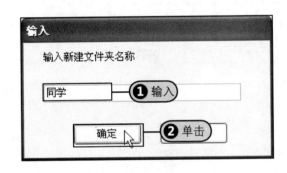

步骤13 返回主界面窗口，Step❶在窗口左侧单击"同学"选项，Step❷在工具栏中单击"查找"按钮。

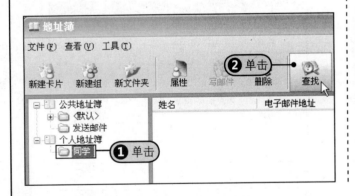

步骤14 打开"查找地址"对话框，Step❶在E-Mail文本框中输入查找条件，这里可以不用完整输入，Step❷单击"开始查找"按钮。

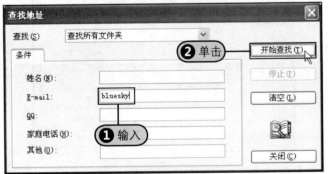

步骤15 在对话框下方可以看见搜索的结果，在列表框中选择搜索结果，右侧的"属性"、"写邮件到"和"写给所有"按钮变为可用，此时用户可以直接使用该地址写邮件。

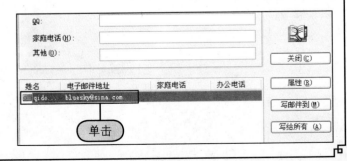

第 13 章

使用网络交流平台

网络不但为用户提供了浏览网页、与好友通信的功能，还提供了网络交流平台，这些平台可以使具有共同爱好的网友们聚在一起探讨和交流。如百度贴吧、论坛、博客等都是非常受用户青睐的交流平台。

13.1 使用百度贴吧关注热门话题

百度贴吧是一个大型的中文交流平台，用户可在该平台中查看和回复别人的帖子，也可以手动发布帖子，若遇到精彩的帖子可将其收藏。

13.1.1 申请百度账号

用户在使用百度贴吧之前需要在打开的百度贴吧页面中申请百度账号。

 打开百度首页，在页面中单击"贴吧"链接。

 打开"百度贴吧"页面，在页面的右上角单击"登录"链接。

 打开"您尚未登录"对话框，单击对话框顶部的"注册"标签。

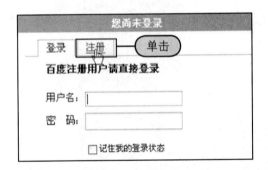

 Step❶ 在"注册"选项卡下输入注册的相关信息，Step❷ 输完后单击"立即注册"按钮。

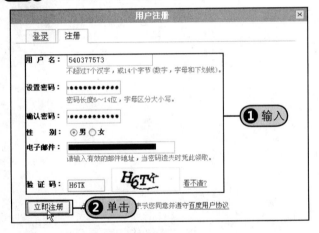

 片刻之后可以在打开的界面中看见该用户名注册成功。

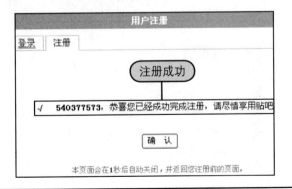

13.1.2 发布属于自己的帖子

用户在成功申请百度账号之后就可以进入感兴趣的贴吧，在贴吧中发表属于自己的帖子。

1 步骤　登录成功之后，**Step❶** 在页面顶部的文本框中输入贴吧的关键字，如输入NBA，**Step❷** 选中"进入贴吧"单选按钮，**Step❸** 单击"百度一下"按钮。

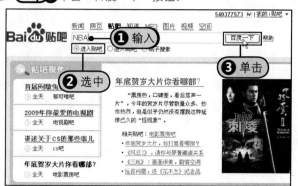

3 步骤　页面会自动跳转至底部，**Step❶** 在"标题"文本框中输入标题，继续输入"内容"和"验证码"，设置完毕后，**Step❷** 单击"发表"按钮。

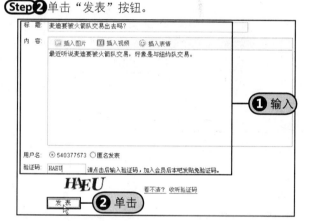

2 步骤　打开新的页面，在页面顶部单击"发表新贴"按钮。

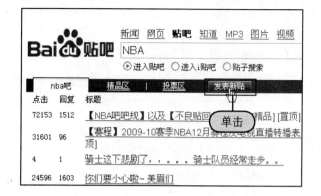

4 步骤　片刻之后可以在页面中看见自己发布帖子的标题。

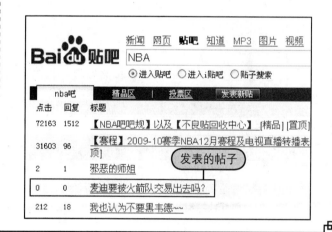

13.1.3 查看回复的留言

用户发表帖子之后，如果有其他的用户浏览过该帖子并发表评论，则用户可直接打开该帖子并查看回复的留言。

1 步骤　打开前面发布的帖子所在的页面，单击帖子的标题链接。

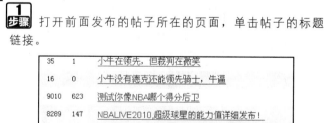

2 步骤　打开新的页面，在页面中可以看见其他网友浏览帖子后的留言。

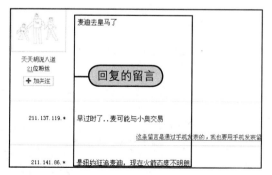

13.1.4 浏览并回复他人的帖子

用户可以在贴吧中关注其他网友发布的帖子，浏览完帖子之后可以在页面的底部发表自己的评论或感言。

步骤 在贴吧中选择感兴趣的帖子，单击其对应的标题链接。

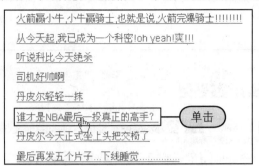

步骤2 打开新的页面，拖动右侧的滚动条浏览帖子。

步骤3 拖动滚动条至页面底部，**Step1** 在"内容"文本框中输入回复的留言，**Step2** 输入验证码，**Step3** 单击"发表"按钮。

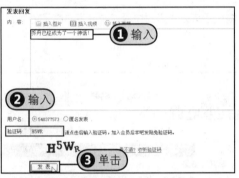

步骤4 片刻之后刷新页面，拖动右侧的滚动条到一定位置后即可看见自己的留言。

13.1.5 收藏自己喜欢的帖子

当用户在浏览帖子的过程中发现十分精彩的帖子时，可以将其收藏到自己的收藏夹中，在添加之前需要将"添加到百度搜藏"命令添加至快捷菜单中。

步骤1 单击页面顶部的百度用户名链接。

步骤2 打开新的页面，拖动右侧的滚动条，在页面右侧单击"百度搜藏"链接。

步骤3 打开新的页面，在页面中的"方式二"选项组中单击"点此"链接。

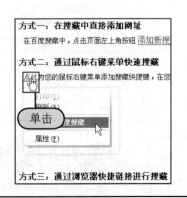

步骤4 弹出"文件下载-安全警告"对话框，单击"运行"按钮。

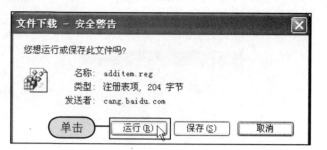

步骤6 有时候帖子的标题会很吸引人，用户可以单击其对应的标题链接。

步骤8 打开"百度搜藏"对话框，**Step❶** 在"分类"文本框中输入类别的名称，例如输入足球。**Step❷** 单击下方的"添加搜藏"按钮。

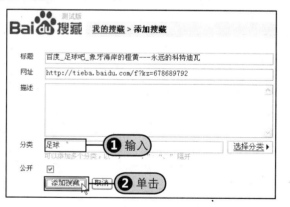

步骤5 打开"注册表编辑器"对话框，单击"是"按钮确认添加到注册表。添加成功之后，在对话框中单击"确定"按钮。

步骤7 打开新的页面，用户若觉得该帖子十分精彩，**Step❶** 右击页面中的任意空白处，**Step❷** 在弹出的快捷菜单中单击"添加到百度搜藏"命令。

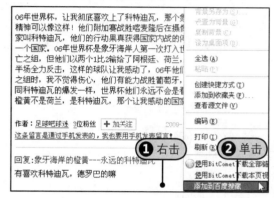

步骤9 等待片刻，跳转至新的页面，此时可以在页面中看见"恭喜您，添加搜藏成功"的字样。

13.2 利用论坛实现共同探讨和交流

论坛又称为电子公告板，英文为Bulletin Board System（BBS），它是一种交互性强、内容丰富的电子信息服务系统。用户可登录论坛浏览他人的帖子，也可以自己发布帖子。

13.2.1 注册并登录论坛

网络中对非会员开放的论坛已经越来越少了，因此用户若要浏览某个论坛并发表评论，首先应该登录论坛网站并注册成为会员。

1 步骤 **Step1** 在浏览器地址栏中输入http://bbs.jfwl.net/后按Enter键打开飓风电脑论坛，**Step2** 在页面中单击"注册"链接。

3 步骤 拖动窗口右侧的滚动条，**Step1** 在页面底部设置界面风格、每页主题数、每页帖数等信息，**Step2** 设置完毕后单击"提交"按钮。

2 步骤 打开新的页面，**Step1** 在页面中分别输入验证码、用户名、密码、E-Mail，**Step2** 勾选"显示高级用户设置选项"复选框。

4 步骤 等待片刻，用户可以在新的页面中看见"非常感谢您的注册，现在将以会员身份登录论坛"的字样，直接单击下方的链接即可以会员身份登录该论坛。

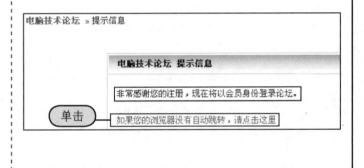

13.2.2 查看并评论他人发布的帖子

　　用户成功注册之后便可以浏览该论坛中的帖子，用户可根据自己的兴趣爱好选择不同的版块，浏览精彩的帖子并发表评论。

1 步骤 在首页选择浏览的内容，如单击"论坛夜色区"选项组中的"菜鸟学堂"链接。

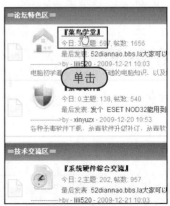

2 步骤 打开新的页面，拖动右侧滚动条，若该页面中没有满意的帖子，单击"2"选项。

3 步骤 直接找到满意的帖子后，直接单击对应的标题链接。

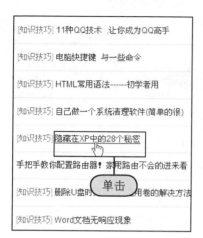

4 步骤 跳转至新的页面，此时用户拖动右侧的滚动条，浏览帖子的详细内容。

5 步骤 浏览完毕后，在页面的右下角单击"回复"按钮。

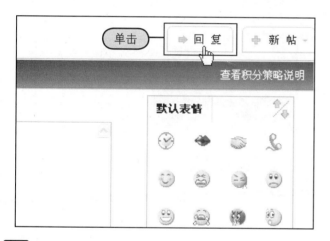

6 步骤 跳转至新的页面，**Step①** 在页面中单击"所见即所得模式"选项，**Step②** 在下方输入回复内容，**Step③** 若要输入表情，可在页面左侧单击"表情"按钮。

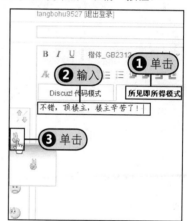

7 步骤 可在页面中看见添加的表情，单击下方的"发表回复"按钮。

8 步骤 片刻之后跳转至上一级页面，拖动右侧的滚动条，即可在页面底部看见评论的内容。

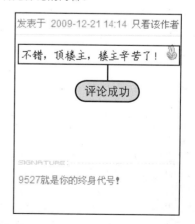

13.2.3 自己动手发布帖子

论坛的会员不但可以查看并评论他人发布的帖子，而且可以自己动手发布帖子。发布的帖子有求助、已解决、教程转载等类型，用户可根据帖子的内容选择对应的类型。

1 步骤 在飓风电脑论坛首页中单击"菜鸟学堂"链接，打开新的页面。

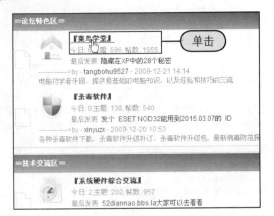

2 步骤 **Step①** 在页面的右上角单击"新帖"按钮，**Step②** 在弹出的下拉列表中单击"发新话题"选项。

3 步骤 跳转至新的页面，**Step①** 在"标题"选项右侧单击下三角按钮，在弹出的下拉列表中单击"求助"选项，**Step②** 输入标题，**Step③** 在下方输入帖子的内容并添加表情。

4 步骤 单击下方的"发新话题"按钮发布新帖。

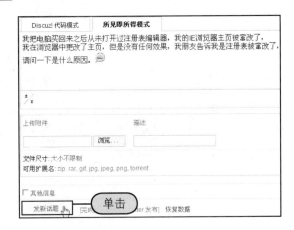

5 步骤 片刻之后，可在页面中看见自己发布的帖子。

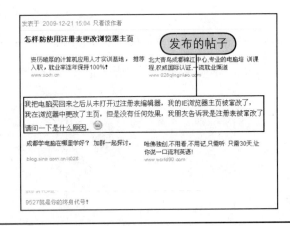

13.3 使用博客记录自己的感触

博客又称为网络日志，它通常由简短且经常更新的帖子构成，而博客的内容可以是用户纯粹的个人想法和心得，包括对时事新闻、国家大事的个人看法，或者是对一日三餐、服饰打扮的精心料理等。

13.3.1 注册并开通博客

用户若想拥有自己的博客，必须先注册并开通博客，其具体方式与第12章介绍的QQ和MSN相同，本小节以新浪博客为例介绍注册并开通博客的方法。

1 步骤 在浏览器地址栏中输入www.sina.com后按Enter键，打开新浪首页，在页面的上方单击"博客"链接。

2 步骤 打开新的页面，在页面的中部单击"开通博客"按钮。

唐师曾：季羡林北大旧居哪些珍品被盗（图）
[缘起|钱文忠]：季羡林北大旧居被洗劫（组图）谁在处理遗产 专题
[观点]北大恐脱不了干系 遗产罗生门孰是孰非 "雅盗"不算偷？

10年前唱《七子之歌》的澳门女孩今何在 专题
[关注|赵普]：在澳门报道 张泉灵：啥最好吃 日本怎不敢侵略澳门]

· 科比：圣诞给女儿啥礼物 杨毅：姚明令上海万人空巷
· 河南博友：地震摇摆4秒 美国博友：百年一遇暴雪(图)
· 张泉灵："陈江会"4种可能 芮成钢：哥本哈根非终点
· 任志强：央视鼓吹高房价 易中天：〈拆迁条例〉拆观念

3 步骤 若用户拥有新浪邮箱，则可以直接单击页面上方的"登录"按钮，若没有则在下方分别填写登录邮箱、创建密码等信息。填写完毕后单击"完成"按钮提交注册信息。

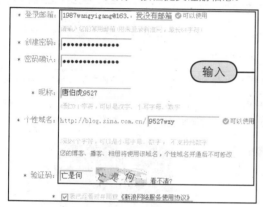

4 步骤 等待片刻，用户会在新的页面中看见"感谢您的注册！请立即验证邮箱地址"的字幕。打开登录邮箱界面，例如输入mail.163.com打开网易邮箱登录界面。

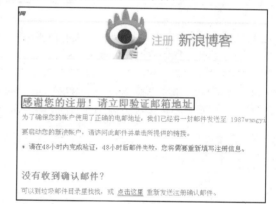

5 步骤 **Step❶** 输入正确的用户名和密码，**Step❷** 单击"登录"按钮。

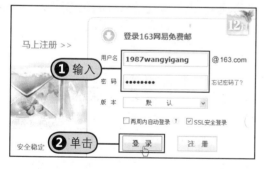

6 步骤 登录成功之后，在页面的左侧单击"收件箱（3）"选项。

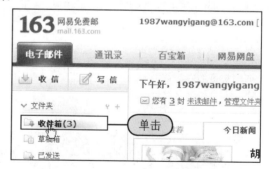

7 步骤 在页面的右侧单击"【新浪会员】注册确认"链接。

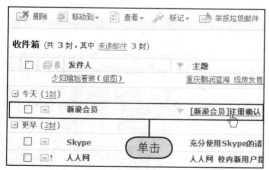

8 步骤 打开邮件之后在邮件中单击对应的网站链接验证邮箱地址。

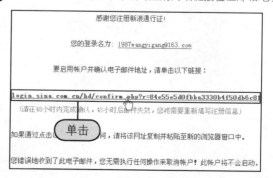

9 步骤 **Step①** 在打开的页面中输入新浪通行证的登录名和密码，**Step②** 单击"登录"按钮。

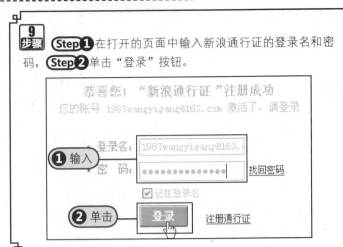

10 步骤 页面跳转至注册的博客首页，成功开通博客。

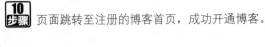

13.3.2 设置博客页面

开通博客之后，用户便可按照自己的爱好和习惯设置博客的页面，例如设置博客的风格、首页模块和版块等。

1 步骤 按照前面的方法打开新浪博客首页，**Step①** 在页面中部输入登录名和密码，**Step②** 单击"登录"按钮。

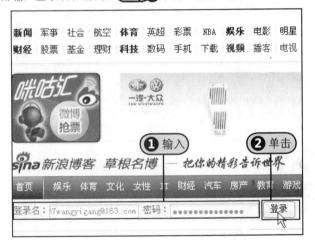

2 步骤 登录成功之后，单击"进入我的博客"链接打开博客首页。

3 步骤 在博客首页的右侧单击"页面设置"选项。

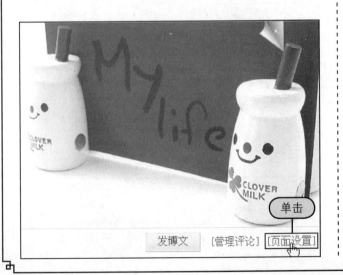

4 步骤 打开"页面设置"对话框，**Step①** 在对话框左侧选择风格，例如单击"炫动模板"选项，**Step②** 在右侧选择喜欢的模板。

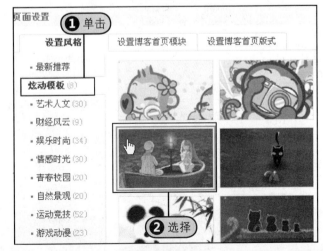

5 **步骤** 单击"设置博客首页模块"标签,在下方选择喜欢的模块,例如勾选"音乐播放器"和"Windows 7绚彩经典"复选框。

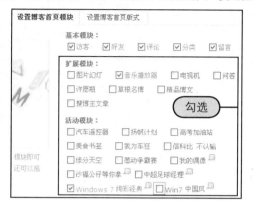

6 **步骤** 单击"设置博客首页版式"标签,**Step1** 在下方单击"三栏版式"选项,**Step2** 单击"保存"按钮。

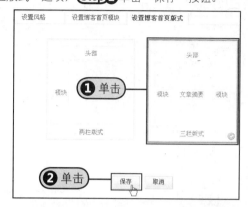

7 **步骤** 返回博客首页,用户可以发现博客首页的风格已经发生了变化,而且在博客首页中增加了音乐播放器和Windows 7绚彩经典效果。

13.3.3 编写并发表博文

用户设置好博客的空间背景之后,就可以在博客中编写并发表博文,发表之后所有进入该博客的其他用户均可以看见该博客中的博文。

1 **步骤** 在博客首页中单击"发博文"按钮。

2 **步骤** 打开新的页面,**Step1** 在页面中输入博文的标题,**Step2** 输入博文的具体内容。

3 **步骤** 拖动右侧的滚动条,**Step1** 在"标签"文本中输入内容,**Step2** 单击"归类"选项右侧的"创建分类"链接。

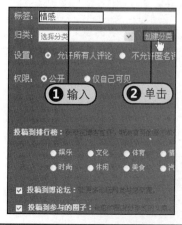

步骤4 打开"分类管理"对话框，**Step❶**输入分类名称，**Step❷**单击"创建分类"按钮。

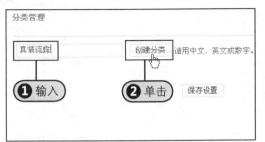

步骤5 在对话框中看见创建的分类，单击"保存设置"按钮。

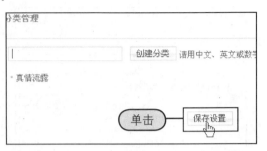

步骤6 **Step❶**在"归类"下拉列表中选择"真情流露"选项，**Step❷**分别设置评论权限和是否公开此博文，**Step❸**单击"预览博文"按钮。

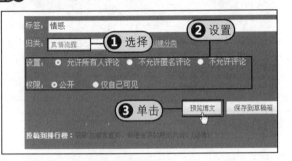

步骤7 打开新的页面，此时可在页面中预览博文的格式、字体等信息。

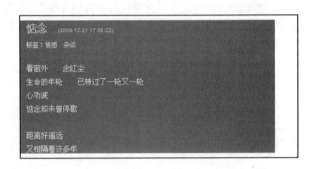

步骤8 返回上一级界面，**Step❶**选中"情感"单选按钮，**Step❷**在下方单击"发博文"按钮发表博文。

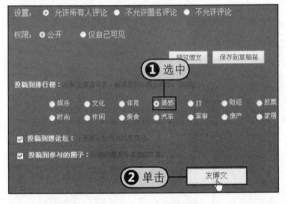

步骤9 片刻之后在弹出的"提示"对话框中可以看见博文已发布成功，单击"确定"按钮。

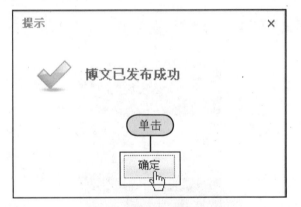

13.3.4 创建相册并上传照片

用户不仅可以在博客中发表文章，而且可以在博客中创建自己的相册，将自己喜欢的照片上传至相册中。

步骤1 打开博客首页，在页面中单击"相册"标签。

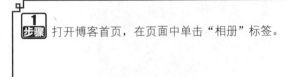

2 步骤　在下方的"最新图片"选项组中单击"上传图片"按钮。

3 步骤　拖动右侧的滚动条，在"图片上传"选项组中可以看见多个"浏览"按钮，首先单击"第一张"选项右侧的"浏览"按钮。

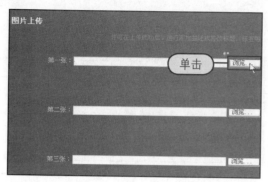

4 步骤　打开"选择文件"对话框，**Step1** 在"查找范围"下拉列表中选择照片所在的位置，**Step2** 在列表框中单击需要上传的照片，单击"打开"按钮。

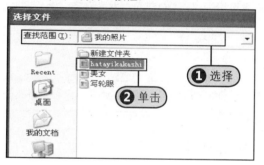

5 步骤　返回页面中，可以看见第一张图片添加成功，按照相同的方法添加其他图片，添加完成后可看见三张照片的具体保存路径，如有错误可单击对应的"浏览"按钮进行修改。

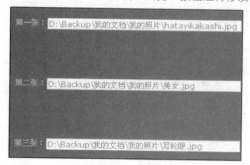

6 步骤　拖动右侧的滚动条，**Step1** 在页面下方单击"给以上照片添加标签"文本框，**Step2** 在弹出的下拉列表中选择合适的标签，例如单击"开心"链接。

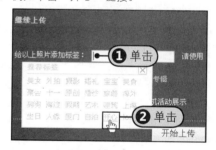

7 步骤　此时可以在页面中看见添加的标签，在"选择要加入的专辑"选项右侧单击"新建专辑"链接。

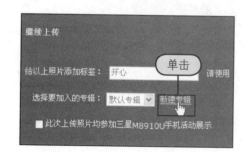

8 步骤　打开"新建专辑"对话框，**Step1** 输入专辑标题，**Step2** 选中"所有人可见"单选按钮，**Step3** 单击"保存"按钮。

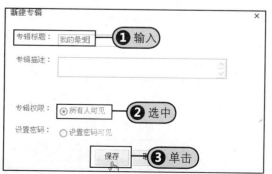

9 步骤　返回页面中，**Step1** 单击"选择要加入的专辑"选项右侧的下三角按钮，在弹出的下拉列表中单击"我的最爱"选项，**Step2** 单击"开始上传"按钮。

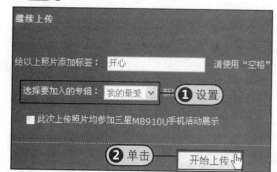

步骤10 等待片刻之后跳转至新的页面,此时可在页面中看见所有的图片已经上传成功,单击"返回个人相册首页面"链接。

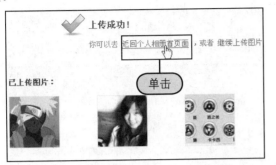

步骤11 返回博客首页,用户可以在"最近相片"选项组中看见上传的照片。

13.4 使用QQ空间记录生活的点点滴滴

QQ空间是腾讯公司开发的一个个性空间,它具有博客的功能。用户可以通过在QQ空间中发表日志、上传图片、听音乐和写心情等多种方式来展现自己。

13.4.1 开通QQ空间

用户按照前面介绍的方法成功申请QQ号码之后就会拥有一个属于自己的QQ空间,但是用户在使用之前需要将其开通。

步骤1 输入正确的QQ账号和密码,打开QQ登录主界面,在界面的顶部单击按钮打开QQ空间。

步骤2 打开新的页面,单击"立即开通QQ空间"按钮。

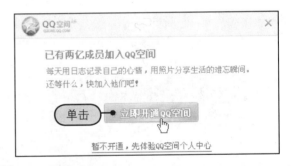

步骤3 在打开的页面中选择QQ空间的风格,例如选中"个性炫酷型"单选按钮。

步骤4 **Step1** 设置空间名称、昵称和验证码等信息,**Step2** 单击"开通并进入我的QQ空间"按钮。

5 **步骤** 页面跳转至QQ空间，此时可以看见QQ空间的主页，即成功开通QQ空间。

13.4.2 自定义QQ空间

开通了QQ空间之后，用户便可以根据自己的爱好和习惯对QQ空间进行自定义，例如设置QQ空间的版式/布局、风格和模块。

1 **步骤** 按照前面的方法打开QQ空间首页，在页面的上方单击"自定义"按钮，弹出"自定义"窗口。

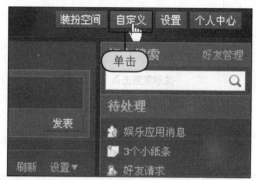

2 **步骤** 单击"版式/布局"标签切换至该选项卡下。

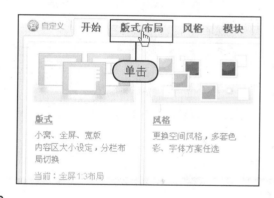

3 **步骤** 此时可在窗口中设置空间的版式、布局和位置，**Step①** 设置版式为全屏模式，**Step②** 设置布局为1：2：1，**Step③** 设置空间位置为左置。

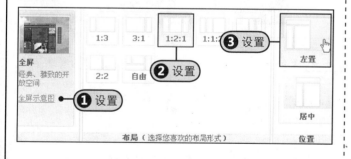

4 **步骤** 在"自定义"窗口中单击"风格"标签切换至该选项卡下。

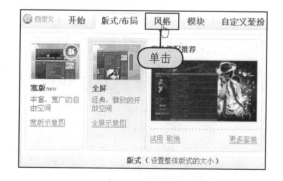

5 **步骤** 拖动窗口右侧的滚动条浏览所有的风格，用户可根据自己的爱好进行选择，例如单击"深蓝彩虹"选项。

6 **Step①** 在窗口的右侧通过拖动滑块来设置空间首页模块的透明度，**Step②** 在"皮肤效果设置"选项组中选中"滚动（随内容滚动）"单选按钮。

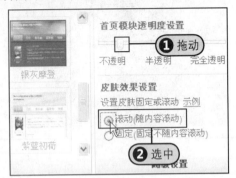

8 在窗口中设置在空间首页显示的模块，**Step①** 勾选"最新公开日志"复选框，**Step②** 取消勾选"秀世界"复选框。

10 此时可以在空间首页中看见设置后的效果。

7 在"自定义"窗口的顶部单击"模块"标签切换至该选项卡下。

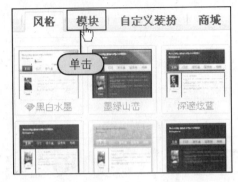

9 单击窗口右上方的"保存"按钮保存退出。

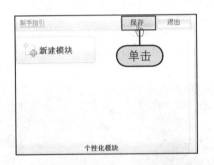

13.4.3 在自己的QQ空间中发表日志

用户可以在QQ空间中发表网络日志，在输入日志之前要设置日志字体的格式以及选择信纸，接着便可预览初始效果，如果对该效果满意，则可直接发表。

1 在QQ空间主页的顶部单击"日志"链接。

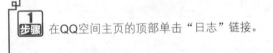

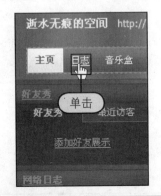

步骤2 在"日志"选项卡下单击"写日志"按钮。

步骤3 **Step1** 在"标题"文本框中输入日志的标题，**Step2** 在"分类"选项右侧单击"添加分类"链接。

步骤4 打开"添加日志分类"对话框，**Step1** 在"分类名称"文本框中输入分类名称，例如输入"散文日志"，**Step2** 单击"确定"按钮。

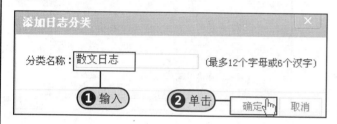

步骤5 返回QQ空间日志页面，设置字体型号，例如设置字体型号为楷体、三号。

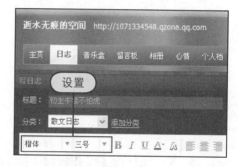

步骤6 在页面右侧选择喜欢的信纸，例如选择"黄金罗盘"。

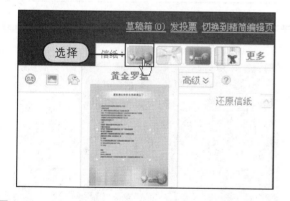

步骤7 将光标固定在下方的编辑区，开始输入文本内容。

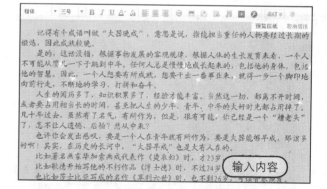

步骤8 拖动右侧的滚动条，在页面的底部单击"预览"按钮。

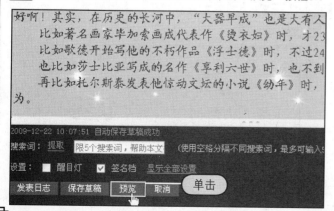

步骤9 此时可拖动页面中的滚动条浏览日志的初始效果。

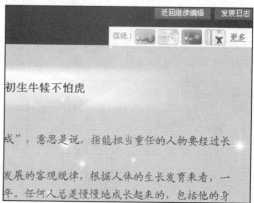

10 步骤 如果觉得该日志的初始效果比较理想，则直接单击页面底部的"发表日志"按钮。

12 步骤 此时可在打开的页面中看见发表的日志。

11 步骤 片刻之后可在页面中看见日志发表成功，单击"返回查看日志"按钮。

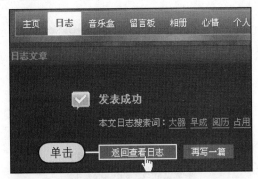

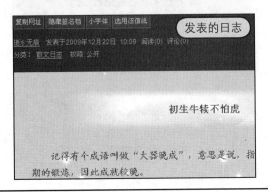

13.4.4 创建相册并上传图片

用户在QQ空间中上传照片之前需要在QQ空间中创建相册并对其进行分类，然后才可批量上传图片。

1 步骤 打开QQ空间主页，在页面中单击"相册"链接。

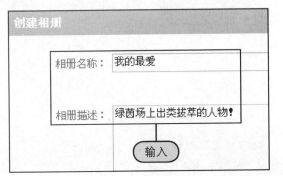

3 步骤 弹出"创建相册"对话框，在对话框中输入相册名称和相册描述。

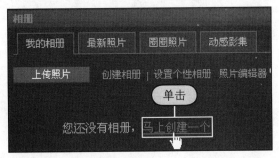

2 步骤 打开新的页面，在"我的相册"选项卡下单击"马上创建一个"链接。

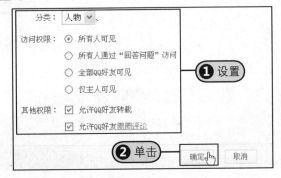

4 步骤 Step1 在下方设置分类、访问权限和其他权限，Step2 单击"确定"按钮。

弹出"创建成功"对话框,单击"是"按钮。

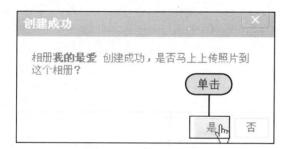

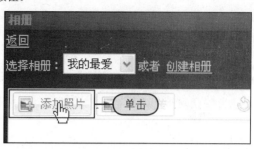 返回QQ空间页面,单击"相册"选项卡下的"添加照片"按钮。

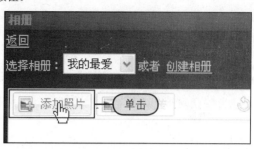

步骤7 打开"添加照片"对话框,**Step1** 在左侧选择照片的保存位置,**Step2** 在右侧选择上传的图片,如果要全部上传则勾选"全选"复选框。

步骤8 单击"添加"按钮返回QQ空间页面,单击"开始上传"按钮上传图片,请耐心等待。

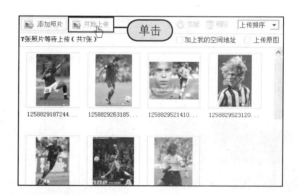

步骤9 上传完毕之后弹出"上传成功"对话框,直接单击"完成"按钮。

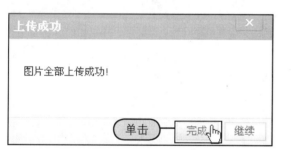

步骤10 **Step1** 在打开的页面中输入每张图片的标题、描述和标签。**Step2** 输入完毕之后单击"保存"按钮。

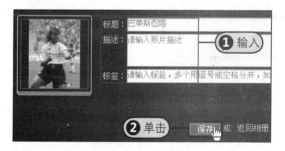

步骤11 打开新的页面,在页面中可以看见添加照片信息完成,单击"返回相册"按钮。

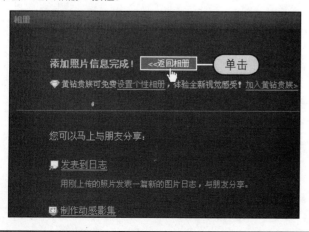

步骤12 返回相册选项卡下,此时可在页面中看见上传的图片。

13.5 使用同学录联系天涯海角的同学

同学录，本意是指用于记载同学之间的言行或事物的书册，而网络同学录则是为用户提供与昔日同窗好友交流的网络平台。例如登录中国同学录网站（http://sns.5460.net/）进行注册，然后便可创建班级并添加同学。

13.5.1 注册网上同学录

用户登录中国同学录网站后需要进行注册，在注册过程中需要用户输入邮箱、真实姓名等信息，还要完善个人资料等。

步骤1 登录中国同学录网站首页，在页面的左侧单击"注册"按钮。

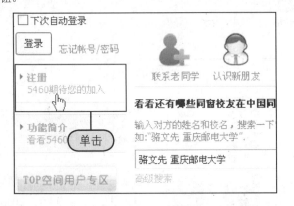

步骤2 在打开的页面中输入注册的相关信息，如输入邮箱、密码和真实姓名等信息。

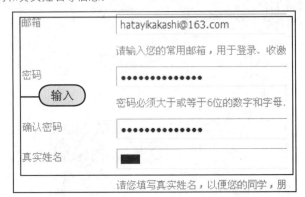

步骤3 单击"注册"按钮打开新的页面，单击"上传头像"选项右侧的"浏览"按钮。

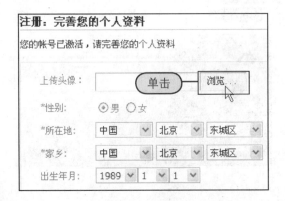

步骤4 打开"选择文件"对话框，Step❶在"查找范围"下拉列表中选择图片所在的位置，Step❷在下方单击需要上传的图片，然后单击"打开"按钮。

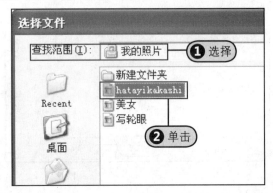

步骤5 返回页面中，Step❶在下方设置性别、所在地、家乡和出生年月等信息，Step❷单击"确定"按钮。

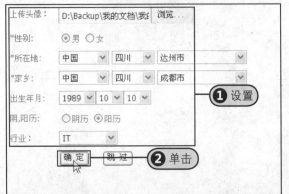

步骤6 片刻之后打开新的页面，此时可在页面中看见同学录注册成功。

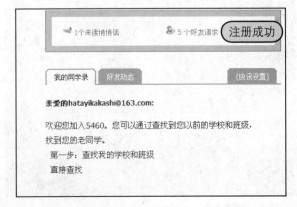

13.5.2 创建班级

用户登录之后可以在该网站中查看是否有同学已经创建了班级，如果没有同学创建，则可自己创建，创建之后便可以管理员的身份管理该班级。

步骤 1 用户在中国同学录首页中输入前面注册的账号和密码，单击"登录"按钮打开个人主页，**Step 1** 在页面中设置"请选择您的母校类型"为"大学/大专"，**Step 2** 单击"查找班级"按钮。

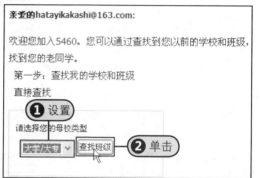

步骤 2 打开"找到您的大学班级"对话框，**Step 1** 在"学校所在地"选项中分别选择大学所在的城市，例如选择中国、四川。**Step 2** 链接在下方选择大学，例如单击"电子科技大学（原成都电讯工程学院）"链接。

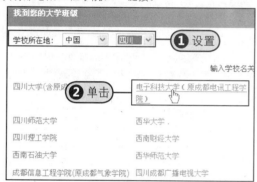

步骤 3 在打开的页面中查找班级，若没有找到班级，可以单击对话框右侧的"没有找到您的班级？点击创建"链接。

步骤 4 打开新的页面，**Step 1** 在页面中输入班级名称，**Step 2** 输完后单击右侧的"检查是否同名"按钮。

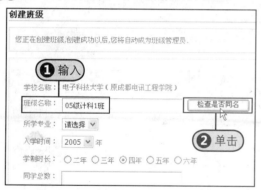

步骤 5 **Step 1** 在下方设置学制时长、同学总数和班级宣言，**Step 2** 单击"提交"按钮。

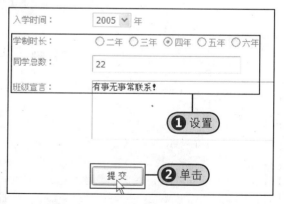

步骤 6 等待片刻打开新的页面，此时可在页面中看见班级已经创建成功。

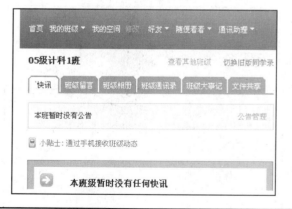

13.5.3 在同学录中发布班级留言

用户在中国同学录中成功创建班级之后，可以使用管理员的身份发布班级留言，其他人在加入班级之后便可看见班级留言。

步骤1 在班级主页中单击"班级留言"文字链接。

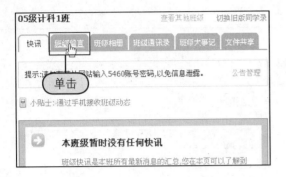

步骤2 打开新的页面，**Step1** 在页面中输入留言标题和留言内容，**Step2** 单击"发表"按钮。

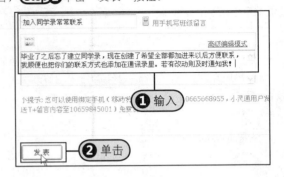

步骤3 片刻之后打开新的页面，此时可在页面中看见班级留言的详细信息。

13.5.4 创建班级通讯录

用户不仅可以以管理员的身份发布留言，而且可以建立班级通讯录，便于其他同学以后联系。

步骤1 在页面中单击"班级通讯录"链接。

步骤2 打开新的页面，在页面的中部单击"增加联系人"链接。

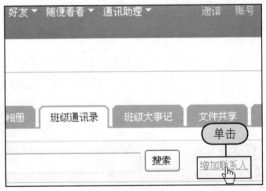

步骤3 **Step1** 在页面中输入同学的姓名、手机、电子邮箱等信息，**Step2** 单击"增加一条通讯录"链接。

步骤4 **Step1** 继续输入其他同学的姓名、手机等信息，如果还要添加则单击"增加一条通讯录"链接，**Step2** 添加完毕单击"保存"按钮。

5 步骤 打开新的页面，用户可以在"班级成员"选项组中单击任意一个链接查看其联系方式。

6 步骤 此时可以在页面中看见选中同学的详细通信方式。

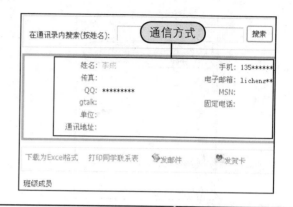

13.6 使用人人网广交天下朋友

人人网为整个中国互联网用户提供了一个全方位的互动交流平台，它提高了用户之间的交流效率，同时也降低了用户之间交流的成本，为用户提供了发布日志、保存相册、音乐视频等功能。

13.6.1 注册并登录人人网

用户在使用人人网联系好友之前，必须先注册一个人人网账号。人人网的网址为www.RENREN.com。

1 步骤 **Step①** 在人人网首页中输入电子邮箱、真实姓名等信息，**Step②** 单击"马上注册"按钮。

2 步骤 打开新的页面，提示用户注册成功，单击"立刻去邮箱开通账户"按钮。

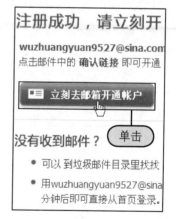

3 步骤 打开新浪免费邮箱页面，**Step①** 输入邮箱的用户名和密码，**Step②** 单击"登录"按钮。

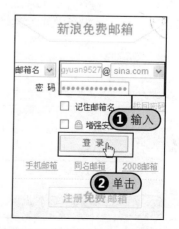

步骤 4 成功登录电子邮箱之后，在页面左侧单击"收件夹（2）"链接。

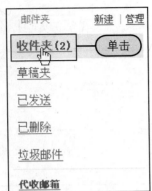

步骤 5 在页面右侧单击"人人网注册确认"链接。

步骤 6 打开邮件之后，在文本内容中单击网址链接。

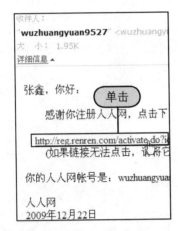

步骤 7 打开新的页面，**Step❶**选中"我工作了"单选按钮，**Step❷**在下方设置当前所在地、家乡和单位。**Step❸**单击"保存并继续"按钮。

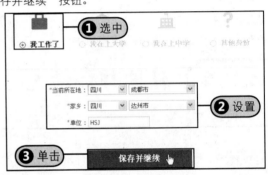

步骤 8 打开新的页面，拖动右侧的滚动条至页面底部，在"大学"文本框中单击。

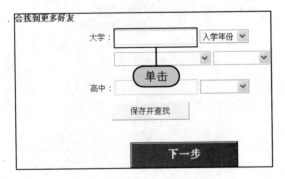

步骤 9 打开"选择学校"对话框，在对话框中选择大学的所在地，**Step❶**例如单击"四川"选项，然后选择具体的大学，**Step❷**例如单击"电子科大"选项。

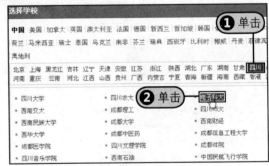

步骤 10 返回页面中，**Step❶**继续设置其他选项，**Step❷**设置完毕后单击"下一步"按钮。

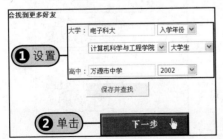

步骤 11 打开新的页面，在页面中单击"上传头像"按钮。

步骤12 打开"选择文件"对话框，**Step①**在"查找范围"下拉列表中选择图片的保存位置，**Step②**在下方的列表框中选择上传的图片，然后单击"打开"按钮。

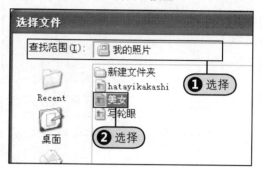

步骤13 返回页面中，此时可以看见上传的图片，单击图片下方的"保存头像"按钮。

步骤14 此时页面跳转至个人主页的首页，即注册成功。

13.6.2 完善个人资料

用户注册成功之后便可完善个人资料，完善资料包括基本资料、学校信息、工作信息和联系方式等，用户可根据自身的实际情况进行填写。

步骤1 在个人主页中单击"资料"标签切换至该选项卡下。

步骤2 在下方单击"编辑资料"链接。

步骤3 **Step①**核对基本信息是否正确，若不正确进行修改。**Step②**修改后单击"保存修改"按钮。

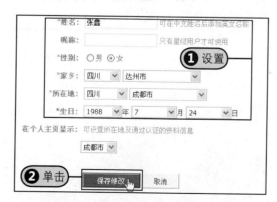

步骤 4 核对学校信息是否正确,若不正确进行修改,然后单击"保存修改"按钮。

步骤 5 在页面中浏览工作信息,若有不符合的地方进行修改,然后单击"保存修改"按钮。

步骤 6 切换至"个人信息"选项组中,填写个人的相关信息。

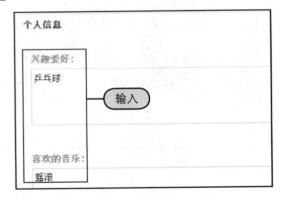

步骤 7 填写完毕之后单击下方的"保存修改"按钮。

步骤 8 Step❶设置联系方式,Step❷输入对应的联系方式后单击"保存修改"按钮保存退出。

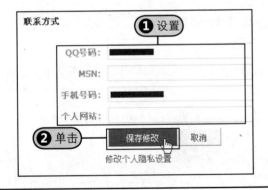

13.6.3 添加好友并与好友聊天

完善个人资料之后用户便可以查找好友并发送添加请求了,对方通过查看您的资料了解到你是他的朋友后便会同意添加,添加成功之后便可以与好友聊天。

步骤 1 在个人主页的顶部单击"好友"按钮,打开新的页面。

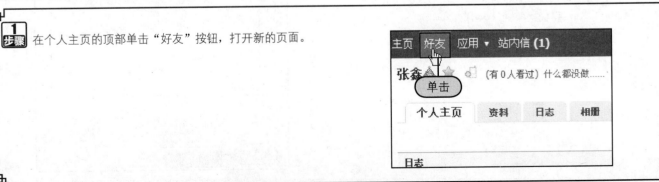

2 步骤 (Step1) 单击"寻找好友"选项，(Step2) 输入好友的姓名和公司，(Step3) 单击"搜索"按钮。

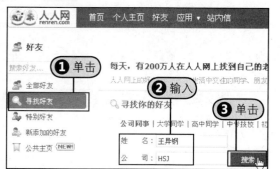

3 步骤 在打开的页面中选择好友，然后单击右侧的"加为好友"链接。

4 步骤 (Step1) 在弹出的对话框中输入验证信息，(Step2) 单击"确定"按钮。

5 步骤 对方同意添加之后即可在页面中看见添加成功，单击"个人主页"按钮。

6 步骤 (Step1) 在页面底部单击"与好友聊天"选项，(Step2) 在弹出的列表中单击好友开始聊天。

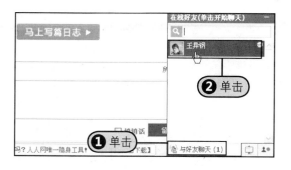

7 步骤 (Step1) 在窗口下方的文本框中输入聊天内容，(Step2) 单击"发送"按钮。

8 步骤 片刻之后会在窗口中看见对方回复的消息，若要停止聊天则直接关闭窗口。

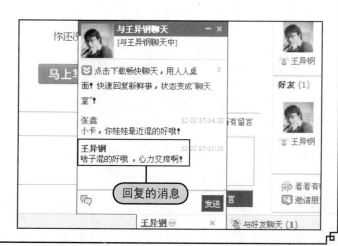

13.6.4 在人人网中上传图片

用户还可以在人人网中上传自己喜欢的图片，但是在上传图片之前必须先创建一个相册，创建相册之后用户就可随心所欲地上传图片。

步骤 1 打开人人网，输入账号和密码后登录到个人主页，在页面中单击"相册"标签切换至该选项卡下。

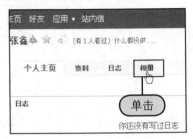

步骤 2 跳转至新的页面，在页面中单击"上传新照片"按钮。

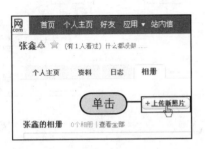

步骤 3 在打开的页面中创建相册，**Step 1** 输入相册的名字、地点、描述并选择浏览的权限，**Step 2** 单击"创建相册"按钮。

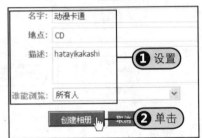

步骤 4 在打开的页面中可以看见相册创建成功，在页面中单击"选择要上传的照片"按钮。

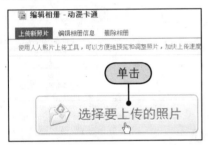

步骤 5 打开"选择要上载的文件自upload.renren.com"对话框，**Step 1** 在"查找范围"下拉列表中选择图片保存的位置，**Step 2** 在下方单击需要上传的图片。选中后单击"打开"按钮。

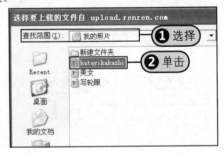

步骤 6 返回页面中，用户如果想要继续上传图片可单击"添加更多照片"链接。

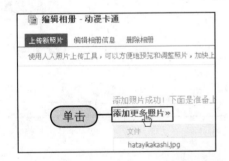

步骤 7 打开"选择要上载的文件自upload.renren.com"对话框，**Step 1** 在"查找范围"下拉列表中选择图片保存的位置，**Step 2** 在下方单击需要上传的图片，**Step 3** 单击"打开"按钮。

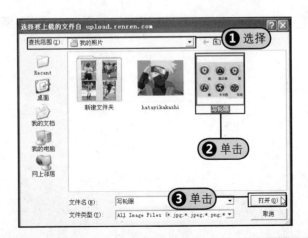

8 步骤 返回页面中即可看见准备上传的照片，确定无误之后单击"上传"按钮开始上传。

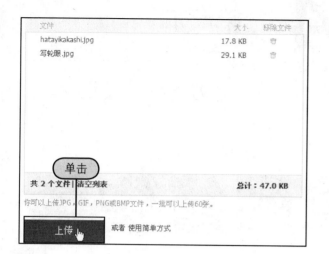

9 步骤 片刻之后跳转至新的页面，此时在页面中看见上传的图片，设置第一幅图为封面，**Step❶** 即选中"设为封面"单选按钮，**Step❷** 单击"保存并发布"按钮。

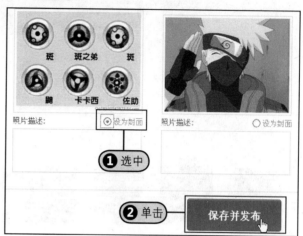

10 步骤 打开新的页面，此时可在页面中看见图片已经上传成功。

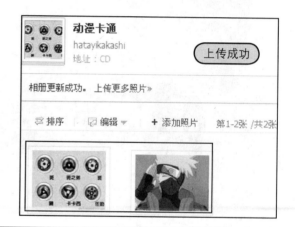

 读 书 笔 记

第 14 章

开展丰富的网络生活

用户不仅可以使用电脑下载资源、与好友通信，还可以观看网络视频、畅玩QQ游戏、使用网上银行、网上购物和网上求职等，更加丰富了用户的网络生活。

14.1 观看网络视频

用户观看网络视频有多种方法，如使用前面介绍的下载软件将它们下载至电脑中再观看，也可以直接登录一些比较好的网站在线观看，如土豆网（www.tudou.com），还可以使用PPLive软件进行观看。

14.1.1 登录土豆网观看视频

用户可以在浏览器地址栏中输入www.tudou.com后按Enter键打开土豆网首页，然后搜索自己想看的电影，在搜索结果中选择喜欢的节目观看。

步骤1 打开土豆网首页，**Step1** 在页面顶端的文本框中输入关键字，例如输入"C罗"，**Step2** 单击右侧的"搜索"按钮。

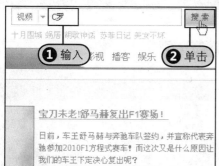

步骤2 片刻之后，在打开的页面中可以看见搜索的结果，拖动右侧的滚动条，若该页中没有满意的视频，单击"2"选项翻页查找。

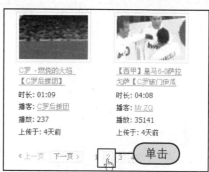

步骤3 找到满意的视频之后，单击对应的图片链接。

步骤4 用户就可以在打开的页面中观看视频了。

14.1.2 使用PPLive观看视频

PPLive是国内知名度较高、用户众多、覆盖面较广的P2P网络电视软件，在线观看的人越多，其播放就越流畅。该软件可以播放多种电视节目，包括各种卫星电视节目和各类网络电视节目。

步骤1 用户下载并安装PPLive之后会在桌面上出现对应的快捷图标，双击该图标启动PPLive软件。

步骤2 打开PPLive主界面,在界面的右侧可以看见频道列表。用户可在频道列表中选择需要观看的频道。

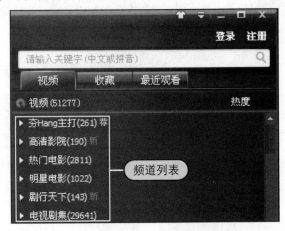

频道列表

步骤3 单击"视频>内地剧场>闯关东"命令。

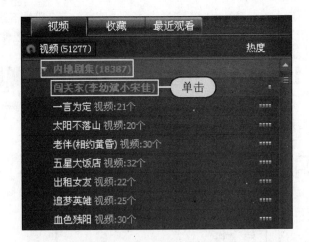

单击

步骤4 视频开始缓冲并播放,用户就可以在主界面的左侧观看播放的视频。

播放的视频

教你一招　同时开启多个PPLive窗口

用户在使用PPLive时还可以在一个桌面上同时开启多个PPLive窗口。按照前面的方法启用PPLive软件,**Step1**单击主界面右侧的 按钮,**Step2**在弹出的下拉菜单中单击"工具>设置"命令。弹出"PPLive设置"对话框,切换至"基本"选项卡下,**Step3**在"运行状态"选项组中取消勾选"只允许运行一个PPLive"复选框,单击"确定"按钮保存退出。

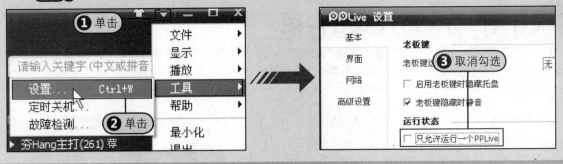

14.2 畅玩QQ游戏

QQ游戏为用户提供了一个棋牌和交友类游戏平台,它包含了麻将类和棋牌类等大量休闲游戏。用户在玩QQ游戏之前需要下载并安装该软件,方可进入QQ游戏大厅选择游戏。

14.2.1 安装QQ游戏大厅

用户第一次玩QQ游戏时可以先从腾讯官方网站中下载并安装QQ软件，然后在本地电脑上安装QQ游戏大厅，这里介绍一种比较快捷的方法，即直接单击QQ主界面下方的QQ游戏图标便可下载并安装QQ游戏大厅。

步骤1 打开QQ登录界面，输入账号和密码后按Enter键登录，在QQ主界面的底部单击 图标。

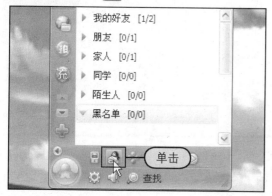

步骤2 弹出"在线安装"对话框，直接单击"安装"按钮。

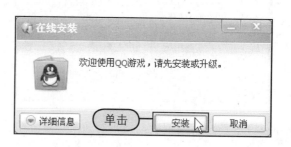

步骤3 在"在线安装"对话框中看见下载QQ游戏安装包的进度，该过程可能需要几分钟的时间，请耐心等待。

步骤4 下载完毕后弹出"QQ游戏2009正式版 安装"对话框，在欢迎安装向导界面中单击"下一步"按钮。

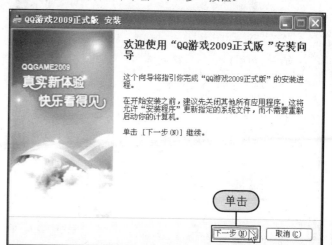

步骤5 切换至"许可证协议"界面，用户阅读界面中的协议之后单击"我接受"按钮。

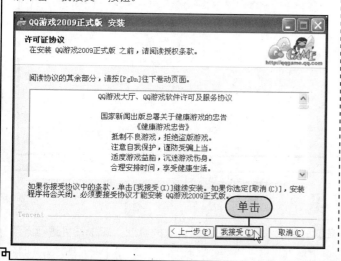

步骤6 切换至"选择安装位置"界面，在"目标文件夹"选项组中单击"浏览"按钮，打开"浏览文件夹"对话框。

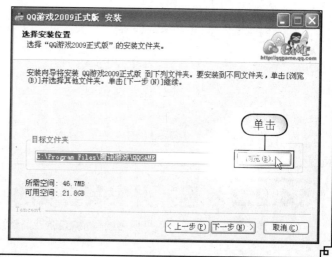

步骤7 在列表框中选择安装QQ游戏2009正式版的文件夹位置，选中之后单击"确定"按钮。

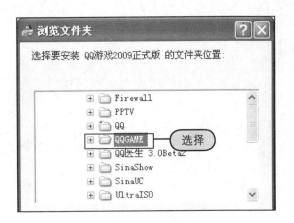

步骤8 返回"选择安装位置"界面，在"目标文件夹"选项组中可以看见重新设置的安装位置，单击"下一步"按钮。

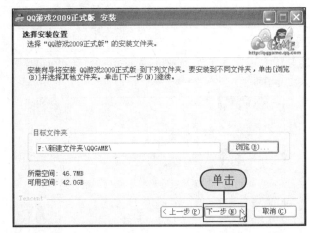

步骤9 切换至"安装选项"界面，**Step❶** 在界面中勾选"创建桌面快捷方式"和"添加到快速启动栏"复选框，**Step❷** 单击"安装"按钮。

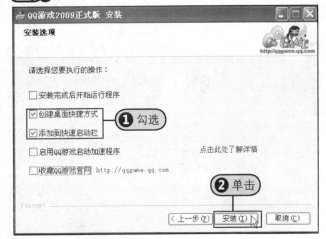

步骤10 切换至"正在安装"界面，此时可在对话框中看见QQ游戏的安装进度，若要查看详细信息可单击"显示细节"按钮。

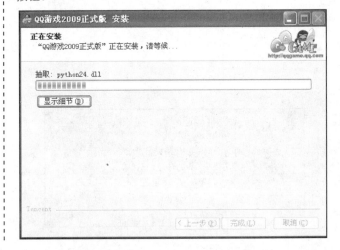

步骤11 安装完成后切换至"安装完成"界面，单击"完成"按钮。

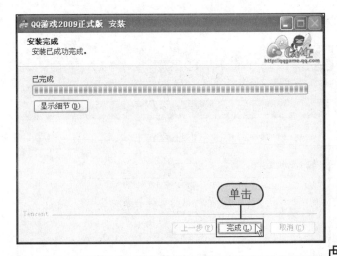

14.2.2 选择并安装喜欢的游戏

QQ游戏大厅安装完成后用户便可以登录QQ游戏，然后在QQ游戏大厅页面中选择喜欢的游戏，双击便可进行游戏安装。

步骤1 打开QQ游戏登录界面，**Step1**输入有效的账号和密码，**Step2**单击"登录"按钮。

步骤2 弹出"字体设置"对话框，**Step1**选中"大字体"单选按钮，**Step2**单击"确定"按钮。

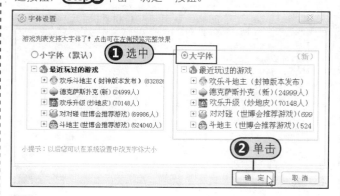

步骤3 在QQ游戏大厅左侧选择喜欢的游戏，例如选择"大家来找茬"，双击该游戏名称。

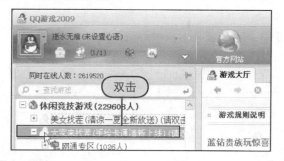

步骤4 打开"提示信息"对话框，单击"确定"按钮开始安装。

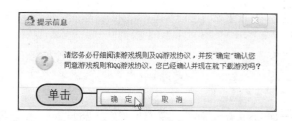

步骤5 此时可在"QQ游戏更新"对话框中看见下载的进度，请耐心等待。

步骤6 安装完成后返回"提示信息"对话框，单击"确定"按钮。

14.2.3 开始游戏

　　游戏安装完成后用户便可以在游戏大厅窗口中选择游戏房间，双击即可进入游戏房间，当房间内人数已满时则只有选择其他房间。进入房间后即可开始游戏。

步骤1 在游戏大厅窗口左侧选择游戏房间，例如单击"大家来找茬>电信专区>五图场1>房间1"命令。

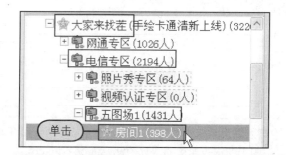

步骤2 **Step1**在打开的窗口中单击"快速加入游戏"选项右侧的下三角按钮，**Step2**在弹出的下拉菜单中单击"加入游戏"命令。

步骤 3 打开游戏窗口，单击窗口右下角的"开始"按钮开始游戏。

步骤 4 此时用户需要专心地找出两幅图中的5个不同之处，找到后直接用鼠标单击任意一幅图中不同的地方。

步骤 5 如果在规定时间内找出了5个不同点，则会在窗口中显示"全部找出"字幕并且自动切换至下一幅图继续查找。

步骤 6 当任何一个玩家找完5幅图后系统就会自动倒数10秒。

步骤 7 倒数完毕之后返回游戏窗口，此时可以在窗口中看见所有人的本局得分、找茬数以及combo数，若用户想继续玩则直接单击窗口右下角的"开始"按钮。

比赛结果			
名次	昵称	本局得分	找茬数	combo数
1	蓝调思念	14	25	14
2	苦咖啡	8	22	21
3	明	-1	18	17
4	逝水无痕	-12	13	4

14.3 使用网上银行办理银行业务

　　网上银行又称作在线银行，是指银行通过Internet技术向客户提供开户、销户、查询、对账、转账、信贷、网上证券和投资理财等传统服务项目。用户在家只需通过Internet就能够方便快捷地实现网上银行的转账、汇款等相关操作。

14.3.1 开通网上银行

　　用户若想开通网上银行，可以携带身份证到营业厅进行办理，也可以登录某些银行的官方网站按照指示的步骤开通网上银行，下面以常用的中国工商银行为例介绍开通网上银行的流程。中国工商银行对应的网址为www.icbc.com.cn。

步骤1 打开"中国工商银行中国网站"页面，单击"个人网上银行登录"下方的"注册"链接。

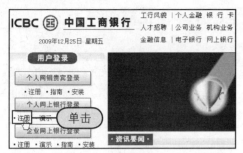

步骤2 打开"个人网上银行-自助注册"页面，单击"注册个人网上银行"按钮。

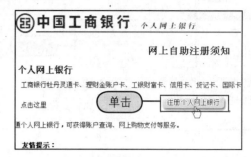

步骤3 浏览中国工商银行电子银行个人客户服务协议，单击"接受此协议"按钮。

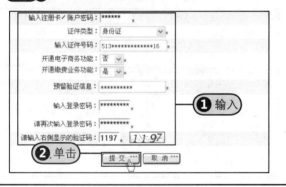

步骤4 打开新的页面，**Step1** 输入注册的卡号或账号，**Step2** 输入完后单击"提交"按钮。

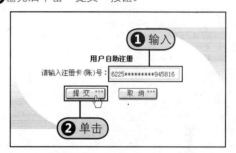

步骤5 **Step1** 在打开的页面中输入账户密码、证件号码等信息，**Step2** 单击"提交"按钮。

步骤6 跳转至新的页面，询问用户是否确认注册开户，单击"确定"按钮即可开通。

14.3.2 使用网上银行进行转账

用户开通了网上银行之后便可登录网上银行进行转账操作，在转账的操作过程中用户可以在同一个银行内转账，也可以实现跨行转账。

步骤1 打开"中国工商银行中国网站"首页，在页面中单击"个人网上银行登录"按钮。

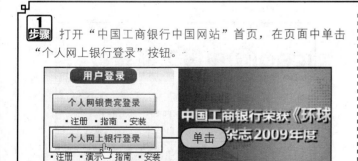

步骤2 跳转至新的页面，在页面中单击"登录"按钮。

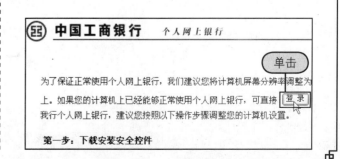

3 **步骤** **Step①** 在页面中输入卡（帐）号/用户名、登录密码和验证码，**Step②** 单击"登录"按钮。

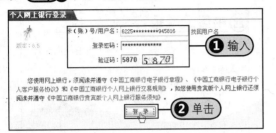

5 **步骤** 用户若要跨行汇款，可单击"跨行汇款"选项右侧的"汇款"链接。

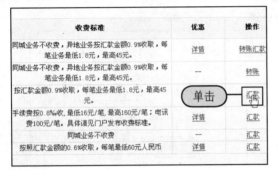

7 **步骤** **Step①** 在打开的页面中选中"加急"单选按钮，**Step②** 单击"下一步"按钮。

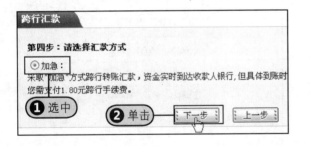

4 **步骤** 登录成功之后在页面中单击"转账汇款"选项。

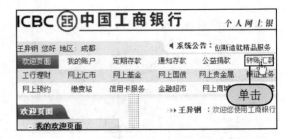

6 **步骤** 跳转至新的页面，在页面中输入汇款的相关信息，输完之后单击"下一步"按钮。

8 **步骤** 跳转至新的页面，输入电脑银行口令卡和验证码，单击"确认"按钮。

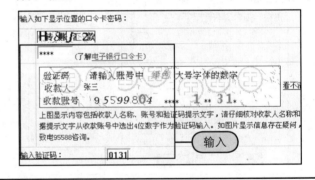

14.3.3 自动缴费

用户开通网上银行之后便可以直接在网上银行缴纳一些常用的费用，如自动缴纳话费，只需在电脑上进行一系列的操作即可。

1 **步骤** 登录网上银行之后在欢迎界面中单击"缴费站"链接。

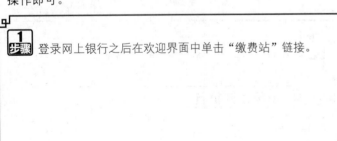

步骤2 设置缴费类型、省/直辖市、地区/市选项，单击"查找"按钮。

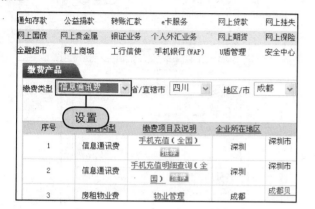

步骤3 片刻之后在下方显示了查找的结果，单击"移动话费"选项右侧的"缴费"链接。

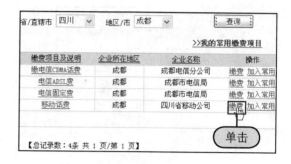

步骤4 **Step①** 在打开的界面中输入手机号码，**Step②** 单击"提交"按钮。

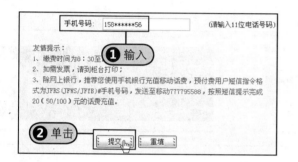

步骤5 跳转至新的界面，**Step①** 输入缴费金额，**Step②** 单击"提交"按钮。

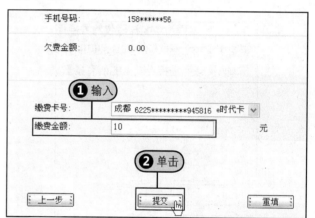

步骤6 **Step①** 在打开的页面中输入电子银行口令卡和验证码，**Step②** 单击"提交"按钮。

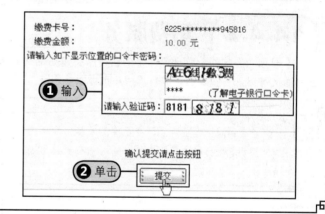

14.4 使用网上营业厅办理手机业务

中国移动网上营业厅是中国移动通信提供给客户进行业务受理、营销推广、信息查询的网上自助平台。网上营业厅分为全球通、动感地带、神州行、集团客户专区，用户可根据自己的手机卡类型办理不同的业务。

14.4.1 登录手机网上营业厅

用户在使用中国移动网上营业厅之前需要先打开中国移动通信网站（www.chinamobile.com），然后输入账号和密码登录。

步骤 1 登录中国移动通信网站，**Step 1** 在页面右侧的"网上营业厅"选项组中输入手机号码，**Step 2** 单击"登录"按钮。

步骤 2 等待片刻之后打开新的页面，**Step 1** 在页面中输入手机号码、服务密码和验证码，**Step 2** 然后单击"登录"按钮。

步骤 3 打开新的页面，拖动右侧的滚动条浏览页面中的内容，浏览后单击底部的"同意"按钮。

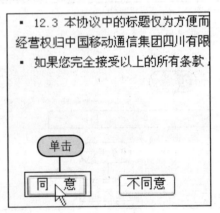

步骤 4 登录成功之后跳转至新的页面，此时在页面的左侧可以看见一系列的设置，如话费服务、业务办理、在线客服和个人信息管理等设置。

14.4.2 话费服务

中国移动通信网上营业厅提供的话费服务包括话费查询和网上缴费等功能。用户查询话费可以查看当月话费，若觉得当月话费有出入可查看当月详单，用户也可以使用网上银行进行网上缴费操作。

步骤 1 成功登录到网上营业厅后，在页面的左侧依次单击"话费服务>话费查询>当月话费"选项，即可在右侧看见当月话费的详情。

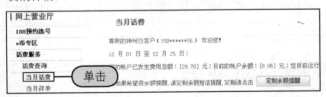

步骤 2 若觉得当月话费有出入，**Step 1** 单击"当月详单"选项，**Step 2** 在右侧输入手机接收到的随机密码，**Step 3** 单击"查询"按钮。

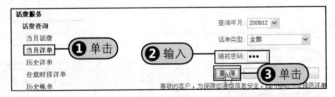

步骤 3 打开新的页面，此时可在页面中看见当月手机拨打的所有电话以及对应的详细情况，查看完毕后关闭该窗口。

神州行客户详单 (普通及V网本地话单) 电话号码 158******56					结帐年月200912	
工号:wwwww		流水号:8010034715231	打印时间: 20091225		客户名称:unknow	5002
通话起始时间	时长	通话类型	对方号码	通话地点	长途类型	基本通话费
2009/12/01 14:23:10	4分19秒	被叫	********	成都市	本地	0.00
2009/12/01 15:11:38	0分50秒	被叫	********	成都市	本地	0.00
2009/12/01 19:36:35	0分27秒	被叫	********	成都市	本地	0.00
2009/12/02 11:53:53	1分12秒	被叫	********	成都市	本地	0.00
2009/12/02 18:38:11	0分37秒	主叫	********	成都市	本地	0.00
2009/12/02 19:18:10	5分45秒	被叫	********	成都市	本地	0.00
2009/12/02 21:09:34	23分37秒	被叫	********	成都市	本地	0.00
2009/12/02 21:34:14	0分2秒	被叫	********	成都市	本地	0.00

4 步骤 返回网上营业厅主界面，在页面左侧单击"话费服务>网上缴费>网上银行缴费"选项。

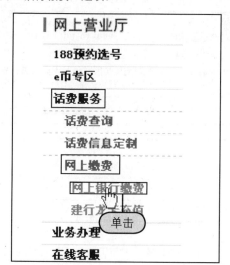

5 步骤 跳转至新的页面，浏览页面中的电子协议内容之后单击"同意"按钮。

6 步骤 跳转至新的界面，在页面中单击"充值"按钮。

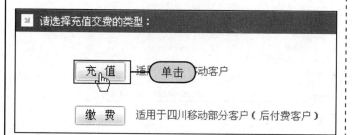

7 步骤 **Step❶** 在打开的页面中输入手机号码和充值金额，**Step❷** 单击"提交"按钮。

8 步骤 **Step❶** 在"确认验证"文本框中输入右侧的数字，**Step❷** 单击"确认订单"按钮。

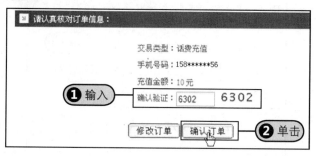

9 步骤 **Step❶** 在打开的页面中选择网上银行的类型，**Step❷** 单击"确定"按钮。

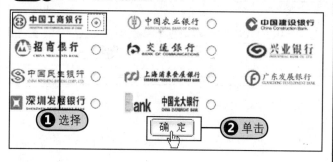

10 步骤 此时在页面中可看见正在向银行提交订单信息，请耐心等待。

11 步骤 **Step❶** 在打开的页面中输入支付卡（账）号和验证码，**Step❷** 单击"提交"按钮。

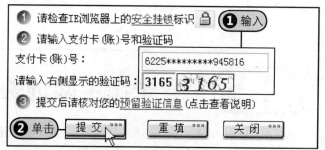

步骤12 跳转至新的界面，确认页面中显示的预留信息无误后单击"全额付款"按钮。

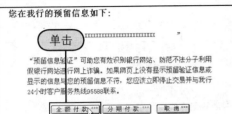

步骤13 在打开的页面中确认无误后单击"提交"按钮。

14.4.3 业务服务

用户除了办理话费服务之外还可以办理业务服务，包括更换当前套餐、新业务办理和其他业务的办理等。

步骤1 Step❶登录成功后在页面的左侧单击"业务办理>主资费变更"选项，Step❷在右侧选择想要变更的主资费，Step❸单击"确定"按钮。

步骤2 在左侧单击"套餐办理与变更"选项，即可在页面右侧看见该手机号码的所有套餐。

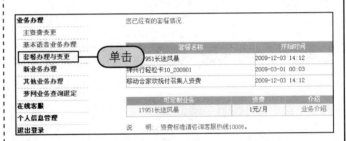

步骤3 Step❶单击"新业务办理>飞信"选项，Step❷在页面右侧单击"开通"按钮即可开通飞信功能。

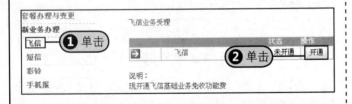

步骤4 用户若要开通移动合家欢业务，可以在页面左侧单击"其他业务办理>移动合家欢"选项，然后单击"申请移动合家欢"按钮。

步骤5 开通之后，即可在页面右侧添加或者删除成员的号码。

14.5 登录淘宝网选购商品

淘宝网（www.taobao.com）是亚洲最大的网络零售商圈，是国内最大的网络购物平台。它吸引着来自世界各地的上网人群，用户可以在淘宝网上购买自己所需的物品。

14.5.1 注册淘宝会员

用户在淘宝网上购物之前需注册并成为淘宝会员，用户在输入注册信息的过程中需要输入未注册过的邮箱，提交注册信息之后还要在注册时输入的邮箱中激活账户。

步骤1 在浏览器的地址栏中输入www.taobao.com后按Enter键打开淘宝网首页，单击"免费注册"链接。

步骤2 跳转至新的页面，在"邮箱注册"选项组中单击"点击进入"按钮。

步骤3 在打开的页面中输入注册的相关信息，如电子邮箱、会员名等，然后单击"同意以下协议，提交注册"按钮。

步骤4 跳转至新的页面，提示用户"就差一步了，快去激活你的账户吧"，单击"登录邮箱"按钮。

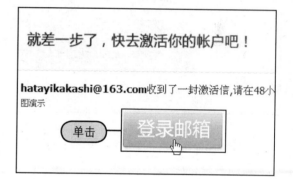

步骤5 打开邮箱登录页面，**Step1** 输入邮箱的用户名和密码，**Step2** 单击"登录"按钮。

步骤6 邮箱登录成功之后，在邮箱首页中单击"未读邮件"链接，打开收件箱。

步骤7 在收件箱中单击刚刚收到的激活邮件对应的标题链接。

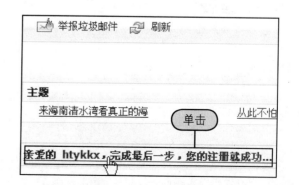

步骤8 打开之后在邮件的正文中单击"完成注册"按钮激活账户。

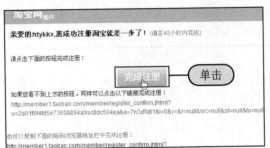

步骤9 片刻之后即可在打开的页面中看见账户注册成功。

14.5.2 激活支付宝

用户成功注册账号之后便可激活支付宝账号,如果支付宝账号未激活,则用户在购买商品时是无法支付的。

步骤1 在注册成功页面的右上角单击"我的淘宝"按钮。

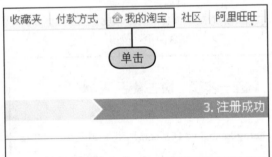

步骤2 跳转至新的页面,在页面中单击"账户管理"选项。

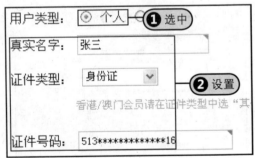

步骤3 跳转至新的页面,在"状态"选项中单击"点此激活"链接。

步骤4 **Step①** 在打开的页面中选中"个人"单选按钮, **Step②** 在下方输入真实名字,选择证件类型后输入证件号码。

步骤5 拖动右侧的滚动条,**Step①** 在页面中输入支付宝账号的相关信息,**Step②** 单击"保存并立即启用支付宝账户"按钮。

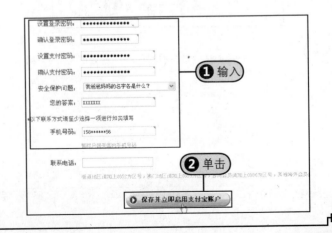

步骤 6 片刻之后即可在打开的页面中看见账户成功激活。

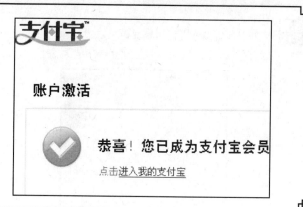

14.5.3 开始购物

用户在淘宝网上购买商品可以通过支付宝支付，也可以通过网上银行支付，若要使用支付宝支付则需要为支付宝充值。

步骤 1 在浏览器的地址栏中输入www.taobao.com后按Enter键打开淘宝网首页，单击"请登录"链接。

步骤 2 跳转至新的页面，**Step 1** 输入账户名和密码，**Step 2** 单击"登录"按钮。

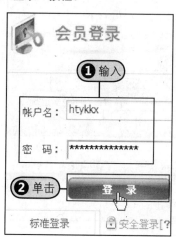

步骤 3 返回淘宝网首页，在页面的搜索栏中输入需要的商品，例如输入"牛仔裤 男"，然后单击"查找"按钮。

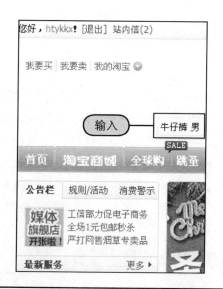

步骤 4 打开新的页面，**Step 1** 在页面中部单击"运费"选项右侧的下三角按钮，**Step 2** 在弹出的列表中选择地点，如选择"四川"。

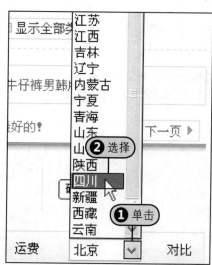

步骤5 片刻之后可以在页面中挑选自己喜欢的商品，选择多件商品之后在复选框下方单击"对比选中宝贝"按钮。

步骤6 在页面中选择较好的商品，选中后单击对应的图片链接。

步骤7 在打开的页面中可以看见该商品更加详细的信息，**Step①** 选择尺寸大小和颜色，**Step②** 单击"立刻购买"按钮。

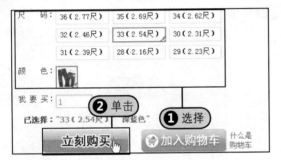

步骤8 跳转至新的页面，在页面中填写收货地址，包括地区、邮政编码、街道地址、收货人姓名和手机。

步骤9 拖动右侧的滚动条，**Step①** 在页面的下方设置购买数量，**Step②** 勾选"匿名购买"复选框，**Step③** 单击"确认无误，购买"按钮。

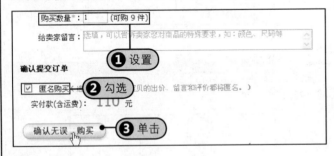

步骤10 此时可以看见支付宝账户的余额为零，用户可以单击"立即充值"按钮为支付宝充值，单击"网上银行付款"标签使用网上银行付款。

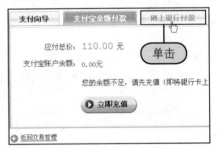

步骤11 **Step①** 在打开的页面中选择网上银行的类型，如选中"中国工商银行"单选按钮，**Step②** 单击"确认无误，付款"按钮。

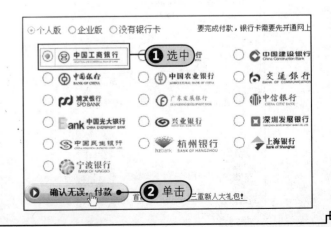

步骤12 打开新的页面，在页面中单击"去网上银行付款"按钮。

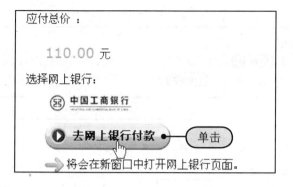

步骤13 **Step①** 在打开的页面中输入支付卡（账）号和验证码，**Step②** 单击"提交"按钮。

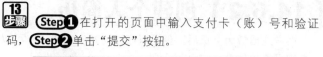
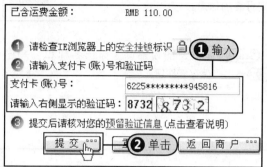

步骤14 跳转至新的页面，在页面中确认预留信息无误后单击"全额付款"按钮。

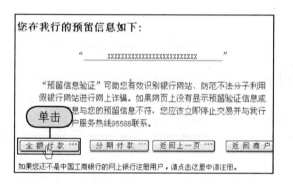

步骤15 **Step①** 在页面中输入电子银行口令卡密码、网银登录密码和验证码，**Step②** 单击"提交"按钮即可付款，付款后便可在家等着送货上门。

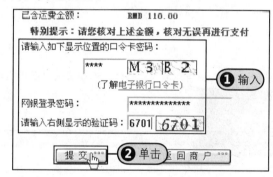

14.6 登录前程无忧网站寻找职位

用户可以登录招聘网站寻找合适的职位，如前程无忧（www.51job.com），它为用户提供了最全面最准确的企业职位招聘信息，同时也为企业提供了人才招聘、猎头、培训、测评和人事外包在内的全方位的人力资源服务。

14.6.1 注册会员

用户若要在前程无忧网站中寻找适合自己的职位，则首先需要在网站中注册成为会员。

步骤1 在浏览器地址栏中输入www.51job.com后按Enter键打开前程无忧首页，单击"新会员注册"按钮。

步骤2 打开新的页面，在"个人会员注册"选项组中输入注册信息，如输入E-mail、用户名和密码，然后单击"注册"按钮。

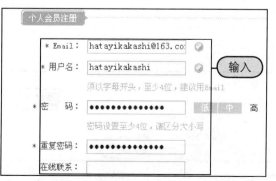

14.6.2 创建个人简历

用户注册成为会员后，就可以在该网站中创建一份可以随时投递的个人电子简历。在创建简历的过程中，用户必须填写真实可靠的信息。

步骤 1 **Step 1** 在页面的顶部设置简历名称和公开程度，**Step 2** 单击"保存"按钮。

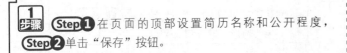

步骤 2 **Step 1** 设置个人信息，如输入姓名、选择性别、出生日期和证件类型。**Step 2** 单击"居住地"选项右侧的按钮。

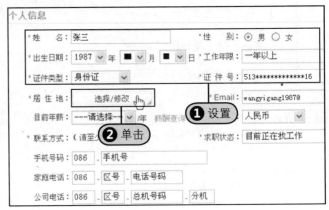

步骤 3 打开"请选择居住地"对话框，例如单击"四川省>成都"选项。

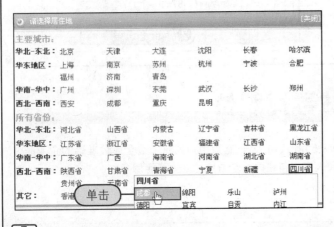

步骤 4 返回页面，设置目前年薪、币种、求职状态和联系方式，在填写联系方式过程中，用户至少要填写一项，填写完成后单击"保存"按钮。

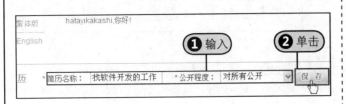

步骤 5 填写教育经历，**Step 1** 例如设置时间、输入学校名称、选择专业和输入专业描述，**Step 2** 并在下方选择是否拥有海外学习经历，选中"是"单选按钮后单击"保存"按钮。

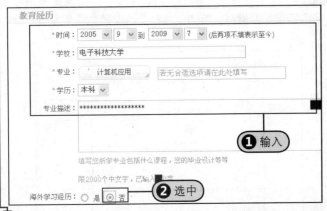

步骤 6 在"工作经验"选项组中设置工作时间、公司名称、选择行业、公司规模和公司性质等信息，然后单击"保存"按钮。

步骤 7 在"求职意向"选项组中设置工作类型、地点、行业、职能等选项，输入自我评价，然后单击"保存"按钮。

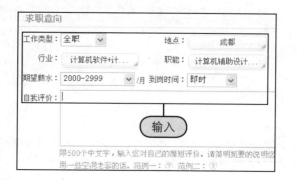

步骤 8 **Step 1** 在"语言能力"选项组中设置英语等级和日语等级，**Step 2** 设置完毕后单击"填写完毕"按钮提交简历信息。

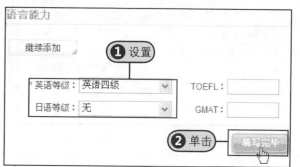

步骤 9 在打开的页面中可以看见简历保存成功，用户可单击"简历预览"按钮预览创建的简历。

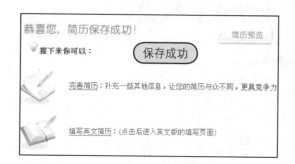

14.6.3 搜索职位信息

简历创建成功之后，用户便可以在"前程无忧"网站中搜索自己感兴趣的求职信息来投递简历。

步骤 1 在页面中直接单击"职位搜索"按钮。

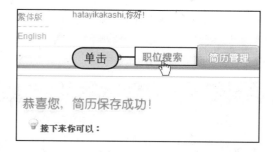

步骤 2 拖动右侧的滚动条，**Step 1** 在页面中单击"按职能搜索"标签，**Step 2** 在下方选择职位相关的选项，例如单击"计算机软件"选项。

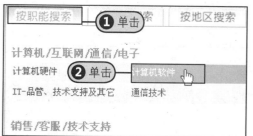

步骤 3 弹出"请选择职位"列表框，例如单击"（全部）计算机软件"选项。

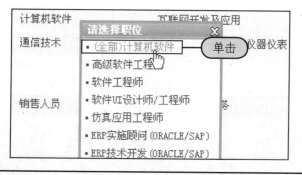

步骤 4 在打开的页面中选择工作所在地，例如单击"四川省"链接。

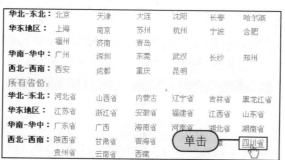

步骤 5 在弹出的列表框中选择具体的城市，例如单击"成都"选项。

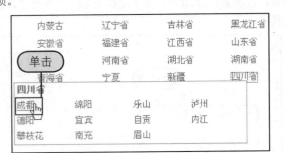

步骤 6 打开新的页面，此时可在页面中看见相关的职位信息。

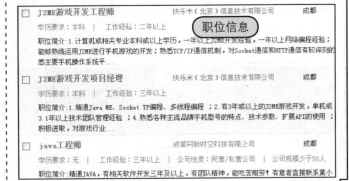

14.6.4 投放简历

遇到满意的职位时，求职者可直接向该公司投放简历，也可以根据招聘单位提供的邮箱地址将个人简历发送到招聘单位的邮箱中。

步骤 1 在页面中浏览查找合适的职位，找到之后单击职位对应的链接。

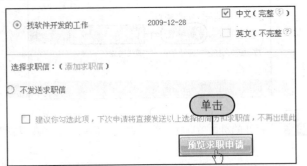

步骤 2 打开新的页面，在页面中浏览该职位的相关信息，若对该职位有意，则单击"立即申请"按钮。

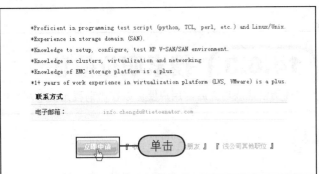

步骤 3 在打开的页面中确认选择的简历正确无误后，单击"预览求职申请"按钮。

步骤 4 弹出提示对话框，确认预览的简历正确无误后单击"确定"按钮。

步骤 5 打开新的页面，在页面中预览创建的简历，确认简历无误后单击"发送求职申请"按钮即可发送求职申请。

第 15 章

文档处理软件 Word 2010

　　文字处理是计算机应用的一个非常重要的方面，是从事计算机应用工作人员必须掌握的最基本的技能之一。Word 2010就是Microsoft公司最新推出的办公软件Office 2010的一个组成部分，它是一款功能强大的文字处理软件，特别适合于一般办公人员和排版人员，目前已经成为文字处理软件中最受欢迎产品之一。

15.1 初识Word 2010

Word 2010是一款高效率的办公软件，能够最大限度地帮助用户从繁重的重复的劳动中解脱出来。本节将带领读者来认识Word 2010的操作界面以及启动和退出等基本操作。

15.1.1 启动Word 2010

用户在电脑上安装好Office 2010办公软件，即成功安装了其中的Word组件。首先来学习Word 2010的启动操作，下面将介绍两种常用的启动方法。

方法一：通过双击桌面上的快捷图标启动。双击桌面上的Microsoft Word 2010图标即可启动Word 2010。

方法二：通过"开始"菜单启动。**Step❶**单击任务栏中的"开始"按钮，**Step❷**从弹出的菜单中单击"所有程序>Microsoft Office>Microsoft Word 2010"命令同样可以启动Word 2010。

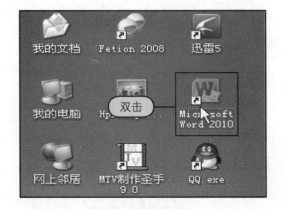

教你一招　双击扩展名为.docx的Word文件启动Word 2010

打开一个含有Word文档的文件夹，双击文件夹中的Word文档图标即可启动。

15.1.2 Word 2010的操作界面

启动了Word 2010的应用程序后，即可运用该软件进行操作了，下面具体介绍该软件的工作界面，也就是其操作界面，如表15-1所示。在了解了其操作界面后，才能在后面的学习中更快地掌握该软件的操作方法。

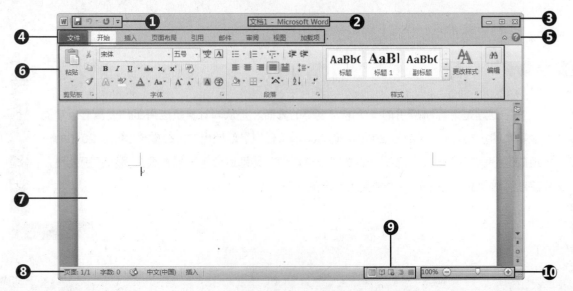

表15-1　Word 2010操作界面各部分名称及功能

编　号	名　称	功　能
❶	"快速访问"工具栏	在该工具栏中集成了多个常用的按钮，默认状态下包括"保存"、"撤销"、"恢复"按钮。用户也可以根据需要对其进行添加和更改
❷	标题栏	用于显示文件的标题和类型
❸	窗口操作按钮	用于设置窗口的最大化、最小化或关闭窗口
❹	标签	单击相应的标签按钮切换到相应的选项卡，在不同的选项卡下为用户提供了多种不同的操作设置选项
❺	帮助按钮	单击可打开相应的Word帮助文件
❻	功能区	当用户单击功能区上方的标签时，即可打开相应的功能区选项卡，如上图所示打开的是"开始"选项卡，在该区域中用户可以对字体、段落等内容进行设置
❼	编辑区	用户可以在此对文档进行编辑操作，制作需要的文档内容
❽	状态栏	显示当前的状态信息，如页数、字数及输入法等信息
❾	视图按钮	单击需要显示的视图类型按钮即可切换到相应的视图方式下，对文档进行查看
❿	显示比例	用于设置文档编辑区域的显示比例，用户可以通过拖动缩放滑块来进行方便快捷的调整

15.1.3 新建文档

Word主要是用来对文档进行处理，在处理之前，首先需要创建一个新文档来保存要处理的内容。

步骤1 启动Word 2010后，**Step❶**单击"文件"标签，切换至"文件"选项卡下，**Step❷**单击"新建"选项。

步骤2 在"新建"选项组中，**Step❶**在"可用模板"列表框中单击"空白文档"图标，**Step❷**单击"创建"按钮。

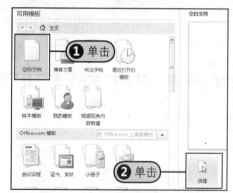

步骤3 系统会自动新建一个名为"文档3"的空白文档，此时就可以在该文档中编辑文档内容了。

15.1.4 保存文档

文档编辑完成以后，必须保存起来，这样才能在需要的时候不断重复使用。此外，在对文档进行处理的过程中，随时保存文档可以避免因误操作或电脑死机造成数据丢失。

步骤 1 (Step❶)单击"文件"标签，切换至"文件"选项卡下，(Step❷)单击"保存"选项。

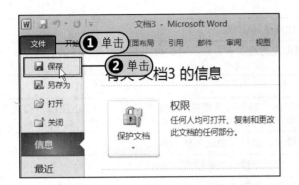

步骤 2 弹出"另存为"对话框，(Step❶)首先从"保存位置"下拉列表选择文档保存的文件夹，(Step❷)在"文件名"文本框中输入保存名称，例如输入"公司放假通知"，(Step❸)单击"保存"按钮。

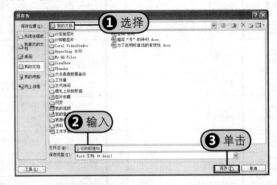

步骤 3 返回文档中，此时可以看到文档的标题已经更改为"公司放假通知"。

教你一招　另存为Word文档

对于已经保存了的文档，若用户想更改其保存位置、保存类型或保存时的名称，可以在"文件"选项卡下单击"另存为"选项，弹出"另存为"对话框，按照实际情况对文档进行保存即可。

15.1.5 退出Word 2010

当用户完成文档的创建或修改工作后，就可以退出Word 2010程序了。退出Word 2010程序同样有很多种方法。

方法一：通过"文件"选项卡退出。(Step❶)单击"文件"标签切换至该选项卡下，(Step❷)单击"退出"选项。

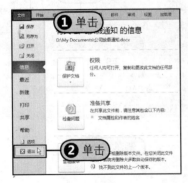

方法二：通过右击标题栏退出。(Step❶)右击标题栏任意空白处，(Step❷)从弹出的快捷菜单中单击"关闭"命令。

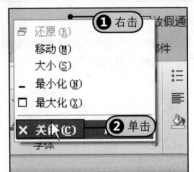

方法三：通过单击"关闭"按钮退出。直接单击Word 2010窗口右侧的"关闭"按钮。

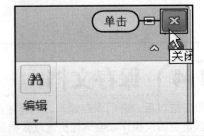

15.2 文本的基本操作

在编辑文档时，通常会用到选择、移动、复制和查找替换等操作，掌握这些操作可以提高编写效率。另外，用户在使用Word 时还应该掌握输入文本和符号、插入日期与时间等功能，这是整个文档编辑过程的基础。

15.2.1 输入文本

最终文件：实例文件\Chapter 15\最终文件\公司放假通知.docx

在Word 2010中，用户可以输入各种不同类型的文本内容，包括中文、英文、数字以及日期和特殊符号。

步骤1 将输入法切换至中文状态，在"公司放假通知.docx"文档的光标闪烁处输入标题为"元旦放假通知"。

步骤2 按Enter键，切入下一行，继续输入下一行文字。

元旦放假通知
值此元旦佳节之际，总公司对大家关心的放假安排做如下通知，请大家相互转告：

步骤3 按照前面的方法，输入完整的放假通知正文内容。

元旦放假通知
值此元旦佳节之际，总公司对大家关心的放假安排做如下通知，请大家相互转告：
1.2010 年 1 月 1 日至 2010 年 1 月 3 日放假。其中：1 月 1 日（星期五）为法定节假日，1 月 2 日（星期六）、1 月 3 日（星期日）为公休日，1 月 4 日（星期一）上班。
2.请各部门制定好节日期间的值班表。
3.职工个人原因需请事假的请与主管人员协商决定，勿自行其是。
4.公司将在 31 日发放假日礼品，请各部门与 31 日派人集体领取并发放，相关办法将届时公布。
祝各位经理、主管及业务人员，在元旦之际家人安康、顺心顺意，并注意节假日期间的旅游行程、休息安排，谨防 H1N1 等疾病侵扰。

步骤4 将光标定位在末尾，输入"2009"，此时会自动显示当前日期。

元旦放假通知
值此元旦佳节之际，总公司对大家关心的放假安排做如下通知，请大家相互转告：
1.2010 年 1 月 1 日至 2010 年 1 月 3 日放假。其中：1 月 1 日（星期五）为法定……
月 2 日（星期六）、1 月 3 日（星期日）为公休日，1 月 4 日（星期一）上班。
2.请各部门制定好节日期间的值班表。
3.职工个人原因需请事假的请与主管人员协商决定，勿自行其是。
4.公司将在 31 日发放假日礼品，请各部门与 31 日派人集体领取并发放，相关办……
祝各位经理、主管及业务人员，在元旦之际家人安康、顺心顺意，并注意节假日……
行程、休息安排，谨防 H1N1 等疾病侵扰。

2009-12-25（按 Enter 插入）
2009

步骤5 按下Enter键，自动输入系统当前日期"2009-12-25"。

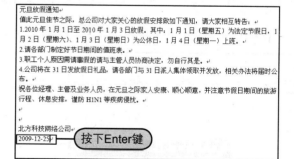

步骤6 将光标定位在标题最前面，**Step1** 在"开始"选项卡下单击"符号"按钮，**Step2** 从展开的库中单击"其他符号"选项。

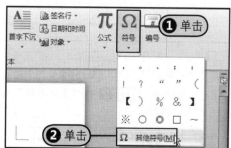

步骤7 弹出"符号"对话框，**Step1** 在"符号"选项卡下的从"字体"下拉列表中选择符号所属类别，例如选择"Wingdings 2"。**Step2** 在下方列表框中选择需要的符号，**Step3** 单击"插入"按钮。

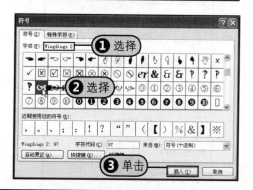

8步骤 返回文档文件，将光标定位在标题结尾处，采用上述插入符号的方法，打开"符号"对话框，选择其他要插入的符号。最终得到的标题效果如右图所示。

元旦放假通知 ← 插入的符号

值此元旦佳节之际，总公司对大家关心的放假安排
1.2010年1月1日至2010年1月3日放假。其中
月2日（星期六）、1月3日（星期日）为公休日，
2.请各部门制定好节日期间的值班表。
3.职工个人原因需请事假的请与主管人员协商决定
4.公司将在31日发放假日礼品，请各部门与31日
布。
祝各位经理、主管及业务人员，在元旦之际家人安

15.2.2 添加项目符号

最终文件：实例文件\Chapter 15\最终文件\项目符号.docx

文档中适当采用项目符号可使文档内容的层次更加分明，使文档中的重点或者需要强调的部分更加突出。

1步骤 打开最终文件中的"公司放假通知.docx"文档，删除原有的"1."、"2."、"3."和"4."，然后选择需添加项目符号的通知正文内容。

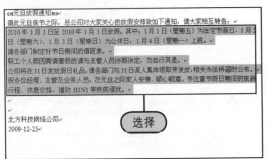

2步骤 **Step1** 在"开始"选项卡下单击"项目符号"按钮右侧的下三角按钮，**Step2** 从展开的库中选择项目符号样式，例如选择菱形符号作为项目符号。

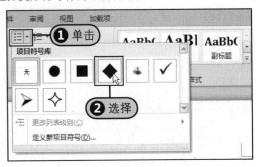

教你一招 插入编号

如果用户想插入编号而不是项目符号，可以在"开始"选项卡下单击"编号"右侧的下三角按钮，从展开的库中选择编号样式。

3步骤 若要更改项目符号的颜色，**Step1** 单击"项目符号"按钮右侧的下三角按钮，**Step2** 在"项目符号"库中单击"定义新项目符号"选项。

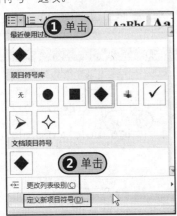

4步骤 弹出"定义新项目符号"对话框，单击"字体"按钮。

⑤步骤 弹出"字体"对话框，切换至"字体"选项卡下，在"字体颜色"下拉列表中选择"深红"。

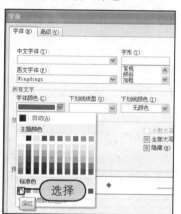

⑥步骤 单击"确定"按钮，返回文档中，此时可以看到为选中文本添加的项目符号效果。

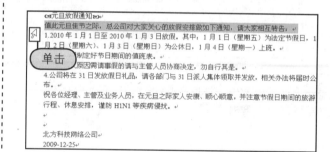

插入的项目符号效果

15.2.3 选定文本

要对文档中的文本进行编辑和排版之前，必须事先指定工作对象，使其呈选中状态。选定文本包括选定文本的不同区域，下面简单地介绍选定文档不同区域的方法。

1 // 选定任意区域

在需要选定文本的开始位置处单击鼠标左键，例如在"值此"前单击，将光标定位在"值"字前面，然后按住鼠标左键不放拖动至要选定文本的结束位置，这里拖动至"公"字后面，释放鼠标左键即可选中标题文本。

拖动

2 // 选定一行

将鼠标指针移到该行最左侧（每行左侧的这一位置称为选定框），当鼠标指针变成指向右上角的箭头↗时单击，则该行被选中。

单击

教你一招 选定若干行

如果要选择的若干行都在当前文档窗口中，常用的方法是将鼠标指针移到要选定文本的第一行的最左端，按住鼠标左键向下拖动，直至要选定的最后一行再松开鼠标，则拖到区域内的若干行将被选中。

3 // 选择一个段落

将鼠标指针移到段落左侧的任意位置，当鼠标指针变为指向右上角的箭头时双击，则该段落被选中。

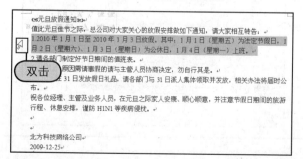

双击

4 // 选中整篇文档

将鼠标指针移到段落左侧的任意位置，当鼠标指针变成指向右上角的箭头时单击鼠标左键3次即可选中整篇文档。

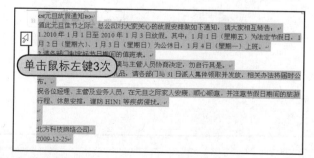

单击鼠标左键3次

教你一招　选定整篇文档的快捷键

按Ctrl+A组合键可以选中整篇文档。

15.2.4 移动和复制文本

移动和复制是编辑工作中最常见的编辑操作。Word 2010在进行移动和复制操作时，使用的是Windows的剪贴板，即通过使用剪贴板作为副本容器，存放临时文档，再单击相应的按钮完成复制操作。

1 移动文本

如果文档中的某个句子或段落的位置不恰当，就需要移动其位置使文档前后一致。例如，将"公司放假通知"中的第2条文本内容移至最后一条的后面。

步骤1 打开最终文件中的"公司放假通知.docx"文档，**Step1** 选中要移动的文本，这里选择正文中的第2条内容，**Step2** 在"开始"选项卡下单击"剪切"按钮。

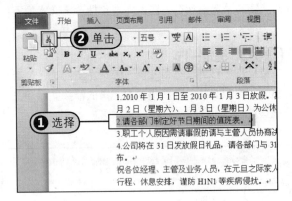

步骤2 此时第2条文本内容存放在了剪贴板中，**Step1** 将光标定位在要移动到的位置，**Step2** 在"开始"选项卡下单击"粘贴"按钮。

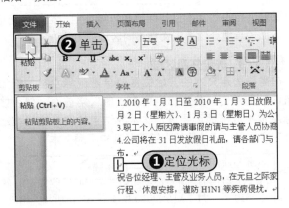

步骤3 所剪切的第2条文本内容被粘贴到了当前光标所在位置，即第4条文本内容的后面。

值此元旦佳节之际，总公司对大家关心的放假安排做如下通知，请大家相互转告；
1.2010年1月1日至2010年1月3日放假。其中；1月1日（星期五）为法定节假日，1月2日（星期六）、1月3日（星期日）为公休日，1月4日（星期一）上班。
3.职工个人原因需请事假的请与主管人员协商决定，勿自行其是。
4.公司将在31日发放假日礼品，请各部门与31日派人集体领取并发放，相关办法将届时公布。
2.请各部门制定好节日期间的值班表。 **移动位置到此**

2 复制文本

复制就是把原来已有的内容或格式按原样拷贝一份。例如，将"公司放假通知"文档中的第2条文本内容复制到最后一条的后面。

步骤1 **Step1** 选择要复制的文本，这里选择正文中的第2条文本内容，**Step2** 在"开始"选项卡下单击"复制"按钮。

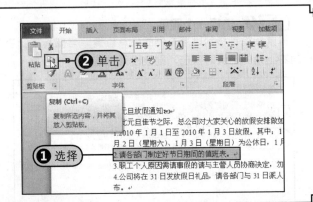

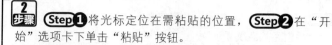

步骤2 **Step❶** 将光标定位在需粘贴的位置，**Step❷** 在"开始"选项卡下单击"粘贴"按钮。

步骤3 此时可以看到选择的第2条文本内容被粘贴到了光标所在位置，而原来的第2条文本内容依旧保留。

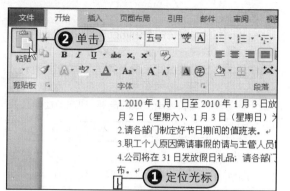

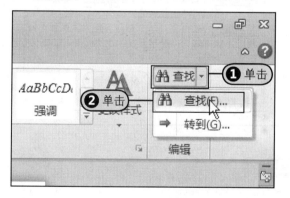

教你一招 **移动和复制文本的快捷键操作**

　　除了上面介绍的移动和复制文本的方法外，用户还可以通过快捷键的方法移动和复制文本，按下**Ctrl+X**组合键可以剪切文本，按下**Ctrl+C**组合键可以复制文本，按下**Ctrl+V**组合键可以粘贴文本内容。

15.2.5 查找和替换文本

原始文件：实例文件\Chapter 15\原始文件\招聘启事.docx
最终文件：实例文件\Chapter 15\最终文件\查找和替换.docx

　　查找与替换是文字处理程序中非常有用的功能。Word允许对文字甚至文档的格式进行查找和替换，使查找与替换的功能更加强大和有效。Word的查找和替换功能，使得在整个文档范围内进行枯燥的修改工作变得十分迅速和有效。

步骤1 打开"实例文件\Chapter 15\原始文件\招聘启事.docx"文档，**Step❶** 在"开始"选项卡下单击"查找"按钮右侧的下三角按钮，**Step❷** 从展开的下拉列表中单击"查找"选项。

步骤2 打开"导航"任务窗格，在文本框中输入需要查找的文本，例如输入"北京长源"。

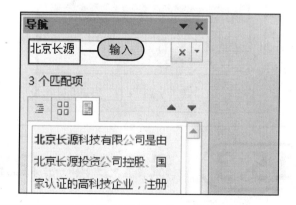

教你一招 **启动查找与替换功能的快捷键**

　　用户还可以按下快捷键**Ctrl+F**打开"导航"窗格进行查找和替换操作。

步骤3 此时在"导航"窗格下方的列表框中显示搜索到的3个匹配项,其中搜索的文本以加粗的形式显示。

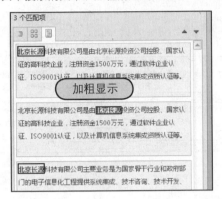

步骤4 在正文中,用户可以看到搜索出来的文本内容被选中,而且用橙色的底纹标示。

招聘启事
北京长源科技有限公司是由北京长源投资公司控股、
万元,通过软件企业认证、ISO9001 认证,以及计算
北京长源科技有限公司主要业务是为国家骨干行业
集成、技术咨询、技术开发、技术服务,如电信行业
由于业务量扩大和公司发展的需要,现在向社会公开
人员 5 名。
一、软件开发人员
1、本科学历以上,计算机、自动控制、电子工程等
2、熟悉 VB、VC、.Net、Java 等常用语言;

突出显示查找结果

步骤5 若用户需要替换查找出来的文本内容,**Step①** 可在"导航"任务窗格中单击下三角按钮,**Step②** 从展开的下拉列表中单击"替换"选项。

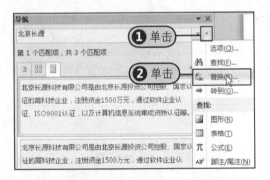

步骤6 弹出"查找和替换"对话框,**Step①** 在"替换"选项卡下的"替换为"文本框中输入要替换的文本,这里输入"北京金茂",**Step②** 输入完毕后单击"全部替换"按钮。

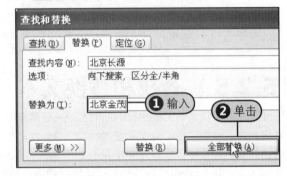

步骤7 系统自动将文档中的"北京长源"替换为"北京金茂",替换完毕后弹出一个提示框,提示替换了3处,单击"确定"按钮。

步骤8 此时在文档中可以看到3处"北京长源"文本已经替换为"北京金茂"。

招聘启事
北京金茂科技有限公司是由北京金茂投资公司控股
万元,通过软件企业认证、ISO9001 认证,以及计
北京金茂科技有限公司主要业务是为国家骨干行业
集成、技术咨询、技术开发、技术服务,如电信行
由于业务量扩大和公司发展的需要,现在向社会公
人员 5 名。
一、软件开发人员
1、本科学历以上,计算机、自动控制、电子工程

替换结果

15.3 设置字体与段落格式

在 Word 2010 中输入文本内容后,所有的文本都保持默认的字体格式和段落格式。而大多时候为了使整个文档显得更加美观大方、更符合规范,需要专门设置字体和段落格式。本节针对这个问题介绍文档中字体、字号、字形、间距和文字效果的设置;还讲解了对段落的格式化,即在一个段落的页面范围内对内容进行排版。

15.3.1 设置字符格式

原始文件:实例文件\Chapter 15\原始文件\招聘启事.docx
最终文件:实例文件\Chapter 15\最终文件\字符格式.docx

在Word 2010中，字符是指作为文本输入的汉字、字母、数字、标点符号以及特殊符号等。字符是文档格式化的最小单位，设置字符格式决定了字符在屏幕上显示和打印时的形式。字符格式包括字体、字符大小、形状、颜色，以及一些特殊效果。

① 设置字体、字号和字体颜色

Word 2010为用户提供了多种中英文字体，字体格式通常除了选择某种字体外，还包括字号、字形、文字颜色、下划线及字体特殊效果等多种格式。设置字体格式操作步骤如下。

步骤1 打开"实例文件\Chapter 15\原始文件\招聘启事.docx"文档，选择要设置字符格式的文本，这里选择整篇文档内容。

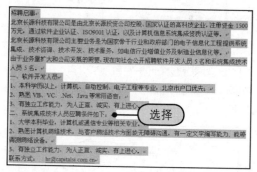

步骤2 在"开始"选项卡下单击"字体"组中的对话框启动器按钮。

步骤3 弹出"字体"对话框，在"字体"选项卡下的"中文字体"下拉列表中选择字体，例如选择"华文行楷"。

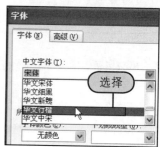

步骤4 在"字号"列表框中选择字体大小，例如选择"小四"。

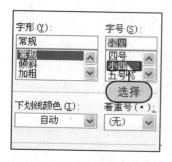

步骤5 从"字体颜色"下拉列表中选择字体的颜色，例如选择"蓝色"。

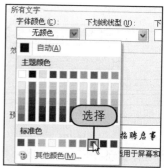

步骤6 单击"确定"按钮返回文档中，此时的字体效果如下图所示。

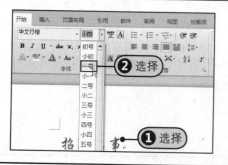

步骤7 **Step1** 选择标题文本，**Step2** 从"字号"下拉列表中选择字体大小为"一号"。

8 步骤 **Step❶** 在"字体"组中单击"加粗"按钮 **B**，**Step❷** 单击"下划线"按钮右侧的下三角按钮，**Step❸** 从展开的下拉列表中选择"双下划线"样式。

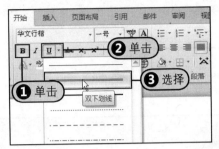

9 步骤 **Step❶** 单击"文本效果"按钮，**Step❷** 从展开的库中选择字体效果，用户可以根据自己的喜好进行选择，例如选择如下图所示的效果。

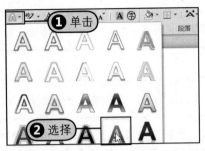

10 步骤 通过对标题的设置，得到的标题字体效果如下图所示。

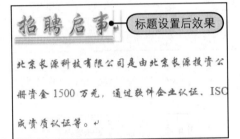

标题设置后效果

11 步骤 按住Ctrl键同时选择"一"和"二"点，此时出现浮动工具栏，在浮动工具栏中的"字号"下拉列表中选择字体大小为"14"号。

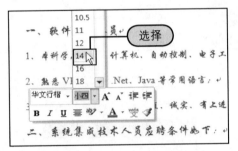

12 步骤 **Step❶** 在浮动工具栏中单击"字体颜色"按钮右侧的下三角按钮，**Step❷** 从展开的下拉列表中选择字体颜色，例如选择"深红"。

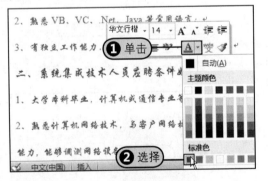

13 步骤 通过对招聘启事文档字体的设置，得到的最终文档效果如下图所示。

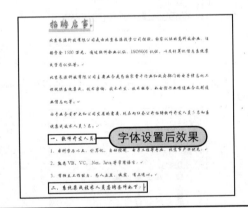

字体设置后效果

2 设置字符间距、字符缩放

当需要将某段文字之间的间距加大或紧缩时，可以通过调整字符缩放和字符间距来实现。下面就以调整"招聘启事.docx"文档中标题的字符间距、字符缩放为例进行介绍。

1 步骤 继续前面的操作。**Step❶** 选择标题文本"招聘启事"，**Step❷** 在"开始"选项卡下单击"字体"组中的对话框启动器按钮。

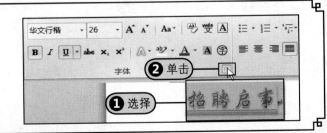

步骤2 弹出"字体"对话框，**Step1** 单击"高级"标签切换至该选项卡下，**Step2** 从"缩放"下拉列表中选择将字体缩放的比例，例如选择"150%"。

步骤3 **Step1** 从"间距"下拉列表中选择加宽或紧缩字体，这里选择"加宽"选项，**Step2** 在"磅值"文本框中输入加宽的磅值为"1磅"。

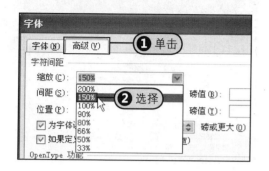

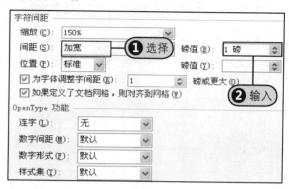

步骤4 设置完毕后单击"确定"按钮，返回文档中，此时的标题效果如右图所示。

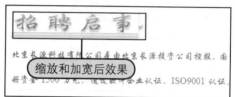

缩放和加宽后效果

15.3.2 设置段落格式

最终文件：实例文件\Chapter 15\最终文件\段落格式.docx

段落格式是指以段落为单位的格式设置。因此，要设置段落格式可直接将光标定位在选定的段落处，而不用像设置字符格式那样，要先选定字符，然后再进行格式设置。当然，要同时设置多个段落的格式，则应先选定这些段落，然后再进行段落格式设置。

① 设置段落对齐方式

段落的对齐直接影响文档的版面效果，段落的对齐方式控制了段落中文本行的排列方式。Word具有两端对齐、左对齐、居中对齐、右对齐和分散对齐等段落对齐方式，用户可以根据自己的需要进行选择。

步骤1 打开最终文件中的"字符格式.docx"文档，**Step1** 选择要设置对齐方式的文本，例如选择标题，**Step2** 在"开始"选项卡下的"段落"组中选择对齐方式，例如单击"居中"按钮。

步骤2 此时可以看到标题文本"招聘启事"文本内容居中对齐，如下图所示。

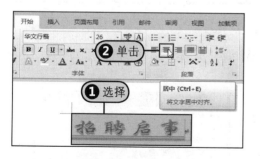

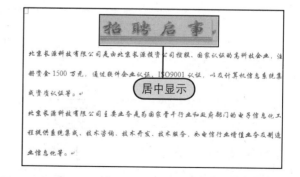

居中显示

② 设置段落缩进方式和间距

将段落最左方空出几个字符，称为段落缩进。段落间距是指相邻两个段落之间的间距，行距是指行于行之间的间距。

步骤1 继续前面的操作。**Step1** 选择要设置缩进方式的文本，这里选择第一段文本，**Step2** 在"开始"选项卡下单击"段落"组中的对话框启动器按钮。

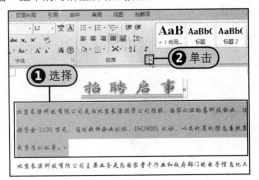

步骤2 弹出"段落"对话框，切换至"缩进和间距"选项卡下，从"特殊格式"下拉列表中选择缩进方式，例如选择"首行缩进"，系统默认缩进2字符。

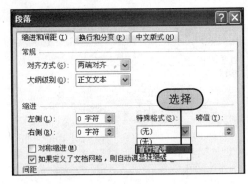

步骤3 单击"确定"按钮，返回文本中，可以看到第一段文本的前两个字符自动缩进两个字符。

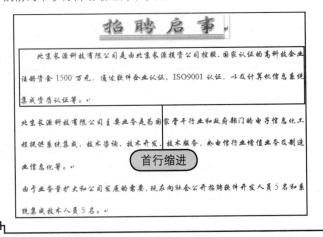

步骤4 使用相同的方法设置其他段落首行缩进2个字符。

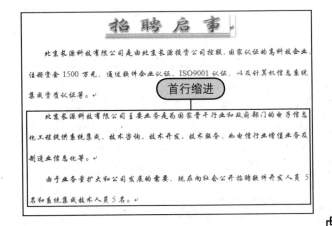

教你一招　在"段落"组中调节段落缩进量

　　除了可以在"段落"对话框中设置首行缩进外，用户还可以单击"段落"组中的"减少缩进量"按钮或"增加缩进量"按钮来调节段落缩进量，单击一次"减少缩进量"按钮（"增加缩进量"）按钮，所选文本段落的所有行将减少（增加）一个汉字的缩进量。

步骤5 设置段落的间距，选择要设置间距的文本，例如选择第二段文本内容。

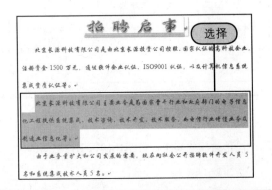

步骤6 单击"段落"组中的对话框启动器按钮，打开"段落"对话框，在"缩进和间距"选项卡下的"间距"选项组中分别设置"段前"和"段后"的距离，例如都设置为"1行"。

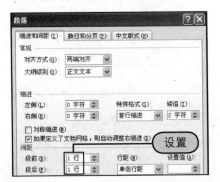

步骤 7 单击"确定"按钮，返回文档中，用户可以发现第二段文本的前面和后面都自动与上一个段落和下一个段落间隔一行的距离。

> 北京长源科技有限公司是由北京长源投资公司控股、国家认证的高科技企业注册资金1500万元，通过软件企业认证、ISO9001认证，以及计算机信息系统集成资质认证等。　　　　　　　**空一行**
>
> 北京长源科技有限公司主要业务是为国家骨干行业和政府部门的电子信息化工程提供系统集成、技术咨询、技术开发、技术服务，为电信行业增值业务及制造业信息化等。
>
> 由于业务量扩大和公司发展的需要，现在向社会公开招聘软件开发人员5名和系统集成技术人员5名。　　　　　　**空一行**

步骤 8 设置段落的行距。选择要设置行距的段落，例如选择"一"点下方的内容，**Step 1** 单击"段落"组中的"行和段落间距"按钮，**Step 2** 从展开的下拉列表中选择行距值，例如选择"3.0"倍行距。

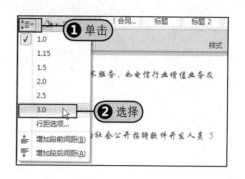

步骤 9 应用所选择的3.0倍行距后，此时可以看到所选择的文本内容行距明显变宽。

15.4 应用样式格式化文档

样式是指一系列预置的排版命令，它不仅包括对字符的修饰，而且包括对段落的修饰。用户定义了一个样式，就是定义了一系列的排版操作。当一段文本采用这个样式后，它就具有用户所定义的所有格式，包括字体、字号、行距和缩进等，从而省去了对文本进行一一设置的麻烦，所以应用样式进行排版非常方便。

15.4.1 套用内置的样式

原始文件：实例文件\Chapter 15\原始文件\招聘启事.docx
最终文件：实例文件\Chapter 15\最终文件\应用样式.docx

在Word 2010中为用户提供了大量的内置样式，用户直接套用即可。套用样式时，先选定需要设置格式的文本（或将插入点放置在新段落，当输入文本时，从插入点开始应用所设置格式）后，然后选择需要套用的样式。

步骤 1 打开"实例文件\Chapter 15\原始文件\招聘启事.docx"文档，**Step 1** 选择要套用内置样式的文本，例如选择标题"招聘启事"，**Step 2** 在"开始"选项卡下单击"样式"组中的快翻按钮。

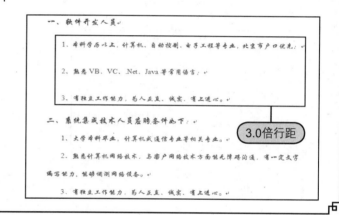

步骤 2 从展开的库中选择要套用的样式,例如选择"标题2"样式。

步骤 3 此时可以看到套用了"标题2"样式后的标题效果。

·招聘启事 ——（应用样式后效果）

北京长源科技有限公司是由北京长源投资公司控股
万元,通过软件企业认证、ISO9001认证,以及计
北京长源科技有限公司主要业务是为国家骨干行业
集成、技术咨询、技术开发、技术服务,如电信行
由于业务量扩大和公司发展的需要,现在向社会公开
人员5名。
一、软件开发人员

步骤 4 使用同样的方法选择第"一"和"二"点文本内容,从"样式"库中选择要套用的样式,这里选择"明显强调"样式。

步骤 5 套用了"明显强调"样式后的第"一"和"二"点效果如下图所示。

·招聘启事
北京长源科技有限公司是由北京长源投资公司控股、国家认证的高科技企业,注册资金1500
万元,通过软件企业认证、ISO9001认证,以及计算机信息系统集成资质认证等。
北京长源科技有限公司主要业务是为国家骨干行业和政府部门的电子信息化工程提供系统
集成、技术咨询、技术开发、技术服务,如电信行业增值业务及制造业信息等。
由于业务量扩大和公司发展的需要,现在向社会公开招聘软件开发人员5名和系统集成技术
人员5名。
一、软件开发人员
1、本科学历以上、计算机、自动控制、电子工程等专业,北京市户口优先;
2、熟悉VB、VC、.Net、Java等常用语言;
3、有独立工作能力,为人正直、诚实、有上进心。
二、系统集成技术人员应聘条件如下: ——（应用样式后效果）
1、大学本科毕业,计算机或通信专业相关专业。
2、熟悉计算机网络技术,与客户网络技术方面能无障碍沟通,有一定文字编写能力,能够
调测网络设备。
3、有独立工作能力,为人正直、诚实、有上进心。
联系方式: hr@capitalsi.com.cn

15.4.2 新建样式

最终文件:实例文件\Chapter 15\最终文件\新建样式.docx

如果Word 2010中内置的样式不能满足用户的需求,此时用户可以新建样式,按照用户自己的需求设置字体和段落格式,然后选定文本套用自定义样式。

步骤 1 打开最终文件中的"应用样式.docx"文档,在"开始"选项卡下单击"样式"组中的对话框启动器按钮。

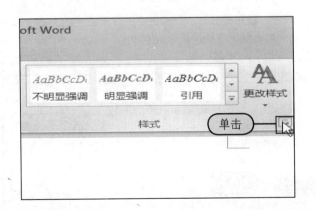

步骤 2 弹出"样式"任务窗格,单击"新建样式"按钮。

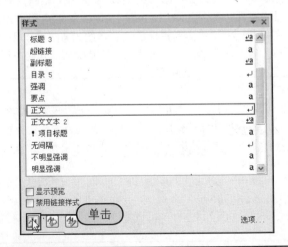

步骤3 弹出"根据格式设置创建新样式"对话框，**Step①** 在"名称"文本框中输入新建样式名称，例如输入"招聘文本"，**Step②** 从"后续段落样式"下拉列表中选择"招聘文本"。

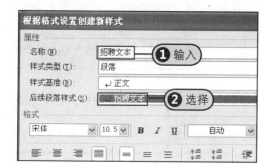

步骤4 **Step①** 在"格式"选项组中设置字体格式，这里选择字体为"方正姚体"、字号为"小四"，**Step②** 设置字体颜色为"深红"。

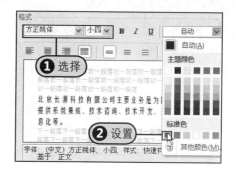

步骤5 **Step①** 单击"格式"按钮，**Step②** 从展开的下拉列表中单击"段落"选项。

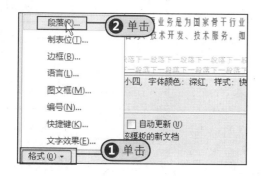

步骤6 弹出"段落"对话框，**Step①** 单击"缩进和间距"标签切换至该选项卡下，**Step②** 从"特殊格式"下拉列表中单击"首行缩进"选项。

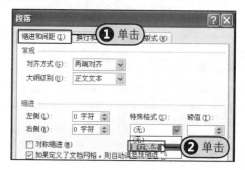

步骤7 连续单击两次"确定"按钮，返回文档中，**Step①** 选择文档中需要套用新建样式的文本，**Step②** 在"样式"任务窗格中选择"招聘文本"样式。

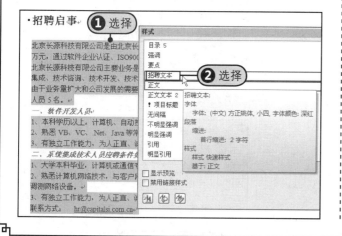

步骤8 所选择的文本会自动套用新建的样式，套用后效果如下图所示。

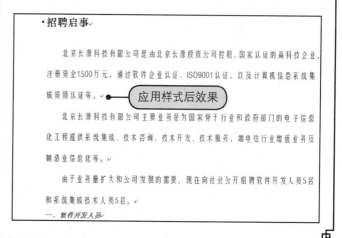

15.5 Word 2010表格的使用

在电脑办公中经常会用到表格，如员工工资表、客户资料表、工作量统计表等，使用表格既方便又直观。在Word中不但可以快速地对表格进行创建和编辑，而且可以对表格进行美化，套用喜欢的表格样式。

15.5.1 插入表格

在Word中创建表格的方法有多种，最常用的方法有以下3种：一是通过"插入表格"选项组创建；二是通过"插入表格"对话框创建；三是手动绘制表格。

① 通过"插入表格"选项组创建

通过"插入表格"选项组来创建表格是最简单、最快捷的一种方法。下面以创建一个4行4列的表格为例进行介绍。

步骤1 将光标定位在文档中要插入表格处，**Step①** 在"插入"选项卡下单击"表格"按钮，**Step②** 从展开的下拉列表中按住鼠标左键拖动。

步骤2 当橙色区域覆盖了需要的表格的行数和列数（如4×4）时释放鼠标左键，此时即可在文档中建立了一个4行4列的表格。

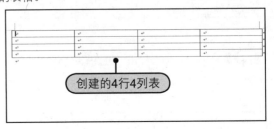

创建的4行4列表

② 通过"插入表格"对话框创建

若要创建行列数更多的表格，可以通过"插入表格"对话框来指定插入的行列数。例如，要创建一个6行4列的表格。

步骤1 **Step①** 在"插入"选项卡下单击"表格"按钮，**Step②** 从展开的下拉列表中单击"插入表格"选项。

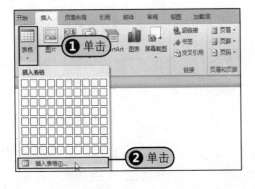

步骤2 弹出"插入表格"对话框，**Step①** 在"列数"和"行数"文本框中分别输入"4"、"6"，**Step②** 单击"确定"按钮。

步骤3 此时在文档光标处自动插入了一个6行4列的表格。

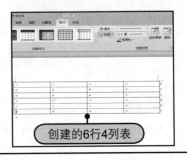

创建的6行4列表

③ 手动绘制表格

如果要创建不规则、复杂的表格，那么可以通过手动的方式绘制表格。如果要为创建的表格绘制一条斜线，其具体操作如下。

1 步骤 将光标定位在要插入表格的位置，**Step 1** 在"插入"选项卡下单击"表格"按钮，**Step 2** 从展开的下拉列表中单击"绘制表格"选项。

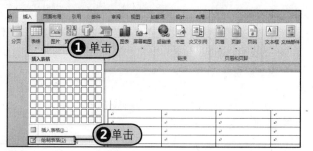

2 步骤 此时鼠标指针变成笔状，将光标笔尖置于线段开始位置处。

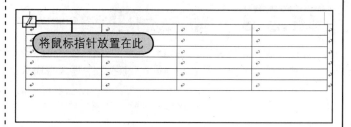

将鼠标指针放置在此

3 步骤 按住鼠标左键不放并拖动，当代表线段的虚线端点到达单元格右下角时释放鼠标。

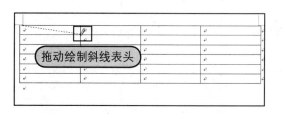

拖动绘制斜线表头

15.5.2　选定单元格

原始文件：实例文件\Chapter 15\原始文件\客户资料表.docx

要对表格进行编辑，首先要选定需要编辑的单元格或表格，然后进行编辑。常用的选择表格的方法有以下几种。

1 /// 选定一个单元格

把鼠标光标置于单元格的左侧，当鼠标光标变成 ➹ 形状后单击即可选定。

姓名	所在公司
张俊	正邦科技
李小琴	恒久汽贸
张正东	宏蓝房产
李亚平	万芳房产
吴海	

单击选定一个单元格

2 /// 选定整列

把鼠标光标指向该列的顶端，待鼠标光标变成 ↓ 形状后单击即可选定。

姓名	所在公司
	正邦科技
	恒久汽贸
张正东	宏蓝房产
李亚平	万芳房产
吴海	融科地产

单击选定一列

3 /// 选定整行

把鼠标光标指向该行的左侧，待鼠标光标变成 ➹ 形状后单击即可选定。

姓名	所在公司	职务	联系电话
张俊	正邦科技	总工程师	1325478965
李小琴	恒久汽贸	总经理	1356421895
张正东		销售主管	1374521692
李亚平		总工程师	1398745621
吴海	融科地产	总经理	1345126987

单击选定一行

4 /// 选定几行

先按照前面介绍的方法选择一行，再按住鼠标左键拖动即可选定多行。

姓名	所在公司	职务	联系电话
张俊	正邦科技	总工程师	1325478965
李小琴	恒久汽贸	总经理	1356421895
张正东	宏蓝房产	销售主管	1374521692
李亚平			1398745621
吴海			1345126987

单击并拖动选定多列

5 /// 选定多列

先按照前面介绍的方法选择一列，再按住鼠标左键拖动即可选定多列。

姓名	所在公司	职务	联系电话
张俊	正邦科技	总工程师	1325478965
李小琴	恒久汽贸	总经理	1356421895
张正东	宏蓝		1374521692
李亚平	万芳房产		1398745621
吴海	融科地产	总经理	1345126987

单击并拖动选定多列

6 /// 选定整个表格

单击表格左上角的 ⊞ 图标即可选定整个表格。

姓名	所在公司	职务	联系电话
张俊	正邦科技	总工程师	1325478965
李小琴	恒久汽贸	总经理	1356421895
张正东	宏蓝房产	销售主管	1374521692
李亚平	万芳房产	总工程师	1398745621
吴海	融科地产	总经理	1345126987

单击选定整个表格

选择多个不相邻的单元格或单元格区域

若用户想要选择多个不相邻的单元格，可先选定一个单元格，然后再按住Ctrl键选择其他单元格或单元格区域。

15.5.3 插入及删除单元格

原始文件：实例文件\Chapter 15\原始文件\客户资料表.docx
最终文件：实例文件\Chapter 15\最终文件\插入与删除单元格.docx

如果需要在已创建的表格中添加内容，可以在表格中插入行或列。例如，在前面的"客户资料表.docx"的第三行和第四行之间插入一行，如果表格中有不需要的单元格、行或列，可以按Backspace键将其删除。

步骤1 打开"实例文件\Chapter 15\原始文件\客户资料表.docx"文档，将插入光标移动到"客户资料表"的第三行中。

姓名	所在公司	职务	联系电话
张俊	正邦科技	总工程师	1325478965
李小琴	恒久汽贸	总经理	1356421895
张正东	宏蓝房产	销售主管	1374521692
李亚平	万芳房产	总工程师	1398745621
吴海	融科地产	总经理	1345126987

定位光标

步骤2 在"表格工具-布局"选项卡下的"行和列"组中选择插入位置，例如单击"在下方插入"按钮。

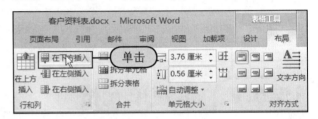
单击

步骤3 此时在第三行的下方插入一行空白行。

在下方插入一行

姓名	所在公司	职务	联系电话
张俊	正邦科技	总工程师	1325478965
李小琴	恒久汽贸	总经理	1356421895
张正东	宏蓝房产	销售主管	1374521692
李亚平	万芳房产	总工程师	1398745621
吴海	融科地产	总经理	1345126987

步骤4 **Step1** 选定"客户资料表"中要删除的单元格，**Step2** 在"表格工具-布局"选项卡下单击"删除"按钮，**Step3** 从展开下拉列表中单击"删除单元格"选项。

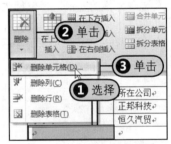

步骤5 弹出"删除单元格"对话框，**Step1** 选择删除选项，例如选中"下方单元格上移"单选按钮，**Step2** 单击"确定"按钮。

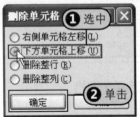
删除单元格
- 右侧单元格左移(L)
- 下方单元格上移(U)
- 删除整行(R)
- 删除整列(C)
确定

步骤6 返回文档中，此时可以看到原有单元格已删除，下方单元格自动上移。

姓名	所在公司
张俊	正邦科技
李小琴	恒久汽贸
张正东	宏蓝房产
	融科地产

删除下方单元格上移

15.5.4 拆分及合并单元格

原始文件：实例文件\Chapter 15\原始文件\客户资料表.docx

拆分单元格是指将一个单元格拆分为多个单元格，合并单元格是指将多个单元格合并为一个单元格。例如要将"客户资料表.docx"中的"姓名"所在的单元格拆分为竖直排列的3个单元格，具体操作步骤如下。

步骤 1 打开"实例文件\Chapter 15\原始文件\客户资料表.docx"文档，将插入点光标定位在要拆分的单元格中，这里定位到"姓名"所在的单元格中。

步骤 2 在"表格工具-布局"选项卡下单击"拆分单元格"按钮。

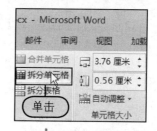

步骤 3 弹出"拆分单元格"对话框，**Step❶** 在"列数"文本框中输入"3"，在"行数"文本框中输入"1"，**Step❷** 单击"确定"按钮。

步骤 4 返回文档中，此时可以看到"姓名"单元格被拆分为三个单元格。

姓名		
张俊		
李小琴		
张正东	拆分为三个单元格	
李亚平		
吴海		

步骤 5 如果要将多个单元格合并为一个单元格，首先选择多个要合并的单元格。

步骤 6 在"表格工具-布局"选项卡下单击"合并单元格"按钮。

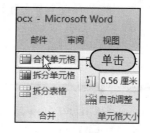

步骤 7 此时可以看到"姓名"单元格又恢复为一个单元格。

姓名	所在公司	职务	联系电话
张俊	正邦科技	总工程师	1325478965
李小琴	辰邑源服	总经理	1356421895
张正东	合并为一个单元格	销售主管	1374521692
李亚平	万芳房产	总工程师	1398745621
吴海	融科地产	总经理	1345126987

教你一招　拆分表格

　　如果用户需要将一个表格拆分为两个甚至多个表格，例如，将"客户资料表"从第4行开始拆分为另外一个表格。方法为：将光标定位在第4行的任一单元格中，然后在"表格工具-布局"选项卡下单击"拆分表格"按钮即可实现拆分。

15.5.5　美化表格

原始文件：实例文件\Chapter 15\原始文件\客户资料表.docx
最终文件：实例文件\Chapter 15\最终文件\美化表格.docx

　　表格制作好之后，用户可以直接套用Excel 2010中内置的表格样式美化表格。选定表格后，用户只需选择喜欢或需要的表格样式即可。

步骤1 **Step①**选择整个表格，**Step②**在"表格工具-设计"选项卡下单击"表格样式"组中的快翻按钮。

步骤2 从展开的库中选择需要套用的表格格式，例如选择"中等深浅网格3-强调文字颜色6"样式。

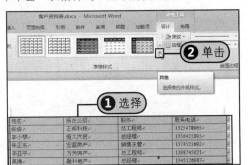

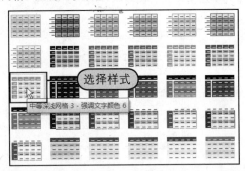

步骤3 套用了步骤2中所选择的表格格式后的效果如右图所示。

姓名	所在公司	职务	联系电话
张俊	正邦科技	总工程师	1325478965
李小琴	恒久汽贸	总经理	1356421895
张正东	宏蓝房产	销售工程师	1374521692
李亚平	万芳房产	总工程师	1398745621
吴海	融科地产	总经理	1345126987

套用表格样式后效果

15.6 Word 2010的图文混排

在写一篇论文或者一篇报告时，往往需要在文档中插入大量的图形。要让文档既节省版面又美观漂亮，就要对文档进行图文混排。

15.6.1 插入剪贴画和图片

用户可以很方便地在Word文档中插入图片，图片可以是一张剪贴画、一张照片或一幅图画。在文档中添加一些图片，可以使文档更加生动形象。

1 插入剪贴画

原始文件：实例文件\Chapter 15\原始文件\首饰介绍.docx
最终文件：实例文件\Chapter 15\最终文件\剪贴画.docx
在Word中插入的剪贴画可以来自剪贴画库，Office 2010软件自带的剪贴画，一般为WMF格式或GIF格式。

步骤1 打开"实例文件\Chapter 15\原始文件\首饰介绍.docx"文档，将光标定位在要插入剪贴画的位置，然后在"插入"选项卡下单击"剪贴画"按钮。

步骤2 弹出"剪贴画"任务窗格，**Step①**在"搜索文字"文本框输入要插入剪贴画关键字，例如输入"饰品"，**Step②**从"结果类型"下拉列表中勾选"所有媒体类型"复选框。

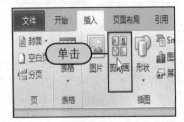

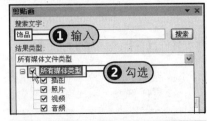

步骤3 如果想把搜索范围扩展到Office Oline上，**Step①**可勾选"包括Office.com内容"复选框，**Step②**单击"搜索"按钮。

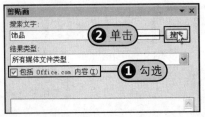

步骤4 片刻之后，在下方的列表框中显示了所有符合要求的剪贴画，**Step1** 选择要插入的剪贴画，单击其右侧的下三角按钮，**Step2** 从展开的下拉列表中单击"插入"选项。

① 单击
② 单击

步骤6 选中剪贴画，将鼠标指针放置在其周围的任意一个控制点上，待鼠标指针变成双向箭头时，按住鼠标左键拖动即可更改图片大小。

7 款彩钻饰品的奢华迷情
按住鼠标左键拖动

步骤8 通过前面对剪贴画的设置，最终的剪贴画效果如右图所示。

步骤5 此时在文档光标处插入所选择的剪贴画。

插入的剪贴画

步骤7 选中图表，**Step1** 在"图片工具-格式"选项卡下单击"自动换行"按钮，**Step2** 从展开的下拉列表中选择剪贴画环绕方式，例如选择"紧密型环绕"方式。

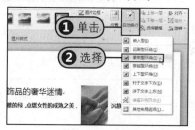
① 单击
② 选择

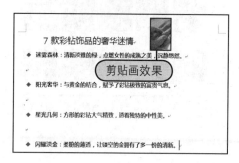
剪贴画效果

② 插入图片

原始文件：实例文件\Chapter 15\原始文件\1.jpg ~7.jpg
最终文件：实例文件\Chapter 15\最终文件\插入图片.docx

在Word中插入图片的另一种方式是从外部插入图片。这里的图片一般是来自外部的图片，即用户使用的一些图像处理软件绘制的图片，或者是数码相机拍摄的、扫描输入的图片以及使用抓图工具捕捉的图片。

步骤1 打开最终文件中的"剪贴画.docx"文档，**Step1** 将光标定位在要插入图片位置，**Step2** 在"插入"选项卡下单击"图片"按钮。

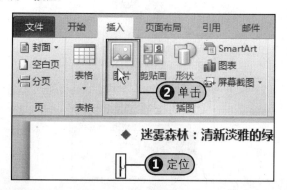
② 单击
◆ 迷雾森林：清新淡雅的绿
① 定位

步骤2 弹出"插入图片"对话框，**Step1** 从"查找范围"下拉列表中选择图片保存位置，**Step2** 选择要插入的图片，例如选择"1.jpg"图片，**Step3** 单击"插入"按钮。

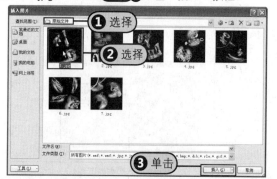
① 选择
② 选择
③ 单击

3 步骤 返回文档中，此时在光标所在处插入要选择的图片，并显示"图片工具"标签。在"图片工具-格式"选项卡下进行图片格式的设置。

4 步骤 选中图片，**Step❶** 在"图片工具-格式"选项卡下单击"更正"按钮，**Step❷** 从展开的库中选择图片的锐化和柔化程度，或者选择图片亮度和对比度，例如选择"亮度：+20% 对比度：0%（正常）"选项。

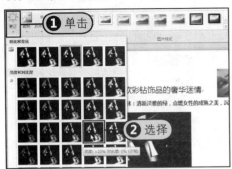

5 步骤 **Step❶** 在"图片工具-格式"选项卡下单击"颜色"按钮，**Step❷** 从展开的库中选择图片的饱和度、色调以及为图片重新着色，例如选择"饱和度：66%"样式。

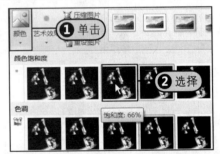

6 步骤 **Step❶** 在"图片工具-格式"选项卡下单击"艺术效果"按钮，**Step❷** 从展开的库中选择需要套用的艺术效果，例如选择"十字图案蚀刻"艺术效果。

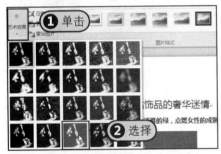

拓展知识　Word 2010图片设置新功能介绍

在Word 2010中新增加了图片的"删除背景"、"锐化和柔化"以及"艺术效果"设置，用户可以自行试用，会发现新增加的图片设置功能非常有用。

7 步骤 **Step❶** 在"图片工具-格式"选项卡下单击"图片版式"按钮，**Step❷** 从展开的库中选择SmartArt图形样式，例如选择"重音图片"样式。

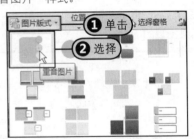

8 步骤 此时弹出"在此处键入文字"窗格，删除该窗口中的文本文字。

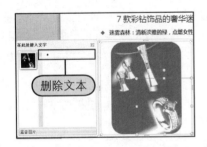

9 步骤 通过前面对图片格式的设置，得到插入的首饰图片效果如下图所示。

10 步骤 采用同样的方法在文档中插入其他的首饰图片，并设置图片的相应格式。

15.6.2　插入艺术字

原始文件：实例文件\Chapter 15\原始文件\新款首饰发布.docx
最终文件：实例文件\Chapter 15\最终文件\插入艺术字.docx

在制作一些报刊、杂志和海报等文档时，经常要使用一些带有特殊效果的艺术字，此时就可以使用Word插入艺术字功能。艺术字与图片一样，都是作为一个图像对象的形式存在的，其插入操作与插入图片操作具有一些共同性。

步骤1 打开"实例文件\Chapter 15\原始文件\新款首饰发布.docx"文档，将光标定位在文档最前面，**Step1**在"插入"选项卡下单击"艺术字"按钮，**Step2**从展开库中选择艺术字效果。

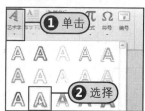

步骤2 此时文档光标处插入了一个"请在此放置您的文字"的提示文本框，并显示所选艺术字的样式。

步骤3 删除文本框中提示文字，输入该篇文档的标题为"2010年新款彩钻饰品"。

步骤4 设置艺术字。选中艺术字所在文本框，**Step1**在"绘图工具-格式"选项卡下单击"文本填充"按钮，**Step2**从展开的下拉列表中选择填充颜色，例如选择"黄色"。

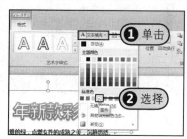

步骤5 **Step1**单击"文本轮廓"按钮，**Step2**从展开的下拉列表中选择艺术字的轮廓颜色，例如选择"浅绿"。

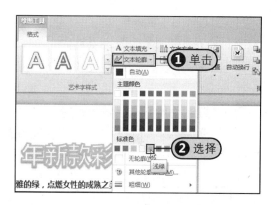

步骤6 **Step1**单击"文本效果"按钮，**Step2**从展开的下拉列表中选择"转换"选项，**Step3**在其展开库中选择转换的样式，例如选择"正方形"样式。

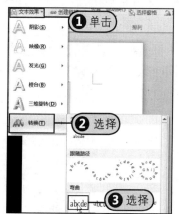

步骤7 **Step1**单击"形状效果"按钮，**Step2**从展开的下拉列表中选择要设置的效果，例如选择"映像"选项，**Step3**在其展开库中选择"半映像，接触"样式。

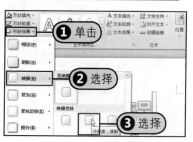

步骤8 通过前面对插入艺术字的设置，最终得到的艺术字效果如右图所示。

艺术字设置完毕效果

15.6.3 插入SmartArt图形

原始文件：实例文件\Chapter 15\原始文件\组织结构图.docx
最终文件：实例文件\Chapter 15\最终文件\组织结构图.docx

从Word 2007开始，到现在的Word 2010版本，一个突出的亮点就是增加了SmartArt工具，它能够让用户制作出精美的文档图表对象变得简单易行。它主要用于在文档中演示流程、层次结构、循环或者关系。

步骤1 打开"实例文件\Chapter 15\原始文件\组织结构图.docx"文档，将光标定位在文档要插入SmartArt图形处，在"插入"选项卡下单击SmartArt按钮。

步骤2 弹出"选择SmartArt图形"对话框，**Step1** 选择要插入的SmartArt图形类型，例如单击"层次结构"类型，**Step2** 在其子集中选择要插入的图形，例如选择"组织结构图"样式。

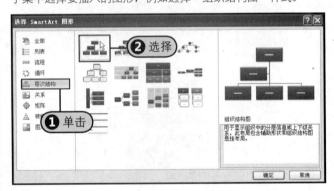

步骤3 单击"确定"按钮，返回文档中，在文档光标处插入所选择的组织结构图。

插入的SmartArt图形

步骤4 将光标定位在SmartArt图形的每个形状中，输入学院和系别名称。

输入

步骤5 若需要在SmartArt图形中添加形状，**Step1** 可右击形状，例如右击"信息系"所在形状，**Step2** 从弹出的快捷菜单中单击"添加形状"命令，**Step3** 在弹出的级联菜单中选择添加位置，例如单击"在后面添加形状"选项。

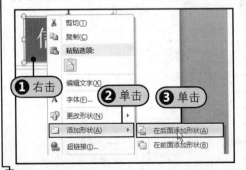

步骤6 此时在"信息系"形状的后面新添加了一个形状，对于新添加的形状，不能将光标直接定位在形状中，**Step1** 需要右击新添加的形状，**Step2** 从弹出的快捷菜单中单击"编辑文字"命令。

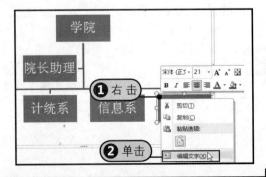

教你一招　添加形状的其他方法

除了使用快捷菜单执行添加形状操作外，用户还可以选择要添加形状的位置，例如选择"信息系"所在形状，然后在"SmartArt工具格式-设计"选项卡下单击"添加形状"按钮，从展开的下拉列表中选择要添加形状的位置。

步骤7 使用相同的方法在"信息系"形状下方添加两个下级形状，并输入对应的结构名称为"软件教研室"和"系统教研室"。

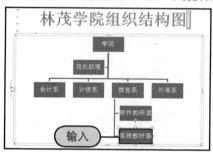

步骤8 美化SmartArt图形。选中SmartArt图形，**Step1** 在"SmartArt工具-设计"选项卡下单击"更改颜色"按钮，**Step2** 从展开的库中选择配色方案。

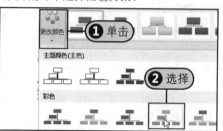

步骤9 在"SmartArt工具-设计"选项卡下单击"SmartArt样式"组中的快翻按钮，从展开的库中选择SmartArt样式，例如选择"卡通"样式。

步骤10 套用了选择的配色方案和SmartArt样式后，得到最终的组织结构图效果如下图所示。

15.7 打印文档

用户输入的文档如果只是一些数字化的数据信息，它与日常见到的书面文档还有一定的区别，如果想得到最后的书面结果，需要对编辑好的文档进行打印输出。

15.7.1 打印预览

通常在打印输出之前，可以通过Word提供的打印预览功能查看整篇文档的排版效果，确认无误后再打印。

步骤1 打开最终文件中的"段落格式.docx"文档，将设置好的招聘启事进行打印。**Step1** 单击"文件"按钮，切换至"文件"选项卡下，**Step2** 单击"打印"选项。

步骤2 在"打印"选项组中用户可以在右侧的列表框中查看打印的"招聘启事"预览效果。

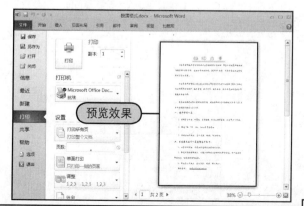

步骤 3 若用户对预览效果观看不明显，可单击下方的缩放按钮，例如单击"放大"按钮将预览效果放大。

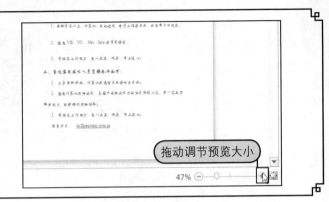

拖动调节预览大小

47%

15.7.2 打印Word文档

若用户对预览效果满意，即可开始打印Word文档。在打印之前，还需要设置打印的份数，选择打印机，设置打印的页面等。

步骤 1 在"打印"选项组左侧的列表框中设置打印选项。首先在"副本"文本框中输入要打印的份数，例如输入"10"，即打印10份。

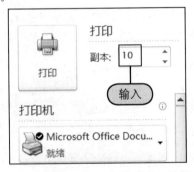

输入

步骤 2 在"打印机"下方的下拉列表中选择连接打印机的名称。

选择

步骤 3 在"设置"选项组的第一个下拉列表中选择打印的范围，这里选择"打印当前页面"选项，即只打印当前预览的页面。

选择

步骤 4 从"设置"选项组下方的第二个下拉列表中选择打印方式。

选择

步骤 5 在"设置"选项组下方的第三个下拉列表中选择打印顺序。

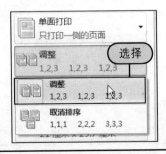

选择

步骤 6 所有打印前的准备和设置工作都完毕后，即可单击"打印"按钮开始打印。

单击

第 16 章

电子表格软件
Excel 2010

　　Excel是Office系列办公软件中的电子表格处理软件，既可以帮助用户制作普通的表格，又可以实现简单的加、减、乘、除运算，还可以通过内置的函数完成诸如逻辑判断、时间运算、财务管理、信息统计、科学计算等复杂的运算。Excel可以将数据表格以各式各样的图表形式展现出来，或者进行排序、筛选和分类汇总等类似数据库的操作。Excel 2010在原有版本的基础上又增加了许多功能，同时对原有的功能进行了较大的改进和加强。

16.1 工作簿的操作

在Excel 2010中用来保存和处理数据的文件称为工作簿，每一个工作簿由一个或多个工作表组成。在Excel 2010中，工作簿最多可由255个工作表组成。Excel 2010文件的扩展名为*.xlsx，默认情况下只包含3个工作表。

16.1.1 新建工作簿

启动Excel 2010时，系统会自动创建一个空白的工作簿，等待用户输入信息。用户也可以根据自己的实际需要，创建新的工作簿。下面以创建空白工作簿为例介绍新建工作簿方法。

步骤1 启动Excel 2010后，**Step1** 单击"文件"标签，切换至"文件"选项卡下，**Step2** 单击"新建"选项。

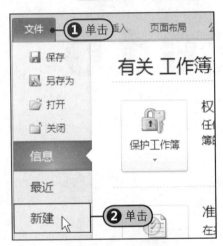

步骤2 **Step1** 在"新建"选项中的"可用模板"列表框中单击"空白工作簿"图标，**Step2** 单击"创建"按钮。

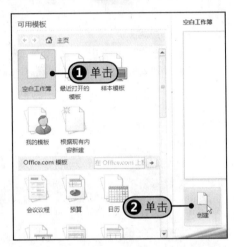

步骤3 此时系统自动新建一个空白工作簿，在标题栏中可以看到新建工作簿名称为"工作簿2"。

教你一招 利用模板新建工作簿

除了新建空白工作簿外，用户还可以利用模板新建工作簿，方法为：在"新建"选项中单击"样本模板"图标，然后在"可用模板"列表框中选择想要新建的模板，选定后单击"创建"按钮。

16.1.2 保存工作簿

保存工作簿是非常重要的步骤，对工作簿进行创建或修改后，要及时保存。在使用Excel时，用户所输入的内容只是暂时存放在内存中，一旦发生意外，内存的工作簿将不复存在，所以要经常保存到磁盘中，这也是使用Excel的一种好习惯。

步骤1 **Step1** 单击"文件"标签，切换至"文件"选项卡下，**Step2** 单击"保存"选项。

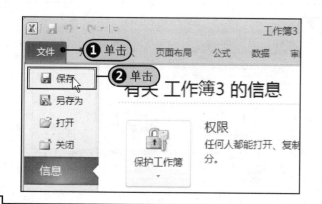

步骤2 弹出"另存为"对话框，**Step1** 从"保存位置"下拉列表中选择工作簿的保存位置，**Step2** 在"文件名"文本框输入保存名称，例如输入"本月收支表"，**Step3** 单击"保存"按钮。

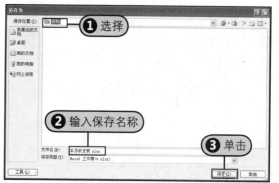

教你一招 另存为工作簿

若用户想将已经保存的工作簿另外更换保存位置、保存类型或保存名称，此时可以在"文件"选项卡下单击"另存为"选项，同样会弹出"另存为"对话框，可以根据个人需要更换保存位置、保存类型或保存名称。

16.1.3 打开和关闭工作簿

如果用户在编辑工作表时需要使用另外一个工作簿，此时可以选择打开工作簿；而当工作表内容编辑完毕后，可以选择关闭工作簿。

① 打开工作簿

打开工作簿的方法有很多种，可以通过已经启动的Excel 2010打开；也可以双击要打开的工作簿；还可以打开最近使用的工作簿。

1 / 在"文件"选项卡下打开工作簿

步骤1 **Step1** 单击"文件"标签切换至该选项卡下，**Step2** 单击"打开"选项。

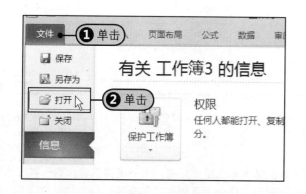

步骤2 弹出"打开"对话框，**Step1** 从"查找范围"下拉列表选择要打开工作簿的保存位置，**Step2** 选中要打开的工作簿，**Step3** 单击"打开"按钮。

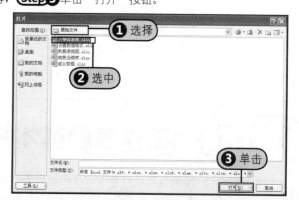

2 双击打开工作簿

打开保存工作簿的文件夹，双击要打开的工作簿名称。

3 打开最近使用过的工作簿

步骤1 **Step1** 单击"文件"标签切换至该选项卡下，**Step2** 单击"最近"选项。

步骤2 在"最近"选项中显示了最近打开的工作簿名称及路径，单击要打开的工作簿。

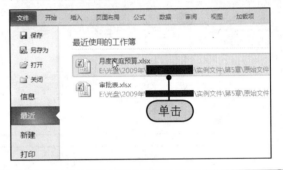

2 关闭工作簿

工作簿创建或编辑完毕后，需要对工作簿进行关闭操作，关闭工作簿就是将工作簿从内存中清除，并关闭当前使用的工作簿窗口。下面介绍几种常见的关闭工作簿方法。

方法一：通过"文件"选项卡退出。**Step1** 单击"文件"标签切换至该选项卡下，**Step2** 单击"退出"选项。

方法二：右击标题栏退出。**Step1** 右击标题栏任意空白处，**Step2** 从弹出的快捷菜单中单击"关闭"命令。

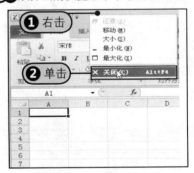

方法三：单击"关闭"按钮退出。直接单击Excel 2010窗口右侧的"关闭"按钮 ⊠ 。

16.2 工作表的基本操作

Excel是以工作表的方式进行数据运算和分析的，而组成工作表的基本单位是单元格。本节将为读者介绍一些工作表的基础操作，如插入工作表、重命名工作表、移动/复制工作表、隐藏/显示工作表以及删除工作表等。

16.2.1 插入工作表

工作簿默认的3个工作表有时无法满足用户的需求，这时就需要在工作簿中插入工作表，即在当前工作表之前插入一个新的工作表。

步骤 1 首先选择要插入工作表的位置，例如这里选择Sheet1工作表，那么新插入的工作表将出现在所选择工作表之前。

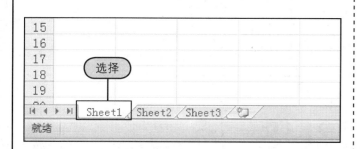

步骤 2 **Step 1** 在"开始"选项卡下单击"插入"按钮右侧的下三角按钮，**Step 2** 从展开的下拉列表中单击"插入工作表"命令。

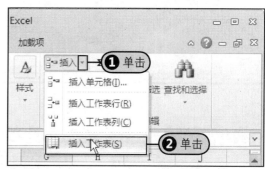

步骤 3 此时，在当前选中的工作表Sheet1之前新插入了一个工作表"Sheet4"。

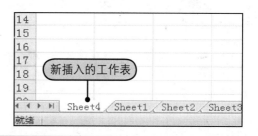

教你一招 插入工作表的其他方法

用户还可以右击任意一个工作表，从弹出的快捷菜单中单击"插入"命令，弹出"插入"对话框，选择要插入的对象为"工作表"，单击"确定"按钮即可插入新工作表；另外，还可以直接单击"插入工作表"按钮，同样可以插入新工作表。

16.2.2 重命名工作表

为了让工作表更容易区分，通常需要对工作表进行重命名，这样通过工作标签了解工作表的大致内容。

步骤 1 **Step 1** 右击要重命名的工作表标签，**Step 2** 从弹出的快捷菜单中单击"重命名"命令。

步骤 2 此时，可以看到重命名的工作表标签呈高亮状态。

步骤 3 删除原有的工作表名称，输入新工作表名称，例如输入"本月开支"，再按下Enter键。

在"开始"选项卡下重命名工作表

用户还可以先选中要重命名的工作表标签，然后在"开始"选项卡下单击"格式"按钮，从展开的下拉列表中单击"重命名工作表"命令，同样可以重命名工作表。

16.2.3 移动/复制工作表

移动和复制工作表分为两种情况：一是在同一工作簿中移动或复制工作表，二是在不同的工作簿之间移动或复制工作表。下面分别进行介绍。

① 在同一工作簿中移动工作表

在同一工作簿中移动工作表的方法较为简单。可以直接在工作表标签区域中拖曳。如要将工作表Sheet2移至Sheet3之后。

步骤 1 按住鼠标左键将需要移动的工作表标签Sheet2沿着标签行拖动，此时鼠标指针变成 形状，并有一个 图标所指示的位置处。

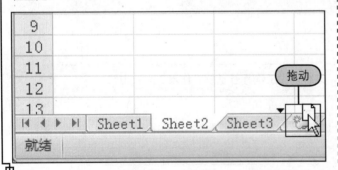

步骤 2 当 图标移至Sheet3标签后松开鼠标左键，工作表Sheet2即被移到Sheet3的后面。

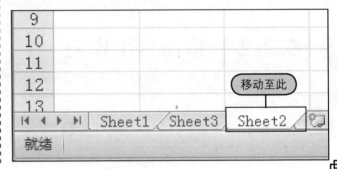

在同一工作簿中复制工作表

若用户在同一工作簿中需要复制工作表，可以在移动工作表的基础上按住Ctrl键进行拖动，此时鼠标指针变成 形状，拖曳至目标位置后释放鼠标左键。

② 在不同工作簿之间移动工作表

如果要在不同的工作簿之间移动工作表，那么就需要按照如下操作进行移动。例如，要将工作簿3中的"本月开支"工作表移动到"日常开支"工作簿中。在移动之前首先要打开这两个工作簿。

1 步骤 **Step❶** 右击工作簿3中的"本月开支"工作表标签，**Step❷** 从弹出的快捷菜单中单击"移动或复制"命令。

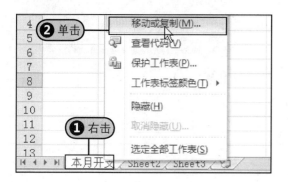

2 步骤 弹出"移动或复制工作表"对话框，从"将选定工作表移至工作簿"下拉列表中选择要移动的工作簿，这里选择"日常开支.xlsx"工作簿。

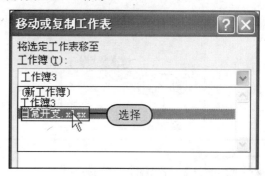

3 步骤 **Step❶** 从"下列选定工作表之前"列表框中选择要移动到哪个工作表之前，例如选择Sheet1工作表，**Step❷** 选定后单击"确定"按钮。

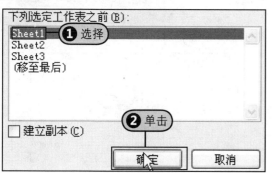

4 步骤 此时，在"日常开支.xlsx"工作簿中用户可以看到"本月开支"自动移至Sheet1工作表之前。

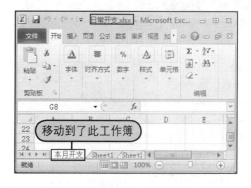

教你一招　在不同工作簿中复制工作表

在"移动或复制工作表"对话框中如果勾选"建立副本"复选框，那么选定的工作表不仅能移动到另外一个工作簿中，还将在原来工作簿中保留其副本。

16.2.4 隐藏/显示工作表

有些时候，如果用户不想让陌生用户查看到用户工作簿中的某些重要工作表的内容，则可以将这些工作表隐藏起来，待到需要之时再重新将其显示出来。

1 步骤 **Step❶** 右击需要隐藏的工作表标签，**Step❷** 从弹出的快捷菜单中单击"隐藏"命令。

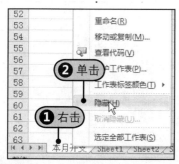

2 步骤 执行隐藏命令后，此时可以看到"本月开支"工作表不再显示了。

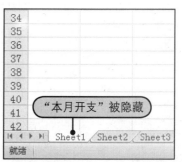

步骤3 若要取消隐藏的工作表，**Step❶** 可右击任意工作表标签，**Step❷** 从弹出的快捷菜单中单击"取消隐藏"命令。

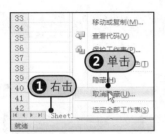

步骤4 弹出"取消隐藏"对话框，**Step❶** 在"取消隐藏工作表"列表框中选择要取消隐藏的工作表，例如选择"本月开支"工作表，**Step❷** 单击"确定"按钮。

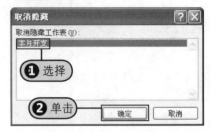

16.2.5 删除工作表

对于不再需要的工作表，用户可以选择将其删除。删除工作表的操作很简单，用户可以按照如下方法进行操作。

方法一： **Step❶** 右击需要删除的工作表标签，例如右击Sheet4工作表标签，**Step❷** 从弹出的快捷菜单中单击"删除"命令。

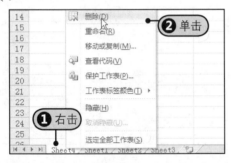

方法二： 选中要删除的工作表标签，**Step❶** 在"开始"选项卡下单击"删除"按钮右侧的下三角按钮，**Step❷** 从展开下拉列表中单击"删除工作表"命令。

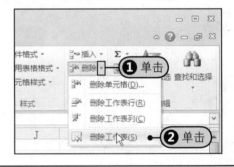

16.3 单元格的基本操作

单元格是工作表中最基本的存储和处理数据的单元，其基本操作主要包括插入和删除单元格、移动/复制单元格、合并和拆分单元格、设置行高和列宽等操作，下面分别进行介绍。

16.3.1 插入单元格

原始文件：实例文件\Chapter 16\原始文件\员工培训成绩表.xlsx
最终文件：实例文件\Chapter 16\最终文件\插入单元格.xlsx
在对工作表的输入和编辑过程中，如果工作表已经编辑好，发现有遗漏的数据，此时就需要在工作表中插入单元格。

步骤1 打开"实例文件\Chapter 16\原始文件\员工培训成绩表.xlsx"工作簿，选择需要插入单元格附近的一个单元格，这里选择E3单元格。

	A	B	C	D	E	F
1	应聘人员考试成绩					
2	临时考号	姓名	电脑硬件	网络	CorlDRAW	Flash
3	k001	李玲		76	45	90
4	k002	张晓军		98.5	98	95
5	k003	吴海东	81	69	96.5	97
6	k004	郭涛	97	70	93	96
7	k005	邓亚萍	95	98	97.5	98
8	k006	李丽华	98	95	94	98
9	k007	张娟娟	95	68	98.5	99
10	k008	雷敏	93	95.5	98.5	99
11	k009	苗秋艳	95	95.5	96	94
12	k010	唐军	94	96.5	96.5	97
13	k011	陈贤	94.5	95.5	95	96.5
14	k012	张燕	93	94	97	99
15	k013	曾丽萍	91	92	97	95
16	k014	赵柯	91	92	97	98.5

2步骤 **Step❶** 在"开始"选项卡下单击"插入"按钮右侧的下三角按钮，**Step❷** 从展开的下拉列表中选择要插入的对象，这里选择"插入工作表列"选项。

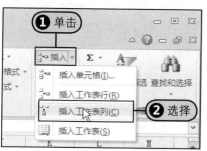

3步骤 此时，可以看到在原来的E列单元格之前插入了一列单元格，原来的E列单元格全部右移一列。

16.3.2　删除单元格

原始文件：实例文件\Chapter 16\原始文件\员工培训成绩表.xlsx
最终文件：实例文件\Chapter 16\最终文件\删除单元格.xlsx

当工作表中的某些数据不再需要时，可以将它们删除。这里的删除与按Delete键删除单元格或区域的内容不一样，按Delete键仅清除单元格内容，其空白单元格仍保留在工作表中，而删除单元格，其内容和单元格将一起从工作表中消失，空的位置由周围的单元格补充。

1步骤 打开"实例文件\Chapter 16\原始文件\员工培训成绩表.xlsx"工作簿，选择需要删除的单元格，这里选择C5单元格。

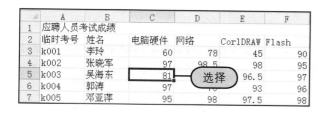

2步骤 **Step❶** 在"开始"选项卡下单击"删除"按钮右侧的下三角按钮，**Step❷** 从展开的下拉列表中单击"删除工作表行"命令。

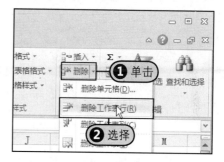

3步骤 此时，将第5行所有的单元格都删除，并使原来的第5行单元格下方的所有单元格上移以填补空缺。

	A	B	C	D	E	F
1	应聘人员考试成绩					
2	临时考号	姓名	电脑硬件	网络	CorlDRAW	Flash
3	k001	李玲	60	78	45	90
4	k002	张晓军	97	98.5	98	95
5	k004	郭涛	97	70	93	96
6	k005	邓亚萍	95	98	97.5	98
7	k006	李丽华	98	95	94	98
8	k007	张娟娟	95	68	98.5	99
9	k008	雷敏	93	95.5	98.5	99
10	k009	苗秋艳	95	95.5	96	94
11	k010	唐军	94	96.5	96.5	97
12	k011	陈贤	94.5	95.5	95	96.5
13	k012	张燕	93	94	97	99
14	k013	曾丽萍	91	92	97	95
15	k014	赵柯	91	92	97	98.5

删除原有的第5行

16.3.3　移动/复制单元格

原始文件：实例文件\Chapter 16\原始文件\员工培训成绩表1.xlsx
最终文件：实例文件\Chapter 16\最终文件\移动和复制单元格.xlsx

移动单元格是指将输入在某些单元格中的数据移至其他单元格中，复制单元格或单元格区域是指将某个单元格或区域中的数据复制到指定的位置，原位置的数据仍然存在。

步骤 1 打开"实例文件\Chapter 16\原始文件\员工培训成绩表1.xlsx"工作簿，**Step❶**选择要复制的单元格，这里选择C3单元格，**Step❷**在"开始"选项卡下单击"复制"按钮。

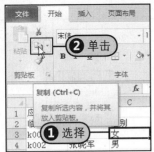

步骤 2 此时，C3单元格周围出现一个虚线框，**Step❶**选中要粘贴的位置C7单元格，**Step❷**在"开始"选项卡下单击"粘贴"按钮。

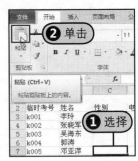

步骤 3 此时，可以看到在C7单元格中显示出了粘贴的数据内容"女"。

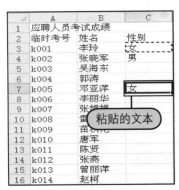

步骤 4 使用相同的方法，分别将各员工对应的性别利用复制粘贴的操作填充完毕。

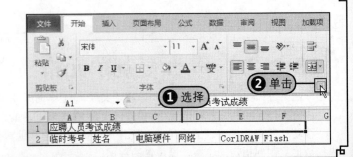

教你一招　移动/复制单元格的其他操作方法

若用户想移动单元格，在步骤1操作可单击"剪切"按钮，其他操作保持不变。下面再介绍两种移动/复制和粘贴的操作方法。

方法一：可以通过按下**Ctrl+X**或**Ctrl+C**组合键来剪切或复制单元格，然后再选中要粘贴的单元格，按下**Ctrl+V**组合键粘贴单元格内容。

方法二：还可以右击需剪切或复制的单元格，从弹出的快捷菜单中单击"剪切"或"复制"命令，选中要粘贴的单元格，右击该单元格，从弹出的快捷菜单中单击"选择性粘贴"命令，再在其级联菜单中选择"粘贴"选项。

16.3.4　合并和拆分单元格

原始文件：实例文件\Chapter 16\原始文件\员工培训成绩表.xlsx
最终文件：实例文件\Chapter 16\最终文件\合并单元格.xlsx
选取单元格区域后，可以将其合并为一个单元格，通过合并与拆分单元格可以制作出结构复杂的表格。

步骤 1 打开"实例文件\Chapter 16\原始文件\员工培训成绩表.xlsx"工作簿，**Step❶**选择标题所在单元格A1，**Step❷**在"开始"选项卡下单击"对齐方式"组中的对话框启动器按钮。

步骤2 打开"设置单元格格式"对话框，在"对齐"选项卡的"文本控制"选项组中取消勾选"合并单元格"复选框。

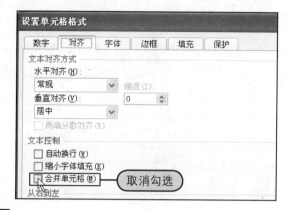

步骤4 若想重新合并单元格，**Step①**首先选择要合并的单元格区域，例如选择A1:F1单元格区域，**Step②**在"开始"选项卡下单击 按钮右侧的下三角按钮，**Step③**从展开的下拉列表中单击"合并后居中"选项。

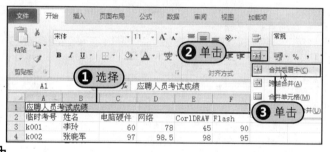

步骤3 单击"确定"按钮，返回工作表中，此时A1单元格已经被拆分为A1、B1、C1、D1、E1和F1单元格。

拆分后的效果

步骤5 此时，可以看到A1:F1单元格区域合并为一个单元格，并居中显示。

拆分为一个单元格

16.3.5　设置行高和列宽

原始文件：实例文件\Chapter 16\原始文件\销售额统计.xlsx
最终文件：实例文件\Chapter 16\最终文件\行高和列宽.xlsx

在单元格中输入文字或数据时，有的单元格中的文字只显示一半，有的单元格中显示的是一串"#"号，而在编辑栏中却能看见对应单元格中的数据，其原因在于单元格的宽度或高度不够，不能将这些字符正确显示出来。因此，需要对工作表中的单元格高度或宽度进行适当地调整。

步骤1 打开"实例文件\Chapter 16\原始文件\销售额统计.xlsx"工作簿，将鼠标光标移至要调整列标间隔线处，这里将光标移至C列和D列的间隔线处，当光标变成 形状时按住鼠标左键向右拖动。

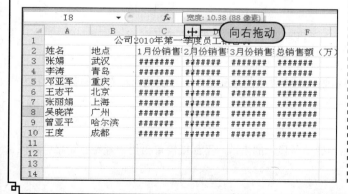

步骤2 拖曳至适当位置释放鼠标左键，此时可以看到C列单元格中的数据都完全显示了出来。

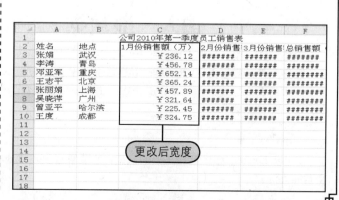

步骤3 除了可以拖动调整列宽外，系统还可以自动调整。**Step1** 选择D列至F列，**Step2** 单击"开始"选项卡中的"格式"按钮，**Step3** 从展开下拉列表中单击"自动调整列宽"命令。

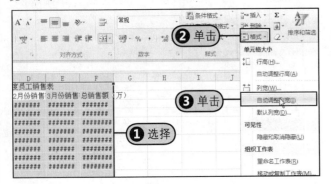

步骤4 系统会按照单元格中的文字长短，自动调整单元格的宽度。

自动调整后宽度

步骤5 开始调整行高，**Step1** 选择要调整的行，例如选择第2行，**Step2** 单击"开始"选项卡下的"格式"按钮，**Step3** 从展开的下拉列表中单击"行高"命令。

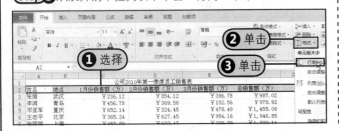

步骤6 弹出"行高"对话框，**Step1** 在该对话框中可以输入具体的行高值，例如输入"20"，**Step2** 单击"确定"按钮。

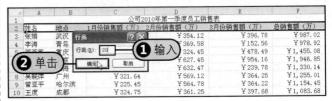

步骤7 调整完毕后，此时可以看到第2行的行高自动变宽了。

调整完毕后效果

16.4 数据的输入

电子表格主要用来存储和处理数据，因此数据的输入和编辑是制作电子表格的前提，在Excel中可以输入不同的数据类型，如输入文本、数字和日期等，这种通常是一般数据的输入；另外，为了加快输入速度，用户还可以使用自动填充功能快速输入。

16.4.1 输入一般数据

原始文件：实例文件\Chapter 16\原始文件\销售业绩表.xlsx
最终文件：实例文件\Chapter 16\最终文件\输入一般数据.xlsx

在进行数据处理之前，用户必须逐个将要处理或保存的数据输入到工作表的单元格中。单元格可以存放的数据包括文字、数字和日期等。

1 输入文本

文本是Excel表格中非常重要的数据，它能够直观表达表格中数值所显示的内容。下面就简单为用户介绍在表格中输入文本的方法。

步骤 1 打开"实例文件\Chapter 16\原始文件\销售业绩表.xlsx"工作簿，选中要输入文本的单元格，例如选择A1单元格。

步骤 2 将输入法切换至用户常用的输入法状态下，直接输入标题文本为"销售业绩表"。

步骤 3 输入完毕后，按下Enter键确认输入，系统自动跳到下一个单元格A2。

教你一招　输入文本的其他方法

　　除了直接在单元格中输入文本外，还可以先选择要输入的单元格，然后将光标定位在编辑栏中，输入需要的文本；还可以双击要输入文本的单元格，将光标定位在单元格中，然后输入文本内容。

② 输入数字

　　用于办公的电子表格，数值是最重要的组成部分。Excel中的数值不仅包含普通数值，还包括小数型数值以及货币型数值等，在Excel中一般将这些数值都称为数字。

步骤 1 **Step 1** 选中E3单元格，输入"5"，**Step 2** 按下Enter键，跳入E4单元格中。

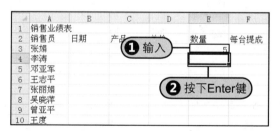

步骤 2 按照相同的方法在E4:E10单元格区域中分别输入"3"、"12"、"5"、"8"、"7"、"9"和"7"。

步骤 3 输入小数。选择要输入小数的单元格区域G3:G10。

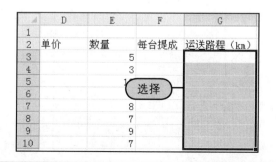

步骤 4 在"开始"选项卡下单击"数字"组中的对话框启动器按钮。

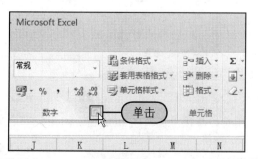

步骤5 打开"设置单元格格式"对话框，**Step❶**在"数字"选项卡下的"分类"列表框中选择数字类型为"数值"，**Step❷**在"小数位数"文本框中输入保留的小数位数为"2"位。

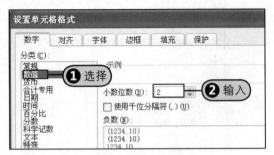

步骤6 单击"确定"按钮，返回工作表中，选中G3单元格，在G3单元格中输入"14"。

	D	E	F	G
1				
2	单价	数量	每台提成	运送路程（km）
3			5	14
4			3	
5			12	输入
6			5	
7			8	
8			7	
9			9	
10			7	

步骤7 按下Enter键，此时可以看到数字自动保留小数2位，显示为"14.00"。

	F	G
1		
2	每台提成	运送路程（km）
3		14.00
4		
5		
6	按下Enter键	
7		
8		
9		
10		
11		

步骤8 在G4:G10单元格区域中输入相应的数据，并显示为下图所示的内容。

	F	G
1		
2	每台提成	运送路程（km）
3		14.00
4		8.00
5		45.00
6		23.00
7		18.00
8	输入	26.50
9		14.50
10		10.50

步骤9 输入货币数字。选择要输入货币数字的单元格区域为D3:D10和F3:F10。

	D	E	F
1		选择	
2	单价	数量	每台提成
3			5
4			3
5			12
6			5
7			8
8			7
9			9
10			7
11			

步骤10 在"开始"选项卡下单击"数字"组中的对话框启动器按钮。

步骤11 弹出"设置单元格格式"对话框，**Step❶**在"分类"列表框中选择数字格式为"货币"，**Step❷**在"小数位数"文本框中输入"2"。

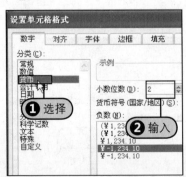

步骤12 单击"确定"按钮，返回工作表中，在D3单元格中输入"256"后按下Enter键，即可使数据显示为"￥256.00"，使用相同的方法输入其他货币型数据。

	D	E	F
1			
2	单价	数量	每台提成
3	￥256.00	5	￥12.80
4	￥236.00	3	￥11.80
5	￥459.63	12	￥22.98
6	￥278.92	5	￥13.95
7	￥547.60	8	￥27.38
8	￥632.40	7	￥31.62
9	￥745.00	9	￥37.25
10	￥269.00	7	￥13.45
11		货币格式	
12			

步骤13 输入日期型数字。选择B3:B10单元格区域，打开"设置单元格格式"对话框，**Step①** 在"分类"列表框中选择数字格式为"日期"类型，**Step②** 从"类型"列表框中选择日期类型为"14-Mar-01"。

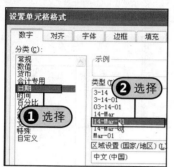

步骤15 按下Enter键，此时可以看到在B4单元格中的日期自动更改为"18-Jan-10"。

步骤16 在B4:B10单元格区域中输入相应的数据，并显示为右图所示的内容，完成操作。

步骤14 单击"确定"按钮，返回工作表中，选中B3单元格，输入日期为"2010-1-18"。

教你一招　输入日期的格式

输入日期时，在"设置单元格格式"对话框中的"数字"选项卡下选择一种日期类型，否则随便输入日期将不会显示所设置的类型或显示不正确，如输入"2010.1.18"。

	A	B	C	D	E	F	G
1	销售业绩表						
2	销售员	日期	产品	单价	数量	每台提成	运送路程（km）
3	张娟	18-Jan-10		￥256.00	5	￥12.80	14.00
4	李涛	12-Jan-10		￥236.00	3	￥11.80	8.00
5	邓亚军	15-Jan-10		￥459.63	12	￥22.98	45.00
6	王志平	22-Jan-10		.92	5	￥13.95	23.00
7	张丽娟	28-Jan-10		.60	8	￥27.38	18.00
8	吴晓萍	8-Jan-10		￥632.40	7	￥31.62	26.50
9	曾亚平	19-Jan-10		￥745.00	9	￥37.25	14.50
10	王度	27-Jan-10		￥269.00	7	￥13.45	10.50

16.4.2　使用自动填充功能快速输入

原始文件：实例文件\Chapter 16\原始文件\车间各工种平均工资.xlsx

最终文件：实例文件\Chapter 16\最终文件\自动填充.xlsx

在16.4.1节中，介绍的都是通过键盘输入数据，而在这一节将向大家介绍充分发挥鼠标功能来完成数据输入的方法，即Excel的填充功能。

步骤1 打开"实例文件\Chapter 16\原始文件\车间各工种平均工资.xlsx"工作簿，首先在A3和A4单元格中分别输入"2000"、"2001"，然后选择A3:A4单元格区域，将鼠标指针放置在A4单元格右下角处。

步骤2 当鼠标指针变成十字形状时，按住鼠标左键向下拖动，在拖曳过的单元格中将显示该单元格将填充的数字。

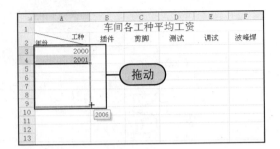

拖动

步骤3 拖动至所需位置后释放鼠标左键即可根据起始两个数据的特点自动填充有规律的数据，这里是按照等差为1进行自动填充。

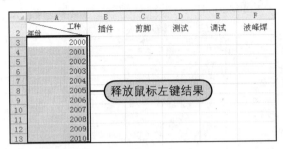

释放鼠标左键结果

步骤4 **Step❶** 在B3单元格中输入2000年插件工种的平均工资为"1200"，**Step❷** 选择B3:B13单元格区域。

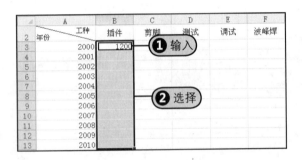

❶ 输入

❷ 选择

步骤5 **Step❶** 在"开始"选项卡下单击"填充"按钮，**Step❷** 从展开的下拉列表中选择"向下"选项。

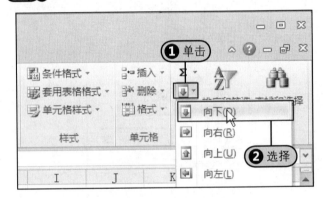

❶ 单击

❷ 选择

步骤6 此时，系统自动填充与B3单元格中相同的数据。

向下填充结果

步骤7 选择B3:F3单元格区域，**Step❶** 单击"填充"按钮，**Step❷** 从展开的下拉列表中选择"系列"选项。

❶ 单击

❷ 选择

步骤8 弹出"序列"对话框，**Step❶** 选中"等差序列"单选按钮，**Step❷** 输入"步长值"为"200"。

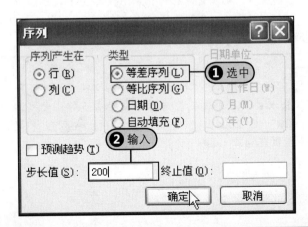

❶ 选中

❷ 输入

9 步骤 单击"确定"按钮，返回工作表中，此时可以看到C3:F3单元格区域中的数据按照等差200进行自动填充。

10 步骤 按照相同的步骤，输入其他数据，得到如下图所示的最终结果。

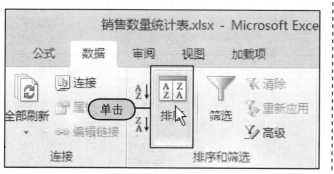

16.5 排序和筛选数据

Excel不仅仅是用于输入数据的，更重要的是强大的管理数据的工具，它可以进行排序、筛选和分类汇总等操作。下面将详细介绍如何使用Excel来管理数据。

16.5.1 排序工作表中的数据

原始文件：实例文件\Chapter 16\原始文件\销售数量统计表.xlsx
最终文件：实例文件\Chapter 16\最终文件\排序数据.xlsx

数据排序是指按照一定规则对数据进行整理和排列，这样可以为进一步处理数据做好准备。Excel 2010提供了多种对数据表格内容进行排序的方法，既可以按升序或降序的方法，也可以按用户自定义的排序方法对数据进行排序。

1 步骤 打开"实例文件\Chapter 16\原始文件\销售数量统计.xlsx"工作簿，选中工作表中任意含有数据的单元格，然后在"数据"选项卡下单击"排序"按钮。

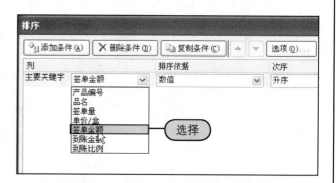

2 步骤 弹出"排序"对话框，在"主要关键字"下拉列表中选择要排序的字段，例如选择"签单金额"字段。

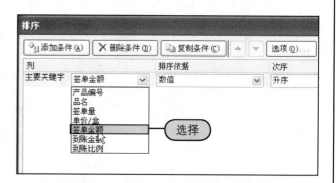

3 步骤 **Step1** 单击"添加条件"按钮，添加一个次要关键字，**Step2** 从"次要关键字"下拉列表中选择第二个要排序的字段为"到账比例"。

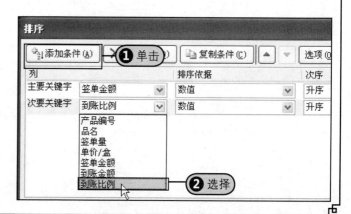

步骤 4 其他选项保持默认设置，单击"确定"按钮返回工作表中，此时数据先按照"签单金额"升序排序，再按照"到账比例"升序排列。

	A	B	C	D	E	F	G
1			2010年一季度幸福奶屋2.5ml盒装奶销售数量统计表				
2	产品编号	品名	签单量	单价/盒	签单金额	到账金额	到账比例
3	010	K	2540	￥1.50	￥3,810.00	￥2,650.00	69.55%
4	003	C	2650	￥2.00	￥5,300.00	￥5,300.00	100.00%
5	009	J	3180	￥1.80	￥5,724.00	￥4,000.00	69.88%
6	001	A	5200	￥1.50	￥7,800.00	￥6,200.00	79.49%
7			60	￥2.50	￥8,150.00	￥6,500.00	79.75%
8			600	￥1.80	￥8,280.00	￥7,800.00	94.20%
9	007	G	3960	￥2.30	￥9,108.00	￥9,108.00	100.00%
10	011	L	4200	￥2.20	￥9,240.00	￥6,000.00	64.94%
11	005	E	7000	￥1.50	￥10,500.00	￥6,000.00	57.14%
12	006	F	5600	￥2.20	￥12,320.00	￥8,000.00	64.94%
13	004	D	6300	￥2.00	￥12,600.00	￥10,200.00	80.95%

排序后结果

教你一招 快速排序单列数据

在需要进行排序的数据列中选择任意单元格，然后在"数据"选项卡下单击"升序"按钮 或"降序"按钮 ，即可对工作表中的单列数据进行升序或降序排序。

16.5.2 筛选工作表中的数据

原始文件：实例文件\Chapter 16\原始文件\销售数量统计表.xlsx
最终文件：实例文件\Chapter 16\最终文件\筛选数据.xlsx

使用Excel 2010提供的数据筛选功能，可以把不符合设置条件的数据记录暂时隐藏起来，只显示符合条件的数据记录，使用户能够从大量数据中快速找到需要的部分，并对其进行各种编辑操作。

① 自动筛选

当只需进行简单快速的筛选操作时，可以使用Excel 2010的自动筛选功能。例如，筛选出"签单量"为5200的产品，其操作步骤如下。

步骤 1 打开"实例文件\Chapter 16\原始文件\销售数量统计表.xlsx"工作簿，**Step①** 选择工作表的字段所在单元格区域A2:G2，**Step②** 在"数据"选项卡下单击"筛选"按钮。

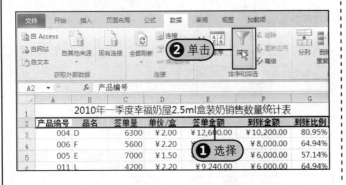

步骤 2 此时，每个字段右侧出现一个下三角按钮，即筛选器，**Step①** 单击"签单量"字段右侧的下三角按钮，**Step②** 从展开的下拉列表中勾选"5200"复选框。

步骤 3 单击"确定"按钮，此时在工作表中只显示签单量为5200的产品记录，其他记录都被暂时隐藏起来。

筛选出来的记录

② 自定义筛选

当要进行较为复杂的筛选时，可以使用Excel的自定义筛选功能。例如，要筛选出"签单金额"大于或等于10000的记录，其操作步骤如下。

步骤 1 将所有记录全部显示出来，**Step❶** 单击"签单金额"字段右侧的下三角按钮，**Step❷** 从展开的下拉列表中单击"数字筛选>自定义筛选"命令。

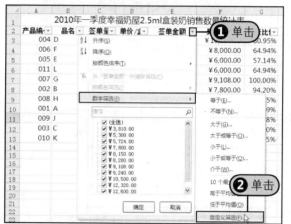

步骤 2 弹出"自定义自动筛选方式"对话框，**Step❶** 从"签单金额"下拉列表中选择 "大于或等于"，**Step❷** 在其右侧文本框中输入大于或等于的值为"10000"。

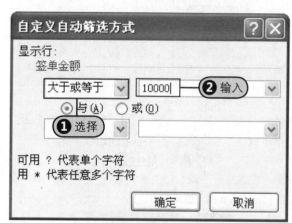

步骤 3 单击"确定"按钮，返回工作表中，系统自动筛选出签单金额大于10000的记录，而暂时隐藏了其他记录。

教你一招 退出筛选

筛选操作完成后，再次单击"筛选"按钮即可退出筛选状态，即在字段名右侧不再显示下三角按钮。

16.5.3 数据的分类汇总

原始文件：实例文件\Chapter 16\原始文件\销售数量统计表.xlsx

最终文件：实例文件\Chapter 16\最终文件\分类汇总.xlsx

使用Excel中的分类汇总功能，用户可以在对数据进行排序或筛选操作的同时，对同一类的数据进行统计运算，这将使工作表中的数据明细变得更加清晰和直观。下面按照销售数量统计表中的"单价"进行分类汇总，了解各种价位产品的销售情况，其操作步骤如下。

步骤 1 打开"实例文件\Chapter 16\原始文件\销售数量统计表.xlsx"工作簿。首先对要分类汇总的数据进行排序，**Step❶** 这里选中"单价/盒"列中任意含有数据的单元格，**Step❷** 在"数据"选项卡下单击"升序"按钮。

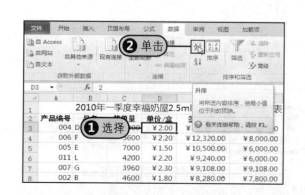

步骤2 此时，"单价/盒"列中的数据自动按照从小到大的顺序进行重新排列。

步骤3 单击需要进行分类汇总的工作表中的任意含有数据的单元格，在"数据"选项卡下单击"分类汇总"按钮。

步骤4 弹出"分类汇总"对话框，**Step①** 从"分类字段"下拉列表中选择"单价/盒"字段，**Step②** 从"汇总方式"下拉列表中选择"求和"选项，**Step③** 在"选定汇总项"列表框中分别勾选"签单量"、"签单金额"和"到账金额"复选框。**Step④** 单击"确定"按钮。

步骤5 返回工作表中，此时可以看到分类汇总后系统自动按照不同的单价对产品的签单量、签单金额和到账金额进行了汇总。

步骤6 单击工作表左侧的 − 按钮，可以折叠明细数据，例如单击最上面的两个 − 按钮，则隐藏了明细数据，只显示汇总结果。若单击 + 按钮则会重新展开隐藏的明细数据。

步骤7 单击分级数字，也可以展开和显示明细数据，例如单击级别 2 ，则只显示各单价不同字段的汇总结果。

16.6 公式与函数

在工作表中输入数据后，可以通过Excel中的公式与函数功能对数据进行自动、精确、高速的运算处理，对工作表中数值进行加法、减法、乘法和除法等运算。

16.6.1 输入与编辑公式

公式是在工作表中对数据进行分析的等式，使用它可以对工作表中的数值进行加、减、乘、除等各种运算。

1 输入公式

原始文件：实例文件\Chapter 16\原始文件\销售数量统计表1.xlsx

最终文件：实例文件\Chapter 16\最终文件\输入公式.xlsx

在Excel中输入公式必须遵循特定的语法和次序，即最前面必须是等号"="，后面是参与计算的元素和运算符，元素可以是不变的常量数值、单元格、引用的单元格区域、名称或工作表函数等。公式的输入方法与文字型数据的输入方法类似。

步骤1 打开"实例文件\Chapter 16\原始文件\销售数量统计表1.xlsx"工作簿，选择要输入公式的单元格E3。

	C	D	E
2	签单量	单价/盒	签单金额
3	6300	￥2.00	
4	5600	￥2.20	
5	7000	￥1.50	选择
6	4200	￥2.20	
7	3960	￥2.30	
8	4600	￥1.80	
9	3260	￥2.50	
10	5200	￥1.50	
11	3180	￥1.80	
12	2650	￥2.00	
13	2540	￥1.50	

步骤2 在编辑栏中输入公式"=C3*D3"。

SUM ▼ ✕ ✓ fx =C3*D3

	C	D	E
2	签单量	单价/盒	签单金额
3	6300	￥2.00	=C3*D3
4	5600	￥2.20	
5	7000	￥1.50	输入
6	4200	￥2.20	
7	3960	￥2.30	
8	4600	￥1.80	
9	3260	￥2.50	
10	5200	￥1.50	
11	3180	￥1.80	
12	2650	￥2.00	
13	2540	￥1.50	

步骤3 按下Enter键或单击编辑栏中的 ✓ 按钮即可在E3中计算出签单金额。

	C	D	E
2	签单量	单价/盒	签单金额
3	6300	￥2.00	￥12,600.00
4	5600	￥2.20	
5	7000	￥1.50	
6	4200	￥2.20	按下Enter键
7	3960	￥2.30	
8	4600	￥1.80	
9	3260	￥2.50	
10	5200	￥1.50	
11	3180	￥1.80	
12	2650	￥2.00	
13	2540	￥1.50	

教你一招 取消输入的公式

若要取消已经输入的公式，可以单击编辑栏中的"取消"按钮 ✕。

步骤4 使用相同的方法，**Step1** 选择要输入公式的单元格G3，输入"="，**Step2** 选择参与运算的单元格F3。

	E	F	G
2	签单金额	到账金额	到账比例
3	￥12,600.00	￥10,200.00	=F3
4		￥8,000.00	
5		②选择 ￥6,000.00 ①输入	
6			
7		￥9,108.00	
8		￥7,800.00	
9		￥6,500.00	
10		￥6,200.00	
11		￥4,000.00	
12		￥5,300.00	
13		￥2,650.00	

步骤5 继续完善公式，**Step1** 输入运算符号"/"，**Step2** 选择参与运算的第二个单元格E3。

	E	F	G
2	签单金额	到账金额	到账比例
3	￥12,600.00	￥10,200.00	=F3/E3
4		￥8,000.00	
5	②选择	￥6,000.00	①输入
6		￥6,000.00	
7		￥9,108.00	
8		￥7,800.00	
9		￥6,500.00	
10		￥6,200.00	
11		￥4,000.00	
12		￥5,300.00	
13		￥2,650.00	

步骤 6 公式输入完毕后按下Enter键，此时在G3单元格中显示出计算结果。

	E	F	G
2	签单金额	到账金额	到账比例
3	￥12,600.00	￥10,200.00	80.95%
4		￥8,000.00	
5		￥6,000.00	
6		￥6,000.00	
7		￥9,108	按下Enter键
8		￥7,800.00	
9		￥6,500.00	
10		￥6,200.00	
11		￥4,000.00	
12		￥5,300.00	
13		￥2,650.00	

2 修改公式

对于输入后的公式，输入完毕后如果发现公式有误，此时可以对公式进行适当的更改，更改方法如下。

步骤 1 双击待修改公式的单元格，将文本插入点定位于含有公式的单元格中，例如双击E3单元格，光标定位在E3单元格中。

SUM ▼ ✕ ✓ fx =C3*D3

	A	B	C	D	E
2	产品编号	品名	签单量	单价/盒	签单金额
3	004	D	6300	￥2.00	=C3*D3
4	006	F	5600	￥2.20	双击
5	005	E	7000	￥1.50	
6	011	L	4200	￥2.20	

步骤 2 删除公式中错误的参数或运算符，例如删除公式中原有的参数D3单元格，重新选择参数D4单元格。

SUM ▼ ✕ ✓ fx =C3*D4

	A	B	C	D	E
2	产品编号	品名	签单量	单价/盒	签单金额
3	004	D	6300	￥2.00	=C3*D4
4	006	F	5600	￥20	
5	005	E	7000	￥1.50	重新选择参数
6	011	L	4200	￥2.20	

步骤 3 完成修改后按下Enter键即可得到修改公式后的运算结果。

	A	B	C	D	E
2	产品编号	品名	签单量	单价/盒	签单金额
3	004	D	6300	￥2.00	￥13,860.00
4	006	F	5600	￥2.20	
5	005	E	7000	￥1.50	
6	011	L	4200	￥2.20	按下Enter键
7	007	G	3960	￥2.30	

16.6.2 单元格引用

单元格引用是指在公式和函数中使用引用来表示单元格中的数据。使用单元格引用，可以在公式中使用不同单元格中的数据，或在多个公式中使用同一个单元格中的数据。在Excel 2010中，根据处理的需要可以采用相对引用、绝对引用和混合引用3种方法。

1 相对引用

最终文件：实例文件\Chapter 16\最终文件\相对引用.xlsx

相对引用包含了当前单元格与公式所在单元格的相对位置。在默认情况下，Excel 2010使用相对引用。在相对引用下将公式复制到某一单元格时，单元格中的公式是相对改变的，但引用的单元格与包含公式的单元格的相对位置不变。

步骤1 打开最终文件中的"输入公式.xlsx"工作簿，选中含有公式的E3单元格，将鼠标指针放置在右下角处，当鼠标指针变成十字形状，按住鼠标左键向下拖动。

	C	D	E
		fx	=C3*D3
2	签单量	单价/盒	签单金额
3	6300	￥2.00	￥12,600.00
4	5600	￥2.20	
5	7000	￥1.50	
6	4200	￥2.20	
7	3960	￥2.30	
8	4600	￥1.80	
9	3260	￥2.50	
10	5200	￥1.50	
11	3180	￥1.80	
12	2650	￥2.00	
13	2540	￥1.50	

拖动

步骤3 按照前面介绍的方法，同样拖动G3单元格右下角的填充柄，将其公式复制到G4:G13单元格区域中，得到各到账比例，从编辑栏中可以看到公式的变化。

步骤2 拖曳至E13单元格后释放鼠标左键，此时系统自动计算出各签单金额值。在编辑栏中可以看到公式随着单元格的变化而变化，例如E4单元格公式变成了"=C4*D4"。

公式变化

E4		fx	=C4*D4
2	签单量	单价/盒	签单金额
3	6300	￥2.00	￥12,600.00
4	5600	￥2.20	￥12,320.00
5	7000	￥1.50	￥10,500.00
6	4200	￥2.20	￥9,240.00
7	3960	￥2.30	￥9,108.00
8	4600	￥1.80	￥8,280.00
9	3260	￥2.50	￥8,150.00
10	5200	￥1.50	￥7,800.00
11	3180	￥1.80	￥5,724.00
12	2650	￥2.00	￥5,300.00
13	2540	￥1.50	￥3,810.00

复制公式结果

公式变化

	F		G
		fx	=F4/E4
2	签单金额	到账金额	到账比例
3	￥12,600.00	￥10,200.00	80.95%
4	￥12,320.00	￥8,000.00	64.94%
5	￥10,500.00	￥6,000.00	57.14%
6	￥9,240.00	￥6,000.00	64.94%
7	￥9,108.00	￥9,108.00	100.00%
8	￥8,280.00	￥7,800.00	94.20%
9	￥8,150.00	￥6,500.00	79.75%
10	￥7,800.00	￥6,200.00	79.49%
11	￥5,724.00	￥4,000.00	69.88%
12	￥5,300.00	￥5,300.00	100.00%
13	￥3,810.00	￥2,650.00	69.55%
14			
15			
16			
17			

复制公式结果

② 绝对引用

最终文件：实例文件\Chapter 16\最终文件\绝对引用.xlsx

绝对引用是指将公式复制到新位置后，公式中的单元格地址固定不变，与包含公式的单元格位置无关。在Excel中，绝对引用是通过对单元格地址的"冻结"来达到的。在公式中相对引用的单元格的列标和行号之间分别添加"$"符号便可成为绝对引用。继续使用前面的例子，假定该奶屋所有的奶单价都是2.5元，下面来计算其签单金额值。

步骤1 打开最终文件中的"输入公式.xlsx"工作簿，在E3单元格中输入公式"=C3*D14"，这里为D14单元格添加绝对符号"$"，表示在复制公式时D14单元格不会随之变化。

SUM		fx	=C3*D14
	C	D	E
2	签单量	单价/盒	签单金额
3	6300	￥2.00	=C3*D14
4	5600	￥2.20	
5	7000	￥1.50	
6	4200	￥2.20	
7	3960	￥2.30	
8	4600	￥1.80	
9	3260	￥2.50	
10	5200	￥1.50	
11	3180	￥1.80	
12	2650	￥2.00	
13	2540	￥1.50	
14		￥2.50	

输入

步骤2 按下Enter键，得到计算结果。选中E3单元格，将鼠标指针放置在E3单元格右下角，当鼠标指针变为+字形状时按住鼠标左键向下拖动。

E3		fx	=C3*D14
	C	D	E
2	签单量	单价/盒	签单金额
3	6300	￥2.00	￥15,750.00
4	5600	￥2.20	
5	7000	￥1.50	
6	4200	￥2.20	
7	3960	￥2.30	
8	4600	￥1.80	
9	3260	￥2.50	
10	5200	￥1.50	
11	3180	￥1.80	
12	2650	￥2.00	
13	2540	￥1.50	
14		￥2.50	

拖动

步骤 3 拖曳至E13单元格后释放鼠标左键，此时可以在编辑栏中看到公式的变化。例如E4单元格中的公式更改为"=C4*D14"，这里C3变成了C4，而D14单元格没有发生变化。

	C	D	E
	E4	fx	=C4*D14
2	签单量	单价/盒	签单金额
3	6300	￥2.00	￥15,750.00
4	5600	￥2.20	￥14,000.00
5	7000	￥1.50	￥17,500.00
6	4200	￥2.20	￥10,500.00
7	3960	￥2.30	￥9,900.00
8	4600	￥1.80	￥11,500.00
9		￥ .50	￥8,150.00
10	5200	￥1.50	￥13,000.00
11	3180	￥1.80	￥7,950.00
12	2650	￥2.00	￥6,625.00
13	2540	￥1.50	￥6,350.00
14		￥2.50	

绝对引用结果

教你一招　相对引用与绝对引用的相互转换

如果要将公式中的相对引用更改为绝对引用，可以直接在编辑栏中进行修改，也可以选择要改变引用方式的单元格地址，再按F4键进行改变。按F4键可以在相对引用、绝对引用、仅对行号使用绝对引用、仅对列标使用绝对引用之间进行顺序切换。

3　混合引用

原始文件：实例文件\Chapter 16\原始文件\物流公司运费计算表.xlsx
最终文件：实例文件\Chapter 16\最终文件\混合引用.xlsx

在同一个公式中同时使用相对引用与绝对引用就是混合引用。当复制了使用混合引用的公式时，绝对引用不发生改变，而相对引用将发生变化。

步骤 1 打开"实例文件\Chapter 16\原始文件\物流公司运费计算表.xlsx"工作簿，在B3单元格中输入公式"=$A3*B$2"，这里要求A3单元格所在列不随之变化，而行要随之变化；B2单元格所在行不随之变化，而列要随之变化。

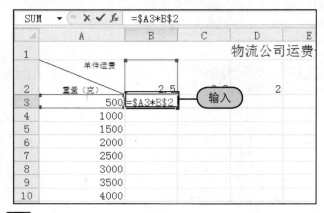

步骤 2 按下Enter键，此时得到计算结果。这个公式表示以后所有单元格中的数据都只能来自A列、第2行。在行向上A3与B3单元格具有同行相对关系，在列向上B2与B3单元格具有同列相对关系。

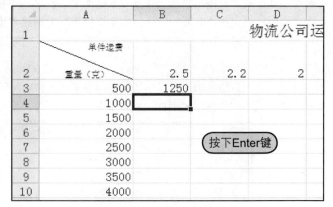

步骤 3 将B3单元格内容分别复制到C3:I10单元格的对角线上，并将最终结果设置为货币类型。

混合引用结果

16.6.3 函数的使用

原始文件：实例文件\Chapter 16\原始文件\销售数量统计表.xlsx

最终文件：实例文件\Chapter 16\最终文件\函数的使用.xlsx

Excel将具有特定功能的一组公式组合在一起，便产生了函数，它可以方便和简化公式的使用。函数一般包括3个部分："等号（=）"、"函数"和"参数"。下面使用函数计算"销售数量统计表"中的合计签单量，其操作步骤如下。

步骤1 打开"实例文件\Chapter 16\原始文件\销售数量统计表.xlsx"工作簿，选择要插入函数的单元格，例如选择C14单元格。

	A	B	C	D	E
2	产品编号	品名	签单量	单价/盒	签单金额
3	004	D	6300	￥2.00	￥12,600.00
4	006	F	5600	￥2.20	￥12,320.00
5	005	E	7000	￥1.50	￥10,500.00
6	011	L	4200	￥2.20	￥9,240.00
7	007	G	3960	￥2.30	￥9,108.00
8	002	B	4600	￥1.80	￥8,280.00
9	008	H	3260	￥2.50	￥8,150.00
10	001	A	5200	￥1.50	￥7,800.00
11	009	J	3180	￥1.80	￥5,724.00
12	003	C	2650	￥2.00	￥5,300.00
13	010	K	2540	￥1.50	￥3,810.00
14					

选择

步骤2 在"公式"选项卡下单击"插入函数"按钮。

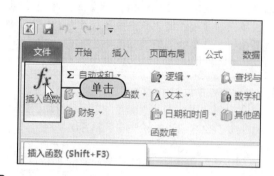
单击

插入函数 (Shift+F3)

步骤3 弹出"插入函数"对话框，**Step1** 在"或选择类别"下拉列表中选择"常用函数"，**Step2** 在"选择函数"列表框中选择求和函数"SUM"，**Step3** 选定后单击"确定"按钮。

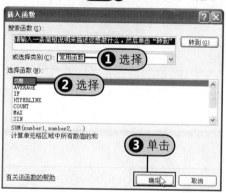

① 选择
② 选择
③ 单击

步骤4 弹出"函数参数"对话框，**Step1** 在"Number1"文本框中输入参与运算的参数"C3:C13"，**Step2** 单击"确定"按钮。

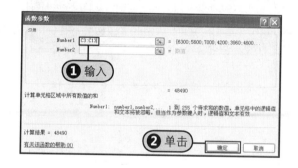

① 输入
② 单击

教你一招 搜索函数

如果用户不熟悉函数，不知道要插入的函数名称，可以在打开的"插入函数"对话框中的"搜索函数"文本框中输入一条简短说明来描述想要什么，然后单击"转到"按钮，系统将自动搜索出符合要求的函数并显示在下方的"选函数"列表框中。

步骤5 返回工作表中，此时在C14单元格中显示了计算的签单量合计值，并在编辑栏中显示出完整的公式"=SUM(C3:C13)"。

C14 ▼ fx =SUM(C3:C13)

	A	B	C	D	E	F	G
2	产品编号	品名	签单量	单价/盒	签单金额	到账金额	到账比例
3	004	D	6300	￥2.00	￥12,600.00	￥10,200.00	80.95%
4	006	F	5600	￥2.20	￥12,320.00	￥8,000.00	64.94%
5	005	E	7000	￥1.50	￥10,500.00	￥6,000.00	57.14%
6	011	L	4200	￥2.20	￥9,240.00	￥6,000.00	64.94%
7	007	G	3960	￥2.30	￥9,108.00	￥9,108.00	100.00%
8	002	B	4600	￥1.80	￥8,280.00	￥7,800.00	94.20%
9	008	H	3260	￥2.50	￥8,150.00	￥6,500.00	79.75%
10	001	A	5200	￥1.50	￥7,800.00	￥6,200.00	79.49%
11	009	J	3180	￥1.80	￥5,724.00	￥4,000.00	69.88%
12	003	C	2650	￥2.00	￥5,300.00	￥5,300.00	100.00%
13	010	K	2540	￥1.80		￥2,650.00	69.55%
14			48490		函数计算结果		

16.7 图表的使用

为了使表格中各类数据之间的关系更加直观，可以将数据以图形的形式表示，即在表格中创建图表，通过图表可以清楚地了解各个数据的大小及数据的变化情况，方便对数据进行对比和分析。

16.7.1 创建图表

原始文件：实例文件\Chapter 16\原始文件\销售数量统计表.xlsx
最终文件：实例文件\Chapter 16\最终文件\创建图表.xlsx

下面以在前面制作的"销售数量统计表.xlsx"工作簿中创建一个图表为例，讲解图表的创建方法，要求通过图表可以直观地看出各个产品的销售情况。

步骤 1 打开"实例文件\Chapter 16\原始文件\销售数量统计表.xlsx"工作簿，选择要创建图表的单元格区域，这里按住Ctrl键同时选择B2:B13和E2:E13单元格区域。

	A	B	C	D	E
2	产品编号	品名	签单量	单价/盒	签单金额
3	004	D	6300	￥2.00	￥12,600.00
4	006	F	5600	￥2.20	￥12,320.00
5	005	E	7000	￥1.50	￥10,500.00
6	011	L	4200	￥2.20	￥9,240.00
7	007	G	3960	￥2.30	￥9,108.00
8	002	B		￥1.80	￥8,280.00
9	008	H	3260	￥2.50	￥8,150.00
10	001	A	5200	￥1.50	￥7,800.00
11	009	J	3180	￥1.80	￥5,724.00
12	003	C	2650	￥2.00	￥5,300.00
13	010	K	2540	￥1.50	￥3,810.00

选择

步骤 2 **Step❶** 在"插入"选项卡下单击"柱形图"按钮，**Step❷** 从展开的库中选择柱形图类型，这里选择"簇状柱形图"类型。

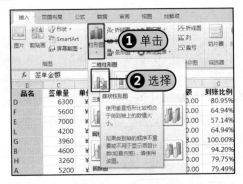

步骤 3 系统自动创建出符合要求的图表。

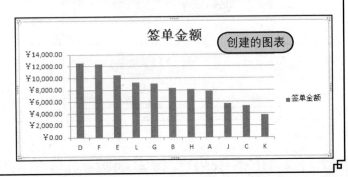

创建的图表

16.7.2 设计图表的样式

最终文件：实例文件\Chapter 16\最终文件\图表样式.xlsx

创建好图表之后，就可以为图表设计样式，Excel 2010中为用户提供了大量系统自带的图表样式，只需直接套用。

步骤 1 打开最终文件中的"创建图表.xlsx"工作簿，选中图表，在"图表工具-设计"选项卡下单击"图表布局"组中的快翻按钮，从展开的库中选择图表布局，这里选择如右图所示的布局。

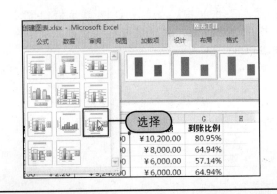

选择

步骤2 此时，系统自动添加了横坐标标题和垂直坐标标题，输入横坐标标题和垂直坐标标题分别为"产品名称"、"签单金额"，并将标题更改为"销售情况图表"。

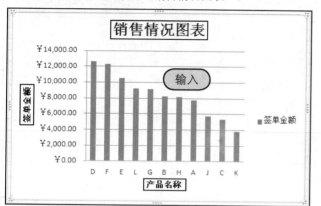

步骤3 在"图表工具-设计"选项卡下单击"图表样式"组中的快翻按钮，从展开的库中选择系统内置图表样式。

步骤4 套用了步骤3中所选择的图表样式后，得到的图表效果如右图所示。

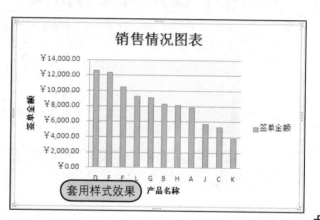

16.7.3 设置图表的布局

最终文件：实例文件\Chapter 16\最终文件\图表布局.xlsx

不仅可以套用图表的样式，在Excel 2010中还可以设计图表的布局，为图表添加各种标题，选择图例、数据标签、模拟运算表等的摆放位置和显示形式。

步骤1 打开最终文件中的"图表样式.xlsx"工作簿，选中图表，**Step1** 在"图表工具-布局"选项卡下单击"图例"按钮，**Step2** 从展开的下拉列表中选择图例摆放位置，这里选择"无"选项。

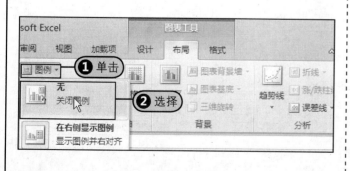

步骤2 **Step1** 在"图表工具-布局"选项卡下单击"数据标签"按钮，**Step2** 从展开的下拉列表中选择数据标签的显示位置，例如选择"数据标签外"选项。

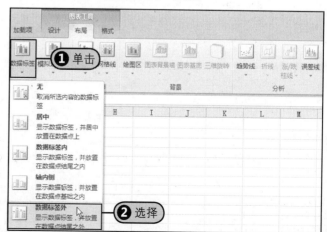

3 步骤 此时，可以看到图表中图例已经不见了，并且在图表中显示了每个系列的具体签单金额值。

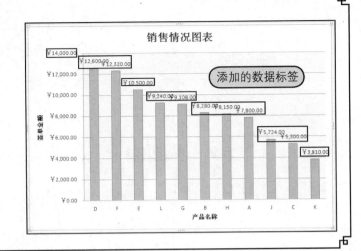

16.7.4 设置图表的格式

最终文件：实例文件\Chapter 16\最终文件\图表格式.xlsx

用户还可以选择图表各区域，然后在"图表工具-格式"选项卡下选择所选区域的形状样式和艺术字样式。

1 步骤 打开最终文件中的"图表布局.xlsx"工作簿，选中图表区域，在"图表工具-格式"选项卡下单击"形状样式"组的快翻按钮，从展开的库中选择图表区域的形状样式。

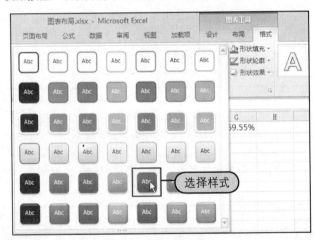

2 步骤 选择图表中的所有的数据标签，在"图表工具-格式"选项卡下单击"艺术字样式"组的快翻按钮，从展开的库中选择数据标签的艺术字样式。

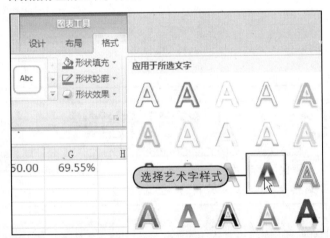

3 步骤 将图表区套用了形状样式，将数据标签套用了艺术字样式后得到的销售情况图表效果如右图所示。

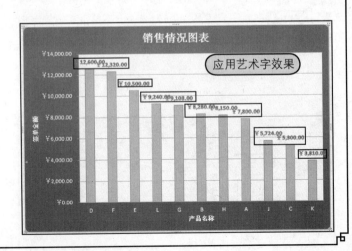

第 17 章

演示文稿
PowerPoint 2010

PowerPoint 2010是Office 2010的主要组件之一，是一种操作简单，集文字、图形、图像、声音于一体的多媒体制作和演示工具。利用它可以制作出图文并茂、感染力强的演示文稿，在个人演讲、产品演示、学术报告和学校教学等领域中得到广泛应用。

17.1 幻灯片的基本操作

原始文件：实例文件\Chapter 17\原始文件\公司市场环境分析.pptx

一般来说，一个演示文稿中会包含多张幻灯片，如何对这些幻灯片进行更好的管理，成为维护演示文稿的重要任务。在制作演示文稿的过程中，可以插入幻灯片、移动幻灯片以及复制幻灯片等。

17.1.1 插入幻灯片

用户可以直接动手制作演示文稿，也可以利用已有的幻灯片版式，随时在已有或新建的演示文稿中插入幻灯片，从而减少工作量。

步骤1 打开"实例文件\Chapter 17\原始文件\公司市场环境分析.pptx"演示文稿，在"幻灯片/大纲"任务窗格中选中要插入幻灯片的前面一张幻灯片。

步骤2 **Step❶**在"开始"选项卡下单击"新建幻灯片"按钮，**Step❷**从展开的库中选择要插入幻灯片的样式，例如选择"两栏内容"版式。

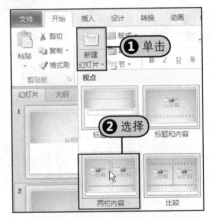

步骤3 此时，在第2张幻灯片的下方自动插入一张步骤2中所选版式的幻灯片。

教你一招 删除幻灯片

在有很多张幻灯片的演示文稿中，如果其中的一张或几张不再需要，可直接将它删除，不影响其他的演示文稿。方法为：在"幻灯片/大纲"任务窗格中右击需要删除的幻灯片，从弹出的快捷菜单中单击"删除幻灯片"命令即可将选中的幻灯片删除。

17.1.2 移动幻灯片

用户如果对制作的幻灯片位置感到不满意，可移动其原有位置到新位置。移动幻灯片是改变幻灯片的位置，而不是复制幻灯片。

1 步骤 打开"实例文件\Chapter 17\原始文件\公司市场环境分析.pptx"演示文稿，**Step 1** 在"幻灯片/大纲"任务窗格中选择要移动的幻灯片，例如选择第2张幻灯片，**Step 2** 按住鼠标左键将其拖至目标位置。

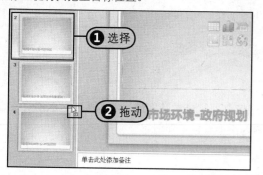

2 步骤 将其拖曳至第3张幻灯片的后面后释放鼠标左键，此时选中第3张幻灯片，可以看到幻灯片的内容即为原来的第2张幻灯片的内容。

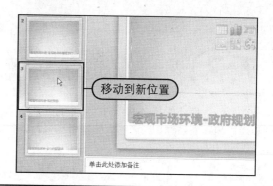

 **移动幻灯片的其他方法**

用户还可以在"幻灯片/大纲"任务窗格中选中要移动的幻灯片，然后在"开始"选项卡下单击"剪切"按钮，选中要移动到的位置，再在"开始"选项卡下单击"粘贴"按钮。

17.1.3 复制幻灯片

如果需要两个相同的幻灯片，则直接复制便可，而不需要再按照同样的方法重新制作。复制幻灯片的操作方法如下。

1 步骤 打开"实例文件\Chapter 17\原始文件\公司市场环境分析.pptx"演示文稿，**Step 1** 在"幻灯片/大纲"任务窗格中选中要复制的幻灯片，例如选中第2张幻灯片，**Step 2** 在"开始"选项卡下单击"复制"按钮。

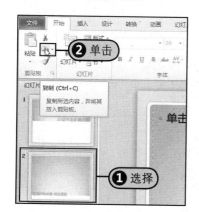

2 步骤 **Step 1** 选中要粘贴的位置前面一张幻灯片，例如选择最末一战幻灯片，即第4张幻灯片。**Step 2** 在"开始"选项卡下单击"粘贴"按钮下方的下三角按钮，**Step 3** 从展开的下拉列表中选择"保留原格式"选项。

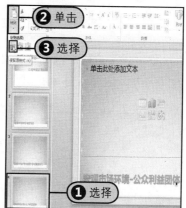

3 步骤 此时，在第4张幻灯片下方新粘贴出一张幻灯片，即第5张幻灯片，选中该幻灯片，可以看到其内容与第2张幻灯片的内容相同。

教你一招 **复制幻灯片其他方法**

在"幻灯片/大纲"任务窗格中右击要复制的幻灯片，从弹出的快捷菜单中单击"复制幻灯片"命令，此时在选中幻灯片的下方会自动粘贴选中的幻灯片。另外，用户还可以使用**Ctrl+C**组合键复制幻灯片，**Ctrl+X**组合键剪切幻灯片，选中要粘贴的位置后按下**Ctrl+V**组合键粘贴幻灯片。

17.2 制作演示文稿

演示文稿的主要功能是向用户传达一些简单而重要的信息，而这些信息都是由最基本的文本构成，文本幻灯片是其中应用较为广泛的一类幻灯片。本节将为读者介绍在幻灯片中输入与编辑文本内容以及如何设计幻灯片母版。

17.2.1 输入与编辑文本内容

原始文件：实例文件\Chapter 17\原始文件\年终销售总结.pptx
最终文件：实例文件\Chapter 17\最终文件\年终销售总结1.pptx

幻灯片中需要文字来作为标题、解说或者备注等内容，这就需要在演示文稿内输入文字。为了突出幻灯片中各个部分的功能，就需要对不同部分的文字进行格式设置。

步骤1 打开"实例文件\Chapter 17\原始文件\年终销售总结.pptx"演示文稿，首先单击"单击此处添加标题"占位符，将光标定位在该占位符中。

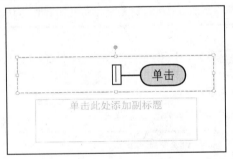

步骤2 将输入法切换至惯用的中文状态下，输入要制作演示文稿的标题，例如输入"年终销售总结"。

步骤3 使用相同的方法，将光标定位在下面的一个占位符中，输入"制作人：杨涛"。

步骤4 **Step1** 选择标题文本"年终销售总结"，**Step2** 在"开始"选项卡下的"字体"下拉列表中选择标题字体，例如选择"华文隶书"。

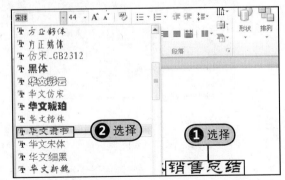

拓展知识 **占位符和文本框**

占位符就是使用模板创建新幻灯片时出现的各种边框，每个占位符均有提示文字，单击占位符可以在其中添加文字和对象。文本框可以用来在幻灯片中添加文本，有横排和竖排两种。横排文本框也称作水平文本框，其中的文字按从左到右的顺序排列；竖排文本框也称作垂直文本框，其中的文字按从上到下的顺序排列。

步骤5 在"开始"选项卡下的"字号"下拉列表中选择字体大小，例如选择标题的字号为"66"。

步骤6 在"字体"组中单击"加粗"和"文字阴影"按钮，**Step1** 单击"字体颜色"按钮右侧的下三角按钮，**Step2** 从展开的下拉列表中选择字体颜色，例如选择标题字体颜色为"橙色，深色25%"。

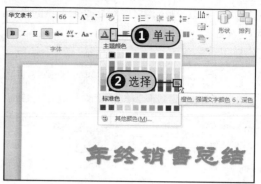

步骤7 设置副标题字体。**Step1** 选中副标题所在占位符，**Step2** 单击"字体"组中的对话框启动器按钮。

步骤8 弹出"字体"对话框，切换至"字体"选项卡下，**Step1** 从"中文字体"下拉列表中选择字体为"楷体_GB2312"，**Step2** 单击"字体颜色"右侧的下三角按钮，**Step3** 从展开下拉列表选择字体颜色为"绿色"。

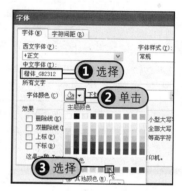

步骤9 选择字体样式，从"字体样式"下拉列表中选择字体样式为"加粗 倾斜"。用户还可以在"效果"选项组中勾选需要设置字体的效果样式前的复选框。

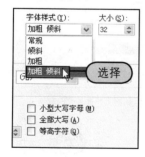

步骤10 设置完毕后单击"确定"按钮，关闭"字体"对话框，返回幻灯片中，设置完毕后的演示文稿首页字体效果如下图所示。

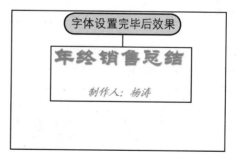

步骤11 新建幻灯片，按照前面输入文本的方法，输入其他幻灯片中的内容，并设置其字体格式。

17.2.2 设计幻灯片母版

原始文件：实例文件\Chapter 17\原始文件\年终销售总结1.pptx、图片1.jpg
最终文件：实例文件\Chapter 17\最终文件\年终销售总结2.pptx

如果要统一改变演示文稿中标题的字体、字号等，仍然采用单独修改每张幻灯片的方法就显得比较麻烦，可以使用母版控制演示文稿的外观。幻灯片母版是最常用的母版，它可以控制除标题幻灯片之外的绝大多数幻灯片，使它们具有相同的格式。

步骤1 打开"实例文件\Chapter 17\原始文件\年终销售总结1.pptx"演示文稿，在"视图"选项卡下单击"幻灯片母版"按钮。

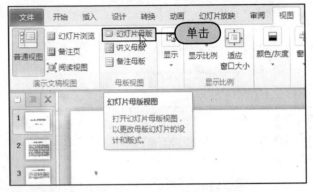

步骤2 进入幻灯片母版视图中，在"幻灯片/大纲"任务窗格中单击第一张幻灯片。

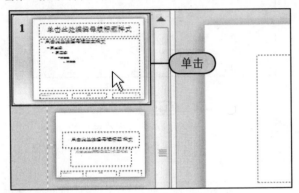

步骤3 **Step1** 选中幻灯片母版中的标题所在占位符，**Step2** 在"开始"选项卡下的"字体"下拉列表中选择标题字体，例如选择字体为"华文中宋"。

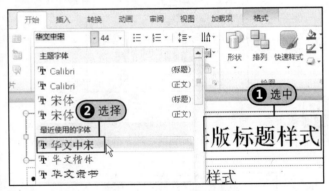

步骤4 **Step1** 在"字体"组中单击"倾斜"和"文字阴影"按钮，**Step2** 单击"字体颜色"按钮右侧的下三角按钮，**Step3** 从展开下拉列表中选择字体颜色为"深红"。

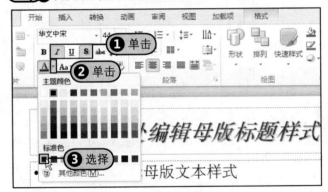

步骤5 选中母版文本样式所在占位符，按照同样的方法，设置其字体为"华文仿宋"、"18"、"粉红"。

步骤6 插入页眉和页脚。在"插入"选项卡下单击"页眉和页脚"按钮。

7 步骤 弹出"页眉和页脚"对话框，**Step①** 勾选"日期和时间"、"幻灯片编号"、"页脚"和"标题幻灯片中不显示"复选框，**Step②** 在"页脚"文本框输入公司名称为"三立发展资讯"。

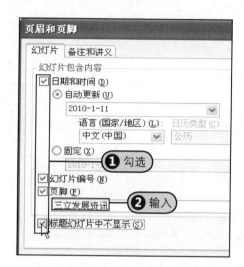

9 步骤 单击"确定"按钮，返回幻灯片中，通过前面的设置，得到的幻灯片母版效果如下图所示。

11 步骤 弹出"设置背景格式"对话框，**Step①** 在"填充"选项卡下选择填充方式，例如选中"图片或纹理填充"单选按钮，即在幻灯片中填充图片或纹理，**Step②** 单击"文件"按钮。

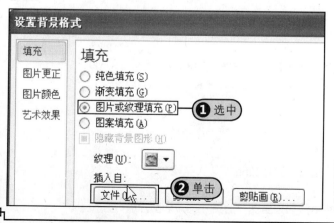

8 步骤 单击"全部应用"按钮关闭"页眉和页脚"对话框，返回幻灯片母版中选中页脚所在占位符，打开"字体"对话框，**Step①** 从"中文字体"下拉列表中选择字体为"黑体"，**Step②** 单击"字体颜色"右侧的下三角按钮，**Step③** 从展开下拉列表中选择字体颜色为"浅蓝"。

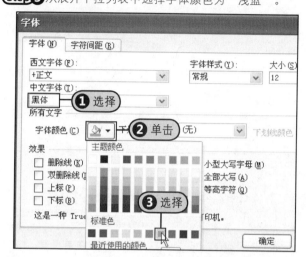

10 步骤 为幻灯片母版添加统一的背景。**Step①** 在"幻灯片母版"选项卡下单击"背景样式"按钮，**Step②** 从展开的库中选择要应用的背景样式，如果都不喜欢可单击"设置背景格式"选项。

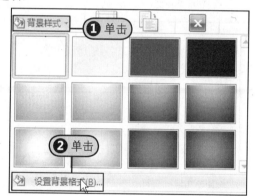

12 步骤 弹出"插入图片"对话框，**Step①** 首先从"查找范围"下拉列表中选择图片的保存位置，**Step②** 选中要插入的图片，例如选中"图片1.jpg"，**Step③** 选定后单击"插入"按钮。

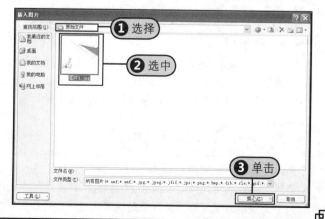

步骤 13 返回"设置背景格式"对话框,单击"全部应用"按钮将图片背景应用到所有的幻灯片中,再单击"关闭"按钮关闭"设置背景格式"对话框。

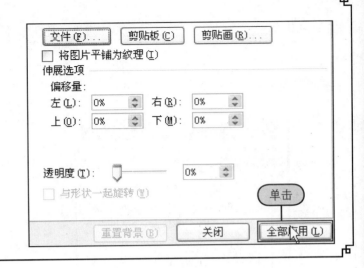

教你一招　设置背景图片

　　对于插入的背景图片,用户还可以对其进行进一步的设置,方法为:在"设置背景格式"对话框中,切换至"图片更正"、"图片颜色"等选项卡下进行相关的图片设置。

步骤 14 返回幻灯片母版,可以看到插入了图片背景后的效果。

步骤 15 单击"关闭幻灯片母版"按钮退出幻灯片母版,切换至普通视图下,此时可以看到除标题幻灯片外的其他幻灯片都自动应用了统一的格式。

17.3　添加各种元素

　　要制作一份具有较强表现力的演示文稿,必须要为幻灯片添加各种内容。PowerPoint 2010丰富了幻灯片"原材料"的形式,除了引入了文字外,还可以添加图片、表格、图表以及影像、声音等类型的对象。通过幻灯片中插入的对象,可以为幻灯片设置不同形式的效果,使演示文稿更加生动、精彩。

17.3.1　插入图片

　　原始文件:实例文件\Chapter 17\原始文件\商品房一周分析.pptx、图片3.jpg
　　最终文件:实例文件\Chapter 17\最终文件\插入图片.pptx
　　为了使演示文稿能够更美观清楚地表达主题,可以在幻灯片中添加来自文件的图片。添加图片的方法如下。

1 步骤 打开"实例文件\Chapter 17\原始文件\商品房一周分析.pptx"演示文稿，在"幻灯片/大纲"任务窗格中选中第一张幻灯片，在"插入"选项卡下单击"图片"按钮。

2 步骤 弹出"插入图片"对话框，**Step❶** 首先从"查找范围"下拉列表中选择图片的保存位置，**Step❷** 选中要插入的图片，例如选中"图片3.jpg"，**Step❸** 单击"插入"按钮。

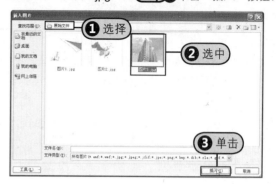

教你一招 在幻灯片中插入剪贴画

　　用户除了来自文件的图片外，还可以插入剪辑库中的剪贴画，方法为：在"插入"选项卡下单击"剪贴画"按钮，弹出"剪贴画"任务窗格，在"搜索文字"文本框中输入要插入剪贴画的关键字，然后单击"搜索"按钮，系统将自动搜索出符合要求的剪贴画，双击要插入的剪贴画即可将其插入到幻灯片中。

3 步骤 返回幻灯片，此时在幻灯片中显示出插入的图片。

4 步骤 选中图片，当鼠标指针变成梅花状时，按住鼠标左键不放将图片拖曳至需要放置的位置，这里将其拖曳至幻灯片左上角。

5 步骤 **Step❶** 选中图片，**Step❷** 在"图片工具-格式"选项卡下可以设置图片的格式，例如单击"删除背景"按钮。

6 步骤 此时，可以看到图片的背景已经去除，最终效果如下图所示。

17.3.2 在幻灯片中应用表格

最终文件：实例文件\Chapter 17\最终文件\插入表格.pptx

表格具有条理清楚、对比强烈等特点，在幻灯片中使用表格可以使演示文稿的内容更加清晰明白，从而达到更好的演示效果。

步骤1 打开17.3.1节中得到的最终文件"插入图片.pptx"演示文稿，切换至第3张幻灯片中，单击占位符中的"插入表格"图标。

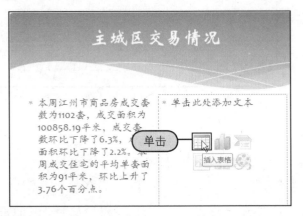

步骤2 弹出"插入表格"对话框，**Step1** 在"列数"和"行数"文本框中输入插入表格的行、列数，例如输入"4"和"5"，**Step2** 单击"确定"按钮。

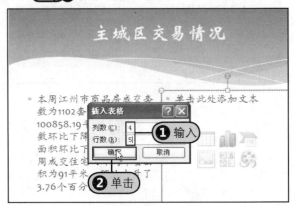

步骤3 此时，在右侧的占位符中自动插入了一个5行4列的表格。

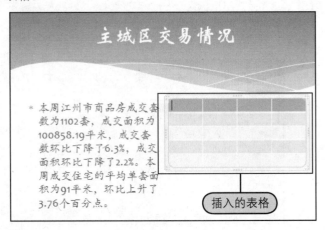

步骤4 在表格各单元格中分别输入对应的文本内容，并适当调整表格的大小。

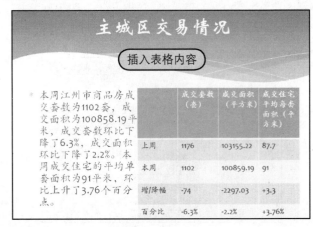

步骤5 选中表格，在"表格工具-设计"选项卡下单击"表格样式"组中的快翻按钮，从展开的库中选择表格样式，例如选择"中度样式2-强调5"样式。

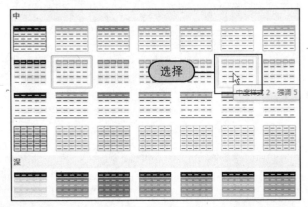

步骤6 套用了步骤5中所选的表格样式后，得到最终该页幻灯片的效果如下图所示。

17.3.3 在幻灯片中应用图表

最终文件：实例文件\Chapter 17\最终文件\插入图表.pptx

利用图表表达的信息直观清晰，便于理解，比起单纯的数据表格，图表的演示效果要更明显。因此，当需要用数据来说明问题时，可以制作一张纯图表幻灯片或向已有的幻灯片中插入图表，从而增强演示文稿的说服力。

步骤1 打开17.3.2节得到的最终文件"插入表格.pptx"演示文稿，切换至第4张幻灯片中，单击占位符中的"插入图表"图标。

步骤2 弹出"插入图表"对话框，**Step①** 选择"柱形图"子集中的"簇状柱形图"类型，**Step②** 选定后单击"确定"按钮。

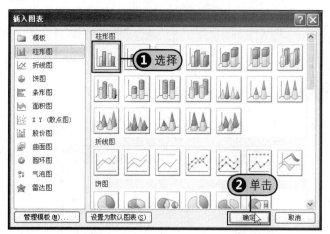

步骤3 系统自动在幻灯片中创建一个默认的图表。

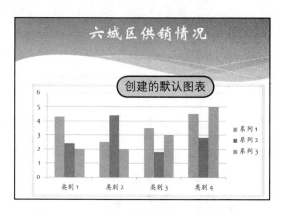

步骤4 在同时弹出的Excel 2010程序中更改工作表中的数据，按照下图所示更改数据内容。

	A	B	C	D
1		本周成交量	本周成交面积	
2	华金区	342	30847.06	
3	天明区	170	21372.06	
4	高新区	134	11066.82	
5	友邦区	188	13291.87	
6	河新区	134	11227.35	
7	龙侯区	128	13053.49	
8		若要调整图表数据区域的大小，请拖拽区域		
9		重新输入数据		
10				
11				

步骤5 数据更改完毕后，关闭Excel 2010软件程序，此时在幻灯片中将自动根据数据的变化来对图表作相应的调整。

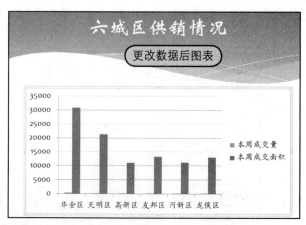

步骤6 **Step①** 右击"本周成交面积"数据系列，**Step②** 从弹出的快捷菜单中单击"更改系列图表类型"命令。

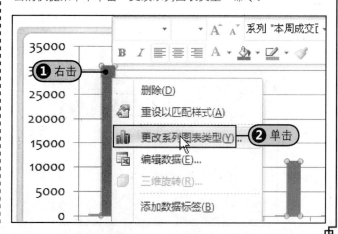

步骤7 弹出"更改图表类型"对话框，**Step❶** 重新选择该系列的图表类型，这里选择"折线图"子集中的"带数据标记的折线图"类型。**Step❷** 单击"确定"按钮。

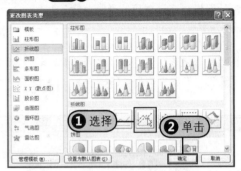

步骤8 返回幻灯片，**Step❶** 再次右击"本周成交面积"数据系列，**Step❷** 从弹出的快捷菜单中单击"设置数据系列格式"命令。

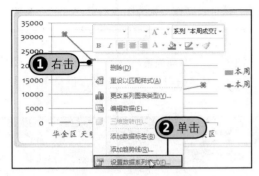

步骤9 弹出"设置数据系列格式"对话框，在"系列选项"选项卡下选中"次坐标轴"单选按钮。

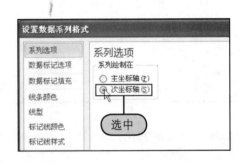

步骤10 单击"关闭"按钮返回幻灯片，选中图表，**Step❶** 在"图表工具-设计"选项卡下单击"快速布局"按钮，**Step❷** 从展开库选择"布局3"样式。

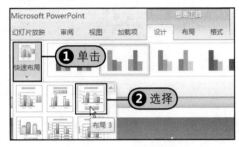

步骤11 套用了布局3样式后，系统自动将图例放置在图表底部，并添加了"图表标题"占位符，输入图表标题为"本周江州市各行政区成交情况"。

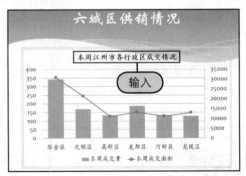

步骤12 选中图表，在"图表工具-设计"选项卡下单击"图表样式"组中的快翻按钮，从展开的库中选择图表样式，例如选择如下图所示的图表样式。

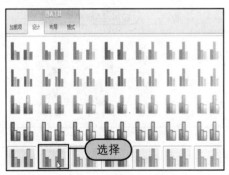

步骤13 套用了步骤12中选择的图表样式后，得到的图表最终效果如下图所示。

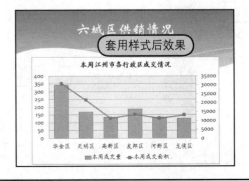

步骤14 切换至第5张幻灯片中，按照前面介绍的插入图表的方法，插入并设置"本周各行政区二手房成交量"图表。最终效果如下图所示。

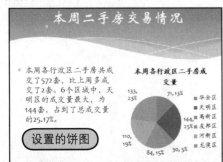

17.3.4 插入媒体文件

如果需要在幻灯片中更加突出显示主题，那么可以在幻灯片中添加媒体文件，媒体文件包括声音和影片等。如果在幻灯片中添加适当的声音或影片，则可使幻灯片变得更具有观赏性和感染力。

1 插入声音对象

最终文件：实例文件\Chapter 17\最终文件\插入声音.pptx

将声音添加到演示文稿中，可以调动听众的注意力或增加现场气氛。制作出声色俱佳的幻灯片。

步骤 1 打开最终文件中的"插入图表.pptx"演示文稿，切换至第1张幻灯片中，**Step 1** 在"插入"选项卡下单击"音频"按钮，**Step 2** 从展开的下拉列表中单击"文件中的音频"命令。

步骤 2 弹出"插入音频"对话框，**Step 1** 首先从"查找范围"下拉列表中选择插入音乐保存位置，**Step 2** 选择要插入的音域，例如选中"背景音乐.mp3"，**Step 3** 选定后单击"插入"按钮。

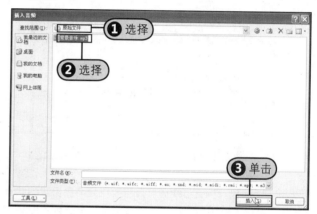

步骤 3 返回幻灯片，此时在幻灯片中插入了一个喇叭形状和一个声音编辑工具栏。

步骤 4 单击声音编辑工具栏中的"播放"按钮，即可开始播放插入的音乐。

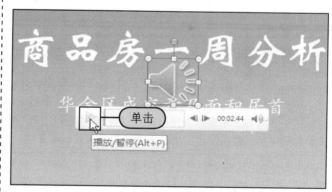

步骤 5 **Step 1** 单击"静音"按钮，**Step 2** 拖动滑块以选择声音的音量。

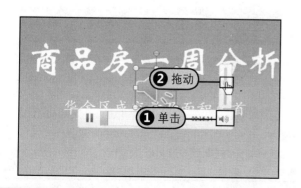

步骤 6 **Step 1** 在"音频工具-播放"选项卡下单击"开始"文本框右侧的下三角按钮，**Step 2** 从展开的下拉列表中选择开始播放音乐的方式，例如选择"跨幻灯片播放"选项。

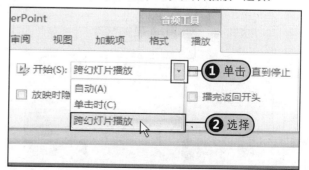

步骤7 **Step1** 在"音频工具-播放"选项卡下勾选"放映时隐藏"复选框，可在播放幻灯片时音乐声音图标，**Step2** 勾选"循环播放，直到停止"和"播完返回开头"复选框。

步骤8 若用户并不想要整首歌曲，可将其进行剪裁，在"音频工具-播放"选项卡下单击"剪裁音频"按钮。

步骤9 弹出"剪裁音频"对话框，单击"播放"按钮开始播放插入的音乐。

步骤10 当播放到需要剪裁的开始位置处，单击"暂停"按钮暂停播放，然后将绿色的图标拖曳至暂停处，设置开始位置为此处。

步骤11 单击"播放"按钮继续播放，当播放到需要剪裁的结束位置处，单击"暂停"按钮暂停播放，然后将红色的图标拖曳至暂停处，设置结束位置为此处。

2 插入视频对象

原始文件：实例文件\Chapter 17\原始文件\ASOBIK新品连衣裙推荐.pptx
最终文件：实例文件\Chapter 17\最终文件\插入视频.pptx

除了可以添加声音外，用户还可以在演示文稿中加入视频，使演示文稿变得更生动。将事先制作好的视频文件插入到演示文稿中，当放映演示文稿时，同样可以播放视频文件。

步骤1 打开"实例文件\Chapter 17\原始文件\ASOBIK新品连衣裙推荐.pptx"演示文稿，切换至第3张幻灯片中，**Step1** 在"插入"选项卡下单击"视频"按钮，**Step2** 从展开的下拉列表中单击"文件中的视频"选项。

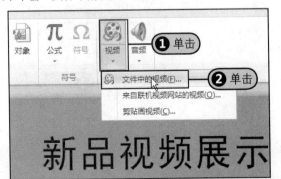

步骤2 弹出"插入视频文件"对话框，**Step1** 从"查找范围"下拉列表中选择要插入视频保存位置，**Step2** 选中要插入的视频文件"新款连衣裙展示.wav"，**Step3** 选定后单击"插入"按钮。

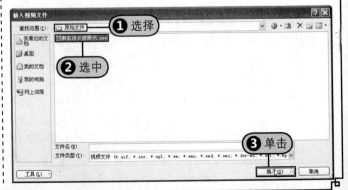

3 步骤 返回幻灯片，此时在第3张幻灯片中插入了所选择的视频文件，并显示出视频开始的画面，视频下方是视频工具栏。

4 步骤 单击视频工具栏中的"播放"按钮，此时系统开始自动播放视频文件，在视频工具栏中显示了视频播放的进度。

教你一招　通过占位符插入视频

用户还可以单击占位符中的"插入媒体剪辑"图标，弹出"插入视频文件"对话框，从而选择要插入的视频文件。

5 步骤 **Step1** 单击视频工具栏右侧的"静音"按钮，**Step2** 拖动滑块从而调节视频中的音乐音量。

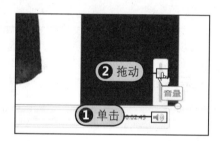

6 步骤 **Step1** 在"视频工具-播放"选项卡下单击"开始"文本框右侧的下三角按钮，**Step2** 从展开的下拉列表中选择开始播放视频的方式，例如选择"自动"方式。

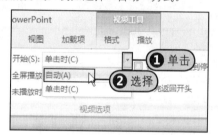

7 步骤 在"视频工具-播放"选项卡下勾选"循环播放，直到停止"和"播完返回开头"复选框，即可循环播放视频，而且播完视频后会自动返回开头继续播放。

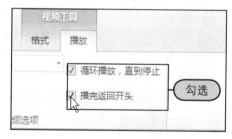

8 步骤 在"视频工具-格式"选项卡下单击"视频样式"组中的快翻按钮，从展开的库中选择视频的形状样式，例如选择"中等"选项组中的"发光圆角矩形"样式。

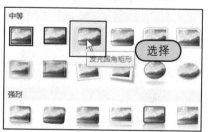

9 步骤 此时，可以看到视频的形状样式变成了如右图所示的样式。

17.4 为幻灯片添加动画效果

有时候为了使幻灯片中的信息显得更具活力,可以为其添加动画效果。这样一来,既能加强幻灯片视觉上的效果,还能增加幻灯片的趣味性。

17.4.1 设置切换效果

原始文件:实例文件\Chapter 17\原始文件\秋季美鞋推荐.pptx
最终文件:实例文件\Chapter 17\最终文件\切换效果.pptx

设置幻灯片的切换效果就是在放映幻灯片时,一张幻灯片显示完毕,设置下一张幻灯片以哪种特殊方式显示在屏幕上。在PowerPoint 2010中,设置幻灯片切换效果的具体操作方法如下。

步骤1 打开"实例文件\Chapter 17\原始文件\秋季美鞋推荐.pptx"演示文稿,切换至第1张幻灯片中,在"转换"选项卡下单击"切换到此幻灯片"组中的快翻按钮。

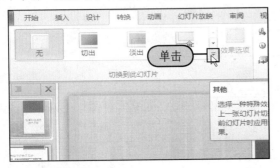

步骤2 从展开的库中选择幻灯片的切换效果,PowerPoint 2010中包含了三类切换效果,例如选择"细微型"选项组中的"随机线条"效果。

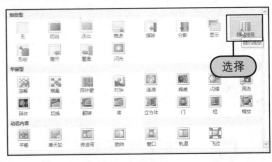

步骤3 **Step1** 在"转换"选项组中单击"效果选项"按钮,**Step2** 从展开的下拉列表中选择随机线条的方向,例如选择"垂直"方向。

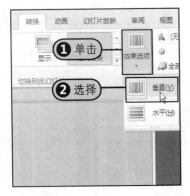

步骤4 **Step1** 在"转换"选项组中单击"声音"文本框右侧的下三角按钮,**Step2** 从展开的下拉列表中选择声音,例如选择"风铃"。

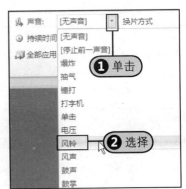

步骤5 **Step1** 在"换片方式"选项组中勾选"设置自动换片时间"复选框,即选择自动换片方式,**Step2** 在其右侧文本框输入自动换片时间为"00:03:00"。

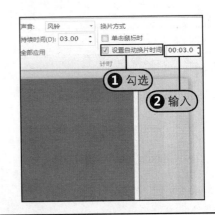

6
步骤 切换效果设置完毕后，可在"转换"选项卡下单击"预览"按钮，预览所设置的切换效果。

7
步骤 如下图所示即为预览的随机线条切换效果。

随机线条效果

拓展知识 | **设置其他幻灯片切换效果**

　　按照本节介绍的方法，从"切换到此幻灯片"下拉列表中为其他幻灯片选择不同的切换效果，用户可以打开最终文件中"切换效果.pptx"演示文稿来查看所设置的切换效果。

17.4.2 自定义动画

　　用户可以对幻灯片占位符中的项目，或者对段落（包括单个项目符号和列表项）应用自定义动画，如自定义设置选中对象的进入、强调、退出或动作路径效果。

(1) 设置对象进入效果

　　原始文件：实例文件\Chapter 17\原始文件\秋季美鞋推荐.pptx
　　最终文件：实例文件\Chapter 17\最终文件\进入动画.pptx

　　对象的进入效果是指设置幻灯片放映过程中对象进入放映界面时的动画效果，在PowerPoint 2010中设置对象进入效果的具体操作步骤如下。

1
步骤 打开"实例文件\Chapter 17\原始文件\秋季美鞋推荐.pptx"演示文稿，切换至第3张幻灯片中，**Step 1** 选中要设置动画效果的对象，例如选中图片，**Step 2** 在"动画"选项卡下单击"动画"组中的快翻按钮。

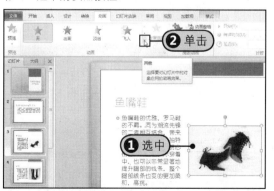

2
步骤 从展开的库中显示了进入、强调、退出和动作路径，这里选择"进入"选项组中的"飞入"效果。

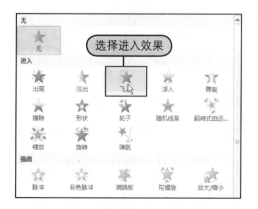

选择进入效果

教你一招 | **选择更多动画进入效果**

　　用户若从"动画"库中没有找到合适的动画进入效果，可以从展开的"动画"库中选择"更多进入效果"选项，弹出"更改进入效果"对话框，在该对话框中用户可选择更多的动画进入效果。

3 步骤 **Step①** 在"动画"选项卡下单击"效果选项"按钮，**Step②** 从展开的库中选择动画进入方向，例如选择"自右上部"方向。

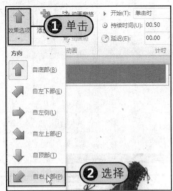

4 步骤 **Step①** 在"动画"选项卡下单击"开始"文本框右侧的下三角按钮，**Step②** 从展开的下拉列表中选择开始的方式，例如选择"上一动画之后"方式。

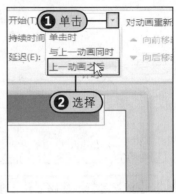

5 步骤 在"动画"选项卡下的"持续时间"文本框中输入动画进入的快慢程度，时间越长进入越慢，反之则越快。在"延迟"文本框中输入上一动画之后多少时间开始播放这一动画效果。

6 步骤 **Step①** 选中设置了动画效果的图片对象，**Step②** 在"动画"选项卡下单击"动画刷"按钮。

7 步骤 此时，鼠标指针中带有一个刷子的形状，单击需要应用动画效果的对象，例如单击标题占位符"鱼嘴鞋"。

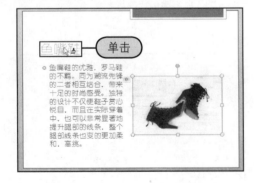

8 步骤 所有动画设置完毕后，可在"动画"选项卡下单击"预览"按钮，预览所设置的动画效果。

9 步骤 此时，系统自动开始播放动画，播放的效果如右图所示。

②设置对象强调效果

最终文件：实例文件\Chapter 17\最终文件\强调动画.pptx

除了设置对象的进入效果外，用户还可以设置对象的强调效果来增强对象的表现力，在PowerPoint 2010中设置对象强调效果的方法如下。

步骤1 打开17.4.1节中得到的最终文件"进入动画.pptx"演示文稿，切换至第4张幻灯片，选中要设置动画效果的图片，然后在"动画"选项卡下单击"动画"组中的快翻按钮，从展开的库中单击"更多强调效果"命令。

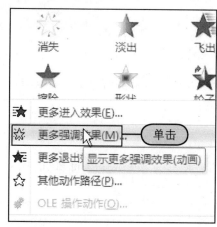

步骤2 弹出"更改强调效果"对话框，在该对话框中列出了所有的强调效果类型：基本型、细微型、温和型和华丽型。**Step1** 这里选择"基本型"选项组中的"陀螺旋"动画效果，**Step2** 选定后单击"确定"按钮。

步骤3 返回幻灯片中，**Step1** 在"动画"选项卡下单击"效果选项"按钮，**Step2** 从展开的库中选择动画的方向和数量，例如选择其旋转方向为"逆时针"。

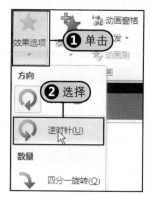

步骤4 在"动画"选项卡下单击"动画窗格"按钮。

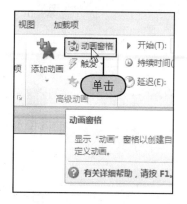

步骤5 弹出"动画窗格"任务窗格，**Step1** 单击"内容占位符4"右侧的下三角按钮，**Step2** 从展开的下拉列表中单击"效果选项"命令。

步骤6 弹出"陀螺旋"对话框，在"效果"选项卡下可以设置陀螺旋的数量、声音等。例如从"声音"下拉列表中选择动画播放时声音为"鼓声"。

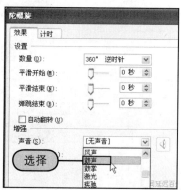

步骤7 切换至"计时"选项卡下，**Step①** 从"开始"下拉列表中选择开始方式为"上一动画之后"，**Step②** 设置开始的延迟时间为"2"秒，**Step③** 从"期间"下拉列表中选择动画播放的速度，例如选择"慢速（3秒）"。

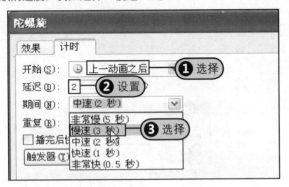

步骤8 设置完毕后，单击"确定"按钮，关闭"陀螺旋"对话框，返回幻灯片中，此时幻灯片中的图片自动开始播放动画效果，如下图所示。

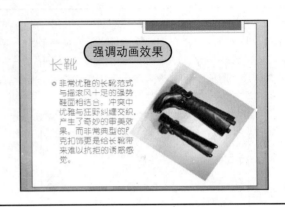

3 设置对象退出效果

最终文件：实例文件\Chapter 17\最终文件\退出动画.pptx

相对于设置的进入效果，同样可以为对象设置退出动画，以达到更好的视觉效果。在PowerPoint 2010中设置对象退出效果的方法如下。

步骤1 打开最终文件中的"强调动画.pptx"演示文稿，切换至第5张幻灯片，在"动画"选项卡下的"动画"库中选择"退出"选项组中的"轮子"效果。

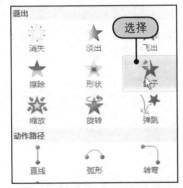

步骤2 在"动画"选项卡下单击"动画窗格"按钮。

步骤3 弹出"动画窗格"任务窗格，**Step①** 单击"内容占位符4"右侧的下三角按钮，**Step②** 从展开下拉列表中单击"效果选项"命令。

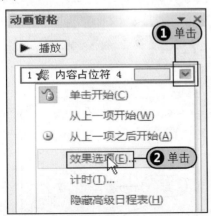

步骤4 弹出"轮子"对话框，**Step①** 单击"效果"选项卡下的"辐射状"文本框右侧下三角按钮，**Step②** 从展开的下拉列表中选择效果，例如选择"3轮辐图案"选项。

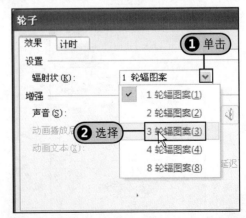

5 从"声音"下拉列表中选择播放动画时的声音，例如选择"风铃"选项。

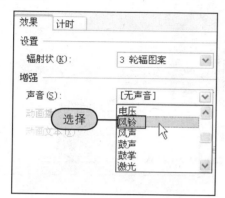

7 Step**1** 单击"计时"标签切换至该选项卡下，Step**2** 从"开始"选项卡下选择"上一动画之后"选项，Step**3** 在"延迟"文本框中输入延迟的时间为"2"秒，Step**4** 从"期间"下拉列表中选择"慢速（3秒）"选项。

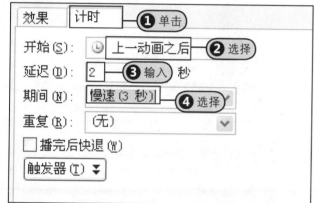

6 Step**1** 单击 按钮，Step**2** 拖动滑块以调节播放的音量。

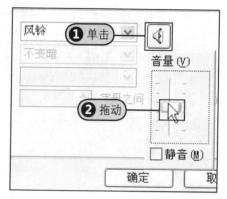

8 设置完毕后单击"确定"按钮，关闭"轮子"对话框，返回到幻灯片中，开始自动播放所设置的动画效果，如下图所示。

---

4 **应用动作路径效果**

最终文件：实例文件\Chapter 17\最终文件\动作路径.pptx

为了方便用户设计，在PowerPoint 2010中还包含了各种预设的动作路径，如曲线、直线、基本图形和特殊图形等。

1 打开最终文件中的"退出动画.pptx"演示文稿，切换至第5张幻灯片中，选中图片，在"动画"选项卡下单击"动画"组中的快翻按钮，从展开的库中选择"动作路径"组中的路径样式，例如选择"形状"样式。

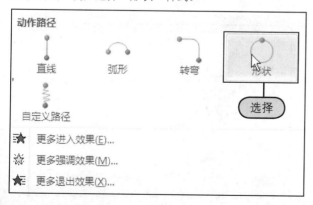

2 Step**1** 在"动画"选项卡下单击"效果选项"按钮，Step**2** 从展开的库中选择效果样式，例如选择"六边形"样式。

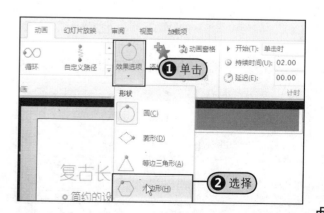

步骤3 在"动画"选项卡下的"计时"组中，**Step①** 从"开始"下拉列表中选择"上一动画之后"选项，**Step②** 在"持续时间"文本框中输入播放动画的快慢时间，**Step③** 在"延迟"文本框输入开始播放的延迟时间。

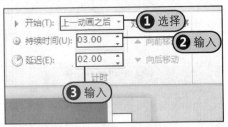

步骤4 动画效果设置完毕后，单击"预览"按钮，此时系统开始自动播放动画，动画效果如下图所示。

17.5 创建交互式放映效果

制作完演示文稿后，用户便可对演示文稿进行播放，来展示给其他人观看。本节主要介绍在幻灯片放映前为其设置交互式放映效果，包括插入超链接和添加动作按钮。

17.5.1 插入超链接

原始文件：实例文件\Chapter 17\原始文件\旅游景点介绍.pptx
最终文件：实例文件\Chapter 17\最终文件\超链接.pptx

在演示文稿中，用户可以为任何文本或其他对象（如图片、图形、表格或图表）添加超链接，使单击该对象或者鼠标指针置于该对象上时能够从幻灯片中某一位置跳转到其他位置，从而实现幻灯片之间的链接。

步骤1 打开"实例文件\Chapter 17\原始文件\旅游景点介绍.pptx"演示文稿，切换至第2张幻灯片中，**Step①** 选中"成山头"文本，**Step②** 在"插入"选项卡下单击"超链接"按钮。

步骤2 弹出"插入超链接"对话框，在"链接到"列表中选择超链接的类型，这里选择"本文档中的位置"选项。

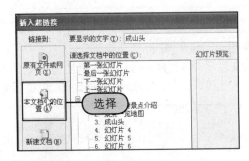

步骤3 此时，**Step①** 在"请选择文档中的位置"列表框中选择要链接的幻灯片，例如选择"成山头"幻灯片，可在"幻灯片预览"选项组中预览选中幻灯片，**Step②** 确认要链接到该张幻灯片后单击"确定"按钮。

步骤4 返回幻灯片中，此时可以看到"成山头"文本下方出现了一条直线，表示该对象已经添加了超链接。

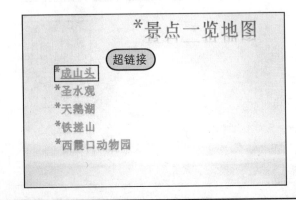

5 步骤 按照上面介绍的方法，为第2张幻灯片中的其他景点名称设置超链接，使其链接到对应的景点介绍幻灯片中。

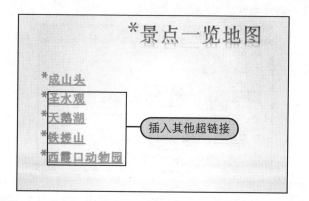

6 步骤 单击状态栏中的"幻灯片放映"按钮，进入幻灯片放映状态，将鼠标指针移近要查看景点的名称，例如移近"天鹅湖"，此时鼠标指针变成小手状，单击该链接。

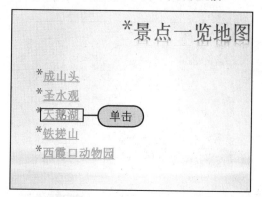

7 步骤 系统自动跳转到"天鹅湖"幻灯片中，即实现了单击后能够直接转到其他位置的功能，也方便用户查看演示文稿内容。

 **删除超链接**

创建好超链接后，如果不再需要该超链接，这时就需要删除超链接，删除超链接的方法为：右击设置了超链接的对象，从弹出的快捷菜单中单击"取消超链接"命令。

17.5.2 添加并设置动作按钮

最终文件：实例文件\Chapter 17\最终文件\动作按钮.pptx

PowerPoint 2010提供了一组现成的动作按钮，用户可以在幻灯片中对其进行任意添加，以便在放映过程中激活另一程序、播放声音或影片，或者跳转到其他幻灯片、文件和网页等。

1 步骤 打开最终文件中的"超链接.pptx"演示文稿，切换至第3张幻灯片中，在"插入"选项卡下单击"形状"按钮。

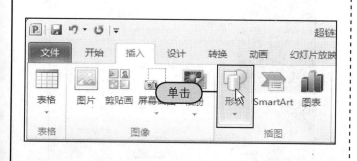

2 步骤 从展开的库中单击"动作按钮"选项组中的图标，例如单击"后退或前一项"按钮。

3 步骤 鼠标指针变成十字形状，按住鼠标左键不放在幻灯片右下角的空白位置上拖动，绘制出一个按钮。

5 步骤 弹出"超链接到幻灯片"对话框，**Step1** 在"幻灯片标题"文本框中选择要链接到的幻灯片，例如选择"2.景点一览地图"幻灯片，**Step2** 选定后单击"确定"按钮。

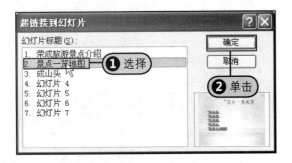

7 步骤 返回幻灯片中，选择绘制的动作按钮，在"图片工具-格式"选项卡下单击"形状样式"组中的快翻按钮，从展开的库中选择动作按钮的形状样式，这里选择如下图所示的样式。

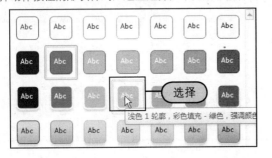

9 步骤 在状态栏中单击"幻灯片放映"按钮，进入放映状态，将鼠标指针移近动作按钮，此时鼠标指针变成小手状，单击该按钮。

4 步骤 释放鼠标左键，弹出"动作设置"对话框，**Step1** 在"单击鼠标"选项卡下选中"超链接到"单选按钮，**Step2** 并从其下拉列表中选择链接到的幻灯片，这里选择"幻灯片"选项。

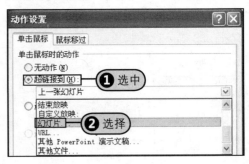

6 步骤 返回"动作设置"对话框中，若需要单击按钮时有声音，**Step1** 可勾选"播放声音"复选框，**Step2** 从其下方的下拉列表中选择声音选项，例如选择"单击"选项。最后单击"确定"按钮。

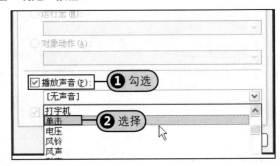

8 步骤 套用了步骤7所选的形状样式后，此时在幻灯片右下角中添加了动作按钮效果如下图所示。

10 步骤 此时，立即跳转到第2张幻灯片中。在第2张幻灯片中用户又可以通过设置的超链接跳转到希望观看的景点中。

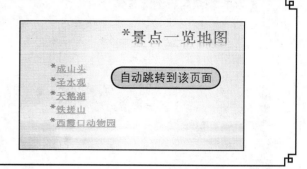

17.6 放映幻灯片

所有的准备工作准备好之后，就可以开始放映制作完毕的演示文稿了。放映演示文稿时，用户还可以根据自己的需要设置幻灯片的放映方式，为幻灯片设置一定的放映时间使其自动放映。

17.6.1 设置幻灯片放映方式

一般来说，幻灯片放映方式有3种，以满足用户在不同的场合使用，这3种方式包括观众自行浏览方式、演讲者放映方式和在展台浏览方式。

1 步骤 打开最终文件中的"动作按钮.pptx"演示文稿，在"幻灯片放映"选项卡下单击"设置幻灯片放映"按钮。

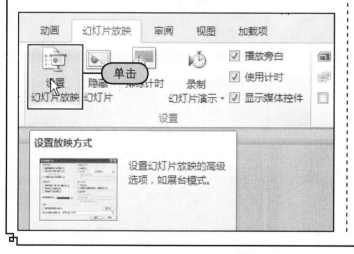

2 步骤 弹出"设置放映方式"对话框，**Step1** 在"放映类型"选项组中选择放映方式，**Step2** 在"放映幻灯片"选项组中选择放映幻灯片的范围，**Step3** 在"放映选项"选项组中选择是否循环放映、是否添加旁边和是否添加动画，**Step4** 在"换片方式"选项组中选择放映时切换幻灯片的方式。

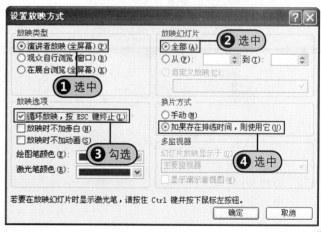

下面分别介绍3种放映类型：演讲者放映（全屏幕）、观众自行浏览（窗口）和在展台浏览（全屏幕）的使用环境。

1 // 演讲者放映方式

这是最常见的一种放映方式，该方式是将演示文稿进行全屏幕放映，在这种方式下，演讲者拥有完整的控制权。可以采用自定或者手动方式进行放映，也可以将演示文稿暂停播放，添加会议细节或即席反应，还可以在放映过程中录制旁白。

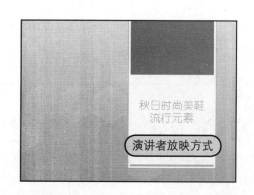

2 /// 观众自行浏览方式

该方式适用于小规模演示，在这种方式下，演示文稿出现在一个小型窗口，用户可以拖动滚动滑块从一张幻灯片移动到另一张幻灯片。

3 /// 在展台浏览方式

这种方式适用于展览会场或会议，在这种方式下，演示文稿通常会自动放映，并且大多数控制命令都不可用，以避免个人更改幻灯片放映，在每次放映完毕后自动重新放映。

17.6.2 放映幻灯片

所有参数设置完毕后，就可以放映幻灯片了。放映幻灯片的常规方法如下。

方法一： 单击状态栏中"幻灯片放映"按钮。

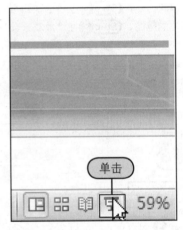

方法二： 如果用户想从头开始播放演示文稿，可在"幻灯片放映"选项卡下单击"从头开始"按钮。

方法三： 若用户想从当前选中的幻灯片开始播放演示文稿，可在"幻灯片放映"选项卡下单击"从当前幻灯片开始"按钮。

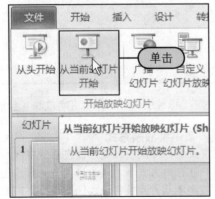

 **通过快捷键快速放映幻灯片**

按下F5键，可以快速从头开始放映幻灯片。

17.6.3 为幻灯片设置放映时间

最终文件：实例文件\Chapter 17\最终文件\排练计时.pptx

如果用户觉得很难把握幻灯片的放映时间，PowerPoint 2010中提供了排练计时功能，系统会自动记录下幻灯片之间切换的时间间隔。使用排练计时的操作步骤如下。

步骤 1 打开最终文件中的"动作按钮.pptx"演示文稿，在"幻灯片放映"选项卡下单击"排练计时"按钮。

步骤 2 进入幻灯片放映状态，同时在视图中显示"录制"工具栏，其中的"幻灯片放映时间"文本框中显示了当前幻灯片的放映时间。每一张幻灯片在排练时都会从0开始计时。

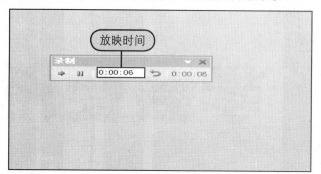

步骤 3 在"录制"工具栏中单击"下一项"按钮，则可开始播放下一张幻灯片，同时在"录制"工具栏中的"幻灯片放映时间"文本框中开始记录新幻灯片的放映时间。"录制"工具栏中的最右边则显示了已放映幻灯片的累计时间。

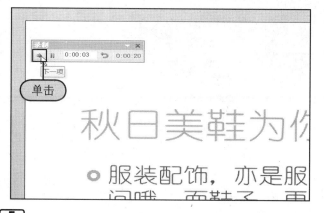

步骤 4 如果用户想要重新开始记录当前幻灯片的放映时间，**Step 1** 在"录制"工具栏中单击"重复"按钮，在"幻灯片放映"文本框中显示的时间会重新归零，并弹出一个提示框，提示用户是否继续录制，**Step 2** 单击"继续录制"按钮。

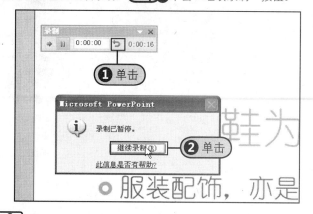

步骤 5 对演示文稿中所有幻灯片都排练计时完成后，会弹出如下图所示提示框，提示幻灯片放映所花费的时间，单击"是"按钮。

步骤 6 结束放映后，系统会自动切换至幻灯片浏览视图，可以看到在每张幻灯片缩略图的左下角都显示了改幻灯片放映的时间。

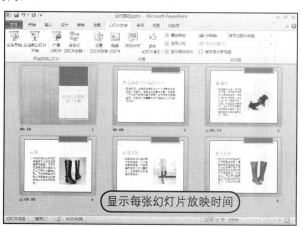

显示每张幻灯片放映时间

第 18 章

学会使用常用软件

因特网为广大用户提供了各种各样的应用软件，在这些软件中，用户可以使用"酷狗"搜听音乐，使用"暴风影音"播放音频或者视频文件，也可以使用压缩解压软件将文件进行压缩或者解压缩操作，还可以使用Nero刻录软件刻录光盘或者录制镜像文件。

18.1 音乐播放软件——酷狗

酷狗是基于中文平台专业的P2P音乐及文件传输软件，用户可以将电脑中的音乐添加至酷狗中播放，也可以在线搜索并试听喜欢的音乐，在听歌的过程中用户可以设置歌词的属性和更换皮肤。

18.1.1 注册与登录酷狗

用户安装酷狗之后便可以使用该软件来搜索或者下载试听音乐，但是为了拥有更多的功能，用户可以申请酷狗账号，申请成功之后自动登录。

步骤1 双击桌面上的快捷图标启动酷狗软件，在酷狗主界面中单击"菜单设置>登录"命令。

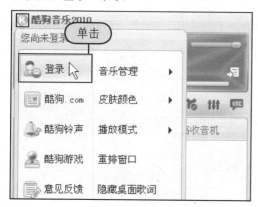

步骤2 弹出"用户登录"对话框，单击"注册用户"链接。

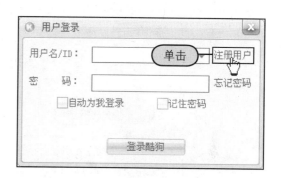

步骤3 在"用户注册"对话框中设置用户名、密码、性别、年龄以及电子邮箱地址（用户设置电子邮箱地址时可以直接输入QQ号码）。

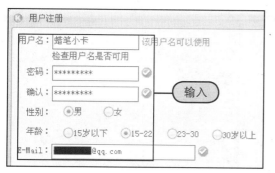

步骤4 Step① 在下方输入证件号、问题、答案以及验证码，Step② 单击"确定"按钮。

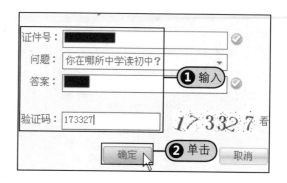

步骤5 弹出"确认"对话框，提示用户密码保护与密码请牢记，直接单击"是"按钮。

步骤6 返回"用户注册"对话框，提示用户注册成功，并且在对话框中显示了用户注册的用户名和酷狗号码，单击"确定"按钮。

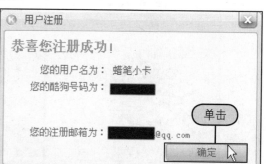

步骤 7 返回酷狗主界面窗口，此时可在窗口的左上角看见注册成功的用户名，系统已经自动登录。

18.1.2 添加本地音乐

用户如果在电脑中收藏了自己喜欢的音乐，可直接将它们添加至酷狗软件中进行播放，添加时既可直接添加音乐文件，也可添加包含音乐的文件夹。

步骤 1 首次打开酷狗可看见主界面中没有任何的音乐，此时需手动进行添加，单击"添加"按钮。

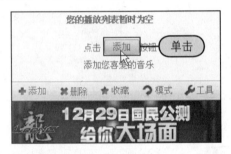

步骤 3 单击"打开"按钮返回酷狗主界面，此时可在主界面的"播放列表"选项组中看见刚刚添加的音乐。

步骤 5 打开"浏览文件夹"对话框，**Step1** 在列表框中选中含有音乐的文件夹，**Step2** 单击下方的"确定"按钮。

步骤 2 弹出"打开"对话框，**Step1** 在"查找范围"下拉列表中选择音乐所在的位置，**Step2** 在列表框中单击音乐文件。

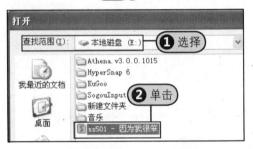

步骤 4 用户也可以直接添加文件夹，**Step1** 单击主界面左下方的"添加"按钮，**Step2** 在弹出的下拉菜单中单击"添加本地歌曲文件夹"命令。

步骤 6 返回酷狗主界面，此时可在主界面的"播放列表"选项组中看见添加的音乐。

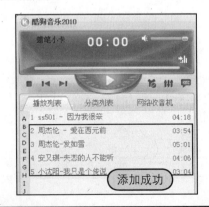

18.1.3 在线搜索并下载音乐

用户如果接入了互联网，就可以使用酷狗搜索喜欢的音乐，在搜索结果中选择并试听音乐，若喜欢则可将其下载至电脑中。

步骤1 打开酷狗主界面，**Step1** 在主界面的右侧单击"音乐搜索"标签，**Step2** 在下方的文本框中输入关键字，**Step3** 输完后单击"音乐搜索"按钮。

步骤3 用户如果喜欢正在试听的音乐，可将其下载至电脑中，**Step1** 右击该音乐，**Step2** 在弹出的快捷菜单中单击"下载"命令。

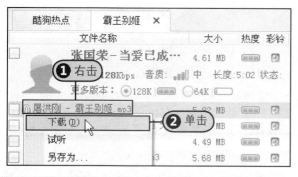

步骤2 片刻之后可以在下方看见搜索的结果，**Step1** 右击选中的音乐文件，**Step2** 在弹出的快捷菜单中单击"试听"命令开始试听该音乐。

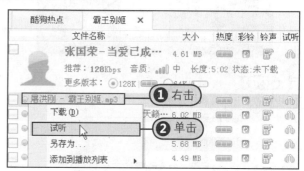

步骤4 单击"下载管理"标签，此时可在下方的列表框中看见音乐下载的信息，请耐心等待。

18.1.4 设置歌词属性

用户在使用酷狗播放音乐时可以打开其桌面歌词，边看歌词边听音乐，若觉得歌词的显示效果不合心意则可手动设置歌词的属性。

步骤1 打开酷狗主界面，在界面的左上方单击 按钮，可在桌面的下方看见与播放的音乐相对应的歌词。

步骤2 将指针移动到歌词的字体上方，此时显示出"歌词工具栏"，单击"缩小"按钮即可将歌词字体缩小。

3 步骤 单击后若觉得字体仍然比较大，可多次单击"缩小"按钮将字体缩小至满意的大小。**Step1** 单击工具栏中的"颜色"按钮，**Step2** 在弹出的下拉列表中单击"自然绿"选项。

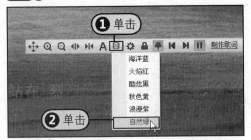

5 步骤 **Step1** 单击酷狗主界面中的"菜单设置"按钮，**Step2** 在弹出的菜单中单击"选项设置"命令。

7 步骤 **Step1** 在"显示设置"选项组中切换至"卡拉OK方式"选项，**Step2** 单击"字体"按钮。

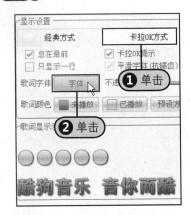

9 步骤 返回"选项设置"对话框，此时可在"歌词显示示例"选项组中看见字体的样式，然后单击"确定"按钮。

4 步骤 此时可在桌面下方看见字体颜色发生了变化。

6 步骤 打开"选项设置"对话框，单击左侧的"歌词设置"选项。

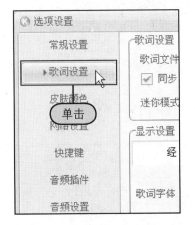

8 步骤 打开"字体"对话框，**Step1** 设置字体为楷体_GB2312、字形为粗体、大小为三号，**Step2** 设置完毕后单击"确定"按钮。

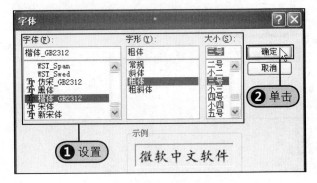

10 步骤 返回桌面，此时可在桌面上看见歌词字体已经更改。

18.1.5 更换皮肤

用户如果觉得酷狗的默认皮肤不够美观的话，可将当前皮肤更换为其他皮肤。

步骤1 打开酷狗主界面，**Step1** 单击左上角的"菜单设置"按钮，**Step2** 在弹出的菜单中单击"选项设置"命令。

步骤2 打开"选项设置"对话框，**Step1** 单击"皮肤颜色"选项，**Step2** 在右侧的"皮肤列表"选项组中选择喜欢的皮肤，如单击"黑色静谧"选项。

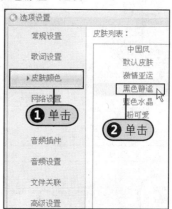

步骤3 返回酷狗主界面，此时可以看见主界面已经发生了变化，皮肤更换成功。

18.2 视频播放软件——暴风影音

暴风影音是暴风网际公司推出的一款视频播放器，该播放器兼容大多数的视频和音频格式。用户可以使用它播放电脑中收藏的视频，也可以将视频添加至播放列表后顺序播放，还可以使用"暴风盒子"实现在线播放。

18.2.1 播放本地文件

用户如果在电脑中收藏了音乐或者视频文件，则可将其添加至暴风影音中播放。用户可使用鼠标直接将音乐文件拖动至播放器窗口中进行播放，也可以按照下面的方法播放视频文件。

步骤1 用户成功安装暴风影音之后会在桌面上出现对应的快捷图标，双击该图标即可打开该播放器的主界面。

步骤2 **Step1** 单击窗口右上角的"主菜单"按钮，**Step2** 在弹出的下拉菜单中单击"打开文件"命令，打开"打开"对话框。

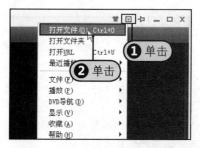

3 步骤 **Step❶** 在"查找范围"下拉列表中选择播放文件存放的位置，**Step❷** 选中需要播放的音乐文件，**Step❸** 单击"打开"按钮。

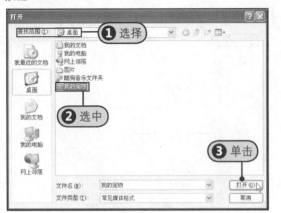

4 步骤 返回播放器界面，此时可在界面中看见正在播放的文件。

18.2.2 添加多个文件至播放列表

用户如果要观看多个文件时首先将它们添加至播放列表中，然后再设置其播放顺序为顺序播放即可。

1 步骤 **Step❶** 在暴风影音主界面的右下方单击▤按钮打开播放列表，**Step❷** 在播放列表中单击"添加"按钮。

2 步骤 弹出"打开"对话框，**Step❶** 在"查找范围"下拉列表中选择文件所在的位置，**Step❷** 在列表框中选中所有的视频文件。

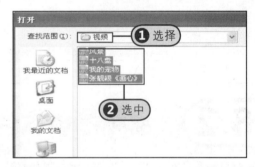

3 步骤 单击"打开"按钮返回暴风影音主界面，此时可在界面右侧的播放列表中看见添加的文件。

4 步骤 **Step❶** 在播放列表的右下方单击 ↓↓ 按钮，**Step❷** 在弹出的菜单中单击"顺序播放"命令即可顺序播放添加的视频文件。

18.2.3 使用"暴风盒子"在线观看

暴风影音播放器中的"暴风盒子"具有在线播放的功能，用户可以通过"暴风盒子"搜索想要观看的视频节目，然后在搜索的结果中单击视频文件即可播放。

步骤1 打开暴风影音主界面，单击右下方的"影视"按钮打开暴风盒子主界面。

步骤2 切换至"搜索"选项卡下，**Step1** 在文本框中输入关键字，例如输入"风云2"，**Step2** 单击"提交"按钮。

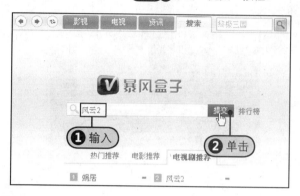

步骤3 片刻之后即可在暴风盒子主界面中看见搜索的结果，选中要播放的视频文件后单击"播放本专辑"按钮。

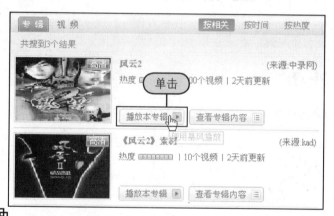

步骤4 耐心等待一段时间之后便可在播放界面中看见正在播放的文件。

18.2.4 设置播放完毕后的操作

用户使用暴风影音播放器播放完所有文件之后可以手动关闭播放器，也可以在播放之前直接设置播放完毕后的操作，包括关机、休眠和退出播放器。

步骤1 打开暴风影音主界面，**Step1** 单击界面右上方的"主菜单"按钮，**Step2** 在弹出的菜单中单击"播放"命令。

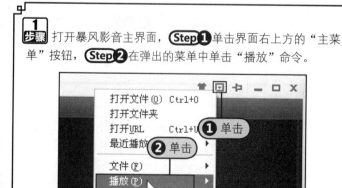

步骤2 在左侧弹出的菜单中单击"播完后操作>关机"命令。

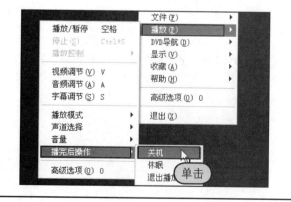

18.2.5 更换皮肤

暴风影音播放器并不是只有一种皮肤，它还有冰雪圣诞、幽蓝墨韵和深宇之夜3种皮肤，用户可根据自己的爱好进行选择。

步骤1 打开暴风影音播放器主界面，**Step1**单击右上方的"换肤"按钮，接着在弹出的列表中选择皮肤类型，**Step2**单击"深宇之夜"选项。

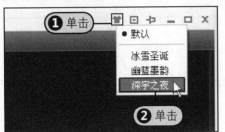

步骤2 此时可在桌面上看见播放器的主界面发生了变化。

18.3 压缩解压软件——WinRAR

WinRAR是一款功能强大的压缩包管理器，它是档案工具RAR 在 Windows 环境下的图形界面。用户安装该软件之后即可对多个文件或文件夹进行压缩操作，也可对网上下载的压缩文件进行解压缩操作。

18.3.1 将文件添加至压缩文件中

用户在压缩文件的过程中如果突然想起还有其他的文件未放入压缩文件中时，可以在执行压缩操作之前将其添加至压缩文件中。

步骤1 **Step1**右击需要压缩的文件夹，**Step2**在弹出的快捷菜单中单击"添加到压缩文件"命令。

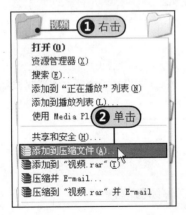

步骤2 弹出"压缩文件名和参数"对话框，**Step1**输入压缩文件名，**Step2**设置压缩文件格式和压缩方式。

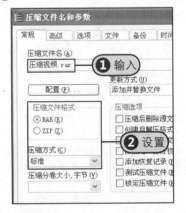

步骤3 **Step1**切换至"文件"选项卡下，**Step2**单击"要添加的文件"选项右下方的"追加"按钮，弹出新的对话框。

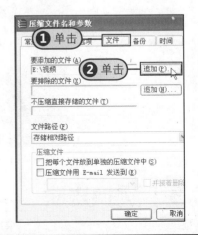

4 步骤 **Step①** 在"查找范围"下拉列表中选择文件所在的位置，**Step②** 选中文件，**Step③** 单击"确定"按钮。

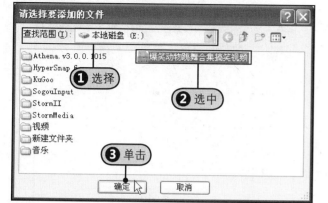

5 步骤 返回上一级对话框，此时可以看见添加的文件，单击"确定"按钮。

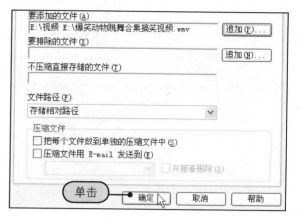

6 步骤 此时可在弹出的对话框中看见文件压缩的进度及时间，请耐心等待。

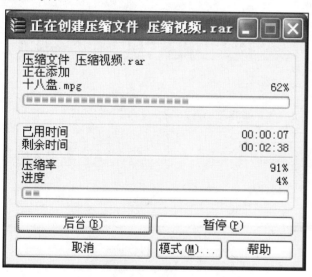

7 步骤 完成后打开前面选中的文件夹所在的窗口，此时可在窗口中看见创建的压缩文件。

18.3.2 将多个文件加密压缩

用户在压缩比较重要的文件或者文件夹时，可以在压缩的过程中设置密码以增强文件和文件夹的安全性。

1 步骤 **Step①** 右击需要压缩的文件夹，**Step②** 在弹出的快捷菜单中单击"添加到压缩文件"命令。

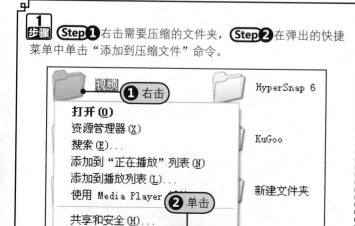

2 步骤 弹出"压缩文件名和参数"对话框，在"压缩文件名"文本框中输入压缩文件名。

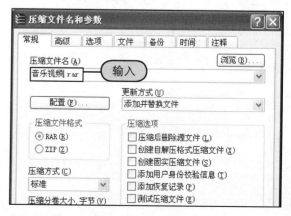

步骤3 切换至"高级"选项卡下，单击"设置密码"按钮，打开"带密码压缩"对话框。

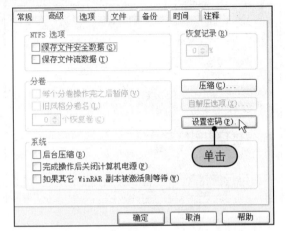

步骤4 **Step 1** 在对话框中输入两次密码，**Step 2** 输入完后单击"确定"按钮。

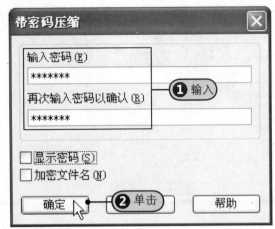

步骤5 返回"压缩文件名和参数"对话框，单击"确定"按钮开始压缩。

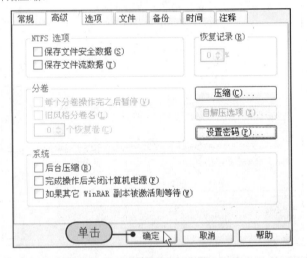

步骤6 此时可在打开的对话框中看见压缩的进度及时间，请耐心等待。

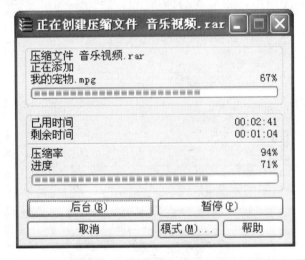

18.3.3 将压缩文件解压到本地电脑中

用户若在网络中下载了含有某些软件或视频的压缩文件后，便可将其解压至本地电脑中，若压缩文件设置了密码，需要在解压操作之前输入正确的密码方可执行解压操作。

步骤1 **Step 1** 右击压缩文件，**Step 2** 在弹出的快捷菜单中单击"解压文件"命令。

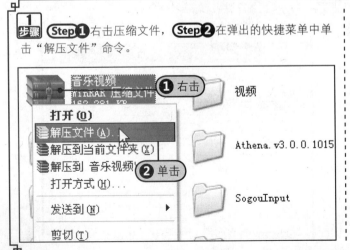

步骤2 弹出"解压路径和选项"对话框，在对话框的右侧选择解压后文件放置的位置。

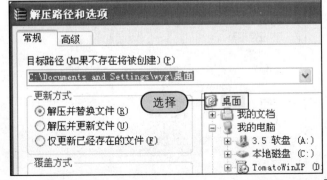

3 单击"确定"按钮后弹出解压对话框，此时可在对话框中看见解压的时间及进度。

4 解压完成后便可在前面指定的位置中看见解压后的文件。

18.4 照片处理软件——光影魔术手

光影魔术手是一款对数码照片画质进行改善及效果处理的软件。它简单、易用，每个人都能使用该软件制作精美的图片。

18.4.1 打开照片

用户在使用光影魔术手处理图片时，首先需要启动光影魔术手，然后使用该软件打开需要处理的图片。

1 双击桌面上的"光影魔术手"快捷图标，启动光影魔术手。

2 在窗口中单击工具栏中的"打开"按钮。

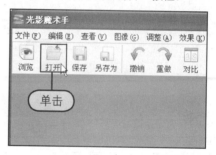

3 弹出"打开"对话框，**Step 1** 在"查找范围"选项卡下选择图片所在的位置，**Step 2** 在列表框中选中图片。

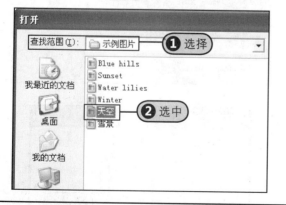

4 单击"打开"按钮返回光影魔术手主界面，此时可在界面中预览打开的图片。

18.4.2 处理照片

用户若要使用光影魔术手处理图片，首先按照前面的方法打开需要处理的图片，然后进行裁剪、调整色阶、涂鸦和添加边框等操作。

步骤1 按照前面的方法打开需要处理的图片，然后在光影魔术手主界面窗口的工具栏中单击"裁剪"按钮。

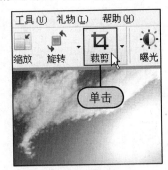

步骤2 打开"裁剪"对话框，在右侧选择裁剪模式，例如单击"自由裁剪"选项。

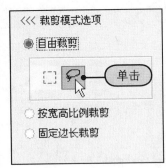

步骤3 将指针移动至左侧图片区中，当指针变成十字形状时拖动鼠标描绘图片中要保留的区域。

步骤4 描绘完毕后单击对话框顶部的"去背景"按钮，打开"去背景"对话框。

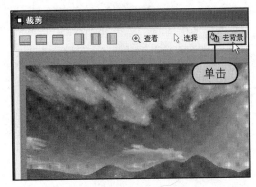

步骤5 **Step①** 设置去背景的方法为"模糊虚化"，**Step②** 设置去背景的区域、柔化程度和虚化强度，**Step③** 单击"确定"按钮。

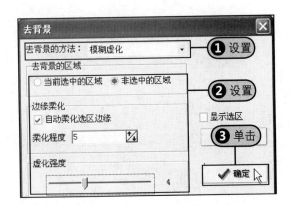

步骤6 单击"确定"按钮返回主界面窗口，此时可以看见设置后的图片，**Step①** 单击菜单栏中的"调整"按钮，**Step②** 在弹出的菜单中单击"色阶"命令。

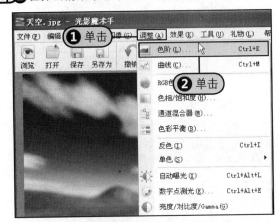

步骤7 弹出"色阶调整"对话框，**Step①** 将指针移动至色阶图下方的黑色小三角，当指针变成小手形状时向左拖动鼠标调整图片的黑色色阶。使用同样的方法调整白色色阶，**Step②** 设置完毕后单击"确定"按钮。

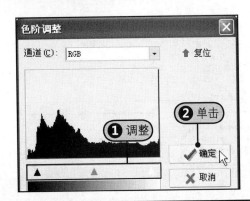

步骤8 返回主界面窗口，此时可在窗口中看见设置后的图片，单击工具栏中的"影楼"按钮。

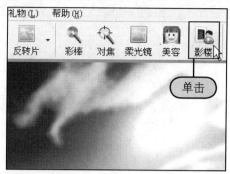

步骤9 弹出"影楼人像"对话框，**Step①**设置色调为冷绿，**Step②**在"力量"选项组中拖动滑块至73，**Step③**单击"确定"按钮。

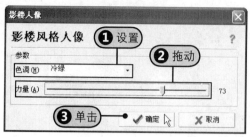

步骤10 返回主界面窗口，此时可在窗口中看见设置后的图片，在工具栏中单击"涂鸦"按钮。

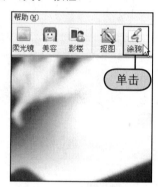

步骤11 打开"趣味涂鸦"对话框。在右侧的"涂鸦图片"列表框中选择需要添加的图片。

步骤12 在左侧的图片区中看见添加的图片，将鼠标移动至添加的图片中，将该图片拖动至合适的位置后释放鼠标左键。

步骤13 单击"确定"按钮返回主界面窗口，此时可在窗口中看见添加涂鸦后的图片，**Step①**单击工具栏中"边框"按钮右侧的下三角按钮，**Step②**在弹出的列表中单击"花样边框"选项。

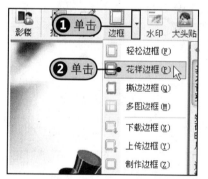

步骤14 弹出"花样边框"对话框，**Step①**在"花样边框"下拉列表中选择"我的最爱"选项，**Step②**在下方选择喜欢的边框，**Step③**选中后单击"确定"按钮。

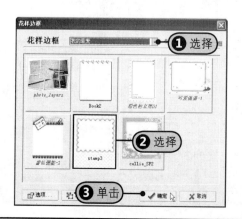

15 步骤 返回主界面窗口，此时可在窗口中看见处理后的图片。

16 步骤 用户若要将其保存，可单击工具栏中的"保存"按钮。

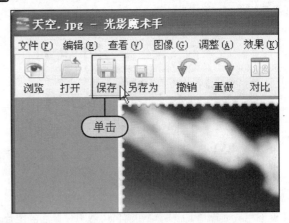

17 步骤 弹出"保存图像文件"对话框，**Step❶**设置Jpeg文件保存质量和EXIF选项，**Step❷**设置完成后单击"确定"按钮。

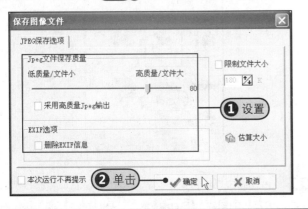

18 步骤 打开处理前的图片所在的窗口，此时可在窗口中看见处理后的图片，即图片保存成功。

(18.5) 刻录软件——Nero

　　Nero是一款由德国公司出品的光盘刻录软件，它支持中文长文件名刻录，也支持ATAPI（IDE）的光盘刻录机。它可以刻录多种类型的光盘，也可以将硬盘中的重要数据制作成镜像文件，还可以将镜像文件刻录到空白光盘中保存。

(18.5.1) 将重要数据制作成镜像文件

　　电脑中如果存在比较重要的数据或者文件时，用户可以通过Nero刻录软件将其制作成镜像文件以便于保存。

1 步骤 **Step❶**单击桌面左下方的"开始"按钮，弹出"开始"菜单。**Step❷**在"开始"菜单中单击"所有程序"命令。

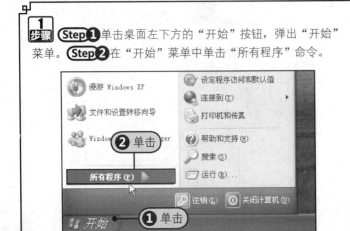

2 步骤 在右侧弹出的菜单中单击"Nero>Nero 9>Nero Burning ROM"命令。

3 步骤 弹出"新编辑"对话框，**Step①** 在左侧单击CD-ROM（ISO）选项，**Step②** 接着单击右侧的ISO标签切换至该选项卡下。

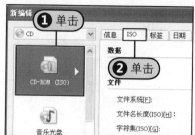

4 步骤 在对话框的底部单击"新建"按钮。

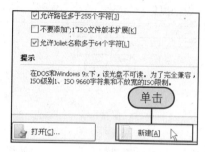

5 步骤 返回Nero Burning ROM主界面窗口，**Step①** 单击菜单栏中的"刻录器"选项，**Step②** 在弹出的下拉菜单中单击"选择刻录器"命令。

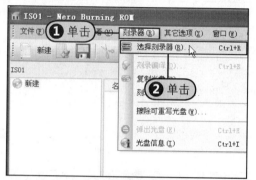

6 步骤 弹出"选择刻录器"对话框，**Step①** 选中Image Recorder（镜像刻录器）选项，**Step②** 单击"确定"按钮。

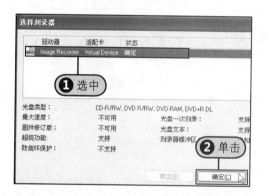

7 步骤 返回Nero Burning ROM主界面窗口，将窗口左侧的ISO1重命名，例如重命名为截图软件。输完后按Enter键。

8 步骤 在窗口的右侧选择需要制作的文件夹，将其拖动至窗口的最左侧后释放鼠标左键。

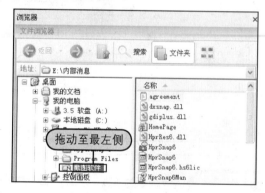

9 步骤 如果还有其他的文件需要刻录，可以使用同样的方法将其拖动至窗口的最左侧，选择完毕后在窗口的工具栏中单击"刻录"按钮。

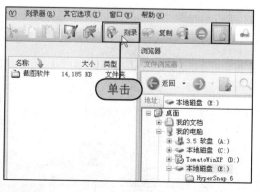

10 步骤 弹出"刻录编译"对话框，**Step①** 在"刻录"选项卡下将"写入方式"设置为"轨道一次刻录"**Step②** 单击"刻录"按钮。

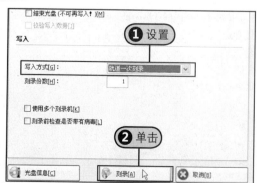

步骤 11 弹出"保存映像文件"对话框，**Step❶** 在"保存在"选项组中选择镜像文件的保存位置，**Step❷** 在下方设置文件名和保存类型，**Step❸** 设置完毕后单击"保存"按钮。

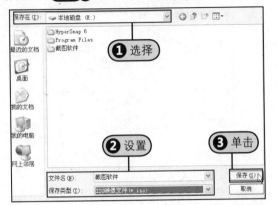

步骤 12 此时该软件开始写入光盘，用户可以在窗口中看见写入的进度以及其他信息，请耐心等待。

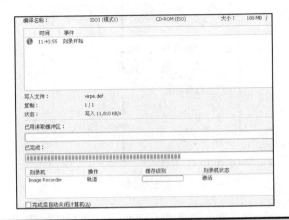

拓展知识 镜像文件

　　镜像文件又叫做映像文件，它形式上只有一个文件并且其存储格式和光盘文件相同，它可以真实反映光盘的内容，制作镜像文件需要专业的刻录软件或者镜像文件制作工具。常见的镜像文件格式有：.iso、.bin、.nrg、.vcd、.cif、.fcd、.img、.ccd等，每种刻录软件支持的镜像文件格式不同，例如Nero支持.nrg和.iso，CloneCD支持.ccd。

步骤 13 写入完毕后弹出提示框，提示用户刻录完毕，单击"确定"按钮。

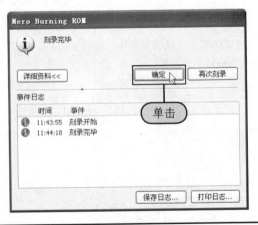

步骤 14 打开前面设置的保存位置所在的窗口，此时可以在窗口中看见制作的镜像文件。

18.5.2 用镜像文件制作光盘

　　用户如果担心电脑中的某些镜像文件不安全，可以将其刻录在光盘中，在刻录之前用户需要准备一张空白的光盘。

步骤 1 启动Nero Burning ROM，在弹出的"新编辑"对话框中切换至ISO选项卡下，然后在下方勾选"允许路径多于255个字符"复选框。

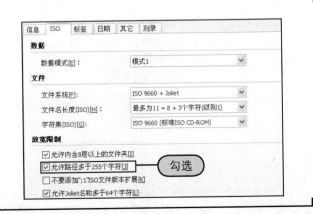

步骤2 **Step①** 切换至"标签"选项卡下，**Step②** 在"自动"选项组中选中"自动"单选按钮。

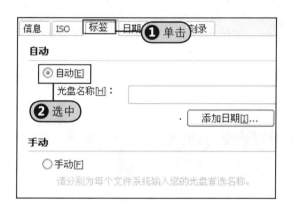

步骤3 **Step①** 单击"日期"标签切换至该选项卡下，**Step②** 在"文件日期"选项组中选中"使用源文件的日期和时间"单选按钮。

步骤4 **Step①** 单击"其他"标签切换至该选项卡下，**Step②** 在"暂存"选项组中勾选"从磁盘和网络缓存文件"复选框。

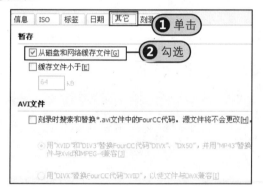

步骤5 **Step①** 单击"刻录"标签切换至该选项卡下，**Step②** 在"操作"选项组中勾选"写入"复选框，**Step③** 在"写入"选项组中设置写入方式为"光盘一次刻录"。

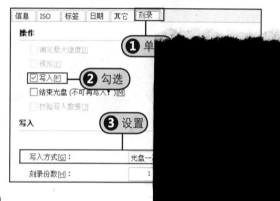

步骤6 设置完毕后单击对话框底部的"打开"按钮，弹出"打开"对话框。

步骤7 **Step①** 在"查找范围"下拉列表中选择镜像文件所在的位置，**Step②** 在列表框中选择需要制作光盘的镜像文件。

步骤8 单击"打开"按钮返回"新编辑"对话框，在对话框中单击"刻录"按钮开始刻录，用户只需耐心等待，刻录完成后光驱自动将光盘弹出。

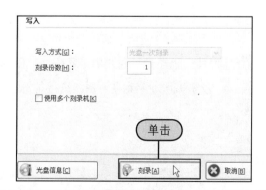

第 19 章

做好电脑安全与优化措施

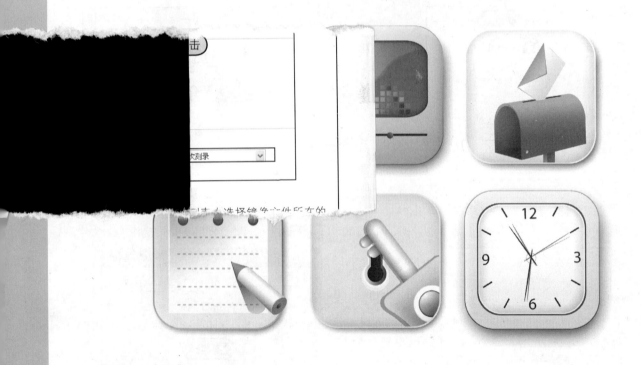

用户在使用电脑的过程中必须做好电脑的安全和优化措施，这样既能延长电脑的使用寿命，也能保护用户的隐私安全。用户还可以使用系统自带的备份工具或者其他备份工具（一键Ghost）定期对系统进行备份，当系统出现问题时，可以直接将备份的系统还原。

19.1 认识病毒与木马

网络应用的普及为广大用户的工作、学习和交流提供了很大的方便，但是同时也遭受到病毒和木马程序的攻击和威胁，因此用户必须掌握基础的网络安全知识。

19.1.1 认识电脑病毒

电脑病毒实际上是指编制或在计算机程序中插入破坏计算机功能或数据，影响计算机使用，并且能够自我复制的一组计算机指令或者程序代码。它具有以下6种特性。

1 **可执行性**。电脑病毒与其他合法程序一样也是一段可执行程序，但它不是一个完整的程序，它是寄生在其他的可执行程序上。当病毒运行时，它便与合法程序争夺系统的控制权，这样往往会造成系统崩溃和计算机瘫痪。

2 **传染性**。电脑病毒可以通过各种途径（计算机磁盘、共享目录和邮件等）从已感染的计算机传播至其他计算机上，在某种情况下导致计算机工作失常。

3 **潜伏性**。一些编制精巧的病毒程序在进入系统之后不会马上工作，它隐藏在合法的文件中，并且对其他系统进行秘密感染，一旦时机成熟就会四处扩散。如自动格式化磁盘、删除磁盘文件、对数据文件进行加密等使系统死锁的操作。

4 **可触发性**。病毒具有预定的触发条件，可能是时间、日期、文件类型或某些特定数据等，一旦满足触发条件便会启动感染或者破坏工作，让病毒进行感染或者攻击，若不满足则继续潜伏在电脑中。

5 **针对性**。有些病毒是专为特定的操作系统或者特定的计算机设定的。

6 **隐蔽性**。大部分病毒为了便于隐藏往往编制较短的代码，并且隐藏在正常程序之中，难以发现，一旦发作则已经给计算机带来了不同程度的破坏。

19.1.2 认识电脑木马

电脑木马是一类恶意程序，常被黑客用作控制远程计算机的工具，木马大多不会直接对电脑产生危害，而主要以控制电脑为主。黑客使用木马控制电脑之后便可向其他的电脑传播木马程序，其传播途径有很多，常见的有以下4类。

1 **通过电子邮件的附件传播**。这是最常见、也是最有效的一种方式，大部分病毒（特别是蠕虫电脑病毒）都用此方法传播。首先木马传播者对木马进行伪装，其伪装的方法有很多，如变形、压缩、脱壳、捆绑和取双后缀名等，让其具有很大的迷惑性。一般的做法是先在本地计算机上将木马伪装，再使用杀毒程序将伪装后的木马查杀测试，如果不能被查出则伪装成功，然后利用一些捆绑软件把伪装后的木马隐藏到一张图片或者其他可运行文件中发送出去。

2 **通过下载文件传播**。用户从网络中下载文件后必须使用杀毒软件扫描一遍，即使是较大的门户网站也不能保证任何时候其文件都很安全。通过下载文件传播木马的方式一般有两种，一种是直接把下载链接直接指向木马程序，即下载的文件是木马程序；另一种是采用捆绑方式，即直接将木马捆绑到用户需要下载的文件中，用户运行下载文件的同时也运行了木马程序。

3 **通过网页传播**。除了大量VBS脚本的病毒使用该种方式之外，还有木马，网页中如果包含某些恶意代码，使得IE浏览器自动下载并执行某一木马程序，这样电脑就会遭受木马的入侵。此外，很多人在访问某些网页之后IE设置被修改甚至锁定，这也是因为在网页上用脚本语言编写的恶意代码在作怪。

4 **通过聊天工具传播**。网络中经常使用的聊天工具（QQ、MSN等）都具备文件传输功能，不怀好意者很容易利用对方的信任传播木马和病毒文件。

19.2 使用瑞星杀毒软件防范病毒和木马

杀毒软件也称反病毒软件，是通过删除电脑病毒、木马程序和恶意软件来保护电脑安全的一类软件的总称。用户选择杀毒软件的时候可以选择不同的产品，对于国内的用户来说使用瑞星杀毒软件是一种不错的选择。

19.2.1 使用瑞星杀毒软件查杀病毒和木马

用户使用瑞星杀毒软件扫描电脑可分为两个阶段，首先进行快速查杀，快速扫描系统内存、引导区和关键区域，然后对所有的磁盘分区进行彻底的扫描和查杀。

步骤1 用户下载并安装瑞星杀毒软件之后会在桌面上出现一个对应的快捷图标，双击该图标，打开瑞星杀毒软件主界面。

步骤2 在主界面的下方单击"快速查杀"按钮快速扫描电脑。

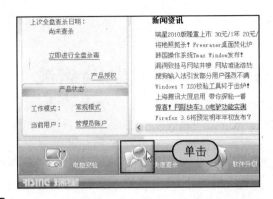

步骤3 切换至新的页面，此时可在页面中看见查杀对象信息、查杀结果等选项。在查杀对象信息中可看见正在查杀系统内存等3个对象，其中包括系统内存、引导区和关键区域，在"查杀结果"选项组中看见扫描的进度以及相关的信息，请耐心等待。

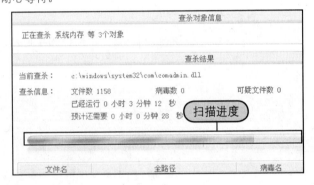

步骤4 扫描结束后自动弹出"杀毒结束"对话框，在对话框中可以看见查杀的相关信息，直接单击"确定"按钮。

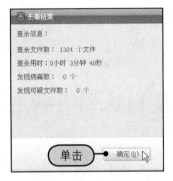

步骤5 返回主界面，**Step1** 切换至"杀毒"选项卡下，**Step2** 在"查杀目标"选项组中勾选需要扫描的位置。

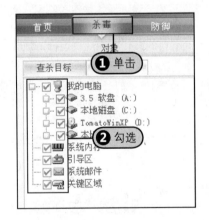

步骤6 **Step1** 在右侧的"设置"选项卡下设置发现病毒时询问我和杀毒结束时返回，**Step2** 设置完成后单击"开始查杀"按钮。

步骤7 切换至新的页面，在该页面中可以看见查杀的对象信息和结果。该类查杀需要等待较长的一段时间，用户可将其最小化至任务栏中，杀毒的过程中不影响用户进行其他操作。

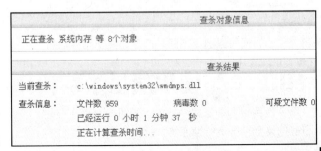

步骤8 查杀过程中若发现了病毒则会自动弹出对话框，**Step①**选中"清除病毒"单选按钮，**Step②**单击"确定"按钮。

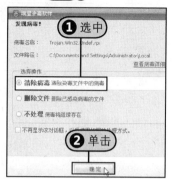

步骤9 此时在桌面的右下角弹出"处理结果"对话框，提示用户病毒的名称及杀毒结果。

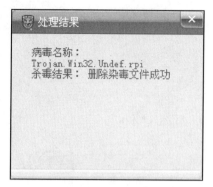

步骤10 继续扫描电脑，扫描结束后弹出"杀毒结束"对话框，直接单击"确定"按钮。

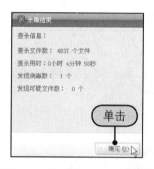

19.2.2 升级瑞星杀毒软件

随着科技的发展，病毒的种类越来越多，并且新产生的病毒层出不穷，用户可通过升级杀毒软件阻止新病毒的入侵。

步骤1 按照前面介绍的方法打开瑞星杀毒软件的主界面，在主界面的下方单击"软件升级"按钮。

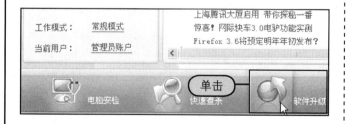

步骤2 弹出"智能升级正在进行"对话框，升级之前的准备工作包括检测网络配置、连接到瑞星升级服务器、获取升级信息和启动升级程序4个阶段。

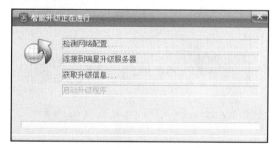

步骤3 准备工作完成之后弹出"瑞星软件智能升级程序"窗口，此时可在窗口中看见升级的当前进度和总体进度，升级过程需要花费一定的时间，请耐心等待。

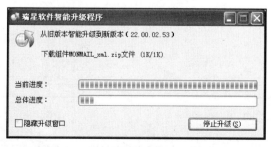

步骤4 升级完毕后开始安装升级文件，此时可以看见安装的进度，请耐心等待。

5 步骤 (Step**1**) 勾选"重新启动电脑"复选框，(Step**2**) 单击"完成"按钮重启电脑。

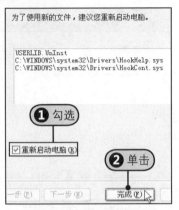

6 步骤 重启电脑之后在弹出的对话框中直接单击"完成"按钮即可升级成功。

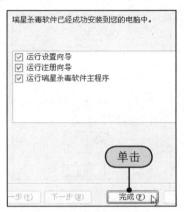

19.3 使用Windows防火墙

Windows防火墙是位于本地网络与外界网络之间的一道防御系统，它可以限制从其他计算机发送到用户计算机上的信息，从而确保用户计算机系统的安全。

19.3.1 启用Windows防火墙

Windows防火墙必须在启用之后才具有防御效果，因此用户首先需要启用Windows防火墙。

1 步骤 (Step**1**) 单击"开始"按钮，(Step**2**) 在弹出的"开始"菜单中单击"控制面板"命令。

2 步骤 打开"控制面板"窗口，双击"Windows防火墙"快捷图标。

3 步骤 弹出"Windows防火墙"对话框，(Step**1**) 选中"启用（推荐）"单选按钮，(Step**2**) 勾选"不允许例外"复选框。

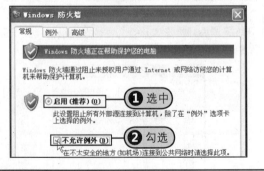

4 步骤 在对话框下方单击"确定"按钮保存退出。

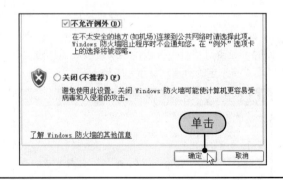

19.3.2 配置Windows防火墙

用户启用Windows防火墙之后便可根据自身的需要选择受防火墙保护的程序，并对安全日志记录、ICMP进行设置。

步骤1 按照前面介绍的方法打开"Windows防火墙"对话框，单击"例外"标签切换至该选项卡下。

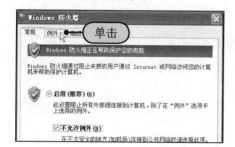

步骤3 弹出"删除应用程序"对话框，用户确认选择的选项无误后单击"是"按钮即可删除受保护的程序。

步骤5 打开"添加程序"对话框，在"程序"列表框中选择添加的程序，选中后单击"确定"按钮即可完成添加受保护程序的操作。

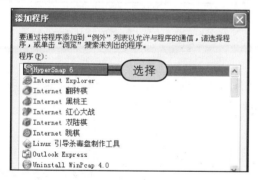

步骤7 **Step❶** 单击"高级"标签切换至该选项卡下，**Step❷** 在"安全日志记录"选项组中单击"设置"按钮。

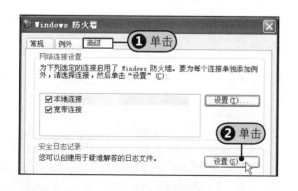

步骤2 **Step❶** 在"程序和服务"列表框中选中需要删除的选项，**Step❷** 选中之后单击右下方的"删除"按钮。

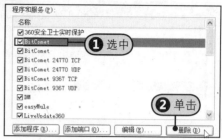

步骤4 返回"Windows防火墙"对话框，在"例外"选项卡下单击"程序和服务"列表框下方的"添加程序"按钮。

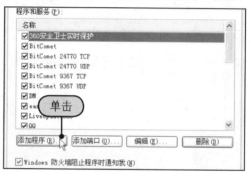

步骤6 返回"Windows防火墙"对话框，此时可在"程序和服务"列表框中看见添加的受保护程序。

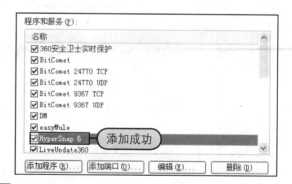

步骤8 弹出"日志设置"对话框，用户可以根据自身需要对记录选项、日志文件选项进行设置，设置完毕后单击"确定"按钮。

步骤9 返回"Windows防火墙"对话框，在ICMP选项组中单击"设置"按钮。

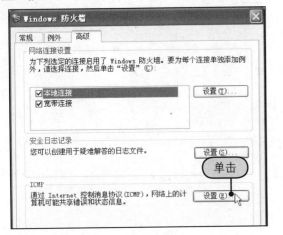

步骤10 弹出"ICMP设置"对话框，用户可以根据自身需要对其进行设置，例如勾选"允许传入回显请求"复选框，然后单击"确定"按钮。

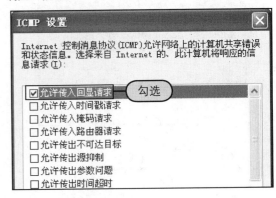

步骤11 返回"Windows防火墙"对话框，直接单击"确定"按钮保存退出即可完成配置。

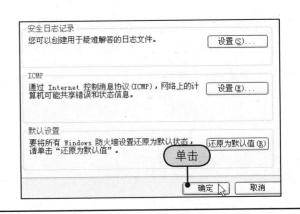

19.4 优化磁盘分区

系统使用了一段时间以后就会在电脑磁盘里产生一些碎片，这些碎片将会导致系统的运行速度和性能降低。用户可以通过磁盘清理工具来清理磁盘，删除垃圾，释放更多的磁盘空间，使系统的运行速度加快。

19.4.1 清理磁盘

电脑使用一段时间之后，用户需要清理磁盘，但是在执行清理操作之前需要对磁盘进行检查，确认需要清理时再进行清理操作。

步骤1 打开"我的电脑"窗口，右击需要检查的磁盘分区，**Step①** 例如右击C盘，**Step②** 在弹出的快捷菜单中单击"属性"命令。

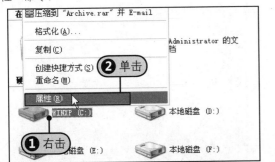

步骤2 弹出磁盘属性对话框，切换至"常规"选项卡下，单击"磁盘清理"按钮。

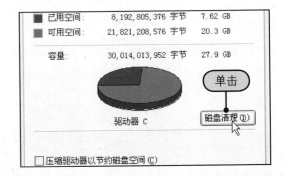

3 步骤 打开"磁盘清理"对话框，显示C盘在进行磁盘清理后释放的空间。

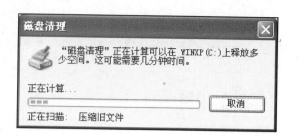

4 步骤 清理完毕后打开磁盘清理对话框，在"要删除的文件"列表框中勾选含有垃圾文件的选项，然后单击"确定"按钮。

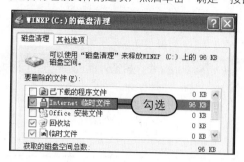

5 步骤 弹出磁盘清理对话框，提示用户是否确信要执行这些操作，确认选择无误后直接单击"是"按钮。

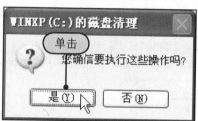

6 步骤 打开"磁盘清理"对话框，显示了磁盘清理的进度，清理完毕后自动关闭该对话框。

19.4.2 磁盘碎片整理

电脑使用一段时间之后会在磁盘分区中出现一些碎片，这些碎片会打乱磁盘分区。为了提高磁盘的空间使用率，每隔一段时间后，用户可对电脑进行一次磁盘的碎片整理，但是要注意整理碎片的次数不要过于频繁。

1 步骤 打开"我的电脑"窗口，右击需要检查的磁盘分区，**Step①** 例如右击C盘，**Step②** 在弹出的快捷菜单中单击"属性"命令。

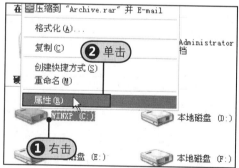

2 步骤 弹出磁盘属性对话框，单击"工具"标签切换至该选项卡下，在"碎片整理"选项组中单击"开始整理"按钮。

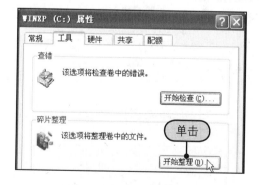

3 步骤 打开"磁盘碎片整理程序"对话框，**Step①** 选中列表框中需要进行碎片整理的磁盘分区，**Step②** 单击"分析"按钮。

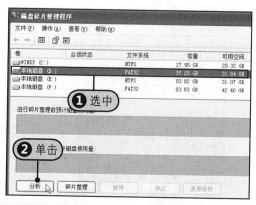

步骤4 分析完毕后弹出"磁盘碎片整理程序"对话框，提示用户应该对该卷进行碎片整理，单击"碎片整理"按钮。

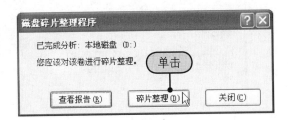

步骤5 返回上一级对话框，此时程序开始对所选中的磁盘分区进行碎片整理，在对话框的下方显示了整理的进度，请耐心等待。

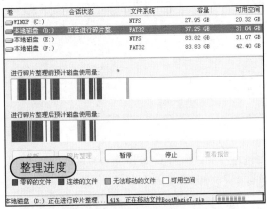

步骤6 整理完毕后弹出"磁盘碎片整理程序"对话框，显示已完成碎片整理，单击"关闭"按钮即可完成碎片整理的操作。

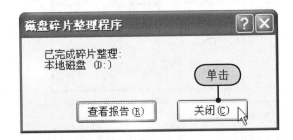

19.5 Windows优化大师的使用

Windows优化大师是一款比较好的系统维护软件，从系统的桌面到外部的网络，优化大师为用户提供了比较全面的解决方案。

19.5.1 清理垃圾文件

Windows优化大师为用户提供了系统清理的功能，其中包括注册信息清理和磁盘文件管理。这里以磁盘文件管理为例介绍Windows优化大师清理垃圾文件的方法。

步骤1 双击桌面上的快捷图标启动Windows优化大师，在左侧单击"系统清理"选项。

步骤2 在"系统清理"界面中单击"磁盘文件管理"选项，进入"磁盘文件管理"界面。

步骤 3 程序默认选择电脑的所有分区，单击"扫描"按钮。

步骤 4 程序开始扫描所有的磁盘分区，此时可在主界面中看见扫描磁盘分区的进度，并在"全部删除"区域中显示了磁盘分区中的垃圾文件。

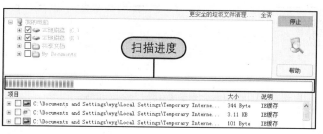

步骤 5 扫描完毕之后会在"扫描结果"区域中显示全部的垃圾文件，单击"全部删除"按钮。

步骤 6 弹出"Windows优化大师"提示框，询问用户是否确定要删除全部扫描到的文件或文件夹，单击"确定"按钮。

步骤 7 打开"确认删除多个文件"对话框，询问用户是否确实要将这些扫描到的文件放入回收站，单击"是"按钮。

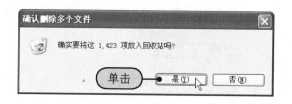

19.5.2 查看系统信息

　　用户若需要了解自己所用的电脑硬件配置情况，则可使用Windows优化大师对系统信息进行检测。检测的信息包括中央处理器、BIOS（基本输入/输出系统）、主板和系统的相关信息。

步骤 1 在"Windows优化大师"主界面的左侧单击"系统检测"选项。

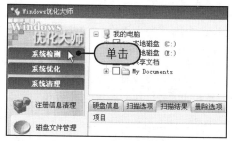

步骤 2 在下方单击"处理器与主板"选项，进入"处理器与主板"界面。

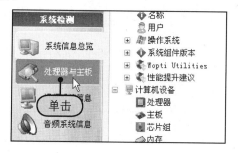

步骤 3 此时Windows优化大师对电脑的处理器与主板进行检测，检测完成后在界面中显示相关信息，用户可拖动右侧的滚动条详细地查看各种硬件配置的相关信息。

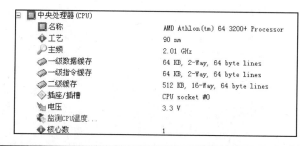

19.5.3 优化系统性能

用户可以使用Windows优化大师对系统进行优化，其中常用的有磁盘缓存优化、桌面菜单优化、文件系统优化、开机速度优化和系统安全优化。

步骤1 打开"Windows优化大师"主界面，在界面的左侧单击"系统优化>磁盘缓存优化"选项。

步骤3 在Windows优化大师主界面左侧单击"桌面菜单优化"选项。

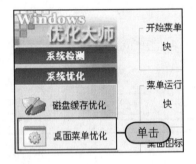

步骤5 在"Windows优化大师"主界面的左侧单击"文件系统优化"选项。

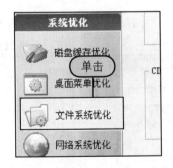

步骤7 在主界面的左侧单击"开机速度优化"选项。

步骤2 **Step1** 在右侧勾选"当系统出现致命错误时，Windows自动重新启动"、"关闭无响应程序的等待时间"和"应用程序出错的等待响应时间"复选框，**Step2** 单击右侧的"优化"按钮。

步骤4 **Step1** 在右侧分别勾选"使用Windows XP标准搜索助理"、"加速Windows的刷新率"和"当Windows用户界面或其中组件异常时自动重新启动界面"复选框，**Step2** 单击右侧的"优化"按钮。

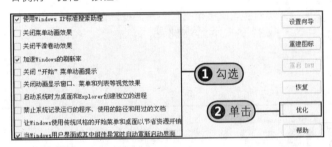

步骤6 **Step1** 在右侧勾选"优化Windows声音和音频配置"和"需要时允许Windows自动优化启动分区"复选框，**Step2** 单击"优化"按钮。

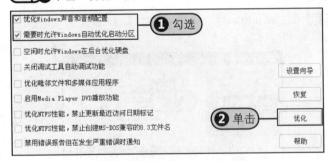

步骤8 **Step❶** 在右侧的列表框中勾选电脑开机时不会自动运行的项目，**Step❷** 单击"优化"按钮。

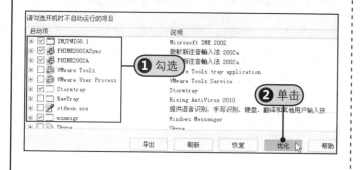

步骤9 在Windows优化大师主界面的左侧单击"系统安全优化"选项。

步骤10 **Step❶** 在右侧勾选"禁止自动登录"、"禁止光盘、U盘等所有磁盘自动运行"、"禁止系统自动启用管理共享"复选框，**Step❷** 单击"优化"按钮。

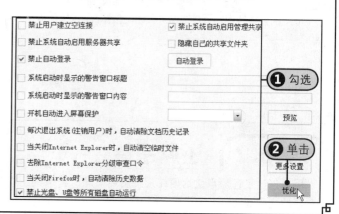

19.6　使用系统还原工具还原系统

Windows XP操作系统自带的系统还原工具能够在电脑出现问题时将电脑还原到过去的某一个状态，还原之后不会丢失个人数据文件。

19.6.1　创建还原点

用户在使用系统还原工具还原系统之前需要创建一个还原点，这样系统在还原时才能将计算机返回到一个较早的时间。

步骤1 **Step❶** 单击"开始"按钮，**Step❷** 在弹出的"开始"菜单中单击"所有程序"命令。

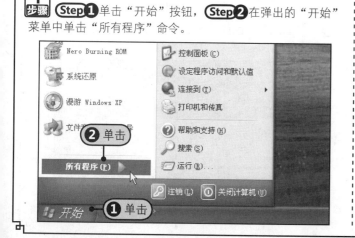

步骤2 单击"附件>系统工具>系统还原"命令。

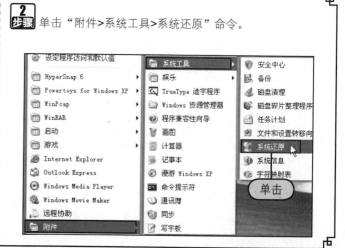

步骤3 打开"系统还原"对话框,选中"创建一个还原点"单选按钮,选中后单击"下一步"按钮。

步骤4 切换至"创建一个还原点"界面,在"还原点描述"文本框中输入描述信息,输完后单击"下一步"按钮。

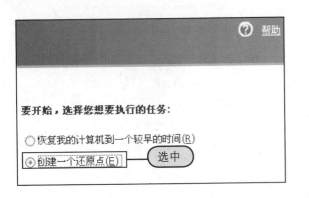

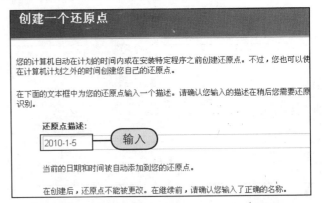

步骤5 片刻之后切换至"还原点已创建"界面,在界面中显示新的还原点的创建时间,直接单击"关闭"按钮关闭对话框。

19.6.2 还原系统

用户创建了还原点之后便在系统出现问题时将系统还原到设置好的还原点,在进行还原操作的过程中用户需要手动选择合适的还原点。

步骤1 按照前面介绍的方法打开"系统还原"对话框,选中"恢复我的计算机到一个较早的时间"单选按钮,然后单击"下一步"按钮。

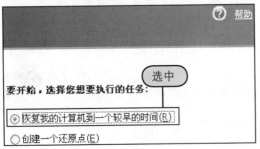

步骤2 切换至"选择一个还原点"界面,在界面中选择合适的还原点,选中之后单击"下一步"按钮。

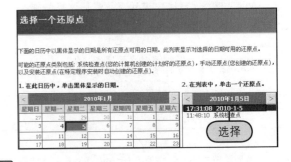

步骤3 切换至"确认还原点选择"界面,在界面中显示了选择的还原点,确认无误后单击"下一步"按钮,计算机自动重启。

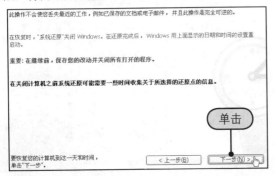

步骤4 在计算机关闭过程中弹出"系统还原"对话框,此时正在还原设置,用户可在对话框中看见还原进度。

步骤 5 计算机重新启动之后会弹出"系统还原"对话框，在"恢复完成"界面中可以看见用户的计算机成功恢复到指定的还原点，即成功还原系统。

19.7 使用一键GHOST备份与还原系统

一键GHOST是一个优秀的硬盘镜像工具，它可以将一个磁盘上的全部内容复制为一个磁盘的镜像文件，最大限度地减少每次安装操作系统的时间，而且还原后的操作系统与备份时的操作系统一模一样。它适应各种用户的需要，既能独立使用，又能相互配合，其主要功能包括一键备份系统、一键恢复系统、中文向导、Ghost、DOS工具箱。

19.7.1 使用一键GHOST备份系统

用户在电脑中安装了一键GHOST之后首先应该对当前的系统进行备份，使用GHOST备份系统速度快，可以节省很多的时间。用户在备份系统时要注意将备份文件放置在除系统分区之外的其他硬盘分区中。

步骤 1 用户成功安装一键GHOST之后会在桌面上出现对应的快捷图标，双击该图标，启动GHOST备份程序。

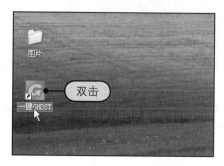

步骤 2 打开"一键备份系统"主界面窗口，**Step 1** 选中"一键备份系统"单选按钮，**Step 2** 单击"备份"按钮，计算机自动重启。

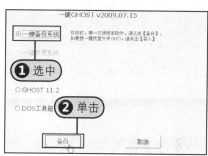

步骤 3 计算机重启后会弹出一个提示对话框，在对话框中介绍了一键GHOST的相关信息，直接单击OK按钮。

步骤 4 打开一键GHOST主界面，单击Local>Partition>To Image选项。

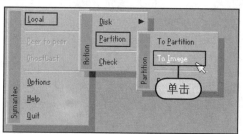

步骤 5 此时程序要求用户选择硬盘，由于该计算机上只有一个硬盘，因此直接单击OK按钮。

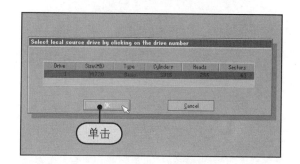

步骤6 在打开的对话框中显示了计算机中所有的磁盘分区。**Step1**通过方向键选中安装了系统的分区，**Step2**选中后单击OK按钮。

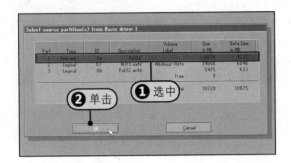

步骤7 **Step1**在Look in下拉列表中设置存放路径，**Step2**在File name文本框中输入备份文件的名称，**Step3**单击Save按钮。

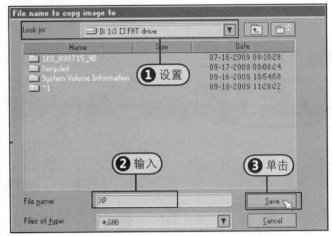

步骤8 弹出提示框，No是指不压缩文件，Fast是指压缩比例小速度快，High是指压缩比例大速度慢，这里单击Fast按钮。

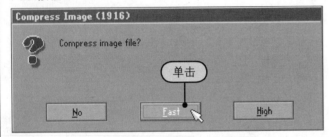

步骤9 再次弹出提示框，询问用户是否确认备份前面选中的磁盘分区，直接单击Yes按钮确认备份。

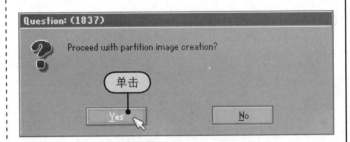

步骤10 此时可在界面中看见备份系统的进度，只需耐心等待其完成。

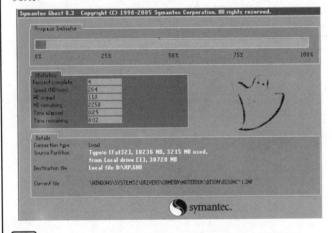

步骤11 当进度条走到100%时会弹出一个备份完成的提示框，提示用户系统分区备份成功，直接单击Continue按钮。

步骤12 此时界面返回一键GHOST主界面，直接单击Quit选项。

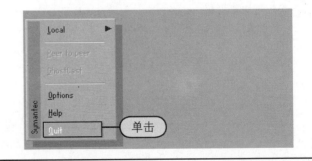

步骤13 弹出提示框，询问用户是否确认退出一键GHOST，单击Yes按钮直接退出。

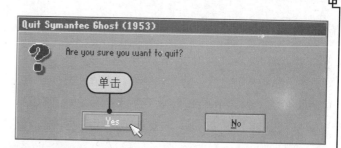

拓展知识　一键GHOST主界面中各选项的含义

　　使用一键GHOST备份系统有两种方式，分别是整个硬盘和分区硬盘两种。在一键GHOST主界面中单击Local（本地）菜单项，在弹出的级联菜单中，Disk表示备份整个硬盘；Partition表示备份硬盘的分区，Check表示检查硬盘或备份文件的文件，查看是否可能因为分区、硬盘被破坏而造成备份或还原失败。在一键GHOST主界面中各个选项之间对应的含义如下。

- Local>Disk>To Disk：将一个硬盘中的内容全部复制到另一个硬盘中。
- Local>Disk>To Image：将整个硬盘备份到某个磁盘分区中。
- Local>Disk>From Image：将备份的文件还原到硬盘中。
- Local>Partition>To Partition：将分区中的内容全部复制到另一个分区中。
- Local>Partition>To Image：将分区制作成镜像文件，进行备份。
- Local>Partition>From Image：将镜像文件还原到分区中。

19.7.2　使用一键GHOST还原系统

　　用户使用一键GHOST对系统进行备份之后，若系统出现了故障或者需要重新安装系统时，则可使用一键GHOST直接将以前的备份文件还原到系统分区中。

步骤1 按照前面介绍的方法打开一键GHOST主界面，单击Local>Partition>From Image命令。

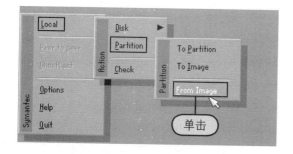

步骤2 **Step❶** 在Look in下拉列表中设置镜像文件所在的分区，**Step❷** 在列表框中选中镜像文件，然后单击Open按钮。

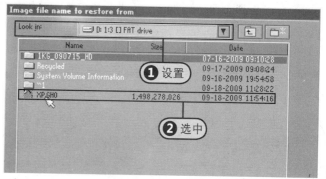

步骤3 在打开的界面中核对镜像文件的相关信息，确认无误后单击OK按钮。

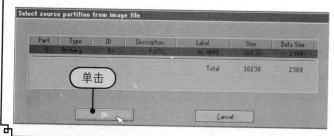

步骤4 打开所选择的硬盘界面，由于该计算机中只有一个硬盘，因此直接单击OK按钮。

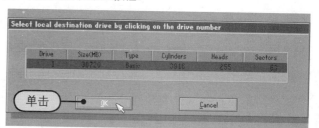

步骤5 打开新的界面，**Step1**选中需要恢复的分区，这里单击"1"选项，**Step2**选中后单击下方的OK按钮。

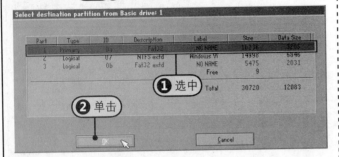

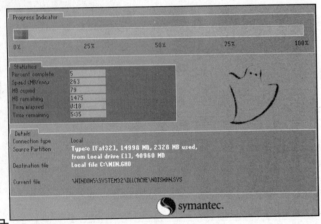

步骤7 此时可在界面中看见还原系统的进度以及相关的时间，请耐心等待。

步骤6 弹出提示框，询问用户是否确认所选择需要恢复的分区，直接单击Yes按钮。

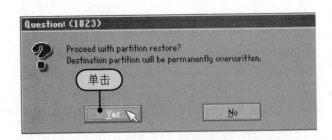

步骤8 当进度条达到100%时，弹出提示框，提示用户系统还原成功，直接单击Reset Computer按钮重启。

 # 读书笔记

第 20 章

常见的电脑故障与处理方法

　　用户长时间使用电脑之后，电脑很可能会出现一些问题，这些问题包括硬件方面和软件方面的问题，用户此时需要掌握一些常见的电脑故障和处理方法。当电脑出现故障时，用户自己就可以动手排除。

20.1 常见电脑故障及判别方法

电脑在运行过程中，有时会因为某些硬件故障或者软件故障而无法运行，严重影响了电脑的正常使用，因此用户需要掌握常见的电脑故障和判别方法。

20.1.1 常见电脑故障的分类

根据造成故障的原因可将电脑故障分为硬件故障和软件故障两类。

1 硬件故障

电脑的硬件故障是指电脑中的板卡部件以及外部设备等硬件发生接触不良、性能下降、电路元件损坏或机械方面问题引起的故障。它通常导致用户无法开机、系统无法启动、某个设备无法正常运行等故障现象。硬件故障又可分为"真故障"和"假故障"。

1 真故障。真故障是指硬件设备出现电器故障或者机械故障等物理故障，这些故障可能导致硬件设备的功能丧失或者电脑无法启动，造成这些故障的原因多数与外界环境和使用操作等有关。

2 假故障。假故障是指电脑系统中各部件和外部设备完好，但是由于在硬件安装与设置和外界因素（例如电压不稳、超频处理等）影响下，使电脑无法正常工作。

2 软件故障

电脑软件故障是指由于软件不兼容、软件本身有问题、操作使用不当、感染病毒或电脑系统配置不当等因素引起的故障。其产生的原因主要有以下4点。

1 系统中使用的部分软件与硬件设备不能兼容。
2 CMOS参数设置不当。
3 系统遭到计算机病毒的入侵。
4 系统中存在的垃圾文件过多，造成系统瘫痪。

20.1.2 常见电脑故障的判别原则

用户了解了电脑故障的基础知识之后，需要掌握判别电脑故障的基本原则和操作方法。由于电脑是一种逻辑部件构成的电子装置，因此判别故障也是有章可循的。

1 找出原因

首先要了解电脑的大致情况，即明确电脑的配置情况、所使用的操作系统和应用软件，了解电脑的工作环境以及系统近期发生的变化，如移动、安装和卸载软件等，了解引发故障的直接或间接原因以及电脑死机时的现象。

开始检测故障，首先应该分析故障的类型，在分析时应该先考虑是否存在软件故障，然后再考虑硬件故障。如果是软件故障，那么用户需要找出是哪一款软件出现了问题，并对其进行卸载或者重新安装操作；如果是硬件故障，那么用户需要仔细检查电脑的各硬件设备，在检查过程中应该先检查主机机箱外部的连线是否完好，然后拆开机箱检查机箱内部各部件是否完好以及连线是否完好，切忌盲目拆卸部件。

在检查电脑硬件时应当做好安全措施，在拆卸部件之前需要确保电脑的电源是否切断。另外，还要注意静电对电脑部件的危害。做好安全措施，一方面保护自己，另一方面保障电脑部件的安全。

2 正确处理故障

用户在电脑出现故障后必须了解所出现的问题是哪一方面的，究竟是内存、显卡，还是兼容性的问题。在了解电脑故障时必须一步一步地观察才能找到问题的所在，找出问题之后便可根据问题的所在收集相应的资料，如主板的型号、BIOS的版本和显卡的型号等，了解了相关的知识之后便可提出一个合理的解决方案。如果实在不知道从何下手，那么可以向有经验的朋友请教。

在处理故障时需要注意不要进行热插拔，以免不小心误触而烧坏电脑的其他硬件设备，处理故障需要拆卸某些硬件设备，因此在这之前需要备妥工具，包括螺丝刀、尖嘴钳和清洁工具等。

20.1.3 常见电脑故障的判别方法

用户在判断电脑故障时，需要配合一些电脑故障排除方法来判断和排除故障。常见的判别方法有观察法、最小系统法、清洁法和替换法。

① 观察法

观察法是指通过眼睛看、耳朵听、手触摸和鼻子闻等方法检查电脑中比较明显的故障，观察时要认真并且全面。通常观察的内容有以下几方面。

1// **观察周围环境**。包括电源环境、网络硬件环境、温度、湿度环境的洁净度、放置电脑的台面是否稳固，以及周边的设备是否存在变形、变色等异常现象。

2// **注意电脑的硬件环境**。包括机箱内的清洁度、温度、湿度、部件上的跳线设置、部件或设备间的连线是否正确，有无错误或错接、缺针/断针等现象。

3// **注意电脑的软件环境**。包括系统中安装了哪些软件，它们与其他软、硬件间是否有冲突或者不匹配的地方，硬件设备的驱动程序是否安装正确，补丁是否安装正确，系统时间是否设置正确等。

4// **注意观察元器件**。在接通电源的过程中注意观察元器件的温度、是否有异味以及是否冒烟。

5// **注意拆卸的器件原始安装状态**。在拆卸部件时要养成记录它们原始安装状态的良好习惯，并且要认真观察部件上元器件的形状、颜色等情况。

② 清洁法

如果主机机箱中灰尘较多或者怀疑是灰尘引起的故障，就应该先除尘。

电脑在使用过程中由于静电非常容易积聚灰尘，而灰尘会对电脑中的电脑板造成腐蚀，导致电脑中的配件接触不良或者工作不稳定。用户应定期对电脑的主板和显卡等部件进行清洁，避免由于灰尘引起的电脑故障。

③ 替换法

替换法是用好配件替换可能有故障的配件，然后判断故障现象是否消失的一种维修方法，替换的配件可以是与被替换的配件同一个型号，也可以是不同型号的。在替换部件之前应该检查与可能有故障的配件相连接的连线是否有问题，然后替换该配件。

④ 最小系统法

最小系统法是指保留能使系统运行的最小环境，即拆卸掉电脑主机内的硬盘、光驱、网卡和声卡等设备，只保留电源、主板、CPU、内存、显卡和显示器。在这个最小系统中，没有任何数据信号线的连接，只有电源到主板的电源连接，在判断过程中用户可以通过声音以及显示的画面来判断电脑的核心组成部分是否可以正常工作。若能正常工作，则逐步加入其他部件扩大最小系统。当系统无法正常运行时，说明最后加入的部件产生了故障。更换该部件即可解决故障。

20.2 常见的硬件故障及处理方法

电脑的硬件设备都有可能出现故障，而每个硬件设备出现故障的表现形式是多种多样的，用户可以根据下面介绍的知识去判别出现故障的硬件设备以及处理方法。

20.2.1 CPU故障

CPU出现的故障包括CPU散热类故障、CPU超频类故障、CPU供电类故障和CPU安装类故障。

1// **CPU散热类故障**。由于CPU散热片或散热风扇问题引起的故障。由于CPU集成度非常高，因此发热量也非常大，散热风扇对于CPU的稳定运行起着至关重要的作用。目前CPU都加入了过热保护功能，超过一定温度以后便会自动关机，一般不会因为温度过高而烧毁CPU，但是温度过高，会使CPU工作不正常，造成频繁死机、黑屏等故障现象。

2// **CPU超频类故障**。由于CPU超频引起的故障。有时候用户为了追求更高的工作频率而将CPU超频使用，超频后的CPU虽然在性能上有所提升，但是对电脑的稳定性和CPU的寿命是非常有害的，并且在散热上要求更高，散热不良将会导致无法开机、开机自检时死机、正常开机却无法进入系统或者在运行过程中发生死机、蓝屏等现象。

3// **CPU供电类故障**。CPU没有供电或者CPU供电电压设置不正确等引起的故障。如果出现该类故障，就会导致电脑无法开机。

4// **CPU安装类故障**。由于CPU安装不正确或者CPU散热片没有与CPU完全接触引起的故障。目前CPU还是以针式结构为主，安装上采用了针脚对针脚的防呆式设计，方向不正确是无法将CPU正确安装在插槽中的。如果CPU安装不到位，就无法将主板上的CPU压杆压下，因此在安装CPU时一定要细心，否则可能将CPU的针脚弄断而造成损坏。

20.2.2 主板故障

主板出现的故障包括主板不加电故障、主板无供电故障、键盘/鼠标接口故障和USB接口故障。

1 主板不加电故障。按下主板电源开关后主板没有反应，CPU风扇不转，即主板没有加电。该类故障是主板开机电路中常见的故障。用户面对这种故障时首先要观察主板中是否有明显损坏的元器件，如果有就更换损坏的元器件后再测试。如果没有就将主板接通电源，然后用镊子插入电源插座中的第16针和第18针（24针插座），强行开机。

2 主板无供电故障。主板开机后，CPU风扇转一下就停，或者主板CPU不工作。此时可用主板测试卡测试，主板测试卡的代码只能显示到C、D3、00或FF等，这种故障通常是CPU供电电压不正常引起的。CPU供电电压不正常一般是由CPU供电电路故障所致，而CPU供电电路故障通常是由电源管理芯片损坏、场效应管损坏、滤波电容损坏、限流电阻损坏等造成。出现该类故障可前往电脑维修店更换相应的零件。

3 键盘/鼠标接口故障。由于键盘/鼠标损坏或者接反，键盘/鼠标接口接触不良，键盘/鼠标接口的电脑供电问题或者信号线不通、南桥、I/O芯片损坏等故障导致。出现该类故障之后应该先确定电脑中的键盘/鼠标是否正常，即将该键盘/鼠标接到另一台正常的电脑中查看是否正常，如果不正常就更换键盘/鼠标，如果正常就是主板上对应的接口有问题，仔细检查接口处是否接触不良，如果没有这类问题，就只能前往专业的电脑维修店维修。

4 USB接口故障。当电脑中所有的USB接口都无法使用时，可能是南桥或者I/O芯片损坏；如果是某一个USB接口无法使用，则可能是USB接口插座接触不良，USB接口电路供电针上的保险电阻、电感损坏；如果USB设备不能识别，那么一般是由于USB插座的供电电流太小而导致供电电压不足所致，应重点检查供电线路中连接的电感及滤波电容。

20.2.3 硬盘故障

常见的硬盘故障包括开机检测不到硬盘故障和硬盘无法启动故障。

1 开机检测不到硬盘故障。电脑开机之后，BIOS没有检测到硬盘，即BIOS中没有硬盘的参数。这种故障一般是由于IDE接口与硬盘连接的电缆未连接好、IDE电缆接头处接触不良、跳线设置不当等原因造成的。出现该类故障之后，用户首先需要关闭电脑的电源，打开电脑机箱检查硬盘的数据线和电源线是否连接正常，接着检查硬盘和光驱是否连在了同一条数据线上，最后检查硬盘的跳线设置是否正确。

2 硬盘无法启动故障。开机后无法从硬盘启动的故障。引起硬盘无法启动的原因非常多，一般是由CMOS设置错误、硬盘数据线等连接松动、硬盘感染病毒等原因引起的。用户应首先使用杀毒软件全面扫描硬盘，然后关闭电脑，打开主机机箱查看硬盘数据线连接是否完好，如果还是无法启动，就对CMOS放电，将其恢复至默认设置。

20.2.4 显卡故障

常见的显卡故障包括显卡接触不良故障、显卡驱动程序故障和显卡兼容性故障。

1 显卡接触不良故障。由于显卡与主板接触不良导致的故障。显卡接触不良会引起电脑无法开机、系统不稳定、经常死机等故障现象。出现该类故障之后，用户首先打开机箱检查显卡是否正确安装，若正确安装则可拆下显卡，清洁显卡和主板上显卡插槽的灰尘，并用橡皮擦擦拭显卡金手指中被氧化的部分，然后将其正确安装在主板中进行测试，若还是出现该类故障则直接更换显卡。

2 显卡驱动程序故障。由显卡驱动程序引起的无法正常显示的故障，包括显卡驱动程序与系统不兼容、显卡驱动程序损坏和无法安装显卡驱动程序等。该类故障通常会引起系统不稳定、经常死机、花屏和文字图像显示不完全等故障现象。出现该类故障可以重新安装显卡驱动程序，若无法解决则在网上下载同型号最新版本的驱动程序后重新安装。

3 显卡兼容性故障。显卡与其他设备冲突、或者显卡与主板不兼容而无法正常工作的故障。显卡兼容性故障通常会引起电脑无法开机且伴有警报声、系统不稳定、经常死机或者屏幕出现异常杂点等现象。该类故障一般发生在电脑刚刚组装或进行升级后，常见的为主板与显卡的不兼容性，主板插槽与显卡金手指不能完全接触。出现该类故障时，用户应该先清洁显卡和主板上的显卡插槽，特别要仔细清洁显卡金手指。清洁后测试电脑是否正常，如果依然存在故障，可能是主板与显卡不兼容，需要更换显卡。

20.2.5 内存故障

常见的内存故障包括内存设置故障、内存条接触不良故障、内存兼容性故障和内存条质量不佳或损坏故障。

1 内存设置故障。由于BIOS中内存设置不正确引起的内存故障。如果BIOS中内存参数设置不正确，那么电脑将不能正常运行，通常会出现无法开机或者无故重启等故障现象。出现该类故障，在BIOS设置程序中的Load BIOS Defaults选项中将BIOS恢复到出厂默认设置即可。若无法开机则打开电脑机箱，利用CMOS跳线将主板放电，接着再开机重新设置即可。

2 // **内存条接触不良**。内存条与内存插槽接触不良引起的故障，通常会引起电脑死机、无法开机、开机报警等现象。引起该类故障的原因主要包括内存金手指被氧化、主板内存插槽上蓄积尘土过多、内存插槽内掉入异物、内存安装时松动不牢固等。出现该类故障之后，用户可将内存条卸载，然后清洁内存条和主板中内存插槽中的尘土和内存条以及金手指，然后将内存条安装好后即可开机。

3 // **内存兼容性故障**。内存与主板不兼容引起的故障，通常会造成电脑死机、内存容量减少、电脑无法正常启动、无法开机等故障。出现该类故障之后首先卸载内存条，清洁内存条和主板中的内存插槽，然后安装好内存条并开机测试。若故障依然存在则可将内存条安装到其他正常的电脑中。若可以正常使用则是主板与内存不兼容，就需要更换内存条了。

20.3 BIOS的报警声及常见错误的解决方法

BIOS是电脑的基本输入/输出系统，它关系着软件和硬件的连接，用户可以通过BIOS的报警声判断故障，也可以在BIOS自检过程中显示信息判断故障。

20.3.1 BIOS报警声含义

用户在开机时可以根据BIOS的报警声判断电脑是否正常开机，当出现故障时，BIOS会根据不同的故障发出不同的报警声，因此用户必须掌握各种BIOS版本的不同报警声所对应的含义，如表20-1~表20-4所示。

表20-1　Award BIOS自检响铃含义

报警声	含义	报警声	含义
1短	系统正常启动	2短	常规错误，重新设置CMOS参数
1长1短	RAM或主板出错，更换RAM或者主板	1长2短	显示器或者显卡出错
1长3短	键盘控制器出错，需检查主板	1长9短	主板Flash RAM或者EPROM出错，BIOS损坏
不断地响	内存条未插紧或者损坏，可重插内存条	不停地响	电源、显示器没有与显卡连接好，可检查一下所有的插头
重复短响	电源有问题	无声音无显示	电源有问题

表20-2　AWI BIOS自检响铃含义

报警声	含义	报警声	含义
1短	内存刷新失败，需更换内存条	2短	内存ECC校验失败，进入CMOS设置将ECC关闭
3短	系统基本内存（第1个64KB）检查失败	4短	系统时钟出错
5短	可能是CPU出错，也可能是CPU插座或者主板出错	6短	键盘控制器出错
7短	系统实模式出错，不能切换到保护模式	8短	显卡内存读/写出错
9短	ROM BIOS检验错误	1长	系统正常启动
1长3短	内存出错	1长8短	显示测试出错

表20-3　Phoenix BIOS自检响铃含义

报警声	含义	报警声	含义
1短	系统启动正常	1短1短1短	系统加电自检初始化失败
1短1短2短	主板出错	1短1短3短	CMOS或者电池出错
1短1短4短	ROM BIOS校验失败	1短2短1短	系统时钟出错
1短2短2短	DMA初始化失败	1短2短3短	DMA页寄存器出错
1短3短1短	RAM刷新出错	1短3短2短	基本内存出错
1短3短3短	基本内存出错	1短4短1短	基本内存地址线出错
1短4短2短	基本内存校验错误	1短4短3短	EISA时序器出错
1短4短4短	EASA NMI接口出错	2短	基本内存出错
3短1短1短	从DMA寄存器出错	3短1短2短	主DMA寄存器出错

（续表）

报警声	含 义	报警声	含 义
3短1短3短	主中断处理寄存器出错	3短1短4短	从中断处理寄存器出错
3短2短4短	键盘控制器出错	3短3短4短	显卡内存出错
3短4短2短	显示出错	3短4短3短	未发现显示只读存储器
4短2短1短	时钟出错	4短2短2短	关机出错
4短2短3短	A20门出错	4短2短4短	保护模式中断出错
4短3短1短	内存出错	4短3短3短	时钟2出错
4短3短4短	实时钟出错	4短4短1短	串行口出错
4短4短2短	并行口出错	4短4短3短	数字协处理器出错

表20-4　兼容 BIOS自检响铃含义

报警声	含 义	报警声	含 义
1短	系统正常启动	2短	系统加电自检失败
1长	电源出错，若无显示，则为显卡出错	1长1短	主板出错
1长2短	显卡出错	1短1短1短	电源出错
3长1短	键盘出错		

20.3.2　BIOS常见错误及解决方法

　　BIOS和电脑的软、硬件一样也是会出错的。当BIOS出现错误时，用户开机之后会在系统自检的过程中显示错误信息，用户可根据提示的信息查找解决的办法。常见的错误信息如表20-5所示。

表20-5　BIOS常见错误及解决方法

提示信息	原　因	解决方法
CMOS battery failed（CMOS电池失效）	CMOS电池的电力不足	更换CMOS电池
CMOS check sum error-Defaults loaded（CMOS执行全部检查时发现错误，因此载入预设的系统设定值）	通常是由于电池的电力不足所造成	首先更换CMOS电池，如果问题仍存在，就是CMOS RAM存在问题，送回原厂修理
Display switch is set incorrectly（显示形状开关配置错误）	通常是由于主板上的设置与BIOS里的设置不一致	重新设置显示色彩
Press Esc to skip memory test（内存检查，可按Esc键跳过）	由于BIOS内没有设置快速加电自检	按Esc键或在BIOS内开启Quick Power On Self Test
Secondary Slave hard fail（检测从盘失败）	有两种原因，一种是CMOS设置不当，例如没有从盘，但是CMOS中设置有从盘；另一种是硬盘的线、数据线可能未接好或者硬盘跳线设置不当	在BIOS中设置硬盘跳线，或者将硬盘的跳线帽与从硬盘跳线位短接，设置硬盘为从硬盘
Override enable-Defaults loaded（当前CMOS设定无法启动系统，载入BIOS预设值以启动系统）	可能是由于BIOS的设定不适合用户的电脑	进入BIOS重新调整各项设置
Press Tab to show POST screen（按Tab键可以切换屏幕显示）	这是由于有些OEM厂商会以自己设计的显示画面来取代BIOS预设的开机画面，而提示用户按Tab键切换厂商自定义的画面和BIOS预设的开机画面	进入BIOS关闭OEM开机画面
Resuming from disk，Press Tab to show POST screen（从硬盘恢复开机，按Tab键显示开机自检画面）	这是由于某些主板的BIOS提供了Suspend to disk（挂起到硬盘）的功能，当使用者以Suspend to disk的方式来关机时，则在下次开机时就会显示此信息	进入BIOS后关闭Suspend to disk功能

20.3.3　恢复BIOS默认设置

　　用户遇到了其他与BIOS有关的问题时，如果找不出解决办法时，可直接进入BIOS后恢复BIOS默认设置。

步骤1 无论是台式电脑还是笔记本电脑，进入BIOS设置通常都是按下键盘上的某个键或者热键。目前比较流行的主板BIOS有Award BIOS和Phoenix BIOS两种，进入BIOS的方法根据BIOS的类型不同而有所不同。用户在启动电脑后可在下图所示的界面中按Del键进入BIOS设置。

步骤2 进入BIOS设置界面后，**Step1** 通过方向键切换到Exit选项卡，**Step2** 在下方选择Load Setup Defaults选项。

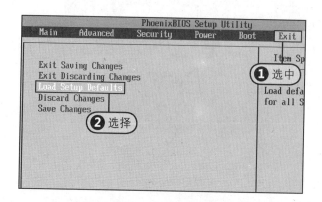

步骤3 按Enter键后弹出如右图所示的对话框，通过方向键选中Yes选项后按Enter键即可恢复BIOS默认设置。

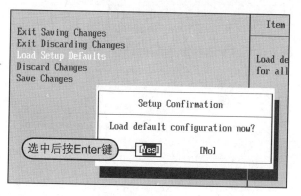

20.4 常见的软件故障及处理方法

　　软件故障通常是由于软件本身的问题、操作使用不当、感染病毒或电脑系统配置不当等因素引起的故障。对于软件本身的问题，可通过卸载后重新安装解决；感染病毒则要使用前面介绍的杀毒软件查杀电脑中存在的病毒解决；操作使用不当和系统配置不当则需要用户掌握正确的操作方法和设置。

20.4.1 驱动程序故障

　　用户重新安装操作系统之后，有时会出现没有声音的情况，此时很有可能是声卡驱动没有安装，确认之后将含有声卡驱动程序的光盘放入光驱后重新安装。

步骤1 **Step1** 右击桌面上"我的电脑"图标，**Step2** 在弹出的快捷菜单中单击"属性"命令。

步骤2 打开"系统属性"对话框，**Step❶**单击"硬件"标签，**Step❷**单击"设备管理器"按钮，打开"设备管理器"窗口。

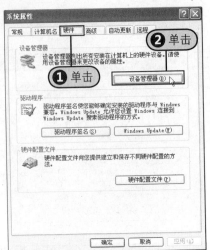

步骤3 单击"声音、视频和游戏控制器"选项前的扩展按钮，此时可看到下方的黄色叹号，表示声卡驱动未安装。

步骤4 将含有声卡驱动程序的光盘放入光驱，在桌面上双击"我的电脑"图标，打开"我的电脑"窗口，然后在"有可移动存储的设备"选项组中双击光驱图标。

步骤5 弹出nForce Driver Installation对话框，用户可根据主板说明书选择CPU的型号，然后逐步安装声卡驱动程序。

步骤6 安装成功之后重启电脑，打开"设备管理器"窗口，此时可在"声音、视频和游戏控制器"选项组中看到声卡驱动已经安装成功。

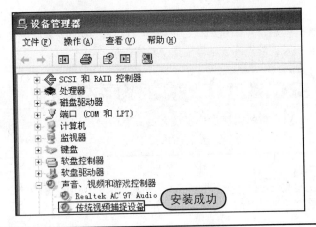

20.4.2 网络故障

用户常见的网络故障包括本地连接受限制或无连接、无法使用新建连接向导以及系统内置的驱动程序与网卡不兼容等故障。

（1）本地连接受限制或无连接

用户有时候在进入Windows XP系统时，会弹出一个"本地连接 受限制或无连接"提示框，并且在通知区域中的网络连接图标中有一个黄色的感叹号。

造成这种故障的原因可能是由于电脑所在网络的服务器（内网服务器、网络服务器）未能给电脑分配一个IP地址，因此必须要用户手动设置IP地址和默认网关等信息。

步骤1 **Step1** 右击桌面上的"网上邻居"图标，**Step2** 在弹出的快捷菜单中单击"属性"命令。

步骤2 **Step1** 在"网络连接"窗口中右击"本地连接"图标，**Step2** 在弹出的快捷菜单中单击"属性"命令。

步骤3 **Step1** 在打开的对话框中勾选"Internet协议"复选框，**Step2** 单击右下方的"属性"按钮。

步骤4 打开新的对话框，在窗口中手动设置IP地址，**Step1** 选中"使用下面的IP地址"单选按钮，**Step2** 然后分别输入IP地址和子网掩码。设置完成之后连续单击"确定"按钮保存退出。

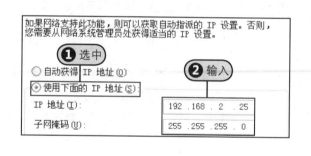

② 无法使用新建连接向导

用户更换网络的宽带之后需要重新建立宽带连接，此时可在"网络连接"窗口中使用"新建连接向导"来新建宽带连接，但是用户在创建的过程中会发现"用拨号调制解调器连接"和"用要求用户名和密码的宽带连接来连接"选项是灰色的，呈不可选状态。造成这种故障的原因可能是由于系统服务中的"创建网络"服务没有启用，用户直接将其启用即可。

步骤1 **Step1** 单击桌面左下角的"开始"按钮，**Step2** 在弹出的"开始"菜单中单击"运行"命令，打开"运行"对话框。

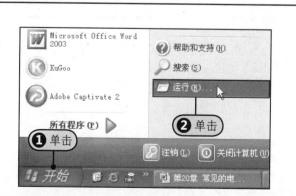

步骤 2 **Step1** 在"打开"文本框中输入services.msc命令，**Step2** 单击"确定"按钮。

步骤 3 打开"服务"窗口，拖动右侧的滚动条，双击Remote Access Connect Manager选项。

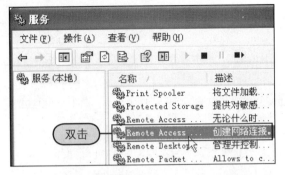

步骤 4 **Step1** 在弹出的对话框中设置启动类型为手动，**Step2** 单击"启动"按钮即可启动该服务，启动成功后单击"确定"按钮保存退出。

③ 系统内置的驱动与网卡不兼容

　　用户为了设置电脑为代理服务器上网而加装了第二网卡，如加装D-Link DFE-530TX网卡。安装完成后进入系统，系统识别网卡并自动安装了驱动，但是系统不能正常启动。

　　如果在安装网卡的驱动之前未对电脑进行任何操作，那么很有可能是系统内置的驱动与网卡不兼容，由于DFE-530TX网卡的版本有很多，如D-Link、Legend等，不同型号的产品使用不同的驱动程序，品牌型号不匹配时很容易出现问题。系统会自动为网卡安装内置的驱动，导致硬件与驱动程序不匹配。

　　解决该故障可先重新启动计算机，按F8键进入安全模式，打开"设备管理器"窗口，找到刚刚安装的网卡，然后禁用该网卡，再次重启计算机查看系统是否恢复正常，若正常则是驱动的问题，用户可以安装网卡自带的驱动程序来解决该故障。

20.4.3 桌面故障

　　用户常见的桌面故障包括无法运行组策略、通知区域中不显示"安全删除硬件"图标、系统启动后通知区域中的音量图标未出现以及桌面图标"消失"等故障。

① 无法运行组策略

　　用户有时候会遇到组策略无法打开的故障，造成该故障的原因可能是用户的权限不够，需要系统管理员进行调整。如果不是用户权限的问题，那么很有可能是组策略被禁用了，需要在安全模式下将其添加到控制台中。

步骤 1 重新启动电脑，在系统自检过程中按F8键打开"Windows 高级选项菜单"界面，通过方向键选择"带命令行提示的安全模式"选项，然后按Enter键。

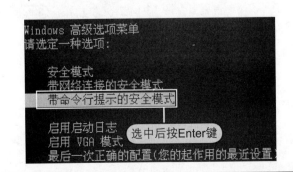

2 步骤 进入桌面之后在命令提示符下输入mmc.exe命令，然后按Enter键打开"控制台1"窗口。

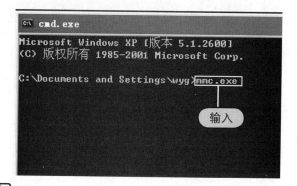

4 步骤 打开"添加/删除管理单元"对话框，单击"添加"按钮。

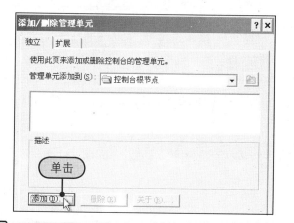

6 步骤 打开"选择组策略对象"对话框，**Step①** 在"欢迎使用组策略向导"界面中设置"组策略对象"为本地计算机，**Step②** 单击"完成"按钮。

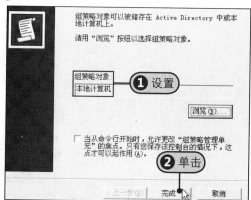

8 步骤 返回"控制台1"窗口，此时可在"控制台根节点"窗口中看到添加的"本地计算机"策略，重启电脑。

3 步骤 **Step①** 单击"控制台1"窗口菜单栏中的"文件"按钮，**Step②** 在弹出的菜单中单击"添加/删除管理单元"命令。

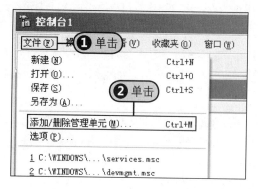

5 步骤 打开"添加独立管理单元"对话框，拖动"可用的独立管理单元"列表框右侧的滚动条，**Step①** 选中"组策略对象编辑器"选项，**Step②** 单击"添加"按钮。

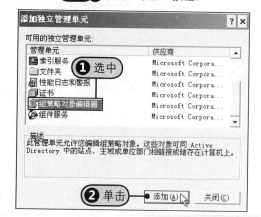

7 步骤 返回"添加/删除管理单元"对话框，此时可以看到列表框中添加的"本地计算机"策略，单击"确定"按钮。

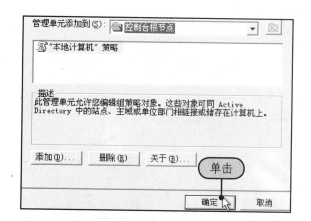

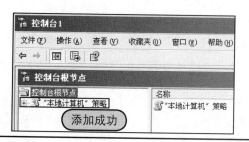

② 通知区域中不显示"安全删除硬件"图标

正常情况下将移动硬盘、U盘等USB设备接入电脑时会在桌面的右下角显示 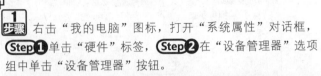 图标，但有时用户插入USB设备之后却未在通知区域中显示该图标。造成该类故障的原因可能是前置的USB接口供电不足或者系统出现问题，用户可在"设备管理器"中进行安全删除操作，用户再次插入USB设备之后便会在通知区域中看到"安全删除硬件"图标。

步骤 1 右击"我的电脑"图标，打开"系统属性"对话框，**Step❶** 单击"硬件"标签，**Step❷** 在"设备管理器"选项组中单击"设备管理器"按钮。

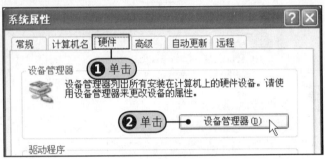

步骤 2 在"设备管理器"窗口中单击"磁盘驱动器"选项前的展开按钮，在下方双击USB设备选项。

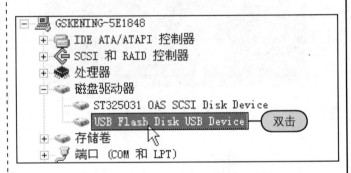

步骤 3 打开"USB Flash Disk USB Device属性"对话框，在"策略"选项卡下单击"安全删除硬件"链接。

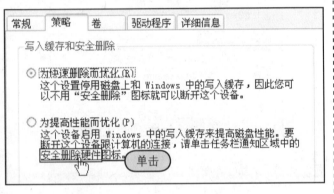

步骤 4 打开"安全删除硬件"对话框，**Step❶** 选中显示的硬件设备，**Step❷** 单击"停止"按钮。

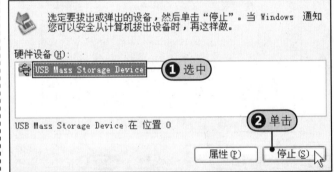

步骤 5 打开"停用硬件设备"对话框，**Step❶** 选中要删除的硬件设备，**Step❷** 单击"确定"按钮。

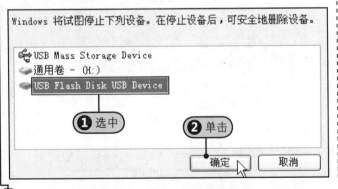

步骤 6 此时可在通知区域中看到弹出的提示框，再次插入USB设备即可在该区域中显示。

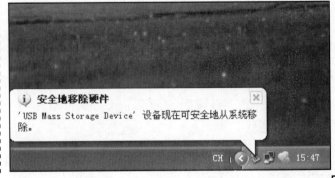

③ 系统启动后通知区域中的音量图标未出现

用户有时候会遇到系统启动后通知区域中总是不显示音量图标。每次都需要进入"控制面板"窗口，在"声音和音频设备 属性"对话框中将已经选中的"将音量图标放入任务栏"复选框取消选中，然后再重新选中，音量图标才会出现。这种情况下，用户便可在注册表中添加Systray字符串值。

1 步骤 **Step①** 单击桌面左下角的"开始"按钮，**Step②** 在弹出的"开始"菜单中单击"运行"命令，打开"运行"对话框。

3 步骤 在窗口中展开HKEY_LOCAL_MACHINE>SOFTWARE>Microsoft>Windows>Current Version>Run选项。

5 步骤 将新建的字符串值重命名为Systray，然后按Enter键。

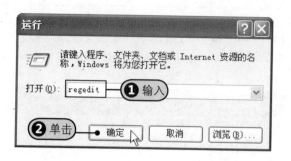

7 步骤 **Step①** 在"数值数据"文本框中输入C:\WINDOWS\system32\Systray.exe，**Step②** 单击"确定"按钮返回"注册表编辑器"窗口，重启电脑。

2 步骤 **Step①** 在"打开"文本框中输入regedit命令，**Step②** 单击"确定"按钮，打开"注册表编辑器"窗口。

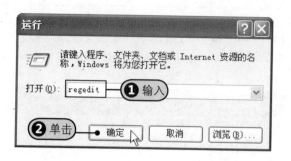

4 步骤 **Step①** 右击窗口右侧的任意空白处，**Step②** 在弹出的快捷菜单中单击"新建>字符串值"命令。

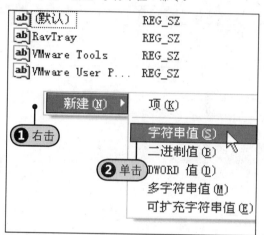

6 步骤 重命名成功之后双击该字符串，打开"编辑字符串"对话框。

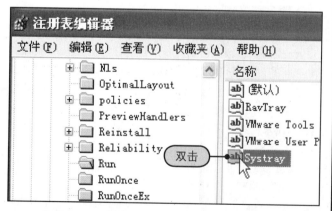

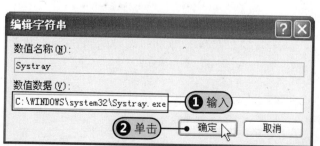

④ 桌面图标"消失"

桌面图标"消失"是指启动操作系统后桌面没有任何图标。大多数情况下桌面图标无法显示是由于系统启动时无法加载Explorer.exe文件，或者该文件被电脑病毒、网络广告破坏从而造成桌面空白或无图标。用户可按照下面的方法在注册表中进行修改。如果仍然存在故障，那么可以通过"开始"菜单启动杀毒软件进行全盘查杀。

步骤1 在"注册表编辑器"窗口中展开**HKEY_LOCAL_MACHINE>**SOFTWARE>Microsoft>WindowsNT>CurrentVersion>Winlogon。

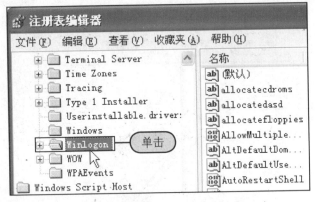

步骤2 拖动窗口右侧的滚动条，双击Shell字符串。

步骤3 打开"编辑字符串"对话框，**Step1** 在"数值数据"文本框中输入Explorer.exe，**Step2** 单击"确定"按钮。

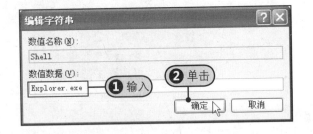

步骤4 返回"注册表编辑器"窗口，此时可在窗口中看到Shell键值已经更改，重新启动电脑。

20.4.4 使用"最后一次配置"重新启动系统

Windows XP以上版本的操作系统每次成功启动之后都会对系统注册表进行自动备份，一旦用户发现Windows系统本次不能正常启动，就可能是上一次对系统进行了错误的操作或者对某些软件进行了错误的安装，从而破坏了系统注册表的相关设置。此时，我们可以尝试使用上一次成功启动时的配置来重新启动系统。

重新启动电脑，在系统自检的过程中按**F8**键打开"Windows高级选项菜单"界面，通过方向键选择"最后一次正确的配置（您的起作用的最近设置）"选项，然后按Enter键重新启动电脑即可。如果故障仍然存在，就需要重新安装操作系统。

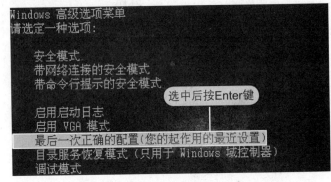